“十二五”职业教育国家规划教材
经全国职业教育教材审定委员会审定

眼镜技术

（第2版）

YANJINGJISHU

瞿佳　主编

高等教育出版社·北京

内容提要

本书为“十二五”职业教育国家规划教材，也是国家职业教育眼视光技术专业教学资源库配套教材。

本书以眼镜参数测量、眼镜加工等验配技术为重点，分十五章介绍了人眼光学、视觉相关的基本概念和基本知识，眼镜片的处方、光学特性和设计，眼镜架的分类、选择和调整，眼镜验配过程中的相关参数测量，眼镜加工、装配和配发的技术及技巧，眼镜的质量检查和相关仪器的维护。每章后附有思考题，部分章节还附有实习。本书表述方式既可以作为理论教学，又可以作为实训指导；内容与相应国家职业资格标准衔接。

本书可作为高职高专眼视光技术专业学生的教学用书，也可作为眼视光专业从业人员（包括验光师、配镜师）的培训用书，还可供眼科医师、眼保健工作者参考阅读。

图书在版编目（CIP）数据

眼镜技术／瞿佳主编．--2版．--北京：高等教育出版社，2014．8（2022．11重印）

ISBN 978-7-04-039311-8

Ⅰ．①眼…　Ⅱ．①瞿…　Ⅲ．①眼镜-制造-高等职业教育-教材　Ⅳ．①TS959．6

中国版本图书馆CIP数据核字（2014）第005081号

策划编辑　张　妤　　责任编辑　肖　娴　　封面设计　张　志　　版式设计　马敬茹
插图绘制　尹　莉　　责任校对　杨雪莲　　责任印制　高　峰

出版发行　高等教育出版社
社　　址　北京市西城区德外大街4号
邮政编码　100120
印　　刷　人卫印务（北京）有限公司
开　　本　787mm×1092mm　1/16
印　　张　17
字　　数　420千字
插　　页　4
购书热线　010-58581118
咨询电话　400-810-0598
网　　址　http://www.hep.edu.cn
　　　　　http://www.hep.com.cn
网上订购　http://www.landraco.com
　　　　　http://www.landraco.com.cn
版　　次　2005年9月第1版
　　　　　2014年8月第2版
印　　次　2022年11月第9次印刷
定　　价　39.80元

物 料 号　39311-A0

编 写 人 员

主　　编　瞿　佳

副主编　武　红　闫　伟

编　　者　（以姓氏汉语拼音为序）

保金华　（温州医科大学）

郭俊来　（天津医科大学）

何向东　（辽宁何氏医学院）

瞿　佳　（温州医科大学）

王小兵　（首都医科大学附属北京同仁医院）

武　红　（北京理工大学）

闫　伟　（济宁职业技术学院）

编写秘书　郑志利　（温州医科大学）

出 版 说 明

教材是教学过程的重要载体，加强教材建设是深化职业教育教学改革的有效途径，推进人才培养模式改革的重要条件，也是推动中高职协调发展的基础性工程，对促进现代职业教育体系建设，切实提高职业教育人才培养质量具有十分重要的作用。

为了认真贯彻《教育部关于“十二五”职业教育教材建设的若干意见》（教职成〔2012〕9号），2012年12月，教育部职业教育与成人教育司启动了“十二五”职业教育国家规划教材（高等职业教育部分）的选题立项工作。作为全国最大的职业教育教材出版基地，我社按照“统筹规划，优化结构，锤炼精品，鼓励创新”的原则，完成了立项选题的论证遴选与申报工作。在教育部职业教育与成人教育司随后组织的选题评审中，由我社申报的1 338种选题被确定为“十二五”职业教育国家规划教材立项选题。现在，这批选题相继完成了编写工作，并由全国职业教育教材审定委员会审定通过后，陆续出版。

这批规划教材中，部分为修订版，其前身多为普通高等教育“十一五”国家级规划教材（高职高专）或普通高等教育“十五”国家级规划教材（高职高专），在高等职业教育教学改革进程中不断吐故纳新，在长期的教学实践中接受检验并修改完善，是“锤炼精品”的基础与传承创新的硕果；部分为新编教材，反映了近年来高职院校教学内容与课程体系改革的成果，并对接新的职业标准和新的产业需求，反映新知识、新技术、新工艺和新方法，具有鲜明的时代特色和职教特色。无论是修订版，还是新编版，我社都将发挥自身在数字化教学资源建设方面的优势，为规划教材开发配备数字化教学资源，实现教材的一体化服务。

这批规划教材立项之时，也是国家职业教育专业教学资源库建设项目及国家精品资源共享课建设项目深入开展之际，而专业、课程、教材之间的紧密联系，无疑为融通教改项目、整合优质资源、打造精品力作奠定了基础。我社作为国家专业教学资源库平台建设和资源运营机构及国家精品开放课程项目组织实施单位，将建设成果以系列教材的形式成功申报立项，并在审定通过后陆续推出。这两个系列的规划教材，具有作者队伍强大、教改基础深厚、示范效应显著、配套资源丰富、纸质教材与在线资源一体化设计的鲜明特点，将是职业教育信息化条件下，扩展教学手段和范围，推动教学方式方法变革的重要媒介与典型代表。

教学改革无止境，精品教材永追求。我社将在今后一到两年内，集中优势力量，全力以赴，出版好、推广好这批规划教材，力促优质教材进校园、精品资源进课堂，从而更好地服务于高等职业教育教学改革，更好地服务于现代职教体系建设，更好地服务于青年成才。

高等教育出版社
2014年7月

第 2 版前言

眼睛为五官之首，是人体最重要的感觉器官之一，90% 的外界信息来自眼睛。同时，眼睛又是一个光学器官，可以用几何光学和物理光学对其进行描述。这种双重属性带给眼睛相关学科更大的挑战和机遇。在人的一生中，困扰眼睛最多的还是光学方面的问题，或由于屈光不正，或由于老视，或出于保健和美观的目的，几乎人人都需要眼镜。随着生活水平的提高，人们对生活品质的要求也日益提高，拥有清晰、舒适、持久的视觉已成为现代生活不可或缺的部分，同时眼镜的美观性、配戴舒适性也得到格外的重视。

眼镜是一种特殊的医疗器具，可用来矫正眼睛屈光，保护眼睛健康，提高视觉功能，是现代临床屈光矫正中最主要的方法，被誉为"光学药物"。对眼镜及其临床应用的研究形成了一门学科，称为"眼镜学"，融合了光学、材料学、眼科学、视光学等多门学科内容，可以说是集理论与实践于一身。"眼镜技术"在这门学科的范畴内，阐述的是对"药物"处方进行识别、临床检查、加工制作、质控和指导配戴的学问。

2005 年，我们与高等教育出版社共同策划并撰写了《眼镜技术》，重点围绕眼镜临床验配、加工制作进行阐述。9 年来，经几十所学校和机构的应用和临床实践，证明了该课程和内容对认识和矫治相关疾患的重要价值。在此期间，眼镜验配相关技术也得到巨大发展，自动化仪器成为主流。编者听取广大师生在教学、实践中的反馈，吸取国内外的新进展，适时对教材进行修改和补充。

新版教材基本保持原教材理论结合实践的特点，调整了部分章节的顺序，以更符合临床实践思维。本次修订依据实用、简单、生动、规范的原则，突出以下特点：① 将眼镜材料、生产相关的内容纳入本套教材中的《眼镜材料技术》中，使本书更加临床化、技术化；② 加入了《眼应用光学基础》的实用内容，简化理论知识，去除不必要的公式推导，做到实用、够用；③ 强化技术细节，文字简明易懂，并将操作逻辑做梳理简化；④ 更新部分陈旧内容，与时俱进。

本教材参加编写的人员均为从事教学和临床实践多年的专业人员。瞿佳编写本书第一章、第三章、第四章、第五章，武红编写第二章、第十章，保金华编写第六章、第七章，何向东编写第八章、第九章，闫伟编写第十一章、第十二章，郭俊来编写第十三章、第十五章，王小兵编写第十四章。

本书的编写、修订、出版得到高等教育出版社的大力支持，也得到各编者所在单位的支持。

首都医科大学附属北京同仁医院的赵世强、北京理工大学的朱博伟为本书提供了资料并参与了编写工作。温州医科大学郑志利及其秘书组成员吕文汇、赵自改等同学在文稿修正、文字梳理及插图校对、修正等方面做出了很多努力。本书凝聚了许多人的智慧和心血,在此无法一一列举,谨在本书出版发行之际表达我们诚挚的谢意。

瞿　佳

2014年5月

《眼镜技术》(第2版)课时建议

建议总课时118学时,理论70学时,实践48学时

内　容	学时数		
	理论	实践	合计
第一章　绪论	2	0	2
第二章　眼球光学原理	3	0	3
第三章　透镜	8	0	8
第四章　透镜的厚度和屈光力测量	4	7	11
第五章　眼用棱镜和透镜的棱镜效果	4	3	7
第六章　眼镜片设计常识及应用	3	0	3
第七章　多焦点镜片	8	3	11
第八章　眼镜架的分类及选择	3	3	6
第九章　眼镜架的调整	4	5	9
第十章　眼镜验配参数测量	3	5	8
第十一章　眼镜片的移心	3	3	6
第十二章　眼镜的配发	5	0	5
第十三章　眼镜的加工	10	15	25
第十四章　配装眼镜的检测	6	4	10
第十五章　仪器设备维护	4	0	4
合计	70	48	118

第1版前言

为积极推进高职高专课程和教材改革，开发和编写反映新知识、新技术、新工艺、新方法，具有职业教育特色的课程和教材，针对高职高专眼视光专业培养从事验光配镜工作的高等技术应用型人才的目标，结合教学实际，高等教育出版社组织有关专家、教师及从业一线人员编写了此套全国高职高专医学规划教材。

眼睛是生物器官，拥有生物组织的所有特性，但又是光学器官，应用物理光学和几何光学对眼睛的描述如同对其他光学器具一样。眼睛的这种双重特性使得有关眼睛的学科或专业更富有挑战和回报。

眼镜是现代屈光矫正临床三大方法中最主要的方法，是矫正眼睛屈光不正、保护眼睛健康和提高视觉功能的一种特殊医疗器具，因为眼睛的生物特性，所以眼镜的矫正功能相对眼睛的医疗健康而言，可被称为“光学药物”。

眼镜的研究及其临床形成了一门科学，称为“眼镜学”，这是一门集理论和实践并涉及多门学科的综合性学科。《眼镜技术》就是在眼镜学的范围内，将相关的临床实践技术提炼出来，而形成的内容相对独立的教材。

本教材的特点是：

1. 以简洁清楚的方式阐述相关理论，并在理论阐述过程中结合临床实际；
2. 全面概述与眼镜检测和配置有关技术和相关理论基础；
3. 重点讲解眼镜与眼睛的相关测量、配置、调整、维修等临床基础技术；
4. 按照工作步骤训练技术和技巧，并以实例讲解和讨论方式巩固学习内容；
5. 科学分析眼镜技术领域的新技术及其临床实践。

参加编写教材人员均为多年从事教学和临床实践的专业人员，他们是：瞿佳，编写第一章、第二章、第三章、第四章和第五章；姚进，编写第七章、第十二章、第十三章；保金华，编写第十章、第十一章；何向东，编写第八章、第九章；王小兵，编写第六章、第十五章；郭俊来，编写第十四章、第十六章。

在教材编写中温州医学院研究生参加了文字的梳理工作，沈阳医学院何氏视觉科学学院于海宽、赵运凯参与了大量的编写工作，首都医科大学附属北京同仁医院赵世强、符建宁在文字和插图方面进行了协助，本书的完成凝聚了许多人的智慧和心血，在此一并表示感谢。

瞿　佳
2005年5月

目　录

第一章　绪　　论

学习目标

◇ 了解眼镜的历史和发展概况。
◇ 了解眼镜技术的内容和学习方法。

第一节　眼镜的历史和发展

眼镜是矫正眼球屈光不正、保护眼睛健康、提高视觉功能及增加美观性的一种特殊的医疗器具。由于屈光不正人数占总人口的比例很大，且人人都可能会因年龄而出现老视，因此眼镜与人类视觉质量的提高密切相关。同时，眼镜可用于眼睛安全防护和生活时尚，也是人类生活中的必需品。

已知最早的透镜，可追溯到公元前750年，发掘于亚洲西南部的亚述帝国，现被收藏于不列颠博物馆。该透镜用水晶制成，为平凸透镜，做工较粗糙，具体用途不详，猜测可能用于放大或聚光点火。鉴于古亚述人对天体的详细描述，也有学者认为古亚述透镜（Layard/Nimrud lens）是望远镜的一个部件，但因其做工粗糙而无法获得良好的成像质量，该说法也被质疑。在古埃及、古希腊和巴比伦也发现许多类似的透镜。欧洲关于透镜的文字记载最早出现在古希腊（公元前424年），在阿里斯托芬的戏剧“云彩（The Clouds）”中有提及“取火镜”（burning-glass），这是一种凸透镜，用来汇聚太阳光以点火。古罗马作家老普林尼（公元23—79年）的作品也揭示“取火镜”曾出现在罗马帝国，并提及透镜矫正的可能用途，据说尼禄（古罗马帝国皇帝）使用绿宝石观看角斗比赛，推测是用凹透镜矫正近视。在欧洲，眼镜可能诞生在13世纪80年代的意大利。13世纪，威尼斯和佛罗伦萨开始磨制和抛光眼镜镜片。

我国的透镜记载历史可以追溯到春秋末期。齐国的工业技术官书《考工记》记载了凹球面镜取火，并且给出了透镜的定义。约公元前388年完稿的《墨经》涉及几何光学的知识，论述了影、平面成像、小孔成像、凹透镜和凸透镜的成像规律，这比古希腊欧几里得的光学记载（公元前330—275年）早了100年左右。收藏于上海眼镜博物馆的东汉末年“单片镶圆装柄放大镜”，说明了当时中国人已经将眼镜用于近距离工作。据考证，中国南宋时（即13世纪前半叶）已经发明了眼镜。南宋和元朝的眼镜制作已经非常精致，如镜框有铜框、牛角框和玳瑁框。根据 Duke

Elder 所著的《眼科全书》介绍，马可·波罗（Marco Polo，1254—1324 年）于 1270 年到元大都（今北京）时，看到元朝（忽必烈时代）官吏戴凸透镜阅读文件，遂将凸透镜带到威尼斯，由工匠设法仿制，由此眼镜传入欧洲。欧洲记载的眼镜在时间上和中国相近，但眼镜由中国传入欧洲的说法，尚存在争议。

最初的可用眼镜为手持式单目凸透镜，一个镜片连接一个手柄，类似现在的手持式放大镜；后来做成双目排镜，使双眼能同时视物；再后来眼镜由两根绳子系挂到耳朵上，方便配戴；然后逐步演变成与现代接近的镜腿（图 1-1）。

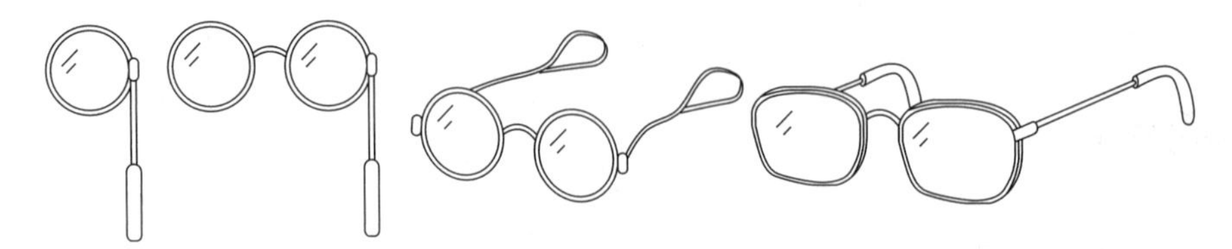

图 1-1 眼镜设想和式样的演变

最初的透镜是简单的球面，但人们很快发现，这样的透镜成像质量、外观和重量都存在一定的局限。随着人们对应用光学的进一步理解及机械制造工艺和计算机的发展，透镜的设计走向科学化，从最原始的球面透镜发展到现在的集成非球面眼镜片、消像差功能眼镜片等。

屈光矫正的临床研究发现，包含球性或球柱镜的框架眼镜与眼球共同组合成光学系统后，也会产生一些光学问题，如像散、畸变、场曲等，从而影响成像效果。多学科研究的交叉、融合（如数学、光学和计算机的应用），使得非球面设计成为可能。这种设计不仅在成像质量方面解决了许多光学问题，在重量、镜片厚度等方面也取得了良好的效果。近年来眼镜的新技术、新成果层出不穷。

在眼镜片设计方面的另一个经典例子是矫正老视的眼镜片。长久以来，矫正老视一直沿用阅读附加的方式，这方面突破性的进展是出现了第一副双光镜片，随之出现能看远距离、看中距离和看近距离的三光镜片。20 世纪 50 年代出现了渐变多焦点镜片，即一种能满足不同距离注视要求的眼镜片，虽然最初的设计存在许多问题（如周边变形等），但随着计算机技术的发展和临床经验的积累及对眼球运动、调节和集合等方面的认识进一步加深，更符合眼睛视觉生理的渐变多焦点镜片层出不穷。

眼镜的发展还包括镜片材料、膜层、框架材料和框架设计的发展，从而使眼镜在安全、轻巧、舒适、时尚等方面都不断进步。眼镜各部分的发展，使其成为既具备视觉矫正功能又符合眼部和脸部生理，同时还具备时尚美学的特殊医疗器具，从而具备了巨大的市场发展潜力。

随着科技的进步，眼镜不仅有眼睛保健、安全防护、时尚装饰等功能，还拥有娱乐、个人助理等特殊功能，成为可穿戴技术的一种依托手段。可穿戴技术主要探索和创造能穿在身上、整合进用户衣服的配件设备，近十年来得到长足的发展。三维电视、电影，使用眼镜上的偏振、快门等技术，进入普通家庭，给人们带来更好的视觉娱乐体验。小巧的头戴式显示器，可让人在眼镜上直接观看影像，体验身临其境的虚拟现实感。最近发布的扩展现实眼镜，具有和智能手机一样的功能，可以通过声音控制拍照、视频通话和辨明方向、出行导航及上网冲浪、处理文字信息和电子邮件等，另外还有获取天气、备忘、提醒等个人助理功能。相信未来眼镜会和手机一样，成为流行的个人移动终端。

第二节　眼镜技术概述

眼镜技术是根据验光处方所提供的参数和对配戴者的基本配镜参数的测量，通过一系列科学工艺和制作方法，将配镜处方制作成有效的可配戴眼镜，达到清晰视觉、舒适感觉、长久用眼的目的。

眼镜技术的验配流程包括配镜者的配镜参数测量，眼镜架和眼镜片的选择，眼镜的加工、装配及其调整。主要内容如下。

1. 涉及眼镜和眼睛的应用光学、眼球生理光学知识。
2. 眼镜架的选择。
3. 眼镜片的设计与选择。
4. 眼屈光不正与眼镜片选择知识的应用。
5. 与配镜相关的眼睛参数测量。
6. 眼镜架和眼镜片的检测、磨边、装配、维护和调整。

一、眼镜是人眼的一部分

眼睛是人体宝贵的器官，视觉是人类最重要的感官，而眼镜则是矫正眼球屈光、保护眼睛健康和提高视觉功能的一种特殊的医疗器具。

眼镜配戴时的清晰与否、舒服与否，取决于人的主观判断，其判断基础与眼球生理学、眼科学、视光学、双眼视觉学和医学心理学及美学等相关。理想的眼镜不仅应带来清晰的视觉，还应让戴镜者获得舒适的感觉、持久的视物和高品位的外观。因此，从事眼镜技术相关工作，必须时刻谨记眼镜是人眼的一部分，而人眼是“整体人”的一部分。学习眼镜技术的理论和实践知识时，要时时将人眼的健康和人对视觉的要求作为考虑的目标，将人、眼、眼镜构成学习的目标整体。

二、眼镜是“光学药物”

在传统医疗服务模式中，人们往往患病后才求医，大多数人也是出现疾病症状后才开始治疗，因此眼病主要以化学药物治疗和手术治疗为主，光学矫正为辅。随着人们对健康概念的认识发生变化，在信息科技时代，拥有良好视觉是现代社会文明最重要的健康标志之一。越来越多的人通过眼保健服务的方式早期发现视觉问题，并且通过光学矫正获得良好的效果。因此，随着社会的进步和发展，光学矫正成为眼视光学医疗服务中的主要手段之一，被称为“光学药物”。因为它不仅能达到屈光矫正的目的，而且还是恢复和拥有良好视觉的重要手段，同时对眼病也起到重要矫正或治疗作用。

1. 儿童斜视或弱视　儿童斜视或弱视最主要的治疗手段是配戴矫正眼镜并进行适当、有效的训练。此时，眼镜不仅具备视觉矫正功能，还具备矫治斜视或弱视的功能。

2. 无晶状体眼　某些先天性白内障的婴幼儿，由于多种原因不能植入人工晶状体，眼镜即成为选择之一。此时，眼镜为高度正透镜，相当于一个外置的晶状体，如处理得当，可预防因无晶状体发生的重度弱视、眼球震颤、眼球失用性斜视等问题。由于外置，眼镜的成像有别于原位的晶状体,该差异包括光学像质、物像放大率等。这会给配戴者带来一些视觉问题,因此对眼镜片设计提出了挑战。

3. 低视力 低视力患者指最佳矫正视力低于0.3或视野小于10°,框架眼镜实际上是低视力患者一种经常使用的助视器方式。不仅如此,某些由于脑卒中、外伤引起的视野缺损,亦可以使用特殊的眼镜(如Fresnel棱镜)来达到扩大视野的效果。

三、眼镜技术是其他相关方法与技术的基础

眼镜技术主要围绕框架眼镜进行科学阐述,它实际上还是眼科领域其他相关技术的基础,如接触镜验配技术。接触镜已经成为眼视光学临床三大成熟屈光矫正方式(框架眼镜、角膜接触镜和屈光手术)之一,虽然接触镜在与眼生理方面的作用与框架眼镜完全不同,但其光学原理和设计特征完全是以眼镜光学为基础的,作为本专业的学生,掌握眼镜技术的理论与技能将为进一步学习角膜接触镜打下基础。

第三节 眼镜技术的学习方法

一、正确认识眼镜

通常,人们注重眼镜的物理属性,而忽略眼镜与人眼的生理和病理关系,眼镜不仅是具备商品属性的光学器具,更是一种医疗器具。眼镜片的光学参数,眼镜架调整引起的任何问题都可能影响视觉,甚至影响人的全身健康。因此,许多国家政府的相关部门制定了各类标准,以确保眼镜架、眼镜片及装配的质量,从而保证眼镜配戴使用的安全有效性。

二、树立眼镜、眼睛和人的整体观点

眼睛虽然是完美的光学器具,但是由于多种因素的影响,眼睛可能无法将所注视的物体清晰聚焦于视网膜,从而引起视物不清。通过配戴框架眼镜,可以弥补眼球光学方面的缺陷,使外界物体清晰成像在视网膜上,框架眼镜和眼球重新组成了理想的眼球光学系统,此时的眼镜片就成为眼的重要部分。因此,在学习眼镜技术的同时,必须理解眼镜不是独立的,而是与眼球组成了新的眼球光学系统,必须考虑眼镜与眼睛的相互依存关系(图1-2)。

眼球的理想成像仅仅完成视觉任务的第一步,更重要的是人除了主观感觉视物清楚外,还应达到看得舒服,阅读持久的要求。从生理角度看,视网膜清晰像必须通过健康的视神经、视路到达视皮质,并加工成视觉信息而为人所感知。另外,双眼的成像系统还要求外界物体成像时在大小、色泽、清晰度等方面达到基本一致的像质,这样才能通过健康的视觉皮质系统,达到双眼单视的效果。

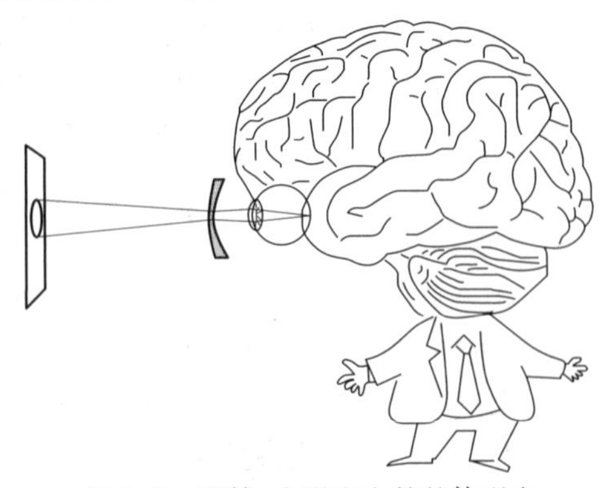
图1-2 眼镜、人眼和人的整体观念

此外,人们用眼的习惯、对以往配镜处方的适应、工作的特殊环境和对时尚的不同看法都会影响

人们对配镜处方或配镜方式的选择。所以,在眼镜技术的学习过程中,必须将眼镜片与眼睛的光学和生理联系在一起,还必须将人的整体联系在一起,必须见物又见人。

三、理论联系实际

眼镜技术主要体现在临床相关问题的直接处理能力上。以理论为基础,理论联系实际,解决实际工作中的问题是眼视光技术人员的学习特点。眼镜技术是一门理论和实践性都比较强的课程,体现了多学科交叉的学科特性,它以应用光学为基础,融合了数学、工学等学科,由于它的主要功能是矫正视力或视觉,因此又融合了眼球生理光学、心理学知识等。同时,眼镜技术直接针对临床问题的处方做出处理应答,利用框架眼镜的验配或矫正方式解决视力问题,而后直接由配戴者判断,可见其理论与实际结合的重要意义。

四、重视技术训练

作为眼视光技术人员,要突出技术的重要性,强调动手能力,因此在学习过程中,技术操作训练和技术流程的实践是重点。眼镜技术训练包含以下内容。

1. 测量技术　测量技术包括对人眼相关参数、眼镜片和眼镜架相关参数的测量。

2. 眼镜磨边和装配技术　根据临床配镜处方、眼镜架和眼镜片材料加工出相应符合质量标准的成品。

3. 调整和配适技术　根据配戴者个体差异或个体要求,科学调整,达到舒适配戴的标准。

4. 维护及维修技术　对眼镜制作或配制过程的各种程序或相关设施有一定理解,并能应用一定的工具,维护、矫正配戴过程中出现的问题,使之符合配戴者的要求。

以上技术的学习和训练是在实验室训练的基础上过渡到临床实践,是一个经验性很强、具备规范的流程并涉及一系列检测设备和仪器的过程,每一项技术都是相辅相成的。通过训练和实践,才能掌握最佳矫正和最舒适配戴的原则。

（瞿　佳）

第二章　眼球光学原理

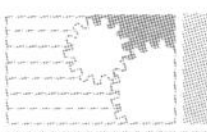

学习目标

◇ 掌握人眼的生理构成。
◇ 掌握人眼的生理特性。
◇ 掌握人眼的光学特性及光学参数。
◇ 掌握人眼屈光不正的原理。
◇ 掌握人眼屈光不正的矫正原理。
◇ 了解人眼屈光不正的矫正方法。

第一节　眼球生物和光学特性

眼睛是人体实现视觉的重要生理器官。眼睛是由眼球、视路和附属器三部分组成。眼睛的视觉功能主要是来自于眼球和视路，附属器起着支撑、保护眼球和实现眼球生理运动的作用，人眼是一个构造完美的生理器官。

一、人眼的生理构成

人眼具有完美的视觉是通过眼球屈光系统、视网膜感光系统和视神经成像系统实现的，眼球作为屈光和感光部分，在眼睛视觉活动中起着重要的作用。

眼球近似一个球形，呈前后径约为 24 mm，水平径和垂直径约 23 mm 的球体。眼球主要由眼球壁和眼内容物构成。眼球通过眶筋膜、韧带与眼眶壁相连，周围有脂肪和结缔组织包裹作为生理位置支撑，与眼球外壁相连的眼外肌实现眼球的转动，眼球前方有上、下眼睑保护。

人眼的视觉过程是由眼屈光系统将外界物体的像成像在视网膜黄斑处，由视网膜光感受器细胞接受光刺激后产生光化学反应，将光信号转变为电信号，通过视网膜上神经回路逐级传递处理，由视神经沿视觉神经通路传至视觉中枢进行加工和处理，最终形成了视觉。

根据视觉形成过程可以看出，眼屈光系统将外界物体成像到视网膜上是实现人眼视觉的基础。从人眼的生理构成可以知道，角膜、房水、瞳孔、晶状体和玻璃体构成了眼屈光成像系统，人眼屈光系统如图 2-1 所示。

1. 角膜(cornea) 位于眼球前表面,平均直径在 10~11 mm,角膜通过角膜缘过渡与巩膜相连。角膜无血管、无角化层、无色素细胞,具有良好的透明性。角膜中央平均厚度为 0.52 mm,前表面曲率半径约为 7.7 mm,后表面曲率半径约为 6.8 mm,折射率 n 为 1.376,角膜是构成人眼的重要屈光部件。

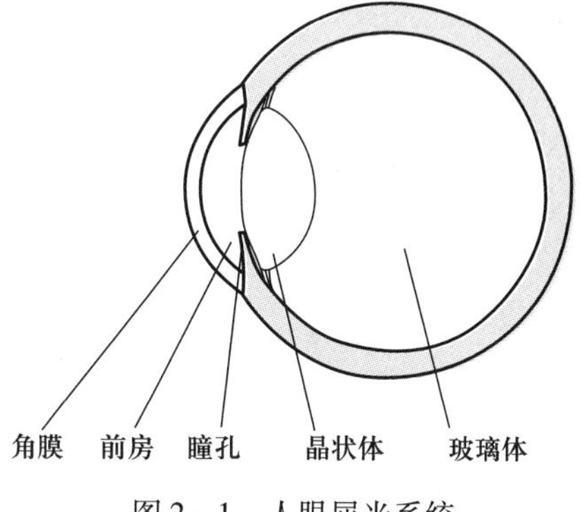

图 2-1 人眼屈光系统

2. 房水(aqueous humor) 为透明液体,充满了前房和后房。房水供给眼内组织尤其是角膜、晶状体营养和氧分,排出眼内新陈代谢产物,维持眼内压。房水的折射率 n 为 1.336,是人眼屈光要素之一。

3. 瞳孔(pupil) 为虹膜上的一圆孔,位于角膜和晶状体之间。人眼通过调节瞳孔直径的大小来控制进入眼球的光通量,瞳孔起着孔径光阑的作用,瞳孔直径调节范围在 2~6 mm。

4. 晶状体(crystalline lens) 是由前后两个表面组成的弹性透明体,两表面由球面构成。中心厚度为 3.6 mm,外径约为 9 mm,呈正透镜形状。前后两球面交界处称为赤道,在赤道处通过晶状体悬韧带、睫状肌与视网膜相连,将其悬挂在生理位置,并受控于睫状肌的牵拉。在睫状肌的收缩与松弛作用下,晶状体可以改变前后两个表面的曲率,以调整不同视距注视点对应清晰成像所需的屈光力,是眼球中重要的屈光部件。

5. 玻璃体(vitreous body) 为透明的胶质体,无血管、无神经,主要成分为水,充满了玻璃体腔,前部附着在晶状体上,后部与视网膜紧密粘连。玻璃体的折射率 n 为 1.336,是人眼屈光要素之一。

正是由于人眼屈光部件具有的高透明性、高屈光性、高折射率的特性及屈光器官与视网膜理想的匹配性,造就了人眼优良的屈光成像性能。从视觉功能和光学角度上看,人眼构成了一个完美的光学成像系统。

二、人眼的视觉功能

为了适应人类的生存需要,人眼的生理构造赋予了人优良的视觉功能。既能清晰观察远处的物体形态,又能分辨出近距离物体的细节;既能在明亮中观察,也能在黑暗中观察;既能观察静止不动的物体,也能观察运动中的物体;既能识别单一颜色,也能识别丰富色彩;既能分辨平面空间,也能分辨立体空间。人眼具备迅速地根据观察对象距离、亮暗、运动速度和观察背景情况的不同变化瞬时完成相应的调整,将物体的影像迅速准确地传递到视网膜上。人眼重要的辅助视觉功能可以归纳为:人眼的调节功能、人眼的辐辏功能、瞳孔调节反射功能和双眼单视功能等。

1. 人眼的调节(accommodation)功能 人眼能将注视目标清晰的成像在视网膜上,主要是依靠角膜和晶状体的屈光功能,角膜和晶状体的屈光力总和构成了人眼的总屈光力。其中晶状体的屈光力是随观察目标距离不同进行调整的,以实现对不同距离上的物体都能够清晰成像在视网膜上。将人眼晶状体屈光力调节变化功能称为人眼的调节功能,如图 2-2 所示。

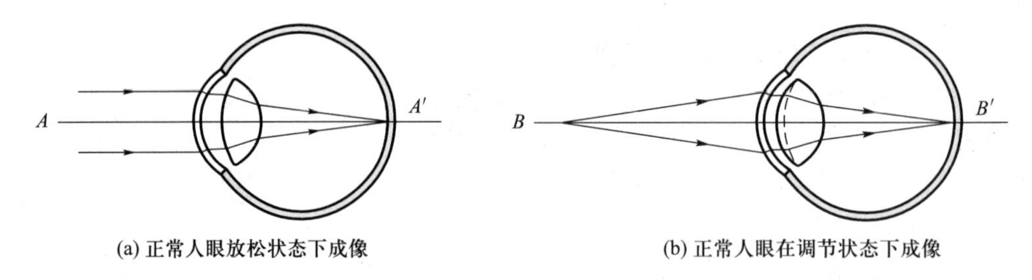

图 2-2 人眼的调节状态

人眼调节力的大小用调节幅度表示。人眼调节幅度 A 的定义:调节时最大的动态屈光力 P 与放松时最小的静态屈光力 R 之差,用公式表示为:

$$A = P - R \quad \text{公式 2-1}$$

人眼最大调节幅度是随着年龄的增长而变小,如年龄在 10 岁时,最大调节幅度约为 14 个屈光度;年龄在 60 岁时,最大调节程度仅为 1 个屈光度。

2. 人眼的辐辏(convergence)功能 当双眼注视某目标时,双眼的视轴要交汇于该注视点,这时视轴与注视远目标的视轴所转过的角度称为集合角,不同距离上的注视点对应人眼的集合角是不同的,距离远的注视点对人眼集合角小,距离近的注视点对人眼的集合角大,如图 2-3 所示。人眼集合角的改变是通过眼球内转与外转实现的。

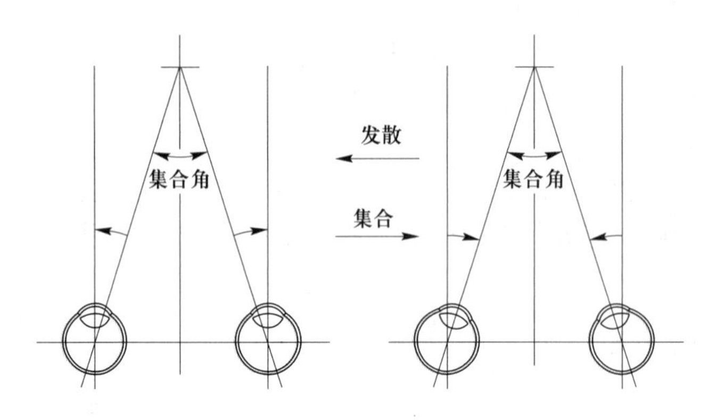

图 2-3 人眼的辐辏功能

当人眼由注视远距离物体移到注视近距离物体时,双眼内转,集合角增大,将眼球内转增大集合角的过程称为人眼的集合。当人眼由注视近距离物体移到注视远距离物体时,双眼外转,集合角减小,将眼球外转减小集合角的过程称为人眼的发散。将人眼的集合与发散功能定义为人眼的辐辏功能。如图 2-3 所示。

3. 瞳孔调节反射(pupillary accommodation reflex) 根据外界光线的强弱变化,通过调整瞳孔直径的大小,以控制进入眼内的光通量,防止过强的光线对视神经系统造成伤害。瞳孔直径的调整是在眼副交感神经和眼交感神经支配下,控制虹膜环形瞳孔括约肌和放射状的瞳孔开大肌实现瞳孔直径改变。这两条肌肉相互协调,彼此制约,一张一缩,以适应各种不同的环境亮度。同时通过瞳孔直径变化来合理地控制景深,让眼睛始终保持在适量光强和适当的景深状态下。

4. 双眼单视(binocular vision)功能 当双眼注视同一目标时,左、右眼分别把所注视的目标成像在视网膜对应的位置上，经大脑枕叶的视觉中枢融合为单一像。双眼单视功能实现两眼对物像的同时接受的能力、对来自双眼相同物像的大脑融合能力和双眼对三度空间的立体视能力。

人眼上述功能并不是独立进行的，而是相互联系与协调联动的。当人眼从观察某个注视点转换到观察另外一个注视点，都要根据注视目标的远近方位、光线的亮暗来完成屈光调节、辐辏变化、瞳孔调整和双眼单视这四个功能，这四个功能是相互协调、联合动作、自动精确和快速完成的，整个成像调节过程是不会被人察觉到，所以说人眼是完美的自动调节成像系统。

三、几何光学基本定律及透镜特性

眼球既是生物器官，也是一个光学器官。光学到达视网膜的过程符合几何光学的原理。几何光学是研究光的传播规律和传播现象的一门学科。在几何光学中，把光看成是具有方向的几何线——“光线”，进行光的传播规律的研究。掌握几何光学原理，对理解眼睛的屈光特性有很大的帮助。

1. 几何光学的基本定律　自然界中光线的传播现象千变万化，用几何光学的方法，可以将光线的传播规律归纳为两种情况。第一种情况是光在均匀透明介质中的传播规律；第二种情况是光在两种均匀透明介质的分界面上的传播规律。

（1）直线传播定律（rectilinear propagation law）：光在均匀透明介质中按直线传播。

（2）反射定律（reflection law）和折射定律（refraction law）：光在两种均匀透明介质的分界面上的传播遵循反射定律和折射定律。如图 2－4 所示。

当入射光线 AO 以 I_1 角入射到介质 1 和介质 2 的分界面上时，一部分光线以角度 R_1 返回到介质 1 中，称这部分光线为反射光线；一部分光线以角度 I_2 进入到介质 2 中，称这部分光线为折射光线。NN' 为介质 1 与介质 2 分界面法线，AO 为入射光线，I_1 为入射角；OB 为入射光经介质分界面后的反射光线，R_1 为反射角；OC 为折射光线，I_2 为折射角。

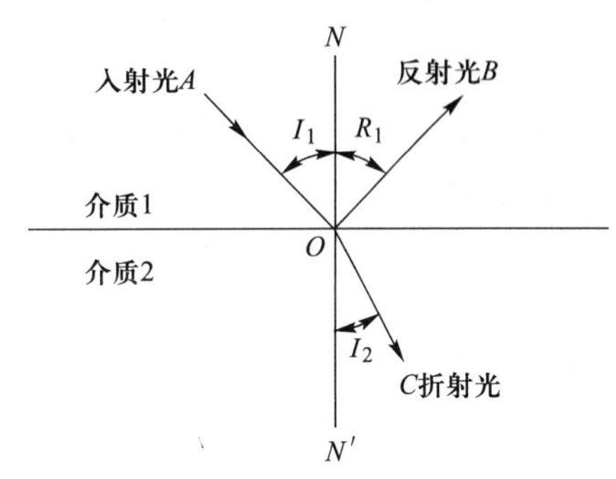

图 2－4　光线在介质分界面上的反射与折射

反射定律表述为：① 反射光线位于入射面内；② 反射角等于入射角，$R_1 = I_1$。

折射定律表述为：① 折射光线位于入射面内；② 入射角和折射角正弦之比，对两种一定的介质来说，是一个和入射角无关常数，用公式 2－2 表述。

$$\frac{\sin I_1}{\sin I_2} = \frac{n_2}{n_1} \qquad \text{公式 2－2}$$

上述定律中所述“入射面”为入射光线与两种介质分界面法线构成的平面。

光通过眼球传播进入视网膜的过程，是光线折射的过程，各个组成部分之间就是不同的介质面。

（3）折射率（refractive index）：将光线在介质中的传播速度 V 与光线在真空中的传播速度 C 作比较，用 C/V 表示该介质的折射率，称之为绝对折射率，简称折射率，用公式 2－3 表示。

$$n = \frac{C}{V} \qquad \text{公式 2－3}$$

公式2-3为折射率的定义式，通常用符号 n 表示介质的折射率。

上述光线直线传播定律、反射定律和折射定律是几何光学中的三大基本定律，它涵盖了光线在均匀透明介质中和介质分界面上的传播规律，是几何光学中的理论基础。几何光学的几乎全部内容就是在这三个定律基础上，用数学的方法研究光的传播问题。

2. 透镜的结构参数　透镜是最简单的光学系统，对于透镜来说，在确定了结构参数的情况下，逐面应用折射定律，就可以计算出任一物点通过透镜后所成像点的实际位置了，透镜结构参数见图2-5。

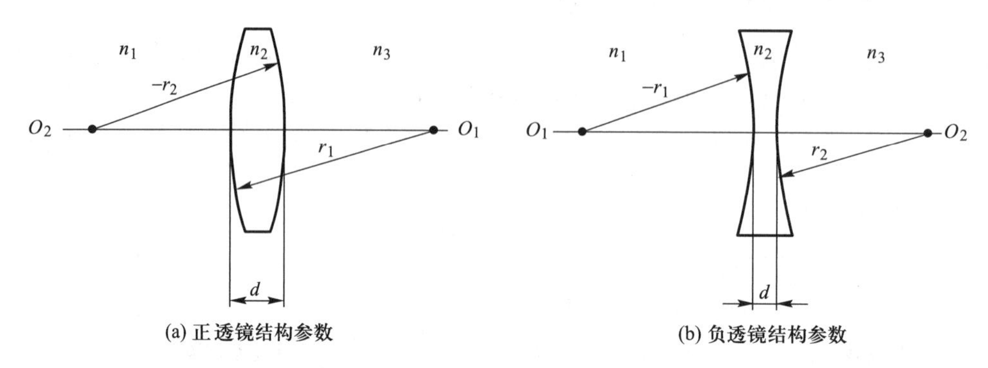

图2-5　透镜结构参数

(1) 透镜前表面曲率半径 r_1：以球面顶点为起始点，终点为该球面球心，r_1 的符号由左向右为正，反之为负。

(2) 透镜后表面曲率半径 r_2：以球面顶点为起始点，终点为该球面球心，r_2 的符号由左向右为正，反之为负。

(3) 光轴（optic axis）：透镜上对光线无偏折作用的线，即透镜前表面球心 O_1 与透镜后表面球心 O_2 连线。

(4) 透镜厚度 d：既透镜前后两球面顶点之间距离。

(5) 透镜材料的折射率 n_2。

(6) 入射光所处空间介质的折射率 n_1（当入射光所处空间为空气时，$n_1=1$）。

(7) 出射光所处空间介质的折射率 n_3（当出射光所处空间为空气时，$n_3=1$）。

3. 透镜的成像特性　在共轴理想光学系统的概念下，可以利用透镜的特殊点和特殊面的性质来讨论透镜成像特性。这些特殊的点和面包括主点和主面、焦点和焦面及节点和节面。

(1) 主点（principal point）和主面（principal plane）：在几何光学定义的球面光路中，将一对垂轴放大率为1的共轭面定义为主面。主面与光轴的交点称为主点。位于物方的主面称为物方主面，物方主面与光轴的交点称为物方主点，用符号 H 表示；位于像方的主面称为像方主面，像方主面与光轴的交点称为像方主点，用符号 H' 表示。主点和主面的图面表达如图2-6所示。

(2) 焦距（focal length）：焦距是反映透镜性能的重要指标，焦距 f' 的绝对值的大小表示该透镜会聚或发散的能力强弱。焦距的定义如下。

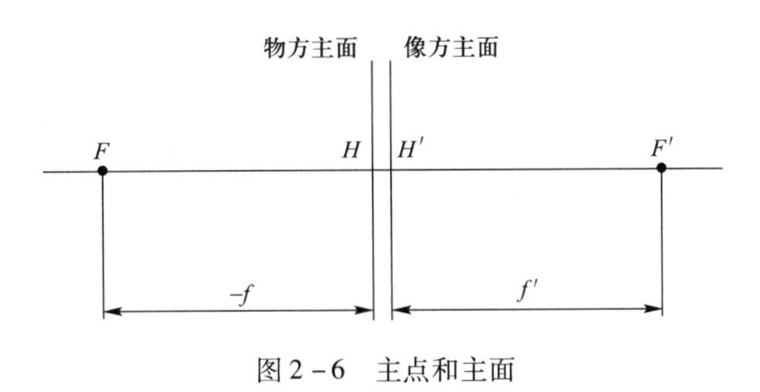

图 2-6　主点和主面

1）物方焦距：指物方焦点 F 与物方主点 H 之间的距离称为物方焦距，用符号 f 表示。物方焦距符号规则为：始于物方主点 H，终于物方焦点 F，由左向右为正，由右向左为负，如图 2-6 所示。

2）像方焦距：像方焦点 F' 与像方主点 H' 之间的距离称为像方焦距，用符号 f' 表示。始于像方主点 H'，终于像方焦点 F'，由左向右为正，由右向左为负，如图 2-6 所示。

3）透镜的焦距：当透镜处在同一种介质（如处在空气）中时，在确定了透镜的结构参数后，可利用公式 2-4 计算出透镜的焦距。

$$\frac{1}{f'} = (n-1)\left(\frac{1}{r_1} - \frac{1}{r_2}\right) + \frac{(n-1)^2 d}{n r_1 r_2} = -\frac{1}{f} \qquad \text{公式 2-4}$$

当透镜厚度 d 远远小于透镜两个半径之差时，就可用薄透镜焦距计算公式 2-5 计算透镜焦距 f'。

$$\frac{1}{f'} = (n-1)\left(\frac{1}{r_1} - \frac{1}{r_2}\right) = -\frac{1}{f} \qquad \text{公式 2-5}$$

以上计算公式中，需注意各个变量的符号，且 f、r、d 保持同一个单位，一般都以毫米（mm）为单位。

（3）节点（nodal point）：凡是通过物方节点 J 的光线，其出射光线必定通过像方节点 J'，并且和入射光平行。节点具有角放大率为 1 的特性，即像方孔径角 U' 等于物方孔径角 U。

位于物方的节点称为物方节点，用符号 J 表示；位于像方的节点称为像方节点，用符号 J' 表示，如图 2-7 所示。

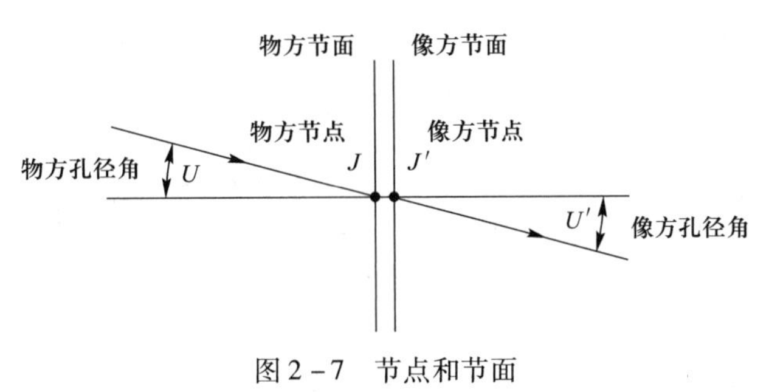

图 2-7　节点和节面

（4）正球面透镜（以下简称正透镜）的成像特性：正透镜是由两个球面组成，其基本构成形式如图 2-5（a）所示。

1）正透镜焦距计算

例 2－1：设正透镜 $r_1 = +100$ mm；$r_2 = -100$ mm；$n = 1.5163$；$d = 2.5$ mm，应用公式 2－4 计算该正透镜焦距。

解：由公式 2－4 有：

$$\frac{1}{f'} = (n-1)\left(\frac{1}{r_1} - \frac{1}{r_2}\right) + \frac{(n-1)^2 d}{n r_1 r_2}$$

$$= (1.5163 - 1)\left(\frac{1}{+100} - \frac{1}{-100}\right) + \frac{(1.5163 - 1)^2 2.5}{1.5163 \times 100 \times (-100)}$$

$$= (0.5163)(0.02) - 0.00004395$$

$$= 0.01028205$$

故 $$f' = 97.26 \text{ mm}, f = -f' = -97.26 \text{ mm}$$

2）正透镜的光学图：对于正透镜来说，当无穷远光轴上一物点以平行光入射到透镜上，经正透镜后，其光线呈会聚状态，其像点位于像方焦点 F'上。根据例 1－1 的计算结果，无穷远光轴上物点经正透镜成像光路如图 2－8 所示。

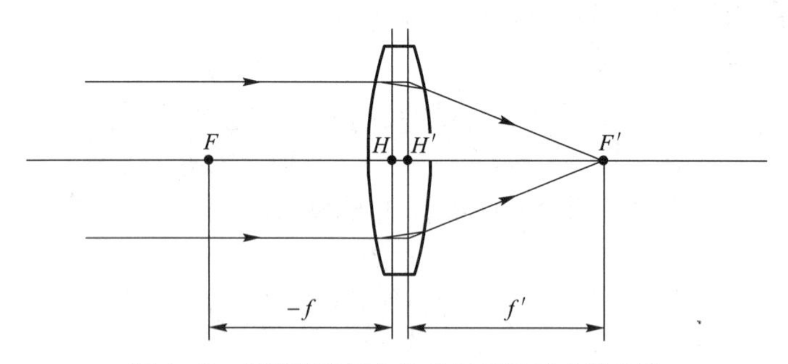

图 2－8　无穷远光轴上物点经正透镜成像光路

（5）负球面透镜（以下简称负透镜）的成像特性：负透镜是由两个球面组成，其基本构成形式如图 2－5（b）所示。

1）负透镜焦距计算

例 2－2：设负透镜 $r_1 = -100$ mm；$r_2 = +100$ mm；$n = 1.5163$；$d = 2.5$ mm，应用公式 2－4 计算该负透镜焦距。

解：由公式 2－4 有：

$$\frac{1}{f'} = (n-1)\left(\frac{1}{r_1} - \frac{1}{r_2}\right) + \frac{(n-1)^2 d}{n r_1 r_2}$$

$$= (1.5163 - 1)\left(\frac{1}{-100} - \frac{1}{+100}\right) + \frac{(1.5163 - 1)^2 2.5}{1.5163 \times (-100) \times 100}$$

$$= (0.5163)(-0.02) - 0.00004395$$

$$= -0.01037$$

$$f' = -96.43 \text{ mm} \quad f = -f' = +96.43 \text{ mm}$$

2）负透镜的光学图：对于正负透镜来说，当无穷远光轴上一物点以平行光入射到透镜上，经负透镜后，其光线呈发散状态，其像点位于像方焦点 F'上。根据例 2－2 的计算结果，无穷远光轴上物点经负透镜成像光路如图 2－9 所示。

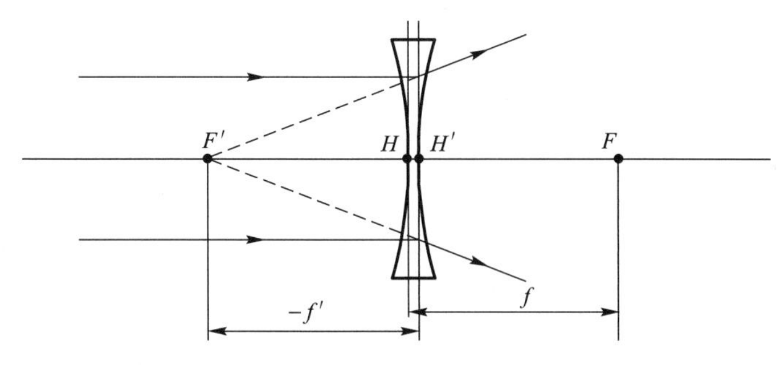

图2-9　无穷远光轴上物点经负透镜成像光路

四、人眼的光学特性

人眼的生理构成和具有的视觉功能就像一部具有生命的光学成像器件，能够用几何光学的方法进行分析和描述。

1. Gullstrand 人眼屈光系统的光学参数　早在20世纪初，瑞典学者 Gullstrand Allvar 利用测量及解剖手段，对大量成年人眼屈光系统参数进行了测量与统计，得到了一组人眼生理参数的平均统计数据，如表2-1所示。这组数据为分析人眼的屈光性能提供了科学依据，同时也为将人眼的生理结构转化为光学系统奠定了基础。

表2-1　Gullstrand 人眼屈光系统的光学参数

眼屈光介质名称	参　数
角膜折射率	1.376
房水折射率	1.336
玻璃体折射率	1.336
晶状体折射率	1.386
晶状体核折射率	1.406
角膜前半径	7.70 mm
晶状体前半径	10.00 mm
晶状体后半径	-6.00 mm
晶状体前表面到角膜顶端距离	3.60 mm
晶状体后表面到角膜顶端距离	7.20 mm
前主点位置	1.348 mm
后主点位置	1.602 mm
前节点位置	7.079 mm
后节点位置	7.333 mm
前主焦距	-17.054 mm
后主焦距	22.785 mm
眼的总屈光力	58.64 D

表2－1所示参数是建立在几何光学概念基础上的，为了更准确地理解相关参数，对相关参数给予解释。

（1）在表2－1中，“前主点位置”指的是物方主点到角膜顶点的距离，“后主点位置”指的是像方主点到角膜顶点的距离。

（2）在表2－1中，“前主焦距”指的是物方焦距；“后主焦距”指的是像方焦距。

（3）在表2－1中，“前节点位置”指的是物方节点位置；“后节点位置”指的是像方节点位置。

（4）屈光度是屈光力的单位，屈光力定义为：

$$F=\frac{1}{f'} \quad \text{公式2－6}$$

在公式2－6中定义f'的倒数为屈光力（或镜度），用符号F表示。屈光力的单位是m^{-1}，用符号D表示。

2. 模型眼　根据表2－1中人眼的屈光系统参数，计算出眼屈光系统相对位置关系的模型称之为Gullstrand模型眼（Gullstrand Schematic eye）。Gullstrand模型眼将人眼的生理参数转化为光学系统图，用几何光学的方法将人眼的生理参数描述成一个光学系统，为进一步分析和计算眼屈光系统的成像性质提供依据、方法和手段。

（1）Gullstrand参数下的模型眼：利用Gullstrand眼屈光系统参数，计算出人眼物方焦距为17.054 mm，像方焦距为22.785 mm，物方主点至角膜顶点间的距离为1.348 mm，像方主点至角膜顶点间的距离为1.602 mm，物方节点至角膜顶点间的距离为7.079 mm，像方节点至角膜顶点间的距离为7.333 mm。由上述数据描述的模型眼如图2－10所示。

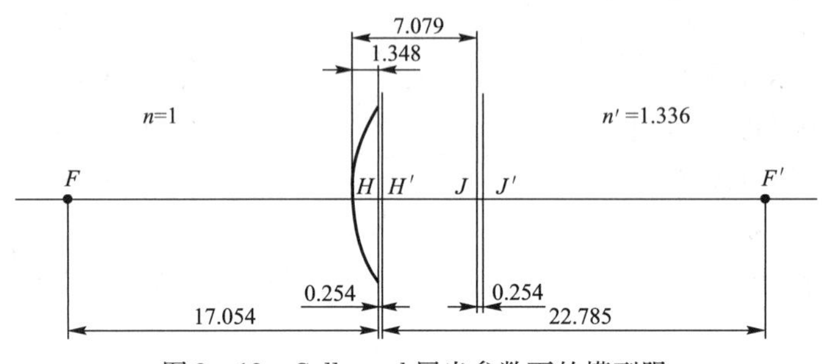

图2－10　Gullstrand屈光参数下的模型眼

由图2－10中数据可以看出，物方主点与像方主点之间相距仅为0.254 mm，物方节点与像方节点之间相距也为0.254 mm，两者相差距离很小，将其合并为一点，对系统计算精度影响很小。故将物像方主点合并为一个主点，将物像方节点合并为一个节点。合并后的主点位置至角膜顶点间的距离为1.475 mm，合并后的节点位置至角膜顶点间的距离为7.206 mm，相应的物方焦点F和像方焦点F′也分别向球面顶点移动了0.127 mm。用简化后的数据得到的模型眼如图2－11所示。简化后的模型眼更为简洁直观。

（2）简化眼（reduced schematic eye）：在模型眼的基础上，保持物方焦距为17.054 mm，像方焦距为22.785 mm，取物空间为空气，折射率n为1，像空间折射率为n'，可以得出单折射球面的半径r为5.73 mm及像方折射率n'为1.336（图2－12）。这样便可将模型眼简化为一个单折射球面，称为简化眼，也称为Emsley 60D眼（Emsley 60－diopter eye）。

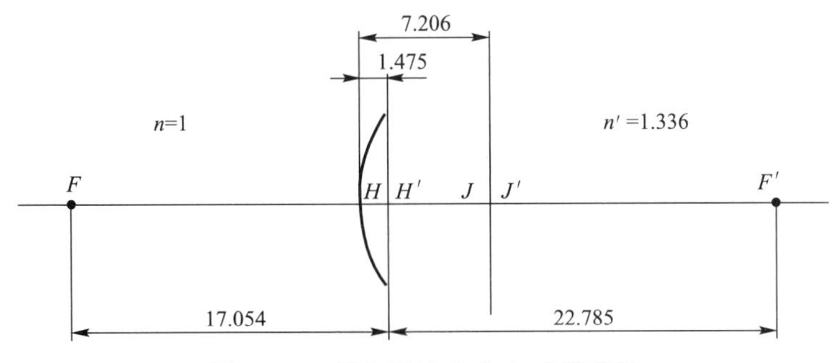

图 2－11　简化后的 Gullstrand 模型眼

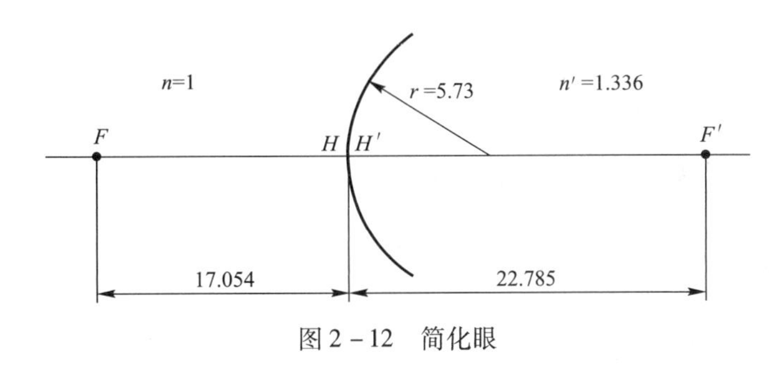

图 2－12　简化眼

根据简化眼参数，可以形象地画出人眼光学示意图（图 2－13）。

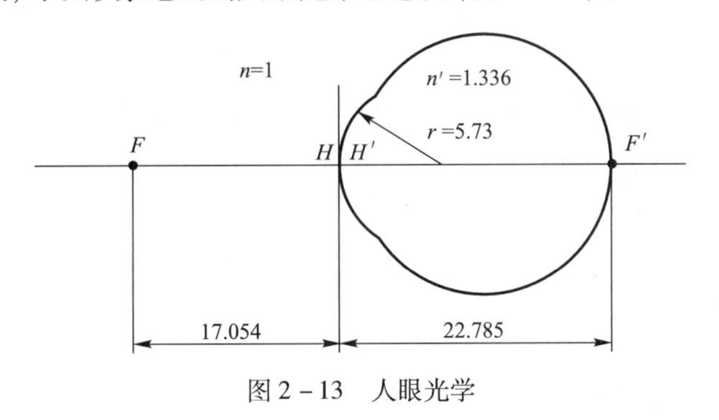

图 2－13　人眼光学

用只包含一个折射球面的简化眼图来描述一个复杂的生理人眼，将人眼屈光问题转化为一个简单光学成像问题，为更直观、更形象、更准确地计算和分析眼屈光系统成像问题提供了方法。

五、角膜和晶状体的光学特性

角膜和晶状体是眼屈光系统中重要的屈光部件，人眼能将远处物体成像在直径仅有 24 mm 的眼球后部的视网膜黄斑处，足以说明角膜和晶状体具有很强的屈光力。利用 Gullstrand 眼屈光系统参数和几何光学的方法，可以精确计算出角膜和晶状体的屈光力，这有助于更好地研究和解决眼屈光问题。

1. 角膜的光学特性　人眼的屈光力主要来自于角膜，双球面透明角膜相当于一块具有聚光作用正透镜。用几何光学的方法分析和计算，可得到角膜成像的光学参数和特性。角膜光学示意图如图 2－14 所示。

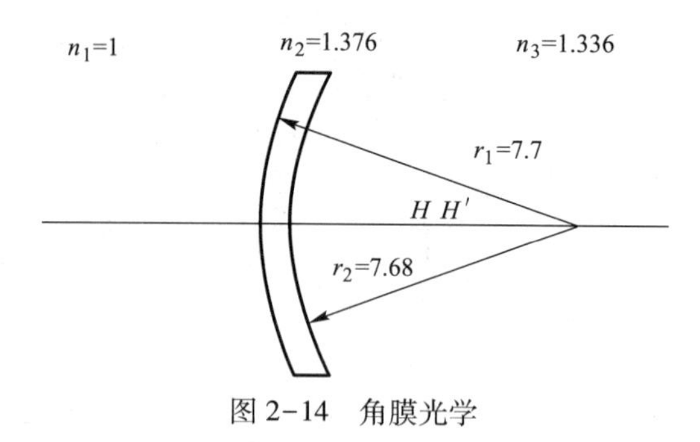

图 2-14　角膜光学

角膜前表面的面屈光力 F_1：

$$F_1 = \frac{n' - 1}{r_1} \times 1\,000 = \frac{1.376 - 1}{7.7} \times 1\,000 = +48.83\text{D}$$

角膜后表面的面屈光力 F_2：

$$F_2 = \frac{n' - n}{r_2} \times 1\,000 = \frac{1.336 - 1.376}{6.8} \times 1\,000 = -5.88\text{D}$$

由于角膜厚度仅为 0.5 mm，故角膜的屈光力可按薄透镜公式计算。

$$F_{角} = F_1 + F_2 = +48.83 + (-5.88) = +42.95\text{D}$$

由计算结果可知，角膜的屈光力为+42.95D。

2. 晶状体的光学特性　可以改变球面半径的晶状体相当于一块可变焦的正透镜。可根据不同注视点的视距，调整晶状体球形表面的曲率以达到调焦的作用。其屈光力变化量可达到 19 个屈光度。在睫状肌处于放松状态时，对晶状体没有牵拉作用，晶状体处于零调节状态，其前后两表面曲率半径分别为 $r_1 = 10$ mm，$r_2 = 6$ mm，按表 2-1 中的参数可计算出晶状体的屈光力 $F_{晶}$。

$$F_{晶} = (n' - n)\left(\frac{1}{r_1} - \frac{1}{r_2}\right) + \frac{(n' - n)^2 d}{n' r_1 r_2}$$

$$F_{晶} = (1.396 - 1.336)\left(\frac{1}{10} + \frac{1}{6}\right) \times 1\,000 - \frac{(1.396 - 1.336)^2}{1.336 \times 6 \times 10} \times 3.6 \times 1\,000$$

$$= +15.84\text{D}$$

由计算结果可知，晶状体的屈光力为+15.84D。

由于人眼的屈光力主要来自于角膜和晶状体，用简化公式表示为：

$$F_{总} = F_{角} + F_{晶} \qquad \text{公式 2-7}$$

将上面计算角膜和晶状体的屈光力值代入公式 2-7 有：

$$F_{总} = F_{角} + F_{晶} = 42.95 + 15.84 = +58.79\text{D}$$

由上述计算可知，人眼总屈光力（静态下）为+58.79D。

第二节　眼睛的屈光问题

正常人眼具备清晰成像的功能，当眼调节静止时，平行入射光线经眼屈光系统后，应聚焦在视网膜黄斑中心凹处，此时能清晰成像，这种屈光状态称为正视眼。正视眼屈光成像如图 2-15 所示。

但当屈光介质、屈光状态及调节功能出现问题时，人眼便偏离了正常的屈光状态，称之为屈光不正(ametropia)。屈光不正主要表现有视物不清、视觉疲劳等。根据视物不清和视觉疲劳的表现形式和产生原因，将屈光不正分为近视眼、远视眼、散光眼、老视眼和屈光参差眼等类型。

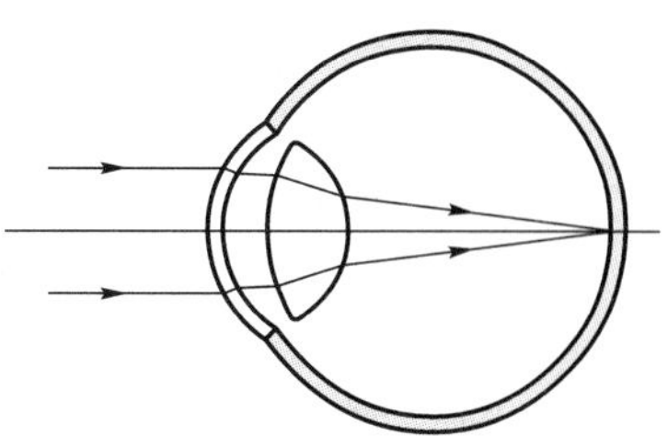

图 2-15　正视眼成像

一、近视眼

(一) 近视眼的屈光状态

近视眼(myopia)的屈光状态表现为眼屈光能力过大，导致将无穷远(5 m 以外)处的物体成像在视网膜前，在视网膜上没有清晰的物像，用光学的方法来描述近视眼的成像状态如图 2-16 所示。

近视眼对应的清晰成像范围是在有限距离上，近视程度越高，清晰成像的范围就越小，如图 2-17 所示。

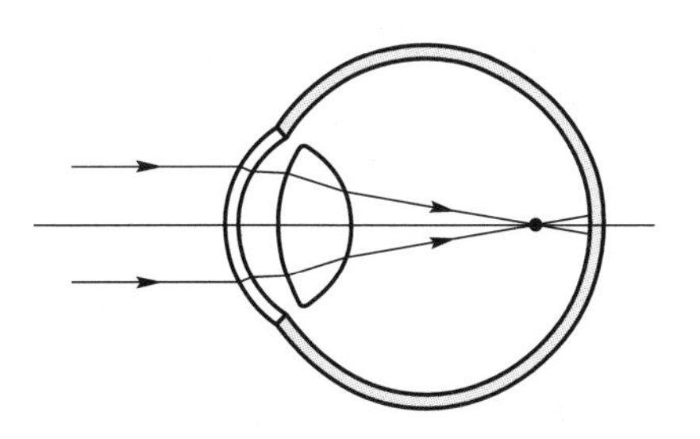

图 2-16　近视眼的成像状态

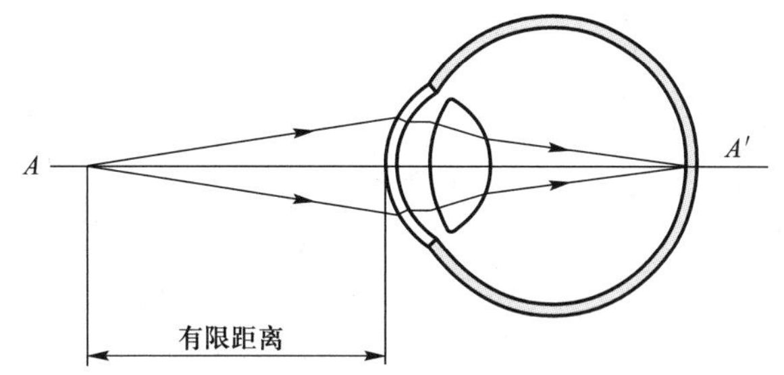

图 2-17　近视眼清晰成像范围

(二) 近视眼的生理表现

近视眼主要表现为远视力低，近视力好的特点，能清晰观察的范围缩短，远处物体看不清晰，只是能看清楚眼前一定距离内的物体。能清晰视物的范围大小与近视程度有关，近视程度越大能看清楚的范围就越小。近视眼还表现出视物疲劳等现象，直接影响到人的正常学习、工作和生活。当近视程度较高时，不仅会给人的正常生活工作带来困难，而且如得不到及时矫正，还会造成眼部的一些并发疾病。

二、远视眼

(一) 远视眼的屈光状态

远视眼(hypermetropia)屈光状态表现为眼屈光力过弱，致使无穷远处的物体成像在视网膜后，在视网膜上没有清晰的物像。远视眼要想获得清晰的像，就要动用调节来增加眼睛的屈光力，使其具有将物体成像在视网膜上所需的屈光力。用光学的方法来描述远视眼的成像状态如图 2-18 所示。

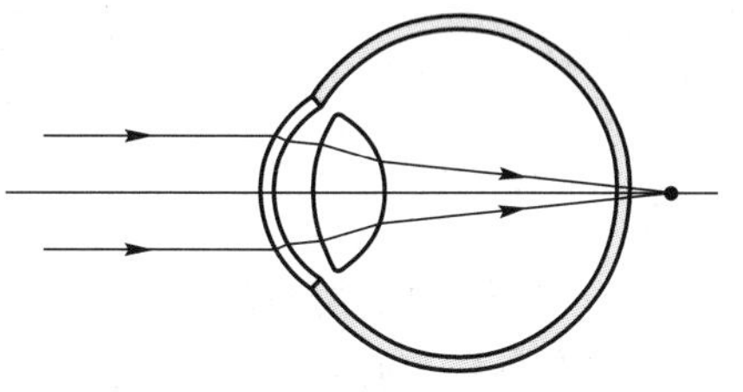

图 2-18　远视眼的成像状态

(二) 远视眼的生理表现

由于远视眼屈光力过弱造成视物不清晰，会带来远视眼在视物过程中全程都伴随着调节的参与。对于轻度远视眼，通过动用调节是可以看清不同距离的物体，表现为正常视力，但长期动用调节这必然导致眼睛的视物疲劳；对于中度远视眼，动用了全部调节也不能够将近距离物体成像在视网膜上，会表现为远视力好，近视力不好，出现视近困难，眼睛的疲劳程度明显大于轻度远视；对于高度远视即使动用全部调节，远视力和近视力都不好，自觉症状十分明显。

三、散光眼

（一）散光眼的屈光状态

正常人眼的角膜与晶状体表面呈球面，以保证像面在一个平面上。当这一球面系统出现问题，出现了两个像面或更多的像面时，在视网膜上就无法获得一个清晰像。将屈光系统存在两个焦面或更多焦面的屈光状态，定义为散光眼（astigmatism）。通常用史氏光锥来描述散光眼的屈光状态（图 2－19）。

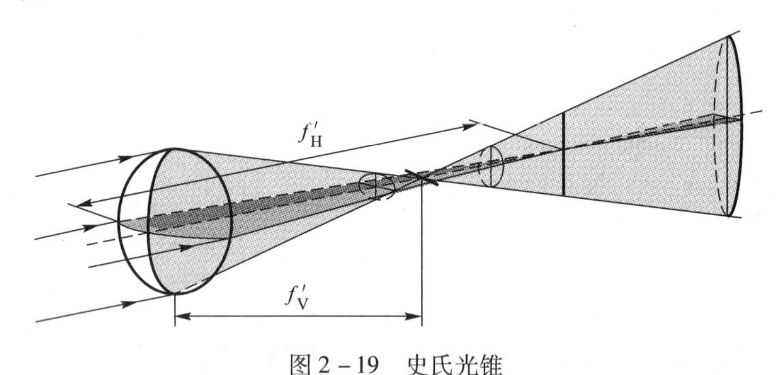

图 2－19 史氏光锥

图 2－19 中，由于两个相垂直方向上屈光力不同，对应的光线分别聚焦形成两条焦线，导致在视网膜上成一个光斑。用史氏光锥描述散光眼的屈光状态，仅仅表达的是散光眼中常见和典型的一种屈光状态，称这种最大屈光力和最小屈光力主子午线呈垂直关系的散光眼为规则性散光眼。也就是说，史氏光锥描述的是规则性散光眼的屈光状态。规则性散光眼的屈光状态如图 2－20 所示。

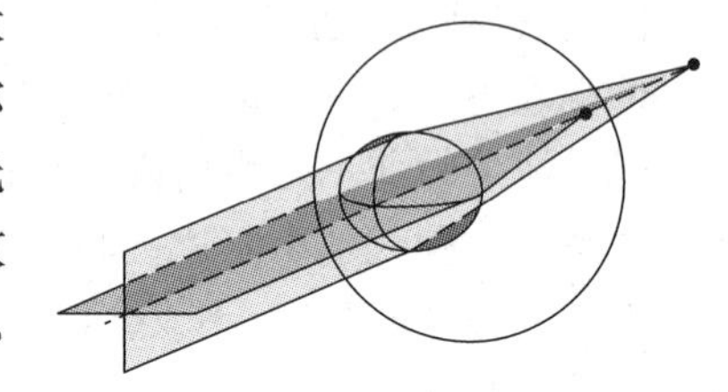

图 2－20 规则性散光眼的屈光状态

（二）散光眼的生理表现

由于散光眼不具备统一的焦面，故在视网膜上没有清晰像。散光眼与近视眼和远视眼最大的区别是后者是存在一个清晰像面，只不过这个清晰像面不在视网膜上，而散光眼是不存在这样一个清晰像面的，是无法通过调节来获得清晰像面。由于没有清晰像面，人眼总是自觉或不自觉地进行调节，企图找到一个清晰像面，这种不自觉的调节就给人眼带来了视觉疲劳。由此可知，散光眼的主要表现为远视力与近视力都不好，且视物疲劳，疲劳程度与散光程度有关，散光程度越高其眼疲劳程度也相应越高。

四、老视眼

（一）老视眼的屈光状态

正常人眼是具有屈光调节功能的，根据观察物体的远近，通过睫状肌的收缩与松弛来改变晶状体表面的曲率半径，改变人眼的总屈光力，使其物体的像成像在视网膜上。随着年龄的增长，晶状体逐步老化变硬，弹性变小，人眼调节功能和调节能力在逐步下降，导致人眼能清晰视物的范围减小，近点距离变远。随着年龄增长，看不清晰的范围会越来越大。老视眼（presbyopia）的屈光状态如图2-21所示。

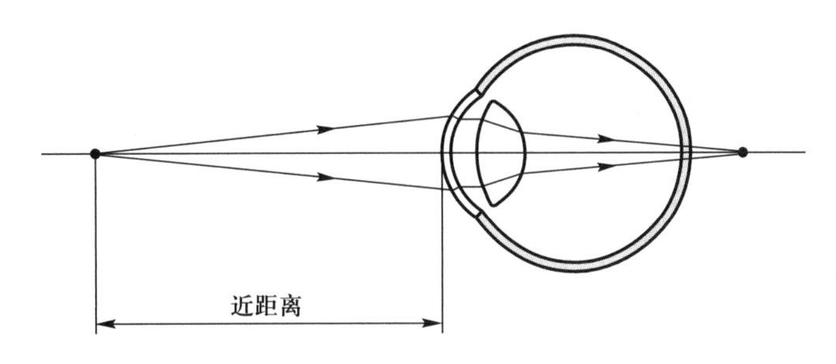

图2-21　老视眼的屈光状态

（二）老视眼的生理表现

发生老视最明显的特征有视近困难、近距离观察时需要有更强的照明、近距离观察不能持久。对于不同类型的屈光状态的老视眼，有不同表现特征。对单纯性老视眼来说，远视力好，近视力差，发生了视近困难；对近视合并老视眼来说，远视力仍旧不好，但近距离阅读时，需要摘掉近视镜；对于远视合并老视眼来说，在配戴原远视镜时会发生近视力不好的现象，需进一步加大远视镜的度数，才能看清近物。

五、屈光参差眼

（一）屈光参差眼的屈光状态

屈光参差（anisometropia）是指双眼在一条或两条子午线上的屈光力相差在2.50屈光度以上者。屈光参差的屈光状态可以表现为以下几种状态。

1. 一只眼为正视眼，另一只眼为近视眼或为远视眼，两眼屈光力差值在2.50屈光度以上。

2. 两只眼同为近视眼或为同为远视眼，两眼屈光力差值在2.50屈光度以上。

3. 一只眼为近视眼，另一只眼为远视眼，两眼屈光力差值在2.50屈光度以上。此种情况两眼屈光力差值应按左右眼屈光度值的绝对值做累加，如：右眼屈光力为-2.00D，左眼屈光力为+1.00D，两眼屈光力差值为：$|-2.00|+|+1.00|=3.00D$，两眼屈光力相差在2.50屈光度以上为屈光参差。

4. 对于双眼均为散光眼，一条或两条子午线上的屈光力相差在2.50屈光度以上。

（二）屈光参差眼的生理表现

由于双眼屈光力存在较大差异，导致双眼在视网膜上所成像的大小不等，造成双眼融像困难。伴随融像问题，会破坏双眼视功能，产生交替视力、单眼视和弱视等眼部问题。

第三节　屈光不正的矫正

当人眼出现屈光不正后，会发生视远困难、视近困难或者视远视近都困难的情况。轻者会影响到正常的学习、工作和生活，重者会出现眼痛、眼胀、头痛、恶心等症状，还会引起眼部发生其他病症，严重影响了生活质量和眼睛健康。对于屈光不正应该给予及时矫正。根据屈光不正的类型不同，其矫正的原理与方法也不同。

一、近视眼的矫正原理

近视眼的成因是由于生理性、病理性和用眼习惯等诸多因素造成眼屈光系统将物体像成像在了视网膜前，导致远处物体在视网膜上没有清晰的像，主要是由于近视眼过大的屈光能力与视网膜不匹配造成的。如图2－22(a)所示。为此，可通过一个具有发散作用的负球面透镜来抵消近视眼过大的屈光力，从而实现将被观察物体的像成像在视网膜上，如图2－22(b)所示。用来解决近视眼的矫正眼镜称为近视镜。

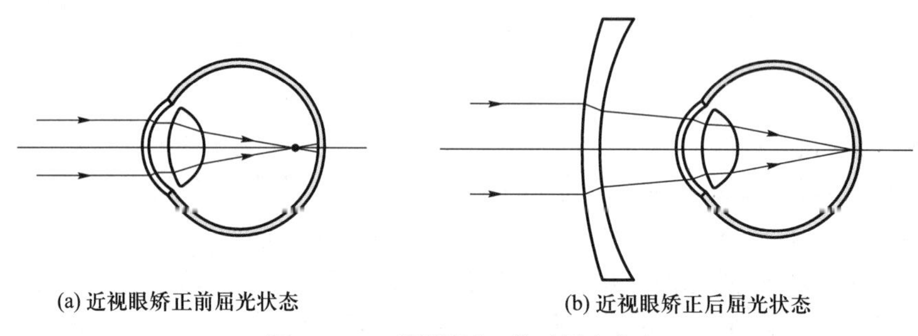

图2－22 近视眼矫正前后屈光状态

二、远视眼的矫正原理

远视眼的成因与近视眼的成像性质相反，是由于生理性、病理性等诸多因素造成眼屈光系统将物体像成像在了视网膜后，在视网膜上没有清晰的像，导致人眼视物不清楚，这是由于人眼的屈光能力过小与视网膜不匹配造成的。为此，可以通过一个具有会聚作用的正球面透镜来补充人眼过小的屈光力，从而实现将被观察物体的像成像在视网膜上，如图2－23所示。用来解决远视眼的矫正眼镜称为远视镜。

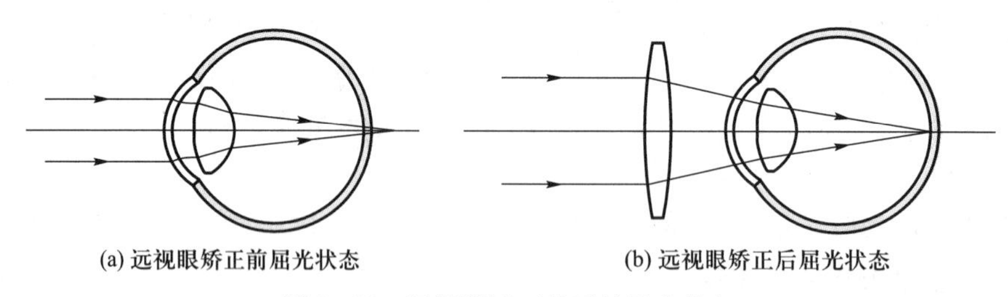

图2－23 远视眼矫正前后的屈光状态

三、散光眼的矫正原理

散光眼是由于眼屈光系统失去了球面系统成单一焦面的性质，呈双焦面或多焦面状态，导致在视网膜上没有清晰的像，也无法通过眼的调节来实现清晰成像。最常见的散光眼多为规则性散光眼，对于规则性散光眼可通过具有单方向聚焦的柱面透镜来解决成像问题，从而实现被观察物体在视网膜上清晰成像。如图2－24所示。用来解决散光眼的矫正眼镜称为散光镜或球柱镜。

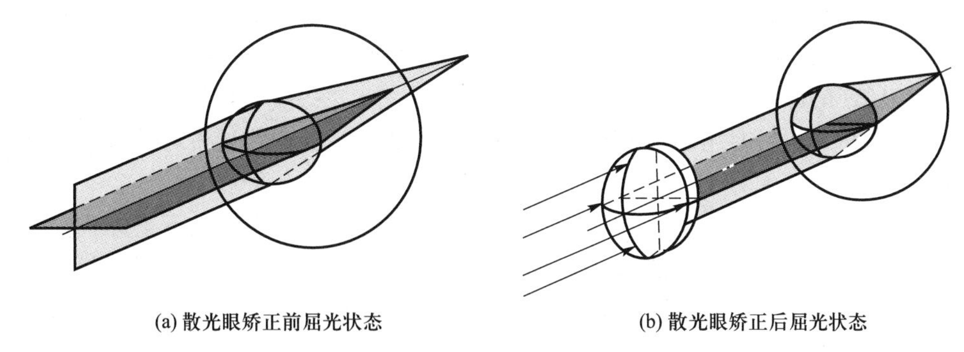
(a) 散光眼矫正前屈光状态　(b) 散光眼矫正后屈光状态

图 2-24　散光眼矫正前后屈光状态

四、老视眼的矫正原理

老视眼的成因是由于晶状体的老化和睫状肌收缩能力下降造成人眼的调节力下降,不能将近处的物体像成在视网膜上,导致老视眼视近困难。也就是说是由于人眼的屈光能力小了与视网膜不匹配造成的。为此,可通过一个具有会聚作用的正透镜来帮助人眼提高对近距离物体清晰成像所需的屈光能力,从而实现近距离物体也成像在视网膜上,如图 2-25 所示。用来解决老视眼的矫正眼镜称为老视镜或老花镜。

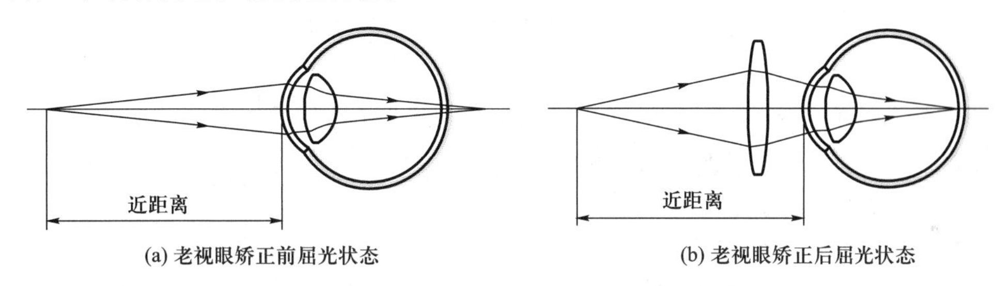

(a) 老视眼矫正前屈光状态　(b) 老视眼矫正后屈光状态

图 2-25　老视眼矫正前后的屈光状态

但老视镜只能解决近距离观察,视远时还需摘下这一正透镜。为了解决老视眼视远视近需要反复摘戴眼镜的麻烦和不便,可以通过配戴多焦点眼镜和渐变焦眼镜。

1. 多焦点眼镜(multifocal lens)　是在眼镜主镜片上附有一个或几个子镜,具有双视距或多视距功能,常见的有双光镜片和三光镜片。例如双光镜片,通过主镜片视远,通过子镜片视近,这样一副眼镜解决视远和视近问题。由于视近用的子镜片是附加在主镜片上的,当人眼视轴从视远用的主镜进入视近用子镜时,会产生像跳现象,需配戴者给予注意和适应。

2. 渐变焦眼镜(progressive additional lens)　是指镜片的顶焦度是连续变化的,从视远的焦度值按照人眼的视觉通道焦度值连续变化到视近的焦度值,实现一副眼镜解决人眼视远与视近以及由远至近通道中的屈光矫正,不存在像跳现象。由于要求镜片视觉通道应与配戴者视觉通道有很好吻合性,故对验配质量、配戴位置和正确使用都有较高要求。

五、屈光不正的矫正方法

屈光不正的矫正方法有多种形式,主要以框架眼镜、接触镜和屈光手术的方式解决屈光不正问题，目前选用框架眼镜矫正屈光不正者为多数。具体选择什么方式为最好和最适合，是依据具体眼的屈光状态而定，应遵循眼科医生和验光师的指导和建议。

1. 框架眼镜(frame glasses)　选用框架眼镜解决屈光不正以获得良好的视觉效果是目前最常采用的方法。框架眼镜是由眼镜架和眼镜片构成，根据不同的镜片性质可以解决近视、远视、散光、老视、屈光参差等屈光不正问题，具有经济、安全、可靠的特点。

2. 接触镜(contact lens)　是直接配戴在角膜前表面的一种矫正屈光不正方式。相对框架眼镜来说接触镜更轻便、更大的视野、更真实物像比例和更好的运动安全性。接触镜按其材料特性分为软性接触镜和硬性透氧性接触镜两大类。接触镜由于是配戴在眼角膜前，应该在专业医生和验光师指导下验配和配戴。

(1) 软性接触镜(soft contact lens, SCL)：是由柔软性和吸水性优良的塑胶聚合物等材料制作，镜片具有良好的舒适、透氧性能。在矫正常规的屈光不正的基础上，对屈光参差眼和无晶状体眼有着更理想的矫正作用。在临床上有着广泛的应用。

(2) 硬性透氧性接触镜(rigid gas permeable contact lens, RGPCL)：是由硅水凝胶等材料制作，具有良好的透氧性、更加稳定的光学性能、矫正视力清晰、并发症少等特点。对高度近视眼、高度散光眼、角膜不规则眼和圆锥角膜等有更优良的矫正效果。

此外，有一种角膜塑形镜，简称 OK 镜(Ortho K lens)，是由类似于硬性接触镜的材料制成。与硬性接触镜不同的是，这种镜片在夜晚配戴，通过特殊设计的反转弧来改变角膜形态，达到矫正屈光不正的目的，白天并不需要戴眼镜。近来研究发现，角膜塑形镜可能对控制近视进展有一定作用。

3. 屈光手术(refractive surgery)　是通过医学的方式来调整眼屈光系统的成像性质，使屈光不正得以矫正的一种方式。目前屈光手术根据修正的部位分为角膜屈光手术、晶体屈光手术和巩膜屈光手术三种类型的手术。

(1) 角膜屈光手术：包括放射状角膜切开术、表面角膜镜片术、角膜基质环植入术、准分子激光角膜切削术、准分子激光原位角膜镶磨术等。这些方法通过改变角膜的形态，来达到矫正屈光不正的目的。

(2) 晶体屈光手术：包括白内障摘除术后人工晶体植入术和无晶状体眼人工晶状体植入术等。晶体屈光手术适用于晶体异常和矫正较大的屈光不正。

(3) 巩膜屈光手术：包括后巩膜加固术和巩膜扩张术。这种手术主要起预防作用，以期阻止病理性近视的度数进一步加大。

屈光手术有着严格的实施条件、要求和适应证，应遵循眼科医生的指导。

思　考　题

1. 眼睛是人体实现视觉的重要生理器官，眼睛由哪三部分组成？
2. 人眼的生理构成中哪些成分构成了眼屈光系统？
3. 人眼具有哪些视觉功能？
4. 目前屈光不正的矫正方法有哪几大类型？

5. 简述老视眼的成因。
6. 目前矫正屈光不正的方法有哪些？
7. 框架眼镜矫正屈光不正有哪些特点？

（武　红）

第三章 透 镜

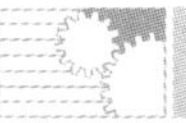

学习目标

◇ 掌握球面透镜的概念、分类、光学性质，掌握球镜面屈光力和薄透镜屈光力的计算。

◇ 掌握球镜屈光力的单位和计算，球面透镜对屈光不正的矫正原理；掌握球镜处方的规范表达，球镜联合；熟悉球镜的识别与中和。

◇ 掌握有效屈光力的概念和计算。

◇ 了解厚透镜屈光力的计算。

◇ 掌握散光和主子午线的定义；柱面透镜的特性和屈光力的计算；掌握柱镜的叠加。

◇ 掌握球柱透镜的定义；掌握环曲面透镜的概念和形式；掌握标准标记法；掌握散光镜片的表达形式和处方转换方法。

◇ 熟悉散光透镜的成像。

透镜(lens)是由前后两个折射面组成的透明介质，这两个折射面至少有一个是弯曲面。透镜主要利用其光学原理来矫正不同类型、程度、性质的屈光不正。按照透镜的光学性质，可分为球面透镜、散光透镜。广义的透镜还包括棱镜。本章介绍最常用的球面透镜和散光透镜。

第一节 球面透镜

球面透镜(spherical lens)简称球镜，从光学作用看，球镜可以使平行光线形成一个焦点(图3－1)。球镜由两个表面组成，通常为两个球面。球镜又可分为凸透镜(中央厚、边缘薄)和凹透镜(中央薄、边缘厚)，凸透镜又可分为双凸、平凸和凹凸三种形式，凹透镜可以分为双凹、平凹和凸凹三种形式。

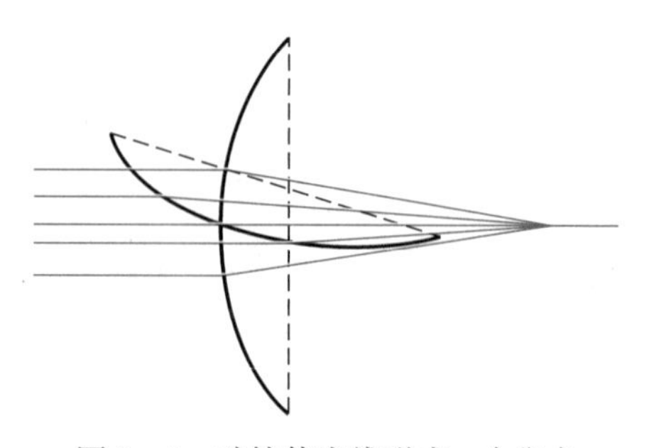

图3－1 球镜使光线形成一个焦点

在眼镜光学里，有薄透镜(thin lens)与厚透镜(thick lens)之分。如果透镜的中心厚度与透镜表面的曲率半径相比可以忽略，这样的透镜称为薄透镜。通常,凸透镜用一个相对的双箭头表示,凹透镜用一个相向的双箭头表示(图 3-2)。如果透镜的中心厚度不能忽略,则称为厚透镜。当厚透镜的透镜形式发生改变,如透镜前后表面变弯或变平,透镜的总体屈光力和前后顶点屈光力都会相应变化。

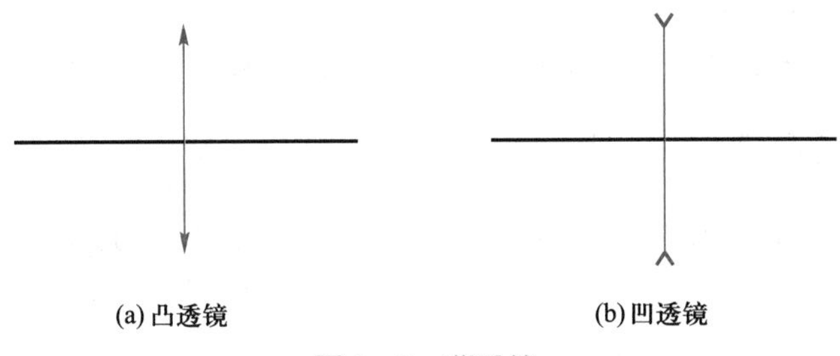

图 3-2 薄透镜

一、概念

球面透镜是指前后表面均为球面,或一面为球面,另一面为平面的透镜。球面(spherical surface)是由一个圆或一段弧绕其直径旋转而得,如图 3-3 所示。通过球面的任何平面所截得的总是一个圆。通过球心的平面所截得的圆最大。

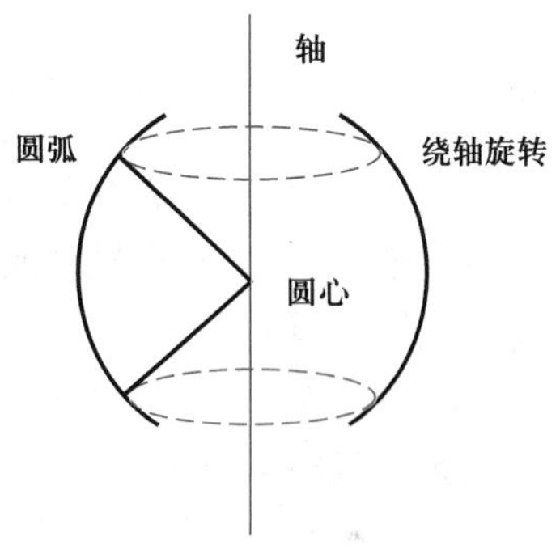

图 3-3 球面

二、分类

球面透镜分凸透镜(convex lens)和凹透镜(concave lens)两类。

(一) 凸透镜

凸透镜是指中央厚,周边薄的球镜。凸透镜对光线有会聚作用,也称为会聚透镜(converging lens)。根据凸透镜的前后表面的形状,可以分为以下几种类型,如图 3-4 所示。

1. 双凸透镜(biconvex lens) 凸透镜的前后两个面均为凸面(convex surface),如图 3-4(a);如果两个凸面的曲率相等,则称为等双凸透镜(equi-convex lens)。

2. 平凸透镜(plano-convex lens) 凸透镜的一面是凸面,另一面是平面,如图 3-4(b)。

3. 凹凸透镜 凸透镜由一个凸面和一个凹面(concave surface)组成。这种透镜又称为新月形凸透镜(meniscus convex lens),如图 3-4(c)。

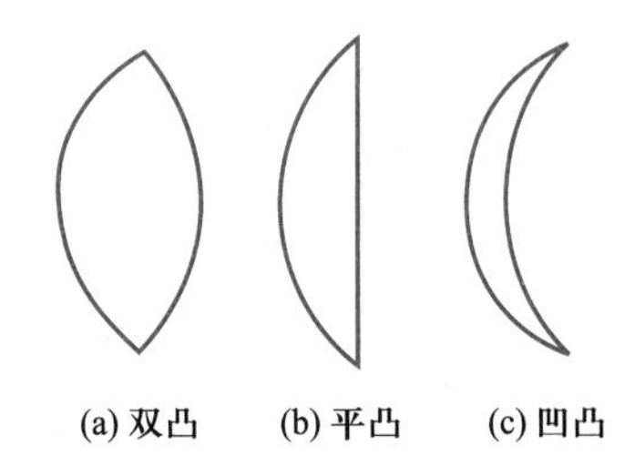

图 3-4 凸透镜的形式

(二) 凹透镜

凹透镜是指中央薄,周边厚的球镜。凹透镜对光线有发散作用,也称为发散透镜(diverging lens)。根据凹透镜的前后两个表面的形状,可以分为以下几种类型,如图 3-5 所示。

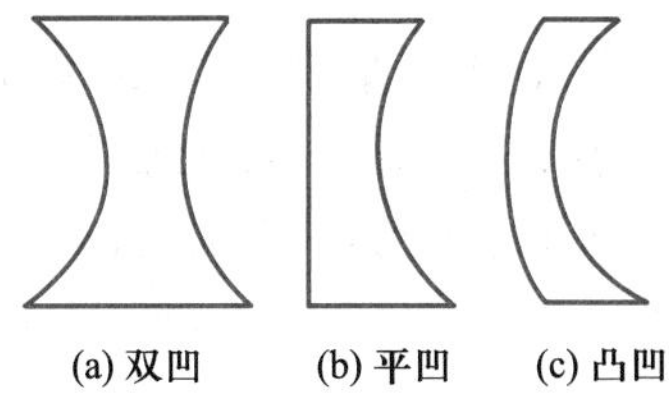

图 3-5 凹透镜的形式

1. 双凹透镜(biconcave lens) 凹透镜的前后两个面均

为凹面，如图 3-5(a)。如果两个凹面的曲率相等，则称为等双凹透镜(equi-concave lens)。

2. 平凹透镜(plano-concave lens) 凹透镜的一面是凹面，另一面是平面，如图 3-5(b)。

3. 凸凹透镜 凹透镜由一个凹面和一个凸面组成。这种透镜又称为新月形凹透镜(meniscus concave lens)如图 3-5(c)。

目前市场上的眼镜片基本为新月形镜片，如图 3-4(c)和图 3-5(c)所示。

三、球镜的矫正原理

球镜装配至眼镜框配戴时一般位于眼前 12 mm，平行光经过球镜后聚焦在眼的视网膜上，如图 3-6 所示。

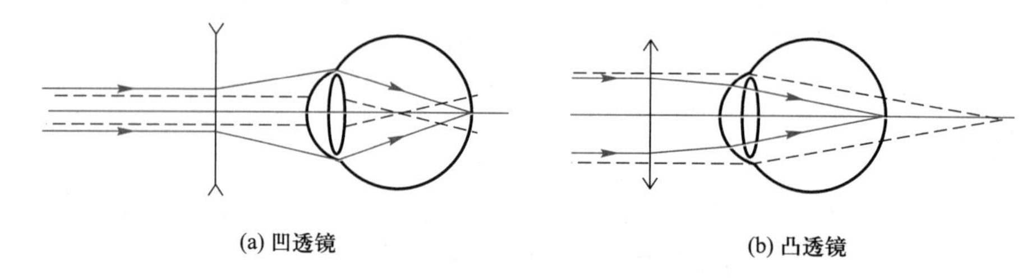

图 3-6 凹透镜和凸透镜将平行光线分别聚焦在眼的视网膜上

从图 3-6 可看出，眼球本身存在屈光力，由于平行光线通过眼球本身的屈光作用后，聚焦点不在视网膜(在前或在后)，这时候的球镜和眼球结合后，形成新的光学系统，该系统的矫正可以使物体成像在视网膜上。

1. 近视 举例：-3.00D 的近视患者。

在无任何矫正的状态下，从眼底出来的光线聚焦在眼前 33 cm(眼的远点)，置于眼前的负透镜将平行光线聚焦在眼的远点上，即正好共轭聚焦在视网膜上，该镜片的屈光力为-3.00D(图 3-7)。

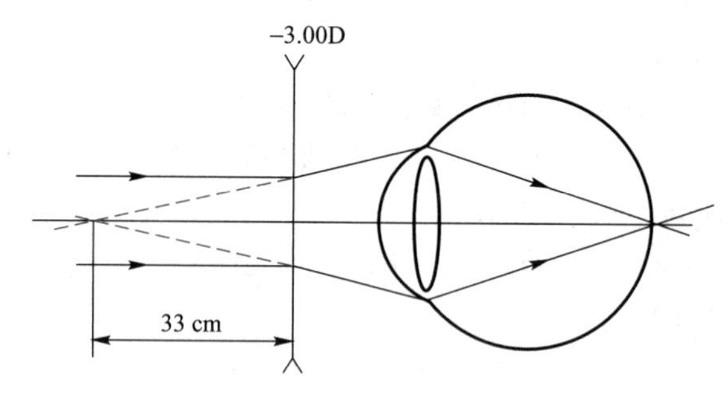

图 3-7 -3.00DS 近视使用镜片的矫正

2. 远视 举例：+3.00D 的远视患者。

在无任何矫正的状态下，从眼底出来的光线聚焦在眼后 33 cm(眼的远点)，置于眼前的正透镜将平行光线聚焦在眼的远点上，即正好共轭聚焦在视网膜上，该镜片的屈光力为+3.00D(图 3-8)。

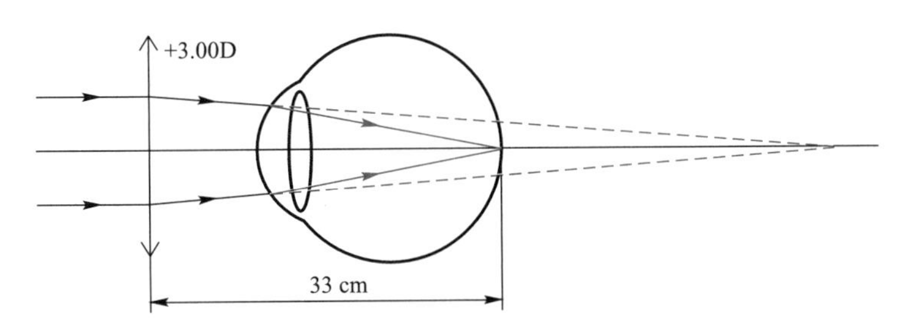

图 3－8　+3.00DS 远视使用镜片的矫正图

四、球镜屈光力的表达

透镜屈光力的屈光度数值一般保留小数点后两位。屈光度数值的间距通常为 1/4D，如 ±0.25D、±0.50D、±0.75D、±1.00D。屈光力的单位为屈光度（diopter，D）。如果是球镜，还要记录球镜（sphere）的简称“S”。完整球镜的屈光力记录示范：+1.50DS、－3.75DS。如果透镜屈光力为零，则记录 0.00DS 或平光透镜（plano lens，PL）。

第二节　散光透镜及其分类

从光学作用看，散光透镜（astigmatism lens）不能使平行光成像为一个焦点（图 3－9）。散光透镜各个方向的屈光力不同，故平行光线通过散光透镜并不能成像为一个焦点。

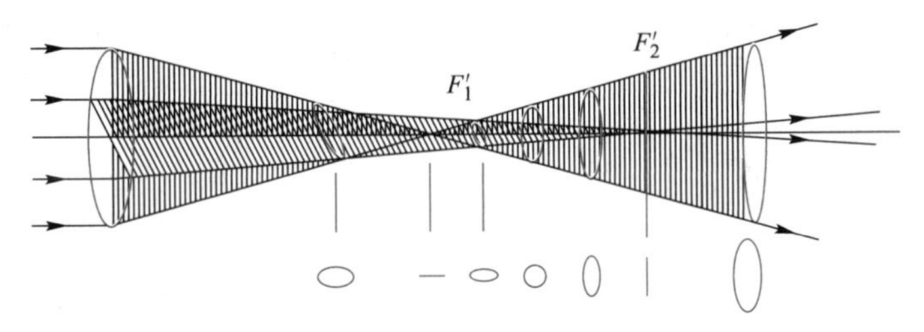

图 3－9　散光和史氏光锥

散光透镜用于矫正规则散光，即该透镜的某一子午线内屈光力最小，屈光力逐渐增加至与其垂直的子午线屈光力，达到最大。散光透镜包含最大与最小屈光力的子午线称为主子午线（principal meridians）。

一、柱面透镜

柱面透镜的特点是一条主子午线有屈光力，与之垂直的另一主子午线无屈光力。柱面透镜可以从一透明圆柱体（如玻璃）沿轴方向切下而得到（图 3－10，图 3－11，图 3－12）。将一条直线 *PQ* 绕另一条直线 *AA'* 平行等距离旋转就可以得到一圆柱体。*AA'* 为圆柱的轴，两条线之间距为圆柱的曲率半径，与轴垂直的方向有最大的曲率。这样得到的一面为平面另一面为圆柱面的透镜为柱面透镜（cylindrical lens）。

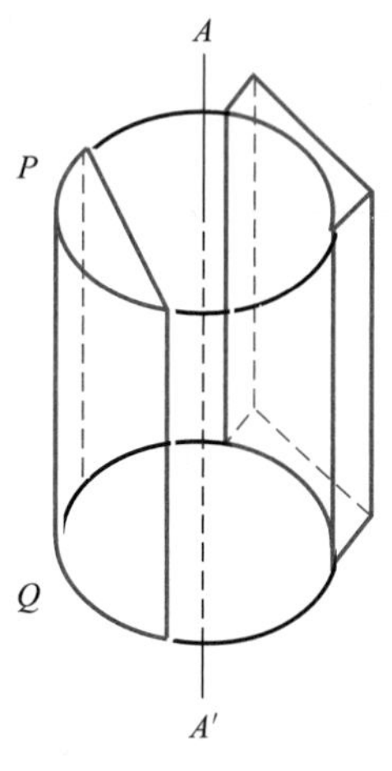

图 3-10 圆柱透镜

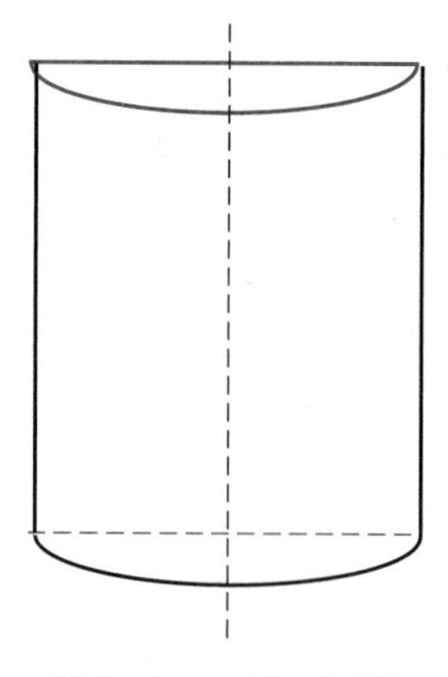
图 3-11 正柱面透镜

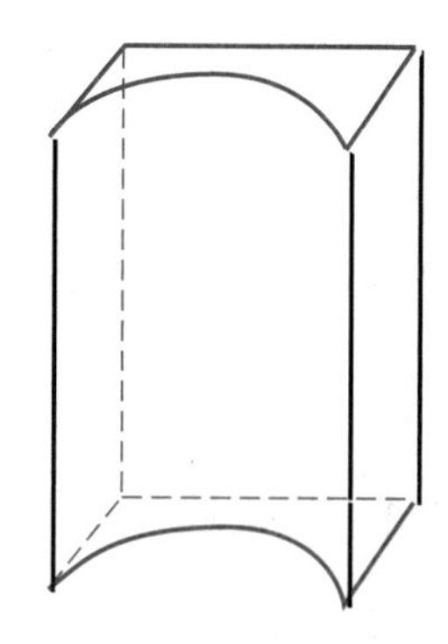
图 3-12 负柱面透镜

由于柱面透镜在与轴平行的方向上曲率为零(没有弯曲),所以光线通过柱面透镜在这个方向上没有偏折,柱面透镜在与轴垂直的方向上有最大的曲率,所以光线通过柱面透镜在这个方向上受到最大的屈光力。平行光通过柱面透镜后会聚到焦点,焦点集合成一直线称为焦线(图 3-13,图 3-14),焦线与轴平行。

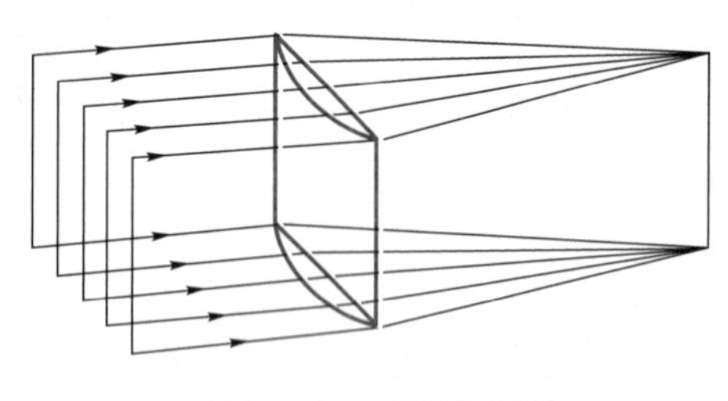
图 3-13 正柱镜成像

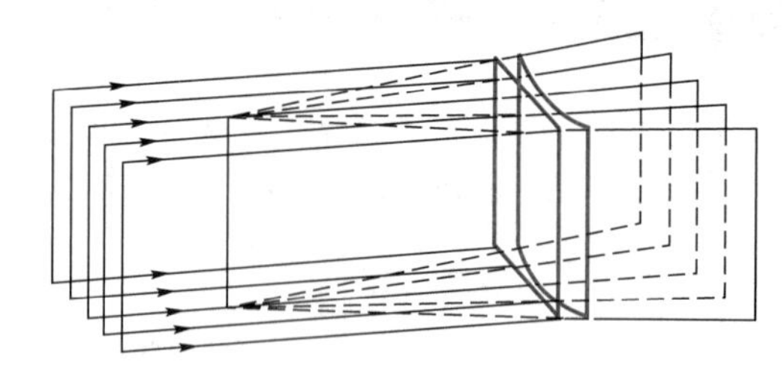
图 3-14 负柱镜成像

二、球柱面透镜

柱面镜只能矫正一条主子午线的屈光不正,但多数散光眼是两条主子午线都需要矫正。球柱面透镜就可以解决这样的问题。通常将透镜的前表面制成为球面,后表面制成柱面,两面合成为球柱面透镜(spherical - cylindrical lens)。

三、环曲面透镜

为了提高光学成像质量,将镜片的前表面制成球面,后表面制成环曲面,称为环曲面透镜(toric lens)。

1. 环曲面 柱面的轴向无曲率,垂轴方向曲率最大。如果给柱面的轴方向加上不同于垂轴方向的曲率,就得到一个环曲面(toroidal surface)。"环曲面"一词来自拉丁文"Torus",指古希腊建筑中石柱下的环形石。环曲面有互相垂直的两个主要的曲率半径,形成两个主要的曲线弧。其中曲率小的圆弧称作基弧(base curve),基弧的曲率半径以 r_b 表示。曲率大的圆弧称作正交弧(cross curve),正交弧的曲率半径以 r_c 表示。图 3-15 为常见的三种环曲面。其中:(a) 为轮胎形环曲面,$r_b = BV$,$r_c = CV$;(b) 为桶形环曲面,$r_b = CV$,$r_c = BV$;(c) 为绞盘形环曲面,$r_b = BV$,$r_c = CV$。

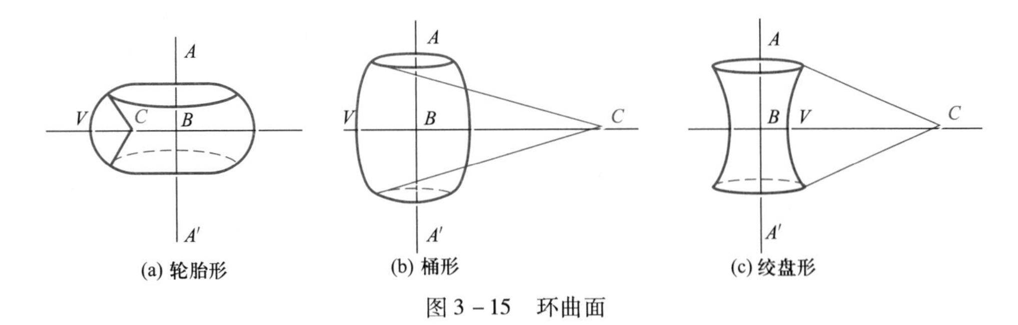

图 3－15 环曲面

2. 环曲面透镜 环曲面透镜的两个表面一面是环曲面，另一面是球面。与球柱面透镜相比，环曲面透镜无论在外观上，还是在成像质量上都优于球柱面透镜。

如图 3－16 所示，其中(a)为一个前表面在垂直方向上有＋2.00D 柱面镜，水平方向(轴向)屈光力为零，后表面是一个平面；(b)是一个环曲面透镜，其前表面水平方向屈光力为＋6.00D，垂直方向屈光力为＋8.00D，后表面为－6.00DS 的球面，前后表面叠加后效果与(a)相同。

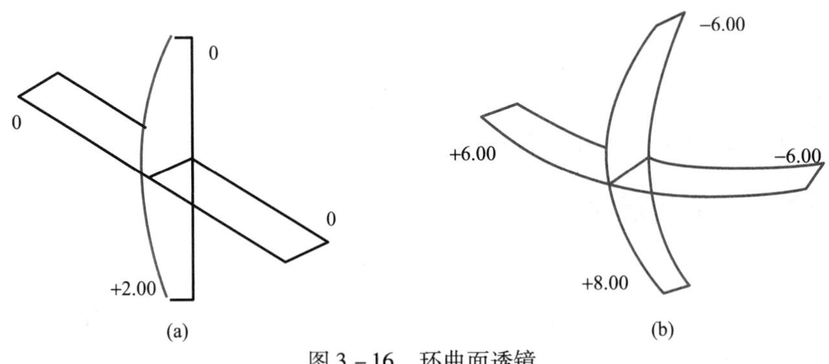

图 3－16 环曲面透镜

将环曲面制作在透镜的外表面(内表面为球面)，称为外环曲面，也称外散镜片。将环曲面制作在透镜的内表面(外表面为球面)，称为内环曲面，也称内散镜片。因为内环曲面透镜的外表面是球面，所以外观比外环曲面镜片好看，更主要的是内环曲面透镜在消像差及提高成像质量等方面都明显优于外环曲面透镜。因此，现在市场上基本都是内环曲面透镜。

第三节 散光透镜的表示形式

鉴于散光眼各个子午线上的屈光力不同，散光透镜利用不同子午线的屈光力来对应矫正散光眼的屈光不正，使眼球各个子午线上的屈光力相同，清晰成像在视网膜上。

由此可知，散光处方与眼球散光的量是互补的。不同于球面透镜的处方表现形式，散光处方包含度数和轴向。

一、散光处方的轴向

散光镜的柱面轴向有统一的规定，现在国际上普遍采用的是标准标记法(standard notation)，又称 TABO 标记法(Technischer Ausschuss für Brillen Optik，德国光学学会建议使用)(图 3－17)。我国目前也采用标准标记法。

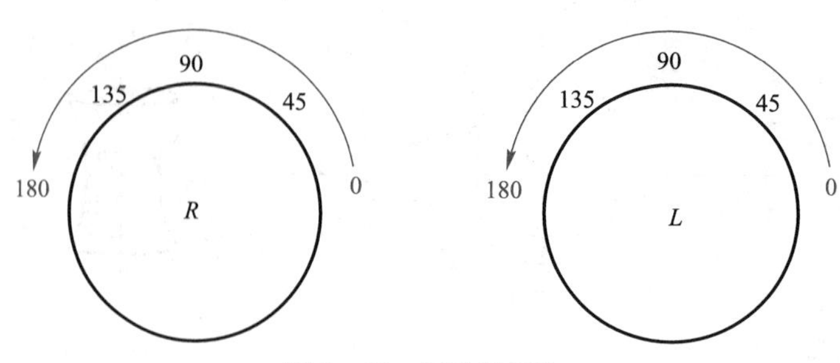

图 3－17 标准标记法

标准标记法中规定:由水平方向起,从被检者的左向右逆时针旋转为 0°～180°。在这样的规定下,垂直子午线称为 90°子午线,水平子午线习惯称为 180°子午线。度数符号“°”可以省略,这样可以避免使 10°误认为是 100。

大多数散光眼的两主子午线互相垂直。这样如果已知一主子午线的轴向,另一主子午线的轴向可由前轴向 ±90°而得到。由于标准标记法中规定散光轴是 0°～180°,所以若加 90°大于 180°时应减 90°。

散光方向在表示中,要区分“轴向”和“子午线”的区别。子午线为屈光力所在的方向,通常用“@”表示,如 －1.00D@180,表示 －1.00D 作用在 180°方向上;而轴向与子午线垂直,通常用“×”,如 －1.00D×180,表明 －1.00D 作用在 90°方向上。

二、散光处方的表示形式

球镜通常在屈光力后面加 DS,如 －3.00DS。散光通常在屈光力后加 DC,如 －1.00DC,表明为 －1.00D 散光。散光处方有几种表示形式。以下以镜片在垂直方向屈光力为 －3.00D,水平方向屈光力为 －2.00D 为例的处方表示形式(图 3－18)。

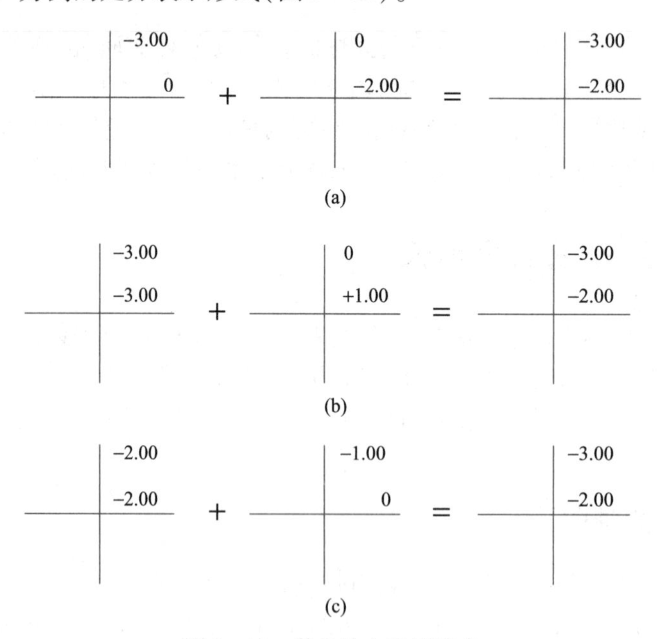

图 3－18 散光处方表示形式

（一）柱面联合柱面

-3.00DC×180 ⌓ -2.00DC×90［图3-18(a)］

（二）球面联合正柱面

-3.00DS ⌓ +1.00DC×90［图3-18(b)］

（三）球面联合负柱面

-2.00DS ⌓ -1.00DC×180［图3-18(c)］

通过以上例子可以看出，通常散光镜片可以有三种处方表示形式，即：

1. 柱面+柱面　　-3.00DC×180 ⌓ -2.00DC×90
2. 球面+正柱面　　-3.00DS ⌓ +1.00DC×90
3. 球面+负柱面　　-2.00DS ⌓ -1.00DC×180

上面式中S为球面(spherical的缩写)。C为柱面(cylindrical的缩写)。⌓为联合符号，在不影响处方表达时可省略或以符号“/”代替。临床上为书写方便，通常用“/”代替。

在实际应用中，球面+负柱面的表示形式最为常见，即不论球面值为正值还是为负值，柱面都以“负”柱面的形式表示。如：

+3.00DS/+2.00DC×180 应表示为 +5.00DS/-2.00DC×90

三、散光透镜的处方转换

散光透镜有三种处方表示形式，因此必须熟练掌握三种表示方法之间的转换。下面介绍三种处方的互相转换方法。

1. “球面+负柱面”与“球面+正柱面”之间的转换

(1) 原球面与柱面的代数和为新球面。

(2) 将原柱面的符号改变，为新柱面。

(3) 新轴与原轴垂直。

以上方法可归纳为：代数和、变号、变轴。

例3-1：将-2.00DS/-1.00DC×180改变为正柱面形式。

解：新球面：-2.00+(-1.00)=-3.00DS

新柱面：-1.00→+1.00DC

新轴：180→90

写出处方：-3.00DS/+1.00DC×90

2. “球面+柱面”变为“柱面+柱面”

(1) 原球面为一新柱面，其轴与原柱面轴垂直。

(2) 原球面与柱面的代数和为另一柱面，轴为原柱面轴。

例3-2：将-2.00DS/-1.00DC×180改变为柱面+柱面形式。

解：① -2.00DS→-2.00DC×90

② -2.00+(-1.00)=-3.00DC×180

写出处方：-2.00DC×90/-3.00DC×180

3. “柱面+柱面”变为“球面+柱面”

(1) 设两柱面分别为A和B。

（2）若选 A 为新球面，则 B 减 A 为新柱面，轴为 B 轴。

（3）若选 B 为新球面，则 A 减 B 为新柱面，轴为 A 轴。

例 3－3：将 －3.00DC ×180/ －2.00DC ×90 变为球面 + 柱面形式。

解：－3.00DC→－3.00DS

－2.00 －（－3.00）＝ +1.00DC ×90

写出处方：－3.00DS/ +1.00DC ×90

或：－2.00DC→－2.00DS

－3.00 －（－2.00）＝ －1.00DC ×180

写出处方：－2.00DS/ －1.00DC ×180

四、等效球镜度

散光透镜两条主子午线方向的屈光力的平均值称为此透镜的等效球镜度（spherical equivalent，SE）。若将散光处方写成球柱联合的形式，$S/C \times a$，则一条主子午线方向的屈光力为 S，另一条主子午线方向的屈光力为 $S+C$，等效球镜度为：

$$SE = \frac{S+S+C}{2} = S + \frac{C}{2} \qquad \text{公式 3－1}$$

例 3－4：求 +3.00DS/ －2.00DC ×90 的等效球镜度。

解：SE ＝ +3.00 +（－2.00）/2 ＝ +2.00D

五、环曲面透镜的转换

眼镜片厂商制作散光透镜毛坯片时，常按规定的基弧或球弧制作。这需要将已知的散光处方转换成所要的片形。

环曲面透镜的片形表示，通常把前表面屈光力（正屈光力）写在横线上方，后表面屈光力（负屈光力）写在下方；基弧写在前面，正交弧写在后面。基弧的曲率小于正交弧。

因此，环曲面透镜的片形可以表示为：

$$\frac{\text{基弧/正交弧}}{\text{球弧}}\text{（外散镜片）} \quad \text{或} \quad \frac{\text{球弧}}{\text{基弧/正交弧}}\text{（内散镜片）}$$

如基弧已知，则：

正交弧 = 基弧 + 柱面成分

球弧 = 球面成分 － 基弧

若将环面形式转换成球柱形处方，则：

球面 = 基弧 + 球弧

柱面 = 正交弧 － 基弧（轴与正交弧相同）

（一）按规定的基弧转成环曲面透镜的片形形式

1. 将原处方中柱面符号转变为与基弧相同的符号。
2. 将转换后处方中的球面减去基弧，其差值为环曲面镜片的球弧值。
3. 基弧为规定值，轴向与转换后处方中柱面的轴垂直。
4. 转换后处方中的柱面加基弧为正交弧，其轴向与基弧轴向垂直。

5. 写出环曲面镜片的片形形式。

例3-5:将处方 -4.00DS/+2.00DC×90 转换为基弧 -6.00D 的环曲面形式。

解:① 处方转换,使柱镜部分符号与基弧相同:-2.00DS/-2.00DC×180

② -2.00-(-6.00)=+4.00DS

③ -6.00DC×90

④ -2.00+(-6.00)=-8.00DC×180

⑤ 写出环曲面形式:$\dfrac{+4.00DS}{-6.00DC\times90/-8.00DC\times180}$

(二)按规定的球弧转换成环曲面的片形形式

1. 将原处方中柱面符号转为与球弧相反的符号。

2. 若球弧为正,写在分子位置,环曲面写在分母位置,散光处方中的球镜部分减去球弧度数;若球弧为负,写在分母位置,环曲面写在分子位置,散光处方中的球镜部分减去球弧度数。

3. 将环曲面写成球柱联合形式。

4. 将环曲面转换为正交柱镜形式。

例3-6:将 -5.00DS/-1.00DC×180 转换成球弧为 -7.00DS 的环曲面透镜。

解:① 处方转换为:-6.00DS/+1.00DC×90,写在分子位置

② $\dfrac{-6.00DS/+7.00DS/+1.00DC\times90}{-7.00DS}$

③ $\dfrac{+1.00DS/+1.00DC\times90}{-7.00DS}$

④ $\dfrac{+1.00DC\times180/+2.00DC\times90}{-7.00DS}$

第四节　透镜的屈光力

透镜使光线发生偏折的能力,称为屈光力(refractive power)。屈光力的常用单位为屈光度(diopter),简称D,可在D后面附字母S、C,如DS、DC分别表示球镜和柱镜屈光度。

由于眼用透镜的特殊性,使用几何光学的屈光力的计算方法不方便临床使用。常见的描述透镜屈光力的术语有面屈光力、顶点屈光力、等效屈光力、有效屈光力等。而这些概念都与镜片的曲率、镜片材料的折射率有关。

一、曲率

曲率(curvature)是曲面形式的计量表达方式。假如有两个完整的圆球,一个直径为50 mm,另一个为100 mm,我们可以说第一个球面的曲率是第二个球面曲率的两倍。曲率与曲率半径(radius of curvature)的关系是当半径减小时,曲率增加。球面的曲率只是一种几何学的性质,而与该球面材料性质无关。

曲率是指一个面沿着单位长度之弧所转的角度大小。如图3-19所示,即是以 C 为圆心,r 为半径所形成的球面轨迹。

图中，P 点的切线方向为 PQ，当 P 点移至 P' 时，切线也转到了新方向 $P'Q'$，显然，切线所转动的角与半径 r 所转的角大小相等。令此角为 θ，则：

$$曲率 = \frac{\theta}{PP'}$$

因为 θ(弧度) $= \frac{PP'}{r}$，故曲率 $= \frac{1}{r}$，

即球面的曲率等于该球面半径的倒数，以 R 表示球面的曲率，所以：

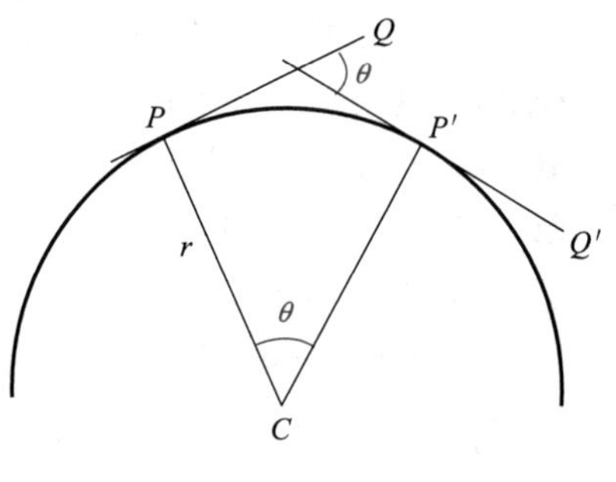

图 3-19 曲率

$$R = \frac{1}{r} \quad 公式 3-2$$

半径 r 以米为单位，R 则以屈光度为单位。设曲率半径为 1 m，则屈光力为 $1D$，由于该单位容易与球镜的屈光度相混淆，所以通常以 m^{-1} 表示曲率。一个球面的半径为 1 m，则它的曲率为 1 m^{-1}，半径为 50 cm，则它的曲率就是 2 m^{-1}。

眼用透镜有前后两个表面，故描述其光学情况，包括前后表面曲率、折射率、厚度。若为散光透镜，曲率在各个方向上是不同的，需要记录两个主子午线的曲率。

二、面屈光力

当光束从一种介质通过单球面界面(single spherical refracting interface, SSRI)进入另一种介质，光束的聚散度(vergence)将发生改变。描述单面介质的屈光力称为面屈光力(dioptric power of spherical interface)。通过描述眼用透镜前后表面的面屈光力，并考虑镜片厚度，即能反映该透镜的屈光力。

当光束从折射率为 n_1 的介质，通过曲率半径为 r 的球面，进入折射率为 n_2 的介质，此球面的屈光力(F)与上述三者均相关。

$$F = \frac{n_2 - n_1}{r} \quad 公式 3-3$$

曲率半径 r 需遵循符号规则，如果 r 从界面向右衡量(即球面的光心在界面的右侧)，r 为正值；相反，如果 r 从界面向左衡量(即球面的光心在界面的左侧)，则 r 为负值。

由于 r 与界面的曲率(R)相关，面屈光力的公式也可写为：

$$F = (n_2 - n_1)R \quad 公式 3-4$$

可见，当界面的曲率增加(即界面弯度增加)，面屈光力增加；当界面的曲率减少(即界面弯度变平)，则面屈光力减小。同时，当两种介质的折射率差别较大时，面屈光力较大；差别较小时，则面屈光力较小。

例 3-7：一玻璃镜片($n = 1.523$)前表面的曲率半径为 +15 mm，后表面曲率为 +30 mm，求该镜片的前后表面曲率和面屈光力。

解：该镜片的前表面曲率 $R_1 = 1/0.015 = 66.67\ m^{-1}$

后表面曲率 $R_2 = 1/0.03 = 33.33\ m^{-1}$

前面屈光力 $F_1 = (n-1)R_1 = 34.89D$

后面屈光力 $F_2=(1-n)R_2=-17.43D$

例 3-8：一树脂镜片（$n=1.62$），为双凹镜，前表面曲率半径为 25 mm，后表面曲率半径为 40 mm，求该镜片的前后表面曲率和面屈光力。

解：该镜片的前表面曲率 $R_1=1/(-0.025)=-40\ m^{-1}$

后表面曲率 $R_2=1/0.04=25\ m^{-1}$

前面屈光力 $F_1=(n-1)R_1=(1.62-1)\times(-40)=-24.8D$

后面屈光力 $F_2=(1-n)R_2=(1-1.62)\times25=-15.5D$

三、等效屈光力

使用面屈光力和厚度来计算眼用透镜的屈光力，仍然比较麻烦。透镜对眼睛的作用需要综合透镜的两折射面分别进行计算评估。

为了方便表达透镜的两个表面或多个透镜对眼睛的综合作用，我们可以用一片薄透镜替代原来的透镜或透镜系统，并置于合适的位置，使远处的物体通过这一薄透镜在相同位置产生和原来透镜或透镜系统相同大小的像。此薄透镜的焦距及其所产生的像，无论是大小还是位置都与原光学系统所产生像一样，称之为等效焦距。等效焦距（单位为 m）的倒数被称为等效屈光力（equivalent power）。

要确定等效薄透镜在系统中的位置，需要知道原光学系统主平面的位置（图 3-20）。原光学系统中从第一主点（P）到第一焦点（F）之间的距离为第一等效焦距，从第二主点（P'）到第二焦点（F'）之间的距离为第二等效焦距。第二等效焦距的倒数就称为等效屈光力。如果这样，一个第二焦距为 $P'F'$ 的单一薄透镜位于 P' 点，那它可以获得同透镜系统一样的效力。从这个单一薄透镜测得的第二焦距与从光学系统的第二焦点测得的第二焦距是相等的。这样原光学系统就被该薄透镜所“等效”，从而简化了原光学系统屈光力的表达。

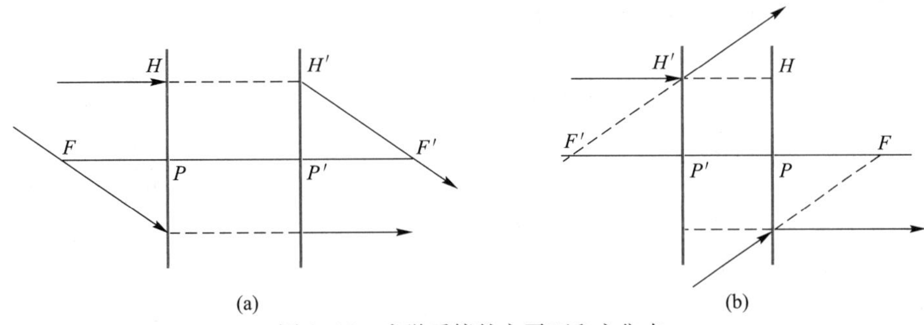

图 3-20　光学系统的主平面和主焦点

任意两个光学单元的等效屈光力计算公式如下：

$$F=F_1+F_2-\frac{d}{n}F_1F_2 \qquad \text{公式 3-5}$$

第一主点位置（与第一个光学单元第一主平面的距离）：$e=\frac{dF_2}{nF}$

第二主点位置（与第二个光学单元第二主平面的距离）：$e'=-\frac{dF_1}{nF}$

公式中，F_1是第一光学单元的屈光力，F_2是第二光学单元的屈光力，d 是第一光学单元的第二主平面到第二光学单元的第一主平面之间的距离，n 是平移介质的折射率。

回到眼用透镜，F_1、F_2分别为透镜前后表面的屈光力，d 为透镜厚度，n 为透镜的折射率。这样 F 和主点位置就决定了透镜的屈光性质，“等效”成一个薄透镜。当透镜厚度 d 很小时，透镜的等效屈光力等于前后表面屈光力的总和，这时可称透镜为“薄透镜”。若透镜厚度 d 不能忽略，则透镜称为“厚透镜”。

用等效屈光力来表达透镜的屈光力，等效薄透镜的位置应在透镜的第二主平面(H')。但是，透镜的第二主平面并不容易确定，第二主平面离透镜表面的距离还会受到透镜形式的影响。因此，等效屈光力的概念很少用于透镜。在本学科仅用于一些比较复杂的光学系统，例如低视力注视器。

四、有效屈光力

鉴于等效屈光力的主平面位置不容易确定，使用也不方便。临床上透镜的前后表面位置固定，将透镜的屈光力相对于透镜表面的位置(顶点屈光力)来衡量会大大简化临床实践。这种简化需要提到有效屈光力(effective power)的概念。

透镜的有效屈光力是指透镜将平行光线聚焦在指定平面的能力。将透镜从眼前一个位置移到另一个位置会改变透镜对指定平面的实际聚焦能力。

将一个后顶点屈光力为 +8.00D 的透镜放在离角膜顶点 15 mm 的位置，平行光线通过透镜聚焦在镜片后 12.5 cm 的地方(图 3－21)。移动透镜至角膜顶点 10 mm B 处，平行光线便不再聚焦在 A 位置的焦平面上。若想要 B 处透镜聚焦于同一焦平面，那 B 处透镜的屈光力需发生改变。B 处透镜的后焦距 f_B 等于 A 处透镜的后焦距 f_A 减去距离 d。在这个例子中，$f_A=0.125\ \text{m}$，$d=15\ \text{mm}-10\ \text{mm}=5\ \text{mm}=0.005\ \text{m}$，通过以下计算得到 F_B。

$$f_B = f_A - d = 0.125 - 0.005 = 0.12\ \text{m}$$

$$F_B = \frac{1}{0.12} = +8.33\text{D}$$

因此，透镜在 B 处的屈光力为 +8.33D 才具有在 A 处 +8.00D 相同的有效屈光力。

我们可以得到透镜相同有效屈光力的公式。当透镜从初始 A 位置移到 B 位置(平移介质的折射率 n)，公式为：

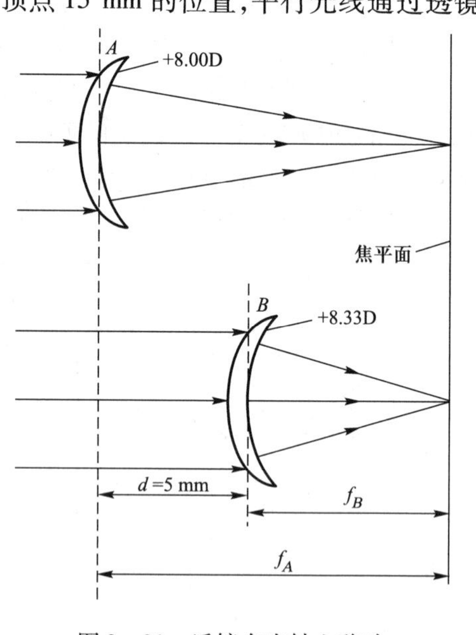

图 3－21 透镜在光轴上移动

$$f_B = f_A - \frac{d}{n}$$

$$F_B = \frac{1}{f_B} = \frac{1}{f_A - \frac{d}{n}} = \frac{\frac{1}{f_A}}{1 - \frac{d}{n} \times \frac{1}{f_A}} = \frac{F_A}{1 - \frac{d}{n}F_A}$$

故有

$$F_B = \frac{F_A}{1 - \frac{d}{n}F_A}$$

公式 3－6

公式 3－6 中，如果透镜移向眼睛，那 d 取正值，如果透镜远离眼睛，那 d 取负值。F_B表明，在 B 处透镜屈光力需达到 F_B，才拥有等同于移动前透镜聚焦到指定焦平面的能力。

以下分几种情况讨论镜－眼距变化对矫正透镜有效屈光力的影响。

1. 视远时凸透镜的有效屈光力　远视眼的远点在角膜顶点后，如图 3－22 所示，设 F 点为眼的远点，假设将凸透镜放在 A 点能矫正此眼的屈光不正。镜片的像侧焦距为 f，如将该凸透镜由 A 点移近至 B 点，此时要想使光线通过透镜仍能聚焦在远点 F，则必须增加透镜的屈光力。所以当透镜移近矫正眼时，则原矫正透镜的有效屈光力相应减少，需要比原矫正镜片更大的屈光力才能保持聚焦在远点。相反，如凸透镜向远离矫正眼的方向移动时，则原矫正镜的有效屈光力相应增大，必须降低相应的透镜屈光力才能保持原矫正效果。

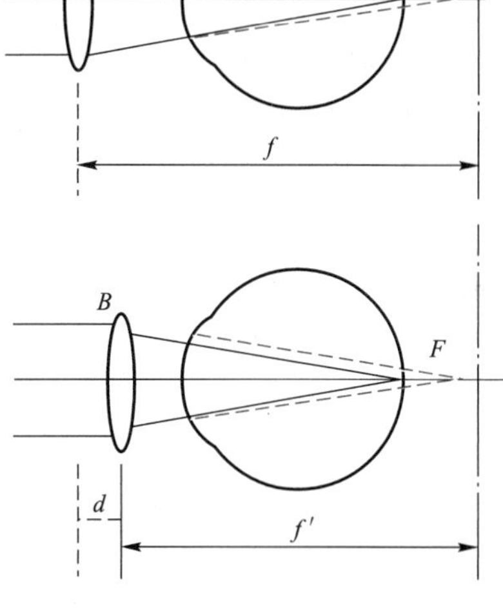

图 3－22　凸透镜的有效屈光力

例 3－9：如某眼在眼前 12 mm 处放置 +10D 的凸透镜时刚好能矫正其屈光不正，如将矫正眼镜移至眼前 15 mm 处，则需要多大的屈光力才具有相同的矫正效果？如置于眼前 10 mm 处，则需要的屈光力又为多大？

解：移向 15 mm 处时，$F_A = +10\text{D}$，$d = 12 - 15 = -3$ mm

$$F_B = \frac{F_A}{1 - dF_A} = \frac{+10}{1 - (-0.003) \times 10}\text{D} = +9.71\text{D}$$

移向 10 mm 处时，$d = 12 - 10 = 2$ mm

$$F_B = \frac{F_A}{1 - dF_A} = \frac{+10}{1 - 0.002 \times 10}\text{D} = +10.20\text{D}$$

也就是说，在该眼前 12 mm 处放置 +10D 凸透镜与眼前 15 mm 处放置 +9.71D 凸透镜、眼前 10 mm 处放置 +10.20D 凸透镜在该眼内成像具有相同矫正效果。

2. 视远时凹透镜的有效屈光力　近视眼的远点在角膜顶点前，如图 3－23 所示，设 F 点为眼的远点，假设将凹透镜放在 A 点能矫正此眼的屈光不正。透镜的像侧焦距为 f。如将该凹透镜由 A 点移近至 B 点，此时要想使光线通过透镜仍能聚焦在远点 F，则必须减少凹透镜的屈光力。所以当镜片移近矫正眼时，则原矫正镜的有效屈光力相应增加，需要比原矫正镜更小的屈光力才能矫正该近视眼。相反，如凹透镜向远离被矫正眼的方向移动时，则原矫正镜的有效屈光力相应减小，必须增加相应的透镜屈光力方可保持原矫正效果。

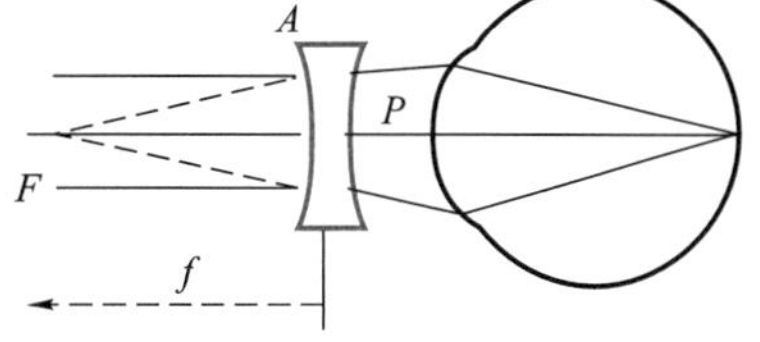

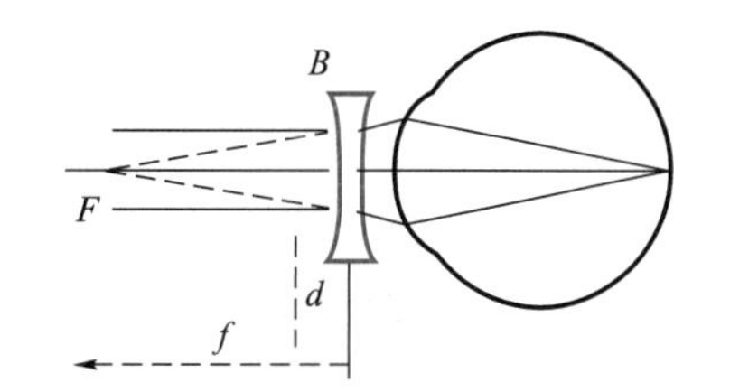

图 3－23　凹透镜的等效屈光力

例 3-10：某眼在眼前 12 mm 处放置-5. 00D 的凹透镜时刚好能矫正其屈光不正，如将矫正镜放置于眼前 15 mm 处，则需要的屈光力为多大才具有相同的矫正效果？如置于眼前 10 mm 处，需要的屈光力又为多大？

解：移向 15 mm 处时，$F_A=-5.00\text{D}$，$d=12-15=-3$ mm

$$F_B=\frac{F_A}{1-dF_A}=\frac{-5.00}{1-(-0.003)\times(-5.00)}\text{D}=-5.08\text{D}$$

移向 10 mm 处时，$d=12-10=2$ mm

$$F_B=\frac{F_A}{1-dF_A}=\frac{-5.00}{1-(0.002)\times(-5.00)}\text{D}=-4.95\text{D}$$

也就是说，在该眼前 12 mm 处放置-5. 00D 凹透镜与眼前 15 mm 处放置-5. 08D 凹透镜、眼前 10 mm 处放置-4. 95D 凹透镜对于该眼内成像具有相同效果。

3. 视远时球柱镜片的有效屈光力　因为球柱透镜的两条主径线的屈光力不同，当从眼前移动相同距离时两个方向所需改变的屈光力不同，要保证具有相同的有效屈光力，其计算方法为：先将每条主径线因距离改变所需的屈光力单独求出，再组合成新的球柱透镜，即为新位置的有效屈光力。

例 3-11：在眼前 10 mm 处放置-5. 00DS/-2. 00DC×180 的球柱透镜时刚好能矫正其屈光不正，如将矫正眼镜放置于眼前 15 mm 处，则需要的屈光力为多大才具有相同的矫正效果？如置于眼前 8 mm 处，则需要的屈光力又为多大？

解：该眼于 10 mm 处不同径线所需矫正屈光力分别为：-5. 00DC×90、-7. 00DC×180。当该矫正镜移向 15 mm 处时，于 90 度轴向，$F_A=-5.00\text{D}$，$d=10-15=-5$ mm，根据公式可得：

$$F_B=\frac{F_A}{1-dF_A}=\frac{-5.00}{1-(-0.005)\times(-5.00)}\text{D}=-5.13\text{D}$$

于 180 度轴向，$F_A=-7.00\text{D}$，$d=10-15=-5$ mm

$$F_B=\frac{F_A}{1-dF_A}=\frac{-7.00}{1-(-0.005)\times(-7.00)}\text{D}=-7.25\text{D}$$

将两径线所需的有效屈光力组合成新的球柱镜，即为：-5. 13DS/-2. 12DC×180

当该矫正镜移向 8 mm 处时，于 90 度轴向，$F_A=-5.00\text{D}$，$d=10-8=2$ mm

$$F_B=\frac{F_A}{1-dF_A}=\frac{-5.00}{1-(0.002)\times(-5.00)}\text{D}=-4.95\text{D}$$

于 180 度轴向，$F_A=-7.00\text{D}$，$d=10-8=2$ mm

$$F_B=\frac{F_A}{1-dF_A}=\frac{-7.00}{1-(0.002)\times(-7.00)}\text{D}=-6.90\text{D}$$

将两径线所需的有效屈光力组合成新的球柱镜，即为：-4. 95DS/-1. 95DC×180

也就是说，在该眼前 10 mm 放置-5. 00DS/-2. 00DC×180 的球柱透镜、与眼前 15 mm 处放置-5. 13DS/-2. 12DC×180 球柱透镜、眼前 8 mm 处放置-4. 95DS/-1. 95DC×180 球柱透镜对于该眼内成像具有相同的矫正效果。

五、顶点屈光力

透镜在不同的位置有效屈光力不同，同样相对于透镜前后表面的有效屈光力也是不同的。

相对于镜片表面的有效屈光力，也可称为顶点屈光力（vertex power）。相对于透镜前表面的有效屈光力，称为前顶点屈光力（front vertex power，FVP）；相对于透镜后表面的有效屈光力，称为后顶点屈光力（back vertex power，BVP）。

透镜的顶点屈光力可用前后表面屈光力（F_1，F_2，镜片折射率 n，厚度 d）计算：

$$FVP = F_1 + \text{移动到前表面位置的后表面屈光力} = F_1 + \frac{F_2}{1 - \frac{d}{n}F_2}$$

$$BVP = F_2 + \text{移动到后表面位置的前表面屈光力} = F_2 + \frac{F_1}{1 - \frac{d}{n}F_1}$$

公式类似于公式 3－6，只是无相对眼睛的概念，d 的符号定义有所不同：移向目标顶点方向取正值，远离目标顶点取负值。如计算前顶点屈光力，后表面需移动到前表面（目标顶点）的位置，d 依然取正值，而不是远离眼睛取负值。故对于透镜 FVP、BVP 计算，d 始终为正值。

对于薄透镜而言，透镜等效屈光力、前顶点屈光力和后顶点屈光力都是相等的，即：$F = FVP = BVP = F_1 + F_2$

例 3－12：如图 3－24 所示，已知一个透镜的前表面的屈光力为 +8.00D，后表面的屈光力为 －2.00D，透镜的中心厚度为 5 mm，折射率为 1.523，求这个透镜的后顶点屈光力。

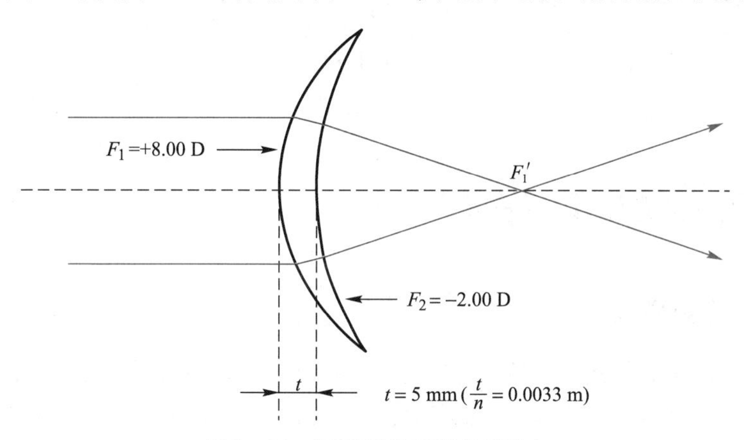

图 3－24　厚透镜的后顶点屈光力

解：对于前表面，$F_1 = +8.00\text{D}$，$d = +5\ \text{mm} = 0.005\ \text{m}$，$n = 1.523$

$$\text{移到后表面的有效屈光力 } F_1' = \frac{F_1}{1 - \frac{d}{n}F_1} = \frac{+8.00}{1 - \frac{0.005}{1.523} \times 8.00}\text{D} = +8.22\text{D}$$

透镜的后顶点屈光力 $= F_1' + F_2 = (+8.22\text{D}) + (-2.00\text{D}) = +6.22\text{D}$

这个透镜的后顶点屈光力并不是 +6.00D。

例 3－13：求上题的前顶点屈光力。如图 3－25 所示。

解：对于后表面，$F_2 = -2.00\text{D}$，$d = 5\ \text{mm} = 0.005\ \text{m}$，$n = 1.523$

$$\text{移到前表面的有效屈光力 } F_2' = \frac{F_2}{1 - \frac{d}{n}F_2} = \frac{-2.00}{1 - \frac{0.005}{1.523} \times (-2.00)}\text{D} = -1.99\text{D}$$

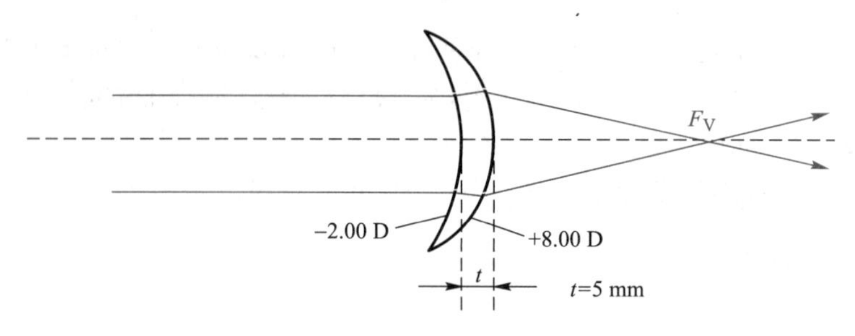

图 3－25 厚透镜的前顶点屈光力

透镜的前顶点屈光力＝(＋8.00D)＋(－1.99D)＝＋6.01D

透镜的顶点联合，是将原镜片移动位置到联合透镜的顶点上。如果两同轴薄透镜不是相贴的，而是分开，也就是说 $d \neq 0$，那该系统的实际屈光力 F_v 就不等于两薄透镜的屈光力之和。我们可以将这个系统看成是将 F_1 向着 F_2 移动了距离 d 后，一个相当于 F_1 有效屈光力的薄透镜 F_1' 和薄透镜 F_2 相贴的情况。

例 3－14：一个＋4.00D 的薄透镜和一个＋7.00D 的薄透镜放置在空气中相隔 5 cm，其后顶点屈光力是多少？后焦点位置在哪里？

解：$F_1 = +4.00\text{D}, F_2 = +7.00\text{D}, d = +0.05\ \text{m}$，空气的折射率为 1.00

$$F_v = \frac{F_1}{1 - \frac{d}{n}F_1} + F_2 = \frac{+4.00}{1 - \frac{0.05}{1} \times 4.00}\text{D} + (+7.00\text{D}) = +12.00\text{D}$$

$$f_v = +8.33\ \text{cm}$$

第五节 薄透镜的成像与叠加

一、球面透镜的成像

球面透镜上各轴向的屈光力一致，因此光线通过后可以成一点像。图 3－26 显示了物点和像点的关系。(a) 表示实物点 A 通过凸透镜成实像点 B；(b) 表示实物点 A 通过凹透镜成虚像点 B。

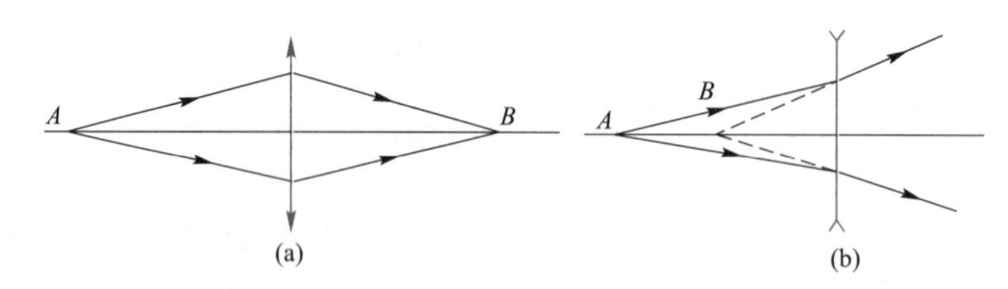

图 3－26 物与像的关系

球面透镜的成像位置需要用等效屈光力的概念来计算，物距、像距相对于透镜的主点来衡量。平行光线入射，成像在球面透镜的像方焦点上。非平行光线入射，可根据光束的聚散度来计算，入射光束聚散度 $U = \frac{1}{\text{物距}}$，出射光束的聚散度 $V = \frac{1}{\text{像距}}$(符号法则：发散光束聚散度为负，会聚光束聚散度为正)，透镜的等效屈光力为 F，则 $V=U+F$。

二、散光透镜的成像

散光透镜各方向的屈光力不同，且在互相垂直的两方向上有最大及最小的屈光力，这就使得光线通过散光透镜后不能像球面透镜那样成一点像。

如图 3-27 所示，该正散光透镜在竖直方向上有最大的屈光力，在水平方向上有最小的屈光力，透镜为圆形。当平行光通过透镜后，由于垂直方向的屈光力最强，所以通过垂直方向的光线先会聚于 F_1'，同时通过水平方向的光线由于屈光力最弱，所以在 F_1'并没有会聚，而继续向前会聚于 F_2'。将屏幕放置在 F_1'时会看到一条水平线，称为前焦线。当屏幕放置在 F_2'时会看到一条竖直线，称为后焦线。由于透镜是圆形，光线通过透镜折射刚离开透镜时，将屏幕放置在透镜后看到的应接近圆形，随着屏幕后移至 F_1'附近，圆形逐渐变成扁椭圆，其长轴与前焦线方向一致。随着屏幕过 F_1'继续向后移动，扁椭圆逐渐变成长椭圆，长轴与后焦线方向一致。由扁椭圆过渡为长椭圆的过程中一定会有一个圆形，称为最小弥散圆(disk of least confusion)，前焦线与后焦线的间隔称为 Sturm 间隔，它的大小表示了散光的大小(见图 3-9)。

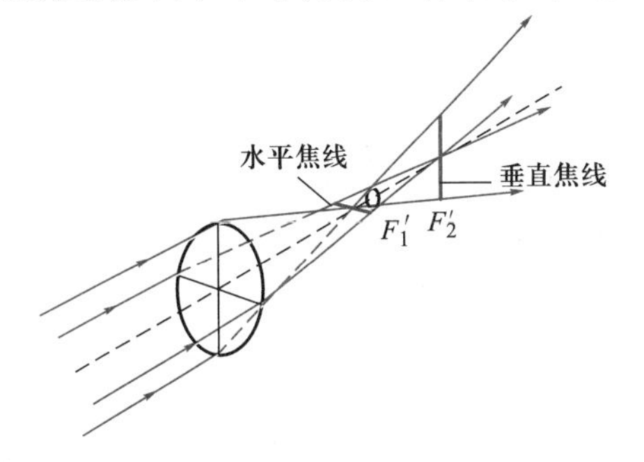

图 3-27　散光透镜

三、散光透镜光束中各参数的计算

焦线长度、最小弥散圆的位置和直径可由图 3-28 中的几何关系中求得，该图为散光透镜光束的侧视及俯视图。

在图中透镜到前焦线的距离为 l_1'；透镜到后焦线的距离为 l_2'；透镜到最小弥散圆 C 的距离为 l_c'；h_1 为前焦线长度；h_2 为后焦线长度；透镜直径为 d，I 为 Sturm 间距。根据图中的关系，焦线长度 h_1，h_2 分别为：

$$h_1=\frac{d(l_2'-l_1')}{l_2'}=\frac{dI}{l_2'}$$　公式 3 - 7

$$h_2=\frac{d(l_2'-l_1')}{l_1'}=\frac{dI}{l_1'}$$　公式 3 - 8

即：$焦线长度=\dfrac{透镜直径\times \text{Sturm 间距}}{另一焦线至透镜的距离}$

焦线的位置 l_1'及 l_2'可据 $L_1'=L+F_1$ 及 $L_2'=L+F_2$ 求出。

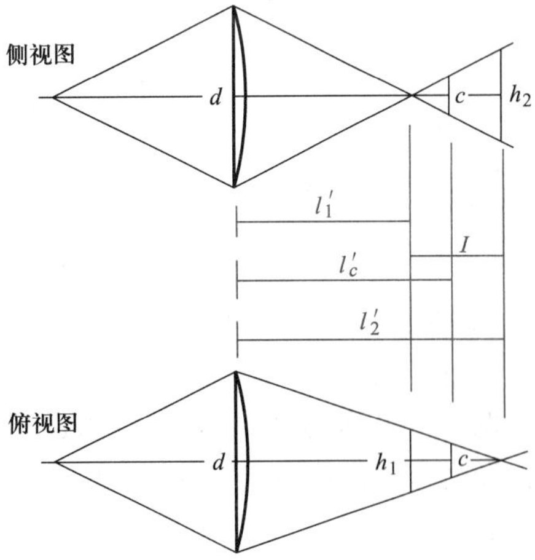

图 3-28　焦线长度和位置

由图 3-28 可以看出：

$$\frac{c}{d}=\frac{l_c'-l_1'}{l_1'}=\frac{l_2'-l_c'}{l_2'}$$

由此可得镜片至最小弥散圆的距离：

$$l'_c = \frac{2l'_1 l'_2}{l'_1 + l'_2}$$ 公式 3－9

该距离以屈光力的形式表示为：

$$L'_c = \frac{L'_1 + L'_2}{2}$$ 公式 3－10

最小弥散圆的直径 c 为：

$$c = \frac{d(l'_2 - l'_1)}{l'_1 + l'_2} = \frac{dI}{l'_1 + l'_2}$$ 公式 3－11

例 3－15：一散光透镜 +5.00DS/ +4.00DC ×90，直径 40 mm，求透镜前 1 m 的物点发出的光经透镜后所成焦线及最小弥散圆的位置及大小。

解：已知 $L = -1\text{D}$，$d = 40$ mm，$F_1 = +9\text{D}$（轴向 90°），$F_2 = +5\text{D}$（轴向 180°），所以：

$$L'_1 = L + F_1 = +8\text{D}$$

$$l'_1 = +12.5 \text{ cm}$$

$$L'_2 = L + F_2 = +4\text{D}$$

$$l'_2 = +25 \text{ cm}$$

$$L'_c = \frac{1}{2}(L'_1 + L'_2) = +6\text{D}$$

$$l'_c = 16.67 \text{ cm}$$

$$I = l'_2 - l'_1 = 12.5 \text{ cm}$$

$$h_1 = \frac{dI}{l'_2} = \frac{40 \times 12.5}{25} \text{ mm} = 20 \text{ mm（垂直线）}$$

$$h_2 = \frac{dI}{l'_1} = \frac{40 \times 12.5}{12.5} \text{ mm} = 40 \text{ mm（水平线）}$$

$$c = \frac{dI}{l'_1 + l'_2} = \frac{40 \times 12.5}{12.5 + 25} \text{ mm} = 13.33 \text{ mm（直径）}$$

四、透镜的叠加

（一）球面透镜的叠加

当两块或几块透镜联合后，相当于一块新的透镜的效果，称为透镜的联合（combination）。透镜联合的符号是⊂⊃。

两个球面薄透镜光学中心紧密叠合是最简单的透镜联合形式，联合的效果相当于原来两块球镜屈光力的代数和。

例如：+1.00DS ⊂⊃ +2.50DS = +3.50DS

－1.50DS ⊂⊃ －3.00DS = －4.50DS

+1.50DS ⊂⊃ －4.00DS = －2.50DS

当然，如果两个共轴的球镜相隔一定的距离，则联合后的效果并不等于这两块球镜的代数和，必须考虑之间的距离 d。联合后的效果需要用等效屈光力公式：$F = F_1 + F_2 - dF_1F_2$ 进行计算。具体参见本章第四节透镜的屈光力。

（二）散光透镜的叠加

在讨论散光透镜的时候，常利用光学“＋”字图（optical cross），由于可以“＋”字的水平和垂直的两方向上直接标出屈光力，所以在讨论柱镜叠加等问题时非常直观、方便。

正交柱镜，即两个或多个柱镜叠加，但它们的轴位相同或正好相差 90°，这样的柱镜叠加具有以下性质。

1．轴向相同的两柱镜叠加，其效果等于一个柱镜，其屈光力为两个透镜屈光力的代数和，例如：

（1）＋1.00DC×90 ⊂ ＋1.50DC×90 ＝ ＋2.50DC×90［图 3－29（a）］

（2）－2.00DC×180 ⊂ ＋3.00DC×180 ＝ ＋1.00DC×180［图 3－29（b）］

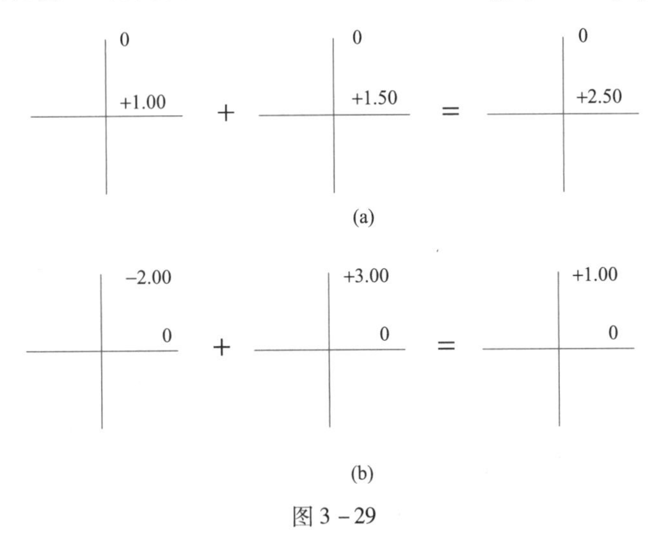

图 3－29

2．两相同轴向、相同屈光力但正负不同的柱面叠加，结果互相中和。例如：

＋1.00DC×180 ⊂ －1.00DC×180 ＝0.00D（图 3－30）

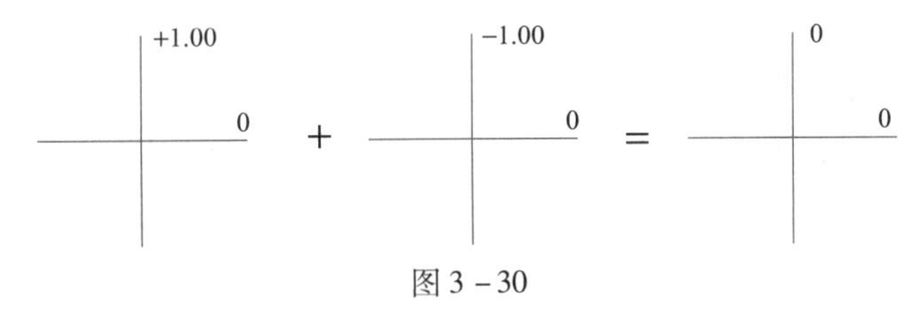

图 3－30

3．两相同屈光力且轴互相垂直的柱镜叠加，效果为一球面透镜。且球面镜的屈光力等于柱面镜的屈光力。例如：

（1）＋1.00DC×180 ⊂ ＋1.00DC×90 ＝ ＋1.00DS［图 3－31（a）］

（2）＋2.00DC×180 ⊂ ＋2.00DC×90 ＝ ＋2.00DS［图 3－31（b）］

4．一枚柱面镜可由一相同屈光力的球面镜与一枚屈光力相同但符号相反且轴向垂直的柱镜叠加所代替。例如：

＋3.00DC×90 ＝ ＋3.00DS ⊂ －3.00DC×180（图 3－32）

5．两轴互相垂直屈光力不等的柱面叠加可等效为一球面与一柱面的叠加。例如：

（1）－1.00DC×90 ⊂ －2.00DC×180［图 3－33（a）］

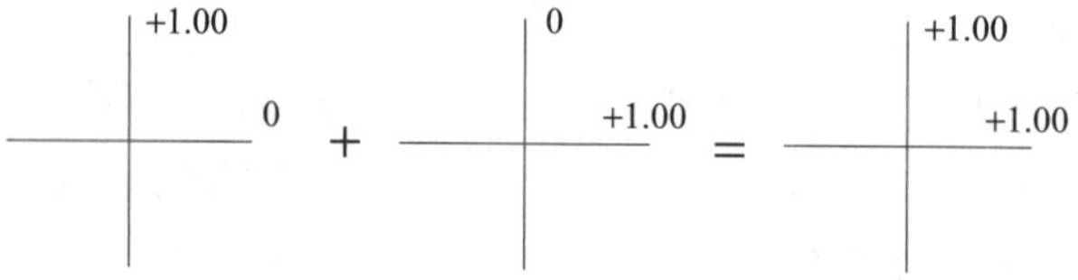

+1.00 / 0 + 0 / +1.00 = +1.00 / +1.00

(a)

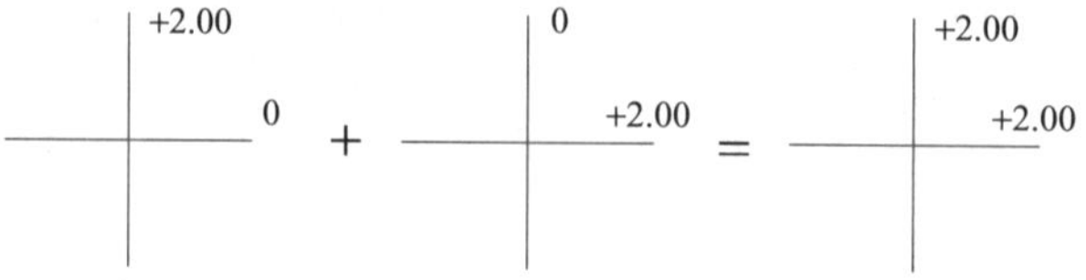

+2.00 / 0 + 0 / +2.00 = +2.00 / +2.00

(b)

图 3－31

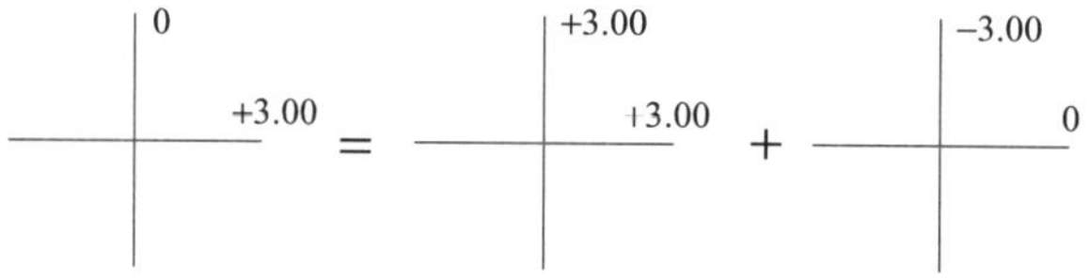

0 / +3.00 = +3.00 / +3.00 + −3.00 / 0

图 3－32

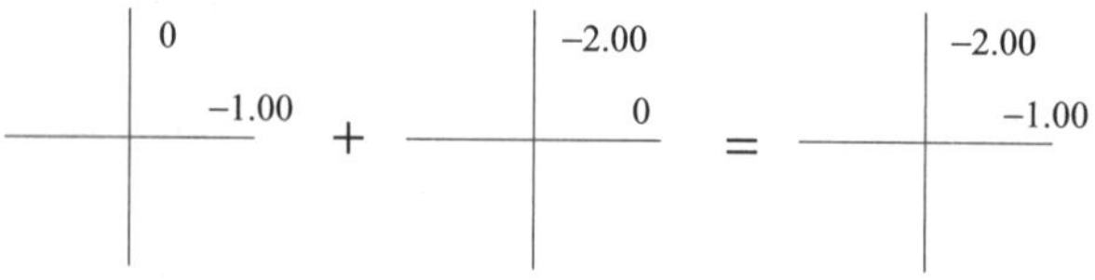

0 / −1.00 + −2.00 / 0 = −2.00 / −1.00

(a)

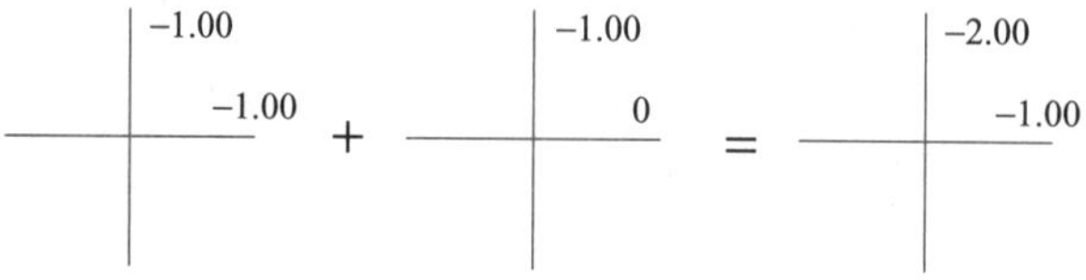

−1.00 / −1.00 + −1.00 / 0 = −2.00 / −1.00

(b)

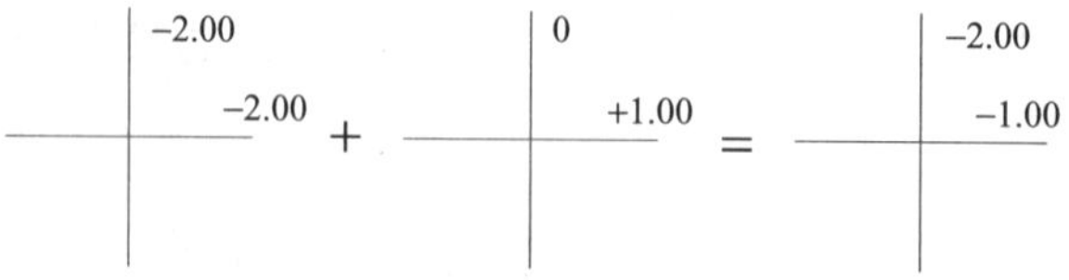

−2.00 / −2.00 + 0 / +1.00 = −2.00 / −1.00

(c)

图 3－33

（2） －1.00DS ○ －1.00DC ×180［图 3－33(b)］

（3） －2.00DS ○ ＋1.00DC ×90［图 3－33(c)］

以上例子中可以看出(a)是两柱面叠加；(b)、(c)是球面与柱面的叠加。三者结果一样。

6. 两轴即不相同又不垂直的柱面叠加，不能通过简单的代数计算得到。

（1）柱镜中间方向的屈光力：柱面镜轴向屈光力为零，从轴向开始向垂轴方向过渡的过程中，屈光力开始逐渐增加，当到达与轴垂直的方向时，屈光力达到最大。经证明，在柱镜轴向与垂轴方向之间任意方向的屈光力可由下式求得：

$$F_\theta = F\sin^2\theta \qquad \text{公式 3-12}$$

式中 θ 为该方向与柱镜轴之夹角，F 为柱镜的最大屈光力。如图 3-34 所示。

（2）球柱面镜中间方向的屈光力：散光透镜可以用球部与柱部的和来表示。若散光透镜的柱面轴为任意方向的 α 时，则 θ 方向的屈光力为：

$$F_\theta = S + C\sin^2(\theta - \alpha) \qquad \text{公式 3-13}$$

式中 S 为透镜的球面值，C 为透镜柱面值，α 为柱面轴向，θ 为任意方向。

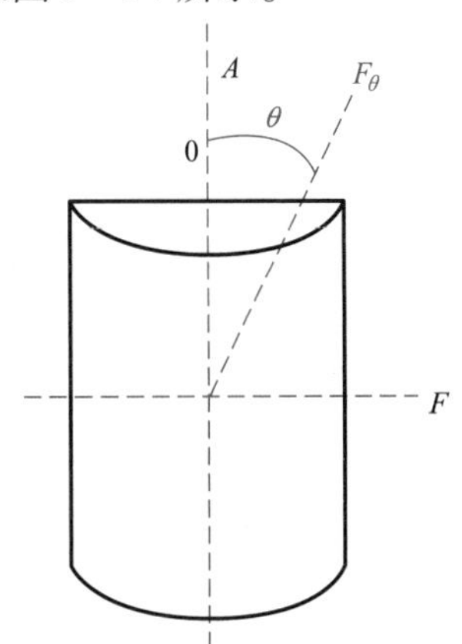

图 3-34　柱镜中间方向的屈光力

例 3-16：求 -3.00DS/-2.00DC×90 透镜在 30°方向的屈光力为多少？

解：$F_{30°} = -3.00 + (-2.00)\sin^2 60°$　（离轴向 60°）

$= -3.00\text{D} + (-2.00) \times 0.75\text{D}$

$= -4.50\text{D}$

所以 30°方向的屈光力为 -4.50D

（3）两散光透镜的叠加（$C_1 \times \alpha_1, C_2 \times \alpha_2$；合成透镜 $S/C \times \alpha$）：

$$S = \frac{C_1 + C_2 - C}{2} \qquad \text{公式 3-14}$$

$$\tan 2\alpha = \frac{C_1\sin 2\alpha_1 + C_2\sin 2\alpha_2}{C_1\cos 2\alpha_1 + C_2\cos 2\alpha_2} \qquad \text{公式 3-15}$$

$$C = \frac{C_1\sin 2\alpha_1 + C_2\sin 2\alpha_2}{\sin 2\alpha} \qquad \text{公式 3-16}$$

以上三式为柱镜叠加公式，计算时可先利用公式 3-15 将已知量代入求得叠加后的柱镜轴，再利用公式 3-16 求得叠加后的柱镜值，最后利用公式 3-14 求出叠加后的球面值。

若原来的透镜本来有球面成分：

① $S_1 \bigcirc C_1 \times \alpha_1$

② $S_2 \bigcirc C_2 \times \alpha_2$

叠加后在公式 3-14 中将原有的球面加上即可

$$S = S_1 + S_2 + \frac{C_1 + C_2 - C}{2} \qquad \text{公式 3-17}$$

例 3-17：求两透镜 -1.00DC×30 与 -1.00DC×45 叠加后的透镜。

解：$\tan 2\alpha = \dfrac{(-1)\sin(2\times30) + (-1)\sin(2\times45)}{(-1)\cos(2\times30) + (-1)\cos(2\times45)} = 3.73$

得到 $2\alpha = 75°$　$\alpha = 37.5°$

$$C=\frac{(-1)\sin(2\times30)+(-1)\sin(2\times45)}{\sin 75}\text{D}=-1.93\text{D}$$

$$S=\frac{(-1)+(-1)-(-1.93)}{2}\text{D}=-0.035\text{D}$$

叠加后的透镜为 −0.035DS/−1.93DC×37.5

思考题

1. 请叙述前表面屈光力、后表面屈光力和后顶点屈光力、等效屈光力的关系。

2. 临床上为什么要测量镜眼距离？

3. 薄透镜和厚透镜的主要区别是什么？

4. 柱镜的轴子午线和屈光力子午线的区别是什么？

5. 简述环曲面透镜。

6. 一老视患者，右眼远用处方为 −6.00DS/+2.00DC×45，近附加 Add = +2.00D，求该眼的近用处方。若处方为散光透镜，将该处方转化成球镜+负柱面，球镜+正柱面，柱面+柱面的形式，写出主子午线上的屈光力，并求出等效球镜度。

7. 针对该患者的远用处方，现预制作一毛坯片（不考虑厚度对屈光力的影响），基弧为 +6.00DS，求片形；若制作球弧为 +6.00DS，求片形。

8. 针对该患者的远用处方，透镜的前表面屈光力为 +6.00DS，透镜中央厚度为 5 mm，已知镜片为树脂材料（$n=1.60$），求前、后表面的曲率半径和前顶点屈光力。

9. 该患者配戴近用眼镜的镜眼距离正常为 12 mm，而他配戴时眼镜经常往下滑，滑至镜眼距离 16 mm 处，求眼镜需要多大屈光力才能和原有近用眼镜拥有相同的有效屈光力？

（瞿 佳）

第四章　透镜的厚度和屈光力测量

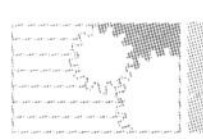

学习目标

◇ 掌握垂度公式及其应用。
◇ 掌握球面、球柱面和环曲面透镜厚度的计算。
◇ 掌握焦度计的使用。
◇ 熟悉厚度卡钳的应用。
◇ 熟悉球镜的识别与中和。
◇ 熟悉镜片测度表的设计原理。
◇ 掌握使用镜片测度表测量不同折射率镜片的屈光力。
◇ 熟悉镜片焦度计的机构和原理。
◇ 了解非圆形球面透镜的厚度。

透镜的厚度和屈光力测量是眼镜技术的基本技能。透镜的厚度包括透镜的中心厚度和边缘厚度,不仅影响眼镜片的放大率、安全性,也影响眼镜的美观性。透镜的屈光力主要包括透镜的面屈光力和顶点度,可采用不同的测量方法。

第一节　透镜厚度的测量

眼镜验配时,通常需要考虑透镜的厚度(lens thickness)。一般情况下,戴镜者认为薄的透镜比较美观、轻巧。透镜的厚度与透镜的材料、面屈光力和顶点度有关。凸透镜的中心比边缘厚,凹透镜则边缘比中心厚,且屈光力越高厚度越厚。

透镜厚度的主要估计方法有计算法和测量法。

一、透镜厚度的计算法

1. 矢高公式(sag formula)　也称垂度公式,是估计透镜厚度的基础。如图 4－1 所示,O 为圆心,r 为圆弧的半径,弦 PQ 代表平凸透镜(PBQ)的直径,该透镜的边缘厚度为零,以 y 代表透镜直径的一半(即直径 $PQ=2y$),矢高 s 即为平凸透镜的中心厚度。

由图 4-1，$s=BC=BO-CO$，$BO=r$　故矢高 $s=r-CO$

应用勾股定理于 $\triangle COQ$，则：

$$CO=\sqrt{OQ^2-CQ^2}=\sqrt{r^2-y^2}$$

代入上式即得矢高公式：

$$s=r-\sqrt{r^2-y^2}\qquad \text{公式 4-1}$$

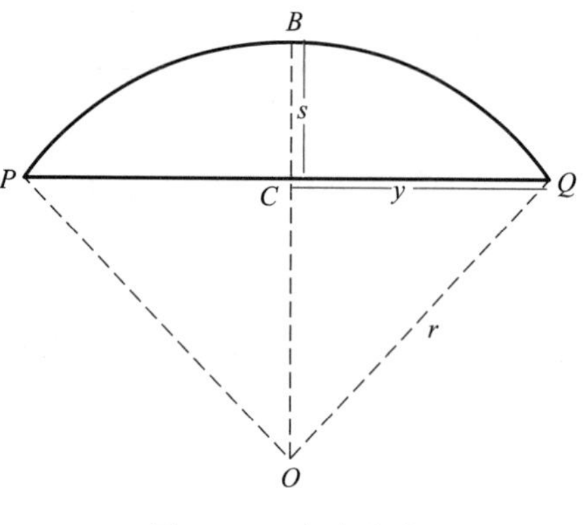

图 4-1　矢高公式

由公式 4-1 可知矢高与曲率半径 r 和透镜的直径 $2y$ 有关。设曲面的屈光力为已知，r 可由下式进行计算：

$$r=\frac{n-1}{F}$$

因此，如果已知透镜的直径和曲面的屈光力，则可求出矢高，即透镜厚度。

2. 圆形球面透镜的厚度　任何透镜的厚度都可先求出曲面的矢高（或环曲面的两个矢高），加上透镜所规定的最小厚度，即为透镜的真实厚度。对于凸透镜，最小厚度在透镜边缘，以 e 表示边缘厚度；对于凹透镜，最小厚度在透镜光心，以 t 表示中心厚度。

图 4-2 和图 4-3 为不同形式的正、凹透镜的厚度，用作图法可以求出图中所列透镜的中心厚度和边缘厚度：

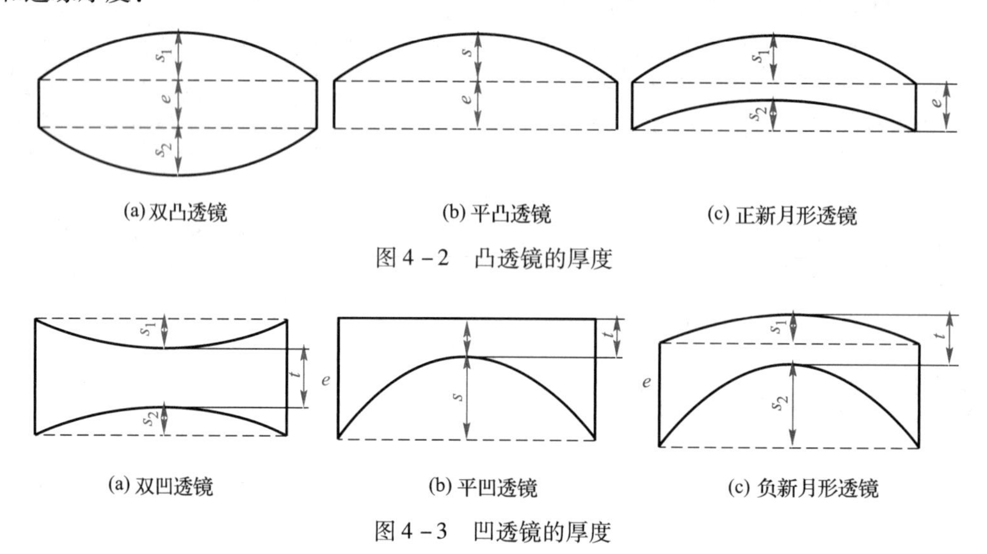

图 4-2　凸透镜的厚度

图 4-3　凹透镜的厚度

（1）双凸透镜：图 4-2(a)，$t=s_1+s_2+e$，$e=t-(s_1+s_2)$。

（2）平凸透镜：图 4-2(b)，$t=s+e$，$e=t-s$。

（3）正新月形透镜：图 4-2(c)，$t=s_1+e-s_2$，$e=t-(s_1-s_2)$。

（4）双凹透镜：图 4-3(a)，$e=s_1+s_2+t$，$t=e-(s_1+s_2)$。

（5）平凹透镜：图 4-3(b)，$e=s+t$，$t=e-s$。

（6）负新月形透镜：图 4-3(c)，$e=t-s_1+s_2$，$t=e-(s_2-s_1)$。

例 4-1：试计算一平凸透镜（$n=1.523$）的中心厚度，其凸面屈光力为 +10.00DS，直径为 50 mm，边缘厚度为 2 mm。

解:先求出曲面的曲率半径:

$$r=\frac{n-1}{F}=\frac{1.523-1}{10}\text{m}=0.052\ 3\ \text{m}=52.3\ \text{mm}$$

透镜的半径　$y=25$ mm

$$s=r-\sqrt{r^2-y^2}=(52.3-\sqrt{52.3^2-25^2})\ \text{mm}=6.36\ \text{mm}$$

透镜的中心厚度为,$t=s+e=(6.36+2)\ \text{mm}=8.36\ \text{mm}$

例4-2:试计算-9.00DS的新月形透镜($n=1.523$)的边缘厚度。已知两个面屈光力分别为+4.00DS和-13.00DS,透镜的直径为42 mm,中心厚度为0.5 mm。

解:已知:$t=0.5$ mm　$y=21$ mm　$F_1=+4.00\text{D}$　$F_2=-14.00\text{D}$

计算:$r_1=\dfrac{1.523-1}{4}=0.130\ 75\ \text{m}=130.75\ \text{mm}$

$$r_2=\frac{1-1.523}{-14}=0.040\ 23\ \text{m}=40.23\ \text{mm}$$

$$s_1=(130.75-\sqrt{130.75^2-21^2})\ \text{mm}=1.70\ \text{mm}$$

$$s_2=(40.23-\sqrt{40.23^2-21^2})\ \text{mm}=5.92\ \text{mm}$$

该透镜边缘厚度为 $e=t-s_1+s_2=(0.5-1.70+5.92)\ \text{mm}=4.72\ \text{mm}$。

3. 非圆形球面透镜的厚度　前面在讨论透镜的厚度时,均假定透镜为圆形,边缘每一点至光心距离均相等,所以厚度也相等。实际上由于镜框的形状各异,装框的透镜形状也不同。眼镜片形状一般并不规则,而且也不对称。

如图4-4所示,假设该透镜的屈光力为-5.00DS,形式为平凹形,边缘至光心的距离如图4-4所示,沿不同子午线的剖面图也如图4-4所示。如果中心厚度为0.8 mm,边缘厚度并不相等,各部分边缘厚度是以不同y值代入矢高公式求出,$r=\dfrac{1-1.523}{-5}\text{mm}=104.6\ \text{mm}$。透镜最大的边缘厚度位置距中心28 mm,该方向的矢高:

$$s=(104.6-\sqrt{104.6^2-28^2})\ \text{mm}=3.82\ \text{mm},$$

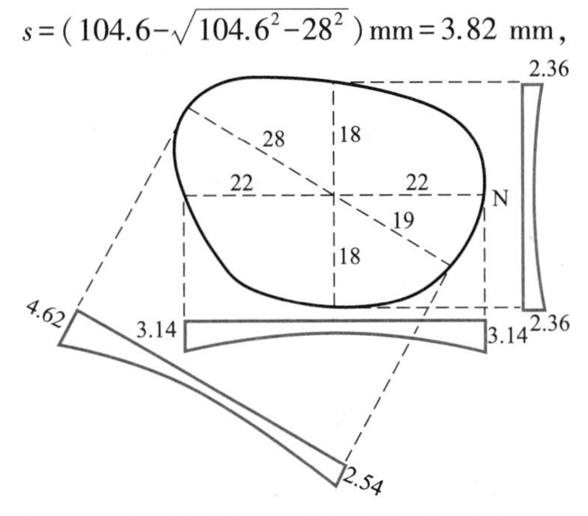

图4-4　非圆形透镜的不同边缘厚度(单位:mm)

透镜最大的边缘厚度为,$e=s+t=(3.82+0.8)\ \text{mm}=4.62\ \text{mm}$

透镜最小的边缘厚度位置距中心18 mm,用上述相同的方法可计算出该边缘厚度,该方向的矢高：

$$s=(104.6-\sqrt{104.6^2-18^2})\text{mm}=1.56\ \text{mm}$$

最小厚度为 $e=s+t=(1.56+0.8)\text{mm}=2.36\ \text{mm}$

可见，凹透镜边缘厚度，最厚点距光心最远，最薄点距光心最近。凸透镜刚好相反。

4. 柱面透镜和环曲面透镜的厚度　柱面透镜不同于球面透镜，其各方向厚度不同。图 4－5 所示为正柱面透镜，其轴在垂直方向，由图可知，透镜边缘的最大厚度在轴向的两端，边缘的最小厚度在垂轴方向。如果与轴垂直方向的圆弧半径为 r，其在轴方向的厚度可按球面透镜矢高的算法求出，即 $s=r-\sqrt{r^2-y^2}$。如果柱面的屈光力为＋5.00DC×90，边缘的最厚位置在正轴方向，就是在 90°位置；如果柱镜的轴向在 30°，边缘的最厚位置在 30°轴向的顶端。

图 4－6 所示是轴在垂直方向的负柱面透镜。与正柱面透镜不同的是，边缘的最小厚度在沿轴方向的两端，边缘的最大厚度在垂轴方向。如果柱面透镜的曲率半径为已知，该曲面的矢高可用上述方法求出。如果该负柱面透镜的屈光力为－5.00DC×90，则边缘的最大厚度在 180°方向。

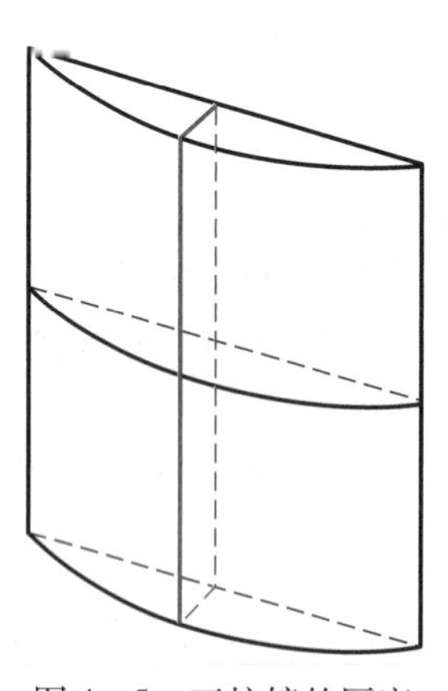

图 4－5　正柱镜的厚度

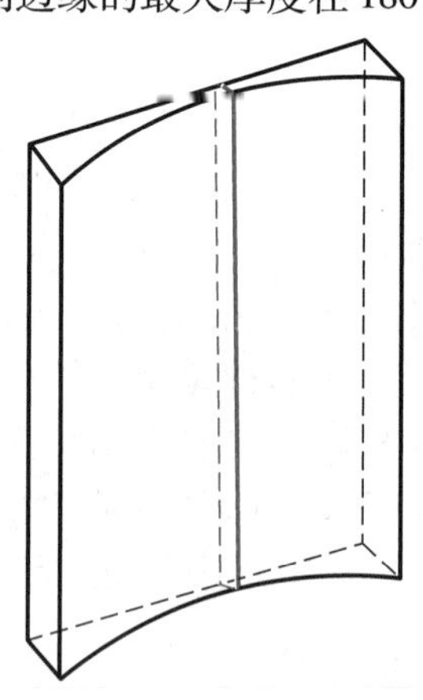

图 4－6　负柱面的厚度

－5.00DC×90 也可写成－5.00DS/＋5.00DC×180，因此柱面透镜或环曲面透镜的“正轴”代表了边缘最大厚度所在的轴向。

例 4－3：一枚＋3.00DS/＋3.00DC×60 圆形平凸形环曲面透镜，直径为 40 mm，$n=1.523$，透镜边缘的最薄边厚度为 2 mm，试计算透镜边缘的最厚边厚度。

解：此透镜的两个面屈光力为：

$$\frac{+3.00\text{DC}\times150/+6.00\text{DC}\times60}{0.00}$$

40 mm 透镜直径的 6.00D 矢高：

$$r=\frac{n-1}{F}=\frac{1.523-1}{6.00}\text{mm}=87.17\ \text{mm}$$

$$s=r-\sqrt{r^2-y^2}=(87.17-\sqrt{87.17^2-20^2})\text{mm}=2.33\ \text{mm}$$

40 mm 透镜直径的 3.00D 矢高：

$$r=\frac{n-1}{F}=\frac{1.523-1}{3.00}\text{mm}=174.33\ \text{mm}$$

$$s = r - \sqrt{r^2 - y^2} = (174.33 - \sqrt{174.33^2 - 20^2})\,\text{mm} = 1.15\ \text{mm}$$

透镜边缘的最薄边位于150°轴向的顶端。

最厚边厚度(60°方向)=(中心厚度) -(40 mm透镜直径的3.00D矢高)

而中心厚度(150°方向)=(边缘最薄边厚度) +(40 mm透镜直径的6.00D矢高)=2 mm + 2.33 mm=4.33 mm

故最厚边厚度=4.33 mm - 1.15 mm=3.18 mm

例4-4:一枚球弧为+1.00D的圆形环曲面透镜,-3.00DS/-2.00DC×180,直径为60 mm,$n=1.6$,透镜边缘的最薄边厚度为4 mm,试计算透镜边缘的最厚边厚度。

解:此透镜的两个面屈光力为:$\dfrac{+1.00\text{DS}}{-4.00\text{DC}\times 90/-6.00\text{DC}\times 180}$

60 mm透镜直径的+1.00D矢高:

$$r = \frac{n-1}{F} = \frac{1.6-1}{1.00}\,\text{mm} = 600\ \text{mm}$$

$$s = r - \sqrt{r^2 - y^2} = (600 - \sqrt{600^2 - 30^2})\,\text{mm} = 0.75\ \text{mm}$$

60 mm透镜直径的-4.00D矢高:

$$r = \frac{n-1}{F} = \frac{1.6-1}{4.00}\,\text{mm} = 150\ \text{mm}$$

$$s = r - \sqrt{r^2 - y^2} = (150 - \sqrt{150^2 - 30^2})\,\text{mm} = 3.03\ \text{mm}$$

60 mm透镜直径的-6.00D矢高:

$$r = \frac{n-1}{F} = \frac{1.6-1}{6.00}\,\text{mm} = 100\ \text{mm}$$

$$s = r - \sqrt{r^2 - y^2} = (100 - \sqrt{100^2 - 30^2})\,\text{mm} = 4.61\ \text{mm}$$

透镜边缘的最薄边位于180°轴向的顶端。

透镜边缘最厚边厚度(90°方向)=(中心厚度) -(60 mm透镜直径的+1.00D矢高) +(60 mm透镜直径的-6.00D矢高)

而中心厚度(180°方向)=(边缘最薄边厚度)-(60 mm透镜直径的 -4.00D矢高 -60 mm透镜直径的1.00D矢高)=4 mm-(3.03-0.75)mm=1.72 mm

故最厚边厚度=1.72 mm - 0.75 mm + 4.61 mm=5.58 mm

二、透镜厚度的测量法

使用厚度卡钳(thickness caliper)测量透镜的厚度。如图4-7所示,厚度卡钳包括轴、测量端、圆弧形刻度面和指针。厚度卡钳空置时,指针对准零刻度。测量透镜某点厚度时,将透镜该点垂直置于测量端,指针将在圆弧刻度面上移动一定距离,指针所指的数值即厚度值(单位:mm)。

厚度卡钳的基本测量原理如图4-8所示。图中C点为卡钳的轴,t为透镜测量点的厚度,d为指针在圆弧形刻度面上移动的距离,因此

$$\frac{d}{t} = \frac{BC}{AC}$$

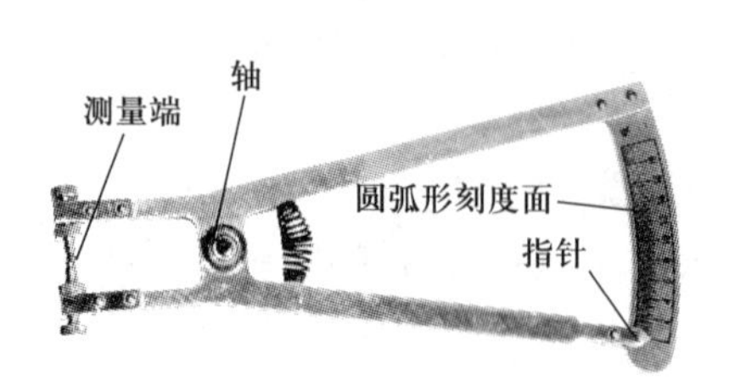

图4-7 镜片厚度卡钳

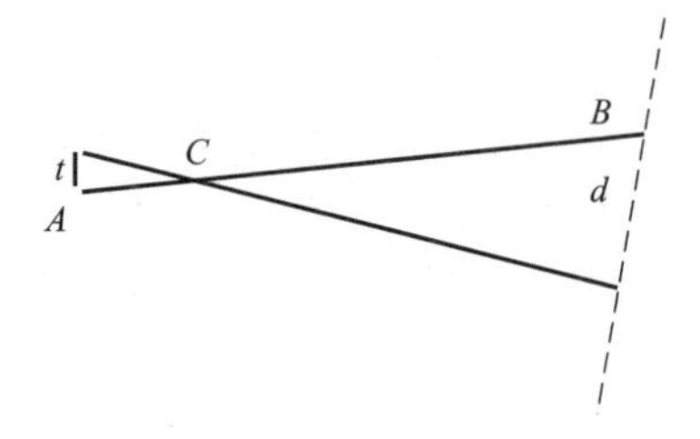

图4-8 厚度卡钳的基本测量原理

通常，$\frac{BC}{AC}=4$，则厚度 $t=\frac{d}{4}$(mm)

第二节 透镜屈光力的测量

透镜屈光力测量是眼镜验配过程中的基本技能。常用的方法有识别和中和法、镜片测度表法和焦度计法。

一、透镜面屈光力的测量

透镜面屈光力的测量通常使用镜片测度表，如图4-9(a)。镜片测度表包括一个表盘和三个测量脚，其中，中间为活动脚，两端为固定脚。

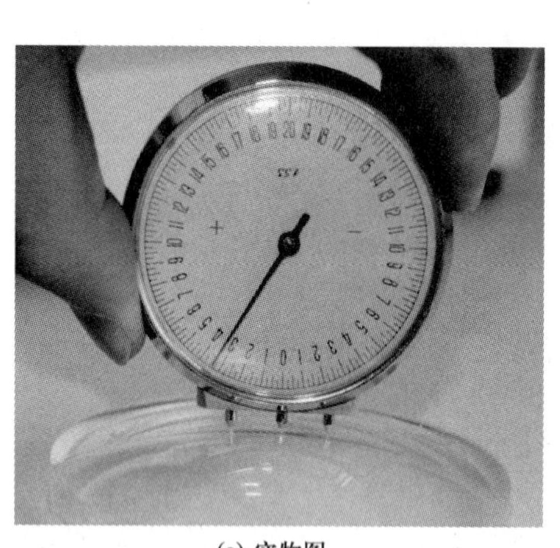

(a) 实物图

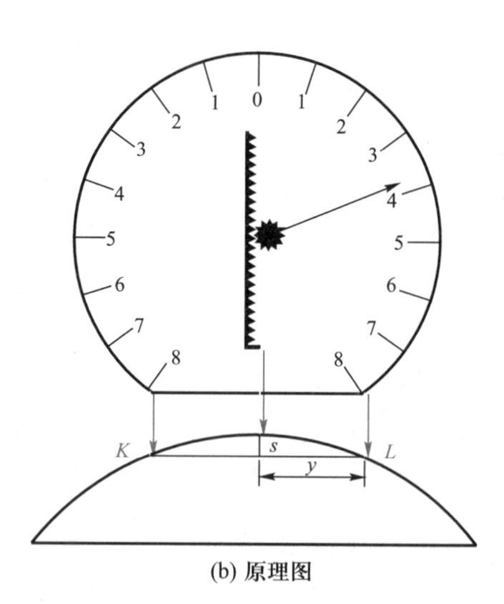

(b) 原理图

图4-9 镜片测度表

如图4-9(b)所示，镜片测度表应用透镜曲率的原理，测量两个固定脚 K 点与 L 点(2y)之间的矢高 s，活动脚与指针齿轮连接，表盘刻度为屈光力值。镜片测度表原理的推导公式如下：

根据矢高公式 $$s=r-\sqrt{r^2-y^2}$$

计算得 $$r=\frac{y^2+s^2}{2s}$$

镜片面屈光力　$$F=\frac{n-1}{r}=\frac{n-1}{\frac{y^2+s^2}{2s}}=\frac{2(n-1)s}{y^2+s^2}$$　公式 4-2

y 与 s 均以 m 为单位

通常,镜片测度表的指定折射率 $n=1.53$,因此

$$F=\frac{2\times(0.53)\times s}{y^2+s^2}$$

若被测透镜 $n\neq1.53$,则真实面屈光力公式为,$F_n=\frac{2(n-1)s}{y^2+s^2}$

合并公式 4-2,得　$$\frac{F}{0.53}=\frac{F_n}{n-1}$$

所以　$$F_n=F\frac{n-1}{0.53}$$　公式 4-3

即:真实屈光力 = 镜片测度表读数 × $\frac{n-1}{0.53}$

例 4-5:用 $n=1.53$ 镜片测度表测量一枚 $n=1.67$ 的透镜,测度表的读数为 +5.00D,求其真实屈光力?

解:$F_n=F\frac{n-1}{0.53}=5.00\times\frac{1.67-1}{0.53}=6.32\text{D}$

使用镜片测度表,可以分别获得透镜两个表面(前、后表面)的面屈光力。对于薄透镜,将透镜两个表面的面屈光力代数和相加即可获得该薄透镜的屈光力。镜片测度表同样可用于测量散光透镜,只需要分别测量透镜主子午线的屈光力,再分别代数和相加。

二、透镜屈光力的主观评估法

1. 透镜屈光力的识别　鉴别一枚透镜是凸透镜、凹透镜或散光透镜,在实际工作中有着重要的意义。我们可以使用以下三种简单快捷的方法对透镜进行识别。

(1) 薄厚法:对于屈光力较大的球镜,直接观察或触摸透镜,比较透镜的中心厚度和边缘厚度即可以识别。① 凹透镜:中心较薄,边缘较厚;② 凸透镜:中心较厚,边缘较薄;③ 散光透镜:观察透镜边缘,球面透镜的边缘厚度一致;散光透镜的边缘厚度不一致,且最厚边缘与最薄边缘互相垂直。由于成品眼镜会对镜片边缘进行切割,距离光学中心不同位置的边缘具有不同的厚度。故厚薄法适用于毛坯镜片,针对成品眼镜会出现估计错误。

(2) 影像法:通过透镜成像区分透镜性质。① 凹透镜:通过凹透镜观察,物体的像缩小;② 凸透镜:通过凸透镜观察,物体的像放大。使用凸透镜观察时,凸透镜与人眼的距离在透镜的 1 倍焦距内,超过时会看到缩小、倒立的像。通常将凸透镜置于眼前 15 ~20 cm。影像法一般不适用于判断散光透镜。

(3) 像移法(motions):手持透镜(凸面在外)置于眼前,缓慢地上下或左右平移透镜,透过透镜所视的像也会发生移动。① 如果像的移动方向与透镜的移动方向相同,称为顺动(with motion),表示此透镜为凹透镜;② 如果像的移动方向与透镜的移动方向相反,称为逆动(against motion),表示此透镜为凸透镜;③ 以柱面透镜的中心为轴进行旋转时,通过透镜可

观察到“+”字的两条线在随着透镜的旋转进行“张开”继而又“合拢”状的移动，这种现象称之为“剪刀运动”(scissors movement)。该现象是因为柱面透镜各子午线方向的屈光力不同所致。

对凸透镜进行识别时，如果透镜与眼睛的距离超过透镜的焦距，将看到倒立、缩小和顺动的像。为了避免判断失误，一般将透镜放在眼前 15 ~20 cm 处。如果看到倒立缩小的像，应缩短透镜与眼睛之间的距离。若像不动，则表示此透镜为平光镜。透镜的屈光力越大，移动越快；屈光力越小，移动越慢。

此外，也可以将透镜做前后移动来识别球面透镜。① 透镜由眼前向远处移动时，通过透镜看到物像也向远处移动；当透镜由远处向眼前移动时，通过透镜看到物像向眼前移动，这种现象也称为顺动，表示此透镜为凹透镜。② 如果像的移动方向与透镜的移动方向相反，称为逆动，表示此透镜为凸透镜。

在临床上，上下或左右平移透镜的方法较常用。

2. 中和法(neutralization)　指用已知度数的透镜与未知度数的透镜相联合，寻找与未知透镜屈光力相抵消的已知透镜，以测量未知透镜的度数。像移法是球镜中和法的基础。通常，中和法估计的是透镜的前顶点屈光力。常用镜片箱(trial case)的已知透镜进行中和。

例如用像移法看到未知透镜为顺动，判断为凹透镜，则用镜片箱的凸透镜进行中和。将两块透镜叠合，观察像移情况，如果还是顺动，说明试镜片度数不够，换更高度数的试镜片继续中和；如果联合后变为逆动，则说明试镜片度数太高。反复更换试镜片直至联合后影像不动。例如用+2.00D 试镜片达到中和状态，则未知镜片的度数为-2.00D。若中和散光透镜，则先根据“剪刀运动”识别散光透镜，再标记两条主子午线，对主子午线上的屈光力分别用球镜的中和方法进行中和，最后转化成处方形式。

图 4-10　中和法

如图 4-10 所示，为了使两块透镜紧密叠合，应将试镜片放在未知透镜的凸面，如果试镜片放在未知透镜的凹面，因两片之间的间隙较大，容易出现误差。由于临床上大部分眼镜片都是凸面朝着眼外，故中和法估计的是透镜的前顶点屈光力。

三、透镜屈光力的客观测量法

焦度计也称屈光力计及镜片测度仪，主要用于透镜的光学参数测量，包括透镜的顶点屈光力和光学中心，柱面透镜的屈光力及轴向，棱镜及其底向，是眼镜验配中的重要光学测试仪器。如图 4-11 所示，焦度计的主要部件包括目镜、透镜夹、载镜台、测帽、散光轴位转盘、屈光力转轮、光学标记器。

(一) 焦度计的基本光学原理

焦度计主要由聚光系统和观察系统组成(图 4-11)。测量透镜，实质上是测量透镜的焦距。焦度计的基本光学原理如图 4-12 所示，聚光系统是一个准直器(标准镜)，观察系统是一个望远镜系统。

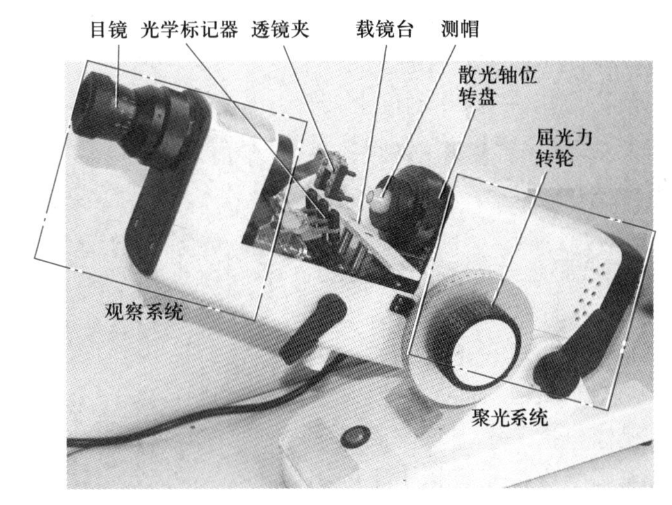

图 4－11　焦度计及其部件

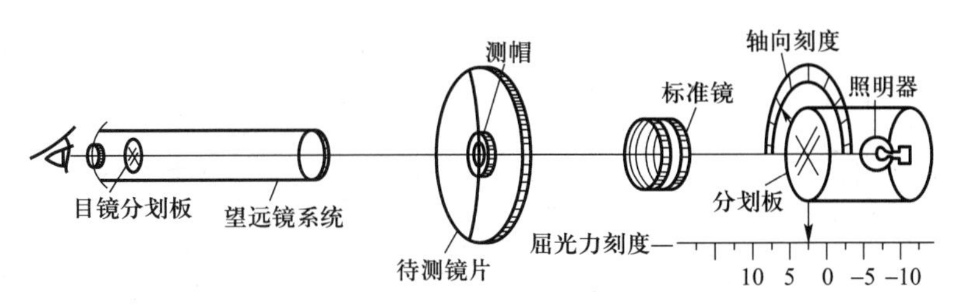

图 4－12　焦度计的基本光学原理

聚光系统的作用是使分划板成像于无穷远。当仪器读数在零位时，被照明且可移动的分划板位于准直物镜的第一焦点上，分划板上的一点，经准直物镜后发出的是平行光束。经望远物镜后，正好成像于目镜的分划板上，被检查者清晰观察。当测量凸透镜时，要使光线离开被测透镜后仍平行，分划板需自零位移向准直物镜；若测量凹透镜，则移动方向反之。

临床上，较多采用自动焦度计（图 4－13），其特点是检测者仅需将透镜放入正确位置，操动按钮，透镜的顶点屈光力会自动显示，测量简便迅速。

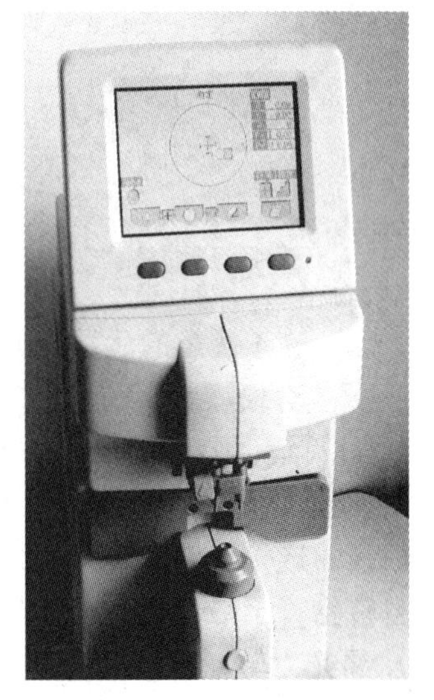

图 4－13　自动焦度计

（二）半自动焦度计的使用

1. 半自动焦度计的使用前的准备

（1）调整目镜：调整目镜的目的是为了补偿检测者的屈光不正，使被测量透镜度数的误差减至最小。首先，在电源关闭状态下，检测者将逆时针转动目镜至最高正度数；然后，检测者用优势眼观察焦度计内部分划板上的黑线条的清晰程度，同时慢慢地顺时针转动目镜，直至固定分划板上的黑线条清晰，目镜调整步骤完成（图 4－14）。

（2）准备工作：在目镜调整完成的前提下，打开电源开关，在未放置被测透镜的状态下，观察焦度计内部的亮视标，同时慢慢调整屈光力转轮，直至亮视标清晰呈现。此时，在读数窗内箭头应指在0.00刻度上，若箭头不指在0.00刻度上，应检修焦度计，或者记录误差值，用于最后测量结果的校正。

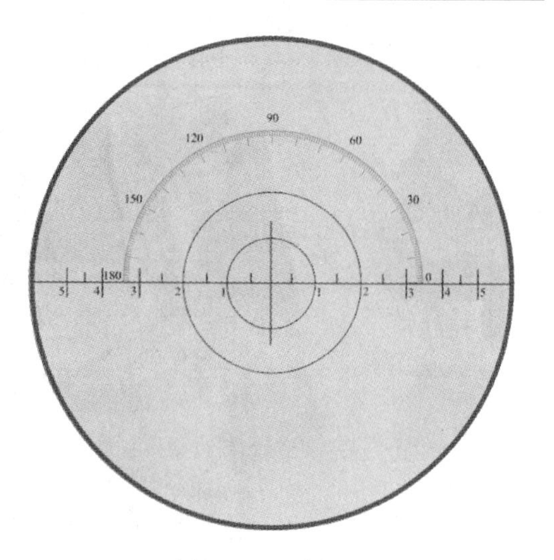

图4－14　分划板

2. 测量步骤

（1）球面透镜的后顶点屈光力：① 将透镜置于载镜台上，凹面对着测帽，左右移动透镜或者上下移动载镜台，使透镜的光学中心尽量正对测帽的中心，然后放下透镜夹，固定透镜；② 通过目镜，观察亮视标（图4－15），亮视标包括一个点状圆圈及圆圈外相互垂直的细线，点圆圈应位于目镜十字的中央（图4－16）；③ 旋转屈光力转轮逐渐使亮视标聚焦清晰，同时移动透镜令其光学中心居中，即点状圆圈居中；④ 亮视标聚焦最清晰时（图4－16），读取并记录屈光力转轮上的读数，即为该透镜的屈光度数（如－3.00D）；⑤ 按下焦度计的光心标记器，在透镜上打印3个红点，当中的红点即为光学中心。

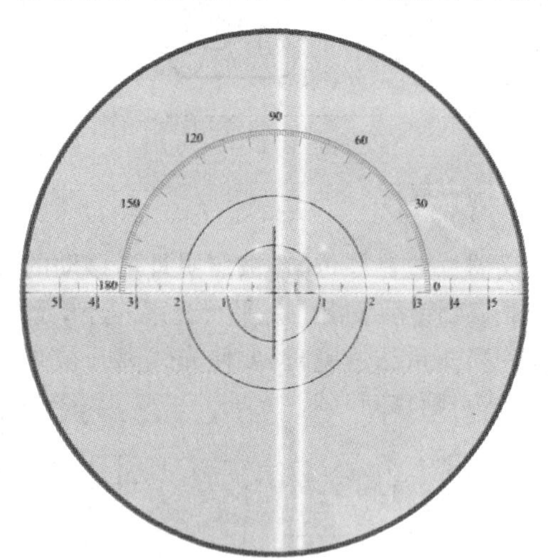

图4－15　球面透镜的点状亮视标

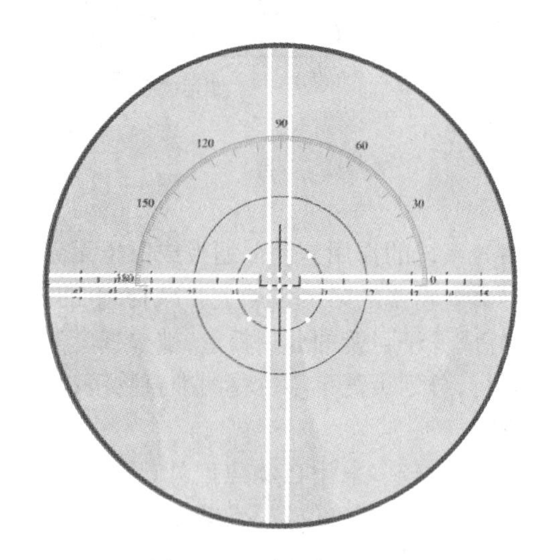

图4－16　亮视标最清晰

（2）散光透镜的后顶点屈光力：① 将透镜置于载镜台上，凹面对着测帽，左右移动透镜或者上下移动载镜台，使透镜的光学中心尽量正对测帽的中心，然后放下透镜夹，固定透镜。② 通过目镜，观察亮视标，如果点状亮视标变成短线状圆圈，且相互垂直的细线不能同时清晰，说明该透镜为散光透镜（图4－17）。③ 旋转屈光力转轮，同时旋转散光轴位转盘，直到2条细线的连接没有破裂感，且该方向上的短线条清晰，移动透镜令光学中心居中，继续旋转屈光力转轮直至最清晰时，记录屈光力转轮所指的屈光度数，即为散光透镜的球镜［如图4－18（a），屈光力转盘度数为－2.00D，即散光透镜的球镜部分为－2.00D］。④ 继续转动屈光力转轮调整另一方向上的3条细线与短线状圆圈，同步骤③，记录屈光力转轮所指的屈光度数及散光轴位转盘所指的轴向或轴向加或减 90°[注：散光轴位转盘所指轴位与观察的清晰细线方向一致时，即直接记录轴位；如散光轴位转盘所指轴位与观察的清晰细线方向相差 90°时，散光轴位转盘所指的轴位须加或减 90°。如图 4－18(b)，这里散光轴向旋钮上度数为 149°，轴向与观察到清晰细线方向一致，屈光力转盘度数为 －4.50D，故计：－2.50×149]。⑤ 按下焦度计的光心标记器，在透镜上打印 3 个红点，当中的红点即为光学中心。⑥ 记录该散光透镜的处方，－2.00/－2.50×149。

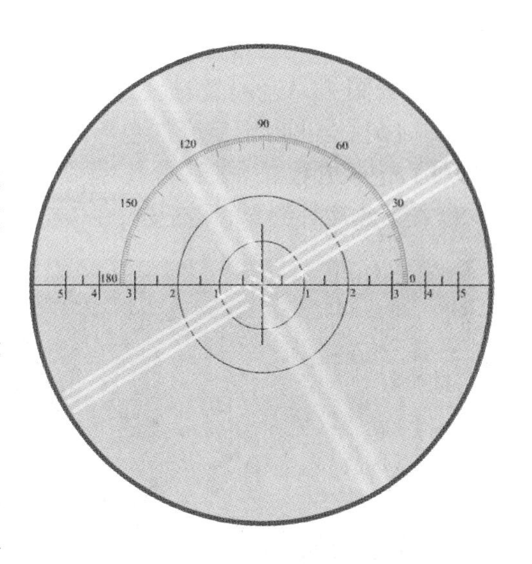

图 4－17 散光透镜的点状亮视标

（三）自动焦度计的使用

自动焦度计是目前国内使用最广泛的透镜测量仪器（见图 4－13）。它采用自动调焦，将光学信号转换成电信号，经转换后在液晶显示屏呈现出透镜的测量结果。各种自动焦度计的测量方法大同小异，本书列举的自动焦度计的测量步骤如下。

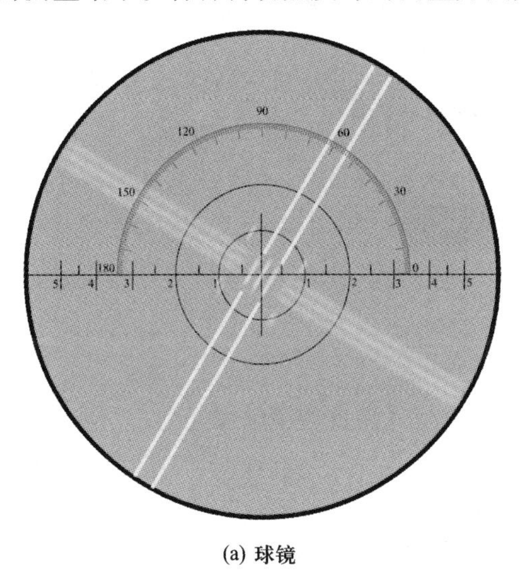

(a) 球镜

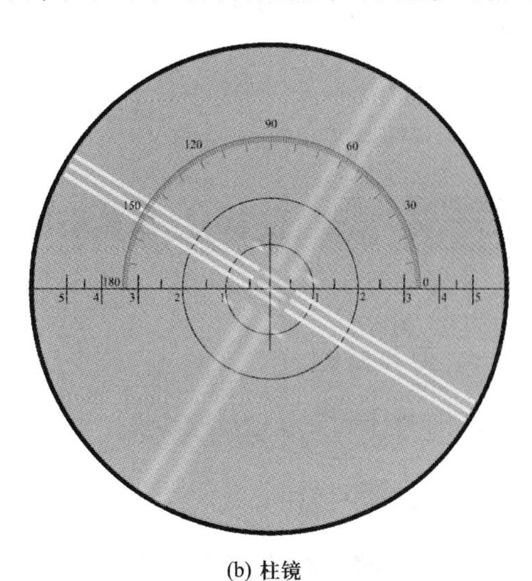

(b) 柱镜

图 4－18 散光透镜的测量

1. 接通电源，打开焦度计开关。

2. 参数设置，主要内容包括以下几个。

（1）精度：选择项包含 0.01D，0.12D，0.25D。

（2）柱镜：选择项包含混合，+，－。

（3）镜片：选择项包含正常、硬镜片。

（4）棱镜：选择项包含不显示，$X-Y$，$P-B$，mm。

3. 测量透镜后顶点屈光力时，将待测透镜凹面对准测帽放置，透镜一侧紧靠载镜台，使用透镜夹固定透镜。

4. 移动透镜,当透镜的光学中心接近靶心时,显示屏上会出现透镜中心(十字)偏离光学中心的距离,如图 4 - 19(a);按提示直到偏移量最小(无棱镜时,应为 0.0,0.0),当透镜的光学中心对准靶心时,会出现十字变红色等提示,同时屏幕上显示出待测透镜的各项光学参数,如图 4 - 19(b),记录参数。

5. 按下焦度计的光心标记器,在透镜上打印 3 个红点,当中的红点即为光学中心。

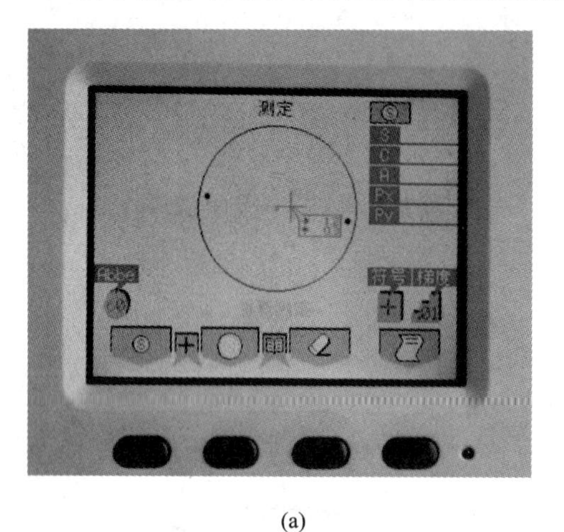

(a)

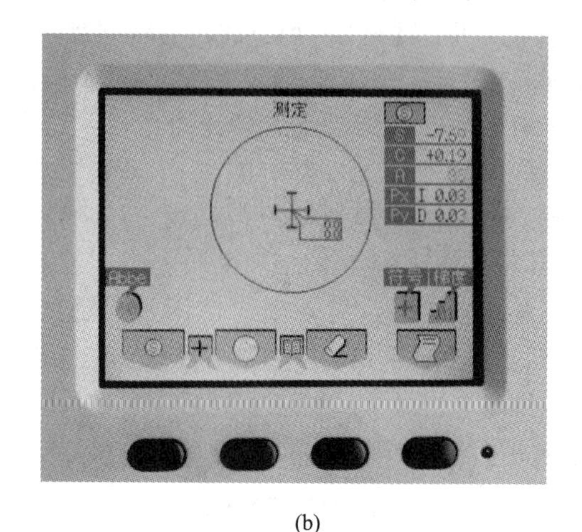

(b)

图 4 - 19　自动焦度计的测量显示状态

第三节　实习:透镜的厚度和屈光力的测量

一、实习目的

采用厚度卡钳测量透镜的厚度。使用镜片测度表、焦度计测量透镜的屈光力。

二、仪器和材料

球面透镜、散光透镜、厚度卡钳、镜片测度表、半自动焦度计和自动焦度机。

三、实习内容

(一) 透镜的识别和中和

1. 球面透镜的识别和中和

(1) 球面透镜的识别,参加本章第二节相关部分。

(2) 球面透镜的中和,测量步骤如下:① 手持未知透镜,通过透镜凹面的光学中心观察无穷远处的十字线。② 旋转未知透镜,如无剪刀现象,即为未知球面透镜。③ 观察者分别沿水平和垂直方向移动透镜,如果像与透镜的移动方向相同,为顺动,说明是负透镜;如果像与透镜的移动方向相反,为逆动,且观察者的眼睛在正透镜的焦距内,说明是正透镜。④ 从镜片箱内选取一枚性质相反的球性试镜片,将其与未知透镜的凸面相贴(两透镜的光学中心一致),分别在水平和垂直方向移动这两枚透镜,并判断是顺动还是逆动。⑤ 根据像的移动方向调整试镜片度数,直到所观察十字线的影像不动,此时试镜片度数即为未知透镜的度数,性质相反。⑥ 记录透镜的屈光度数。

2. 散光透镜的识别和中和

(1) 散光透镜的识别,参见本章第二节相关部分。

(2) 散光透镜的中和,测量步骤如下:① 手持未知透镜,通过透镜凹面的光学中心观察无穷远处的"十"字线。② 旋转未知透镜,如有剪刀现象,即为散光透镜。③ 通过散光透镜观察"十"字线的像,旋转透镜,令通过透镜观察到的"十"字线的像与露在透镜外的"十"字线延长线相连,即散光透镜的两条主子午线位于水平和垂直方向,标记两条主子午线。④ 确定散光透镜的两条主子午线的位置后,使用球性试镜片分别中和两条主子午线的屈光力。确定两条主子午线上的屈光力后,再转换为负柱镜的处方形式,并记录(注意:中和法测量散光透镜毛坯片时,无需记录轴向)。

(二) 使用厚度卡钳测量透镜的中心厚度和边缘厚度

1. 测量球面透镜的中心厚度和边缘厚度

(1) 使用厚度卡钳测量球面透镜的中心厚度测量步骤如下:① 确认厚度卡钳的指针归零;② 确定并标记透镜的光学中心;③ 将透镜的光学中心固定在测量端,透镜平面与测量端保持垂直;④ 指针在圆弧形刻度面所指的数值即厚度值,读出刻度并记录(单位为 mm)。

(2) 使用厚度卡钳测量球面透镜的边缘厚度测量步骤如下:① 确认厚度卡钳的指针归零;② 将透镜的任意最边缘处固定在测量端,透镜平面与测量端保持垂直;③ 指针在圆弧形刻度面所指的数值即厚度值,读出刻度并记录(单位为 mm)。

2. 测量散光透镜的中心及边缘厚度

(1) 使用厚度卡钳测量散光透镜的中心厚度:测量步骤同球面透镜的中心厚度测量。

(2) 使用厚度卡钳测量球柱面透镜的边缘厚度:测量步骤如下:① 确认厚度卡钳的指针归零;② 确定散光透镜的两条主子午线为最厚及最薄边缘;③ 分别将透镜的最厚/最薄边缘卡在测量端,透镜平面与测量端保持垂直;④ 指针在圆弧形刻度面所指即厚度值,分别读出最厚/最薄边缘的刻度并记录(单位为 mm)。

(三) 使用镜片测度表测量透镜的面屈光力

1. 测量球面透镜的面屈光力,并计算近似屈光力

(1) 确认镜片测度表的表盘内指针归零。

(2) 确定并标记球面透镜的光学中心。

(3) 将镜片测度表垂直置于透镜的凸面,中间活动脚对准透镜的光学中心,读出表盘内指针位置,即为透镜前表面的屈光力(如 +6.00D)。

(4) 再将镜片测度表垂直置于透镜的凹面,中间活动脚对准透镜的光学中心,读出表盘内指针位置,即为透镜后表面的屈光力(如 -7.00D)。

(5) 如透镜的折射率为 1.53,透镜前、后表面屈光力的代数和,即为该透镜的近似屈光力,单位为 D(如 -1.00D)。

如透镜的折射率为 1.7,根据公式分别计算透镜前、后表面的实际屈光力(如前表面为 +7.92D,后表面为 -9.25D)。再求球面透镜前、后表面屈光力的代数和,即为该透镜的近似屈

光力(-1.33D,可近似记录为-1.25D)。

2. 测量散光透镜的面屈光力,并计算近似屈光力

(1) 确认镜片测度表的表盘内指针归零。

(2) 标记散光透镜的光学中心及两条主子午线(参照中和法)。

(3) 将镜片测度表垂直置于散光透镜的凸面,中间活动脚对准透镜的光学中心,读出表盘内指针位置,即为透镜前表面的屈光度数,单位为D(如+7.00D)。

(4) 将镜片测度表垂直置于透镜凹面,三个测量脚对准其中一条主子午线,中间活动脚对准透镜的光学中心,读出表盘内指针位置,即为该主子午线后表面的屈光力(如-4.75D);透镜前表面屈光力与后表面该子午线屈光力的代数和,即为该散光透镜一条主子午线的近似屈光度数(如+2.25D)。

(5) 同步骤(4)获取散光透镜另一条主子午线的近似屈光度数,单位为D(如+0.75D)。

(6) 根据散光透镜的处方转换方法记录散光透镜的屈光度数,通常以负柱镜的处方形式表示(如+2.25DS/-1.50DC)。

(7) 上述步骤(4)-(7)针对折射率为1.53的透镜,如透镜的折射率不是1.53,请参照1.球面透镜的面屈光力测量步骤(5)。

(四) 使用焦度计测量透镜的后顶点屈光力

使用半自动焦度计和自动焦度计测量球面透镜、散光透镜的后顶点屈光力,步骤同本章第二节中相应部分。

思考题

1. 简述曲率与屈光力的关系。
2. 镜片厚度与哪些参数有关?
3. 使用镜片测度表需要注意哪些事项?
4. 半自动焦度计用的是什么原理?
5. 已知透镜的前后表面两条主子午线的面屈光力分别为+4.00DS、-14.00DS,该透镜的半径为22 mm,中心厚度为0.8 mm,折射率n为1.523。求该透镜的边缘厚度。
6. 一散光透镜处方为-4.00DS/-4.00DC×90,被加工成50 mm×40 mm的横椭圆形,光学中心位于椭圆中心。该透镜为环曲面透镜,球弧为-11.00DS,薄边厚为3 mm。求该透镜的厚边厚度。

(瞿 佳 郑志利)

第五章 眼用棱镜和透镜的棱镜效果

学习目标

◇ 熟悉棱镜的构造和光学特性；掌握棱镜的单位和相互关系；掌握棱镜方位的标示方法；了解眼用棱镜的特点；掌握棱镜的应用原理。

◇ 掌握棱镜合成与分解的计算。

◇ 熟悉旋转棱镜的构成；了解旋转棱镜的计算规律；熟悉旋转棱镜的临床用途。

◇ 掌握透镜移心对成像位置的影响，移心透镜的关系式在球面透镜和柱面透镜的计算。掌握球柱面移心的计算。熟悉球面透镜的棱镜效果在临床中的应用。

◇ 了解 Fresnel 棱镜的原理。

棱镜的主要作用是使光线发生偏向，改变成像位置，临床上主要用于矫正因双眼对应异常而引起的视觉问题。透镜可以看成由许多眼用棱镜组成，若验配、加工不当引入不需要的棱镜会造成双眼视觉问题。

第一节 眼用棱镜

一、棱镜的构造

棱镜(prism)是由两个相交折射面构成的光学元件，如图 5－1 所示，$AA'BB'$与$AA'CC'$为棱镜的两个折射面，两个折射面相交于顶线AA'。$BB'CC'$所组成的面为棱镜底。与顶线AA'和两个折射面垂直的截面ABC或$A'B'C'$为棱镜的主截面(principal section)，通常以主截面代表一个棱镜。α角为棱镜的顶角(apical angle)，它的大小决定了棱镜对光线的偏折能力。垂直于底和顶边的线称作棱镜的底顶线(base－apex direction)，表示棱镜的方向。通常，眼用棱镜的顶角小于 10°，所以眼用棱镜基本上都属于薄棱镜。

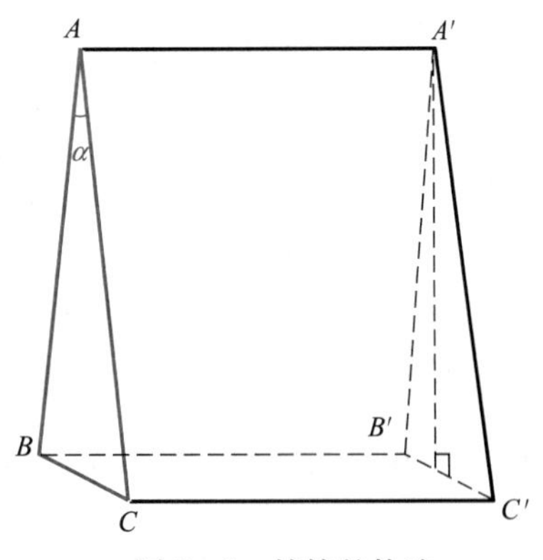

图 5－1 棱镜的构造

二、棱镜屈光力

棱镜屈光力是指正切角是0.01或$\frac{1}{100}$时的角度测量单位。棱镜屈光力可以用棱镜的顶角 α 表示，也可以用光线通过棱镜后产生的偏折角 d 表示（图5－2）。但临床上，最常用的棱镜屈光力单位是棱镜度（prism diopter），用△表示，最早由C. F. Prentice在1888年提出。$1^{\triangle}$棱镜屈光力是指光线通过该棱镜时，出射光线在距离棱镜100单位处，偏移1个单位的距离。如在1 m（100 cm）处使光线偏移1 cm的棱镜屈光力为$1^{\triangle}$，若使光线在1 m（100 cm）处偏移2 cm的棱镜屈光力为$2^{\triangle}$。

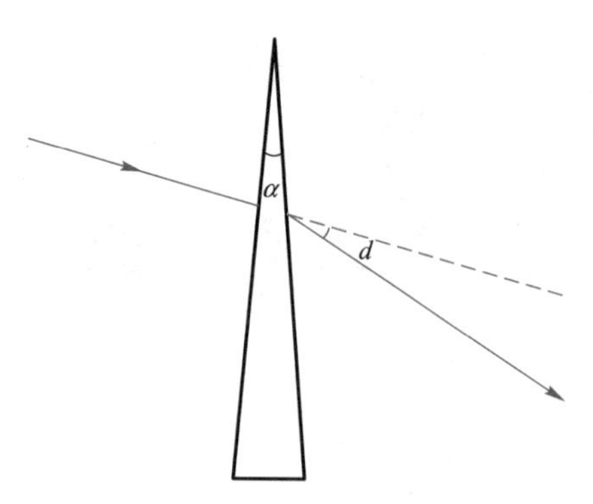

图5－2 棱镜的顶角和偏折角

棱镜记录时包括棱镜屈光力及其方向。

（一）棱镜屈光力

棱镜屈光力可以用棱镜度和厘弧度作为单位来表示，眼科临床上最常用的单位是棱镜度。

1. 棱镜度（△） 棱镜度反映了在已知距离处物、像所出现的位移。如图5－3所示：光线 PQ 垂直入射于棱镜而以 RS 方向射出，若眼位于 S 处，则看到 PQ 上的 B 点移位于 B' 点。若 B 点离棱镜的距离为 x，物像位移 BB' 以 y 表示，则棱镜的折射力为 $100y/x$ 棱镜度，即光线偏离角 θ 的正切值的100倍：

$$P = 100\tan\theta \quad \text{公式 5－1}$$

$1^{\triangle} = 100 \times \tan 0.57°$。在偏离角小时，$1^{\triangle}$相当于0.57°偏离。

在测量棱镜的棱镜度时，可将刻度尺置于离棱镜1 m处，视线通过棱镜观察刻度0点的位移，如移至2 cm处，则该棱镜为$2^{\triangle}$。

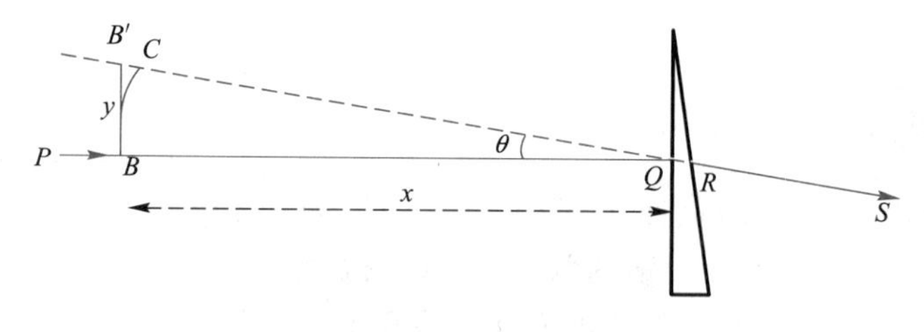

图5－3 棱镜的单位：棱镜度和厘弧度

2. 厘弧度（▽） 在图5－3中，沿着半径 x 的圆弧 BC 测量像的位移 y，则 $100y/x$ 表达以$\frac{1}{100}$弧度，即厘弧度为单位的棱镜偏离。$1^{\triangledown} = 0.573°$，不同于棱镜度。厘弧度是均一严密的单位，40厘弧度恰为1厘弧度的40倍。

通常，眼用棱镜屈光力较小，以上两种单位的偏差甚微，因此目前视光界仍习惯于采用棱镜度作为棱镜屈光力的单位。

(二) 棱镜屈光力的方向

棱镜屈光力的方向以其底顶线来标明其方位,简称底朝向,有两种不同的标示法。

1. 习用标示法(cardinal base notation)

(1) 底顶线位于垂直方向的棱镜以其底朝上(base up,BU)或底朝下(base down,BD)标示。

(2) 底顶线位于水平方向的棱镜,若底朝向鼻侧,则以底朝内(base in,BI)标示;若底向颞侧,则以底朝外(base out,BO)标示。

2. 360°标示法(360° base notation) 习用标记法方便临床应用,但无法标识斜向的棱镜屈光力方向。360°标示法基于数学上的极坐标法,整个圆周等分为360°,以水平经右边为起点以逆时针方向计数(图5-4),这样能标识任意方向的棱镜屈光力的方向,如底230°(B230)。

注意,上面两种标示法,均以观察者的方位出发,而不是根据被检者的方位;同时对于被检眼的左右眼应采用相同标示法。通常,0°以180°或360°代替。

完整的棱镜屈光力处方书写应包括眼别,棱镜屈光力大小和方向。举例:OD $2^{\triangle}$ BU 代表右眼有2个棱镜度,底顶线朝上;OS $3^{\triangle}$ B210 代表左眼有3个棱镜度,底顶线朝210°(360°标示法)。

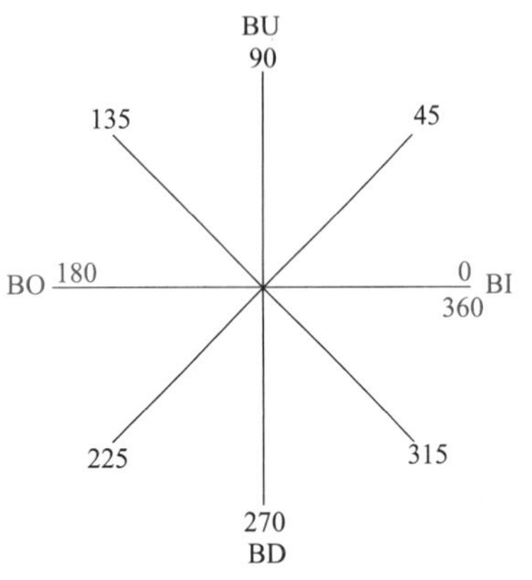

图5-4 360°标示法(右眼)

三、眼用棱镜的成像特性

图5-5显示为一枚棱镜,其顶角为α。由于眼用棱镜的屈光力较小,当一条光线垂直入射于该棱镜的第一面时,认为光线不发生折射,入射至第二面时,入射光线与该面法线成i角,出射光线与法线成i'角,故偏向角为θ,棱镜材料折射率为n。

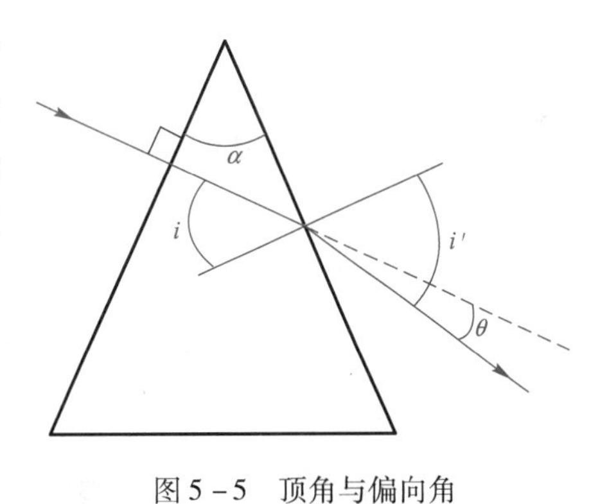

图5-5 顶角与偏向角

由图中几何关系可知:

$$\theta = i' - i, i = \alpha, \text{ 故 } i' = \alpha + \theta$$

在第二面应用折射定律,得到:

$$n \sin i = \sin i'$$

故 $n \sin \alpha = \sin(\alpha + \theta)$

由于眼用棱镜多小于$10^{\triangle}$,故α与θ都很小,有如下近似关系:

$$\sin \alpha \approx \alpha, \sin \theta \approx \theta$$

代入得:$n\alpha = \alpha + \theta$

得到偏向角和顶角的关系: $\theta = (n-1)\alpha$ 公式5-2

若棱镜材料折射率 $n = 1.523$ 则 $\theta = 0.523\alpha$

由此可得,当 $n = 1.523$ 时,顶角α,偏向角θ与棱镜度P三者之间的关系,见表5-1。

表 5-1 α,θ,P 三者关系

顶角 α/°	偏向角 θ/°	棱镜度 P/$^\Delta$
1	0.523	0.91
1.1	0.573	1
1.91	1	1.75

当白光通过棱镜时，由于棱镜介质对于不同色光的折射率不同，不同色光发生不同程度的折射而出现色散(chromatic dispersion)。波长越短，折射率越大，由公式 5-2 可知，偏向角 θ 也越大，成像越向底偏离，故白光被分解成光谱色光(图 5-6)，从棱镜顶向底方向排列为红、橙、黄、绿、青、蓝、紫。

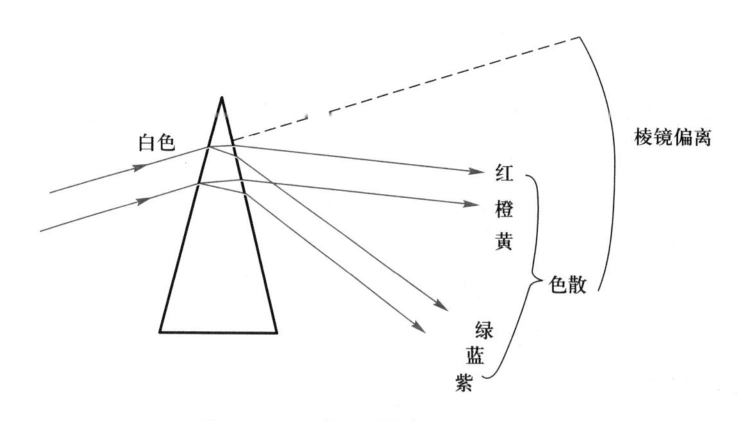

图 5-6 白光通过棱镜后发生色散

四、棱镜的应用原理

1. 改变光线方向，满足眼位需求　棱镜产生光学偏折，光线的偏折规律是朝棱镜底偏折，所以临床上常用棱镜的底作为棱镜的方向，如 BI 和 BO，BU 和 BD 等(图 5-7)。

2. 通过棱镜注视的物体向顶的方向偏移　由于棱镜对光线产生偏折作用，通过棱镜看物体，该物体朝顶的方向偏移(图 5-8)。

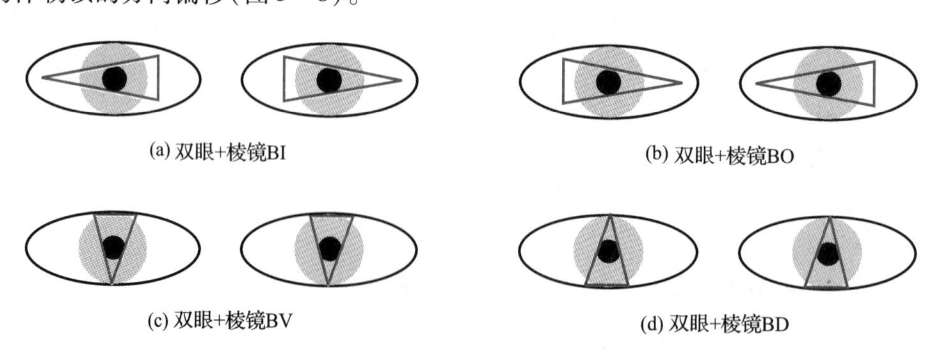

图 5-7

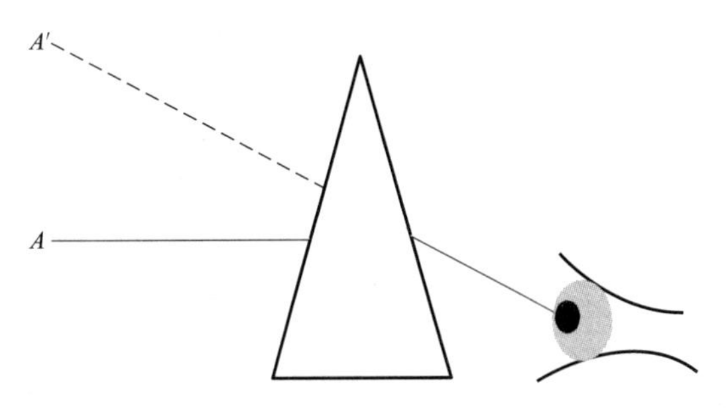

图 5－8　物体朝“顶”的方向偏移

看远处物体时，眼睛观看偏折的物像，所转过的角度等于棱镜（屈光力为 P）的偏向角 θ。而实际上看近处物体时由于物距的作用，眼睛转过的角度小于 θ，这时棱镜对眼睛的实际作用小于 P。这种实际的棱镜效果称为视近有效棱镜屈光力，在分析棱镜对近阅读的影响时应注意考虑。

3. 临床检查用镜　临床上，主觉验光及视觉功能检查（如双眼平衡检测、隐斜检测）中，棱镜是必备的检查用镜。

五、眼用棱镜的厚度

棱镜主截面顶和底的厚度差称为为棱镜的厚度差。在制作眼用棱镜的时候需要考虑其厚度差，以免透镜过厚。假设一枚圆形棱镜，其直径为 d，棱镜底与顶之间的厚度差为 g（图 5－9）。

$$g = d\tan\alpha$$

通常眼用棱镜很薄，故顶角很小，$\tan\alpha \approx \alpha$

故 $g = d \times \alpha$

而根据公式 5－2：$\theta = (n-1)\alpha$，得 $\alpha = \dfrac{\theta}{n-1}$

因眼用棱镜，通常 θ 也比较小，$\theta \approx \tan\theta$

又因　　$P = 100\tan\theta$

故：$g = d \times \alpha = d \times \dfrac{\theta}{n-1} = \dfrac{\tan\theta \times d}{n-1} = \dfrac{100\tan\theta \times d}{100(n-1)}$

$$= \frac{Pd}{100(n-1)}$$

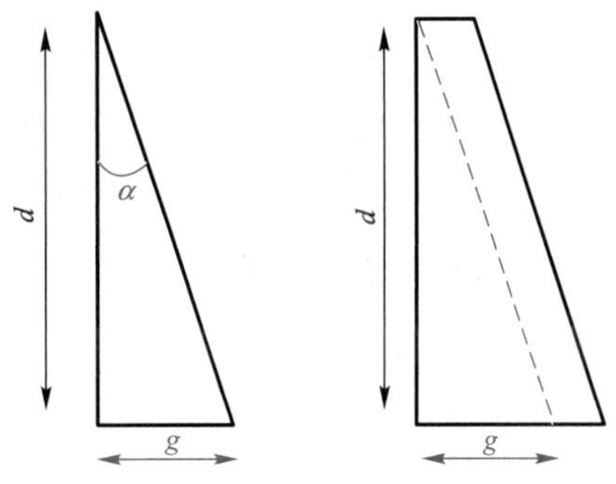

图 5－9　棱镜的厚度差

可得到沿底顶线方向两点间厚度差公式：

$$g = \frac{Pd}{100(n-1)} \qquad \text{公式 5－3}$$

上式中 P 为棱镜度，d 为沿底顶线方向两点间距离，n 为棱镜材料的折射率。

利用上式只能求出两点在底顶线方向的厚度差。如果要求厚度差的两点不在底顶线方向，而与底顶线方向偏一个角度。这时，可定义 d 为新方向的两点间距离，分解棱镜到新方向上，得到该方向上棱镜屈光力 P 的大小，再根据公式 5－3 计算。棱镜的分解见后续内容。如以棱镜中心为原点，与底顶线成 β 角方向的棱镜厚度差公式为：

$$g_{\beta}=\frac{Pd\cos\beta}{100(n-1)}$$ 公式 5－4

例 5－1:一眼用棱镜 $5^{\triangle}$B180 直径为 60 mm,$n=1.523$。今在与棱镜中心成 45°方向且距棱镜边缘 5 mm 处打一螺钉孔,已知孔厚度为 3 mm。试求该棱镜最薄边厚度。

解:按题意,该棱镜底在 180°方向,顶在 0°方向,且在 $\beta=45°$方向打孔(如图 5－10),因该棱镜直径为 60 mm,半径为 30 mm,孔距边缘 5 mm,故孔与棱镜中心距 25 mm。

故该孔中心与棱镜中心的厚度差为:

$$g=\frac{5\times25\cos45°}{100(1.523-1)}\text{mm}=1.69\text{ mm}$$

即中心厚度为: 1.69 mm＋3 mm＝4.69 mm

因棱镜最薄处在顶方向。故中心与顶的厚度差为:

$$g=\frac{5\times30}{100(1.523-1)}\text{mm}=2.87\text{ mm}$$

所以最薄边厚度为:

4.69 mm－2.87 mm＝1.82 mm

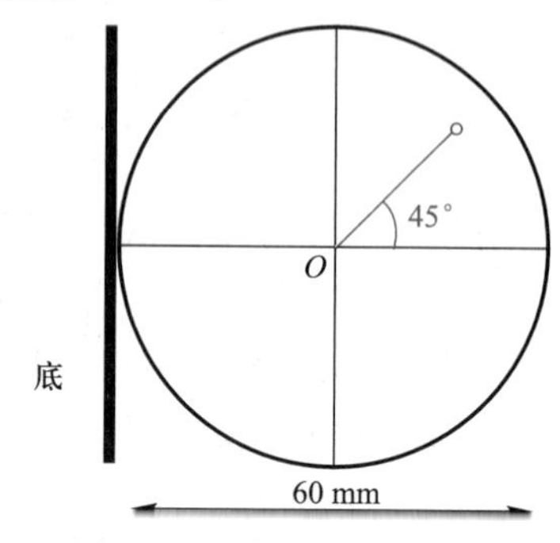

图 5－10 斜方向的厚度差

第二节 棱镜屈光力的合成与分解

棱镜屈光力的运算法则符合数学上矢量的特性。根据棱镜屈光力的大小和方向,可简化成平面坐标上的矢量,将矢量合成或分解,即为棱镜的合成与分解,可用矢量作图法和计算法。注意勿与不符合矢量特性的散光透镜混淆。

一、棱镜度的合成

例 5－2:将两眼用棱镜 $4^{\triangle}$B90 与 $3^{\triangle}$B360 合成一等效棱镜。

解:如图 5－11(a)所示,$OA=\sqrt{OV^2+OH^2}=\sqrt{4^2+3^2}=5$

$$\tan\varphi=\frac{4}{3}=1.333\quad\beta=53.13°$$

所以 $4^{\triangle}$B90 $\subset$ $3^{\triangle}$B360＝$5^{\triangle}$B53.13

例 5－3:试合成 $3^{\triangle}$B270 与 $4^{\triangle}$B180 两棱镜。

解:如图 5－11(b)

$$OA=\sqrt{OV^2+OH^2}=5$$

$$\tan\beta=\frac{-3}{-4}=0.75\ \beta=216.87°$$

所以 $3^{\triangle}$B270 $\subset$ $4^{\triangle}$B180＝$5^{\triangle}$B216.87

二、棱镜度的分解

例 5－4:试将 $6^{\triangle}$B60 的棱镜分解为垂直与水平方向的两棱镜。

解:由图 5－12(a)

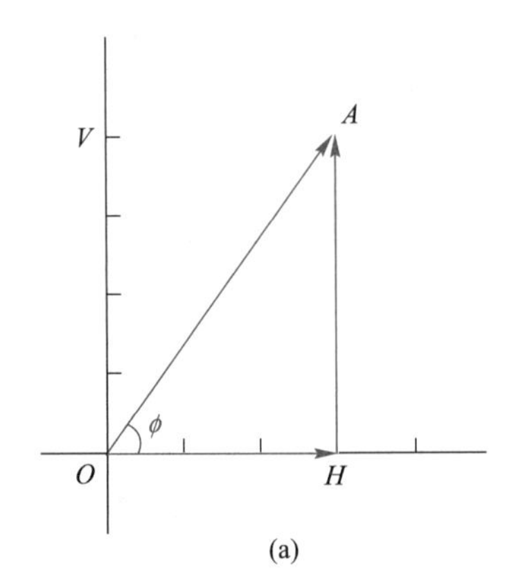

(a)

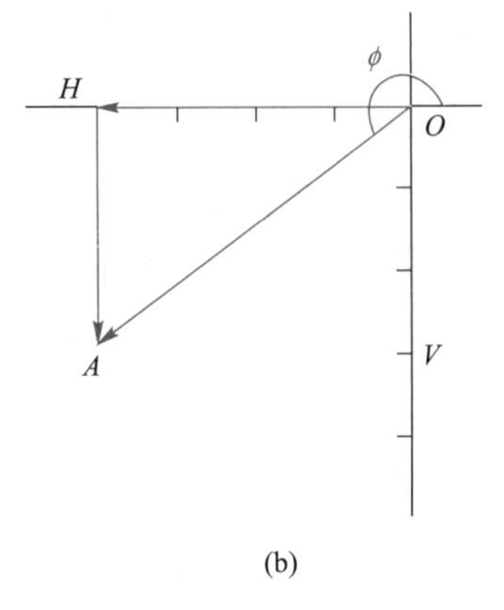

(b)

图 5 - 11　棱镜的合成

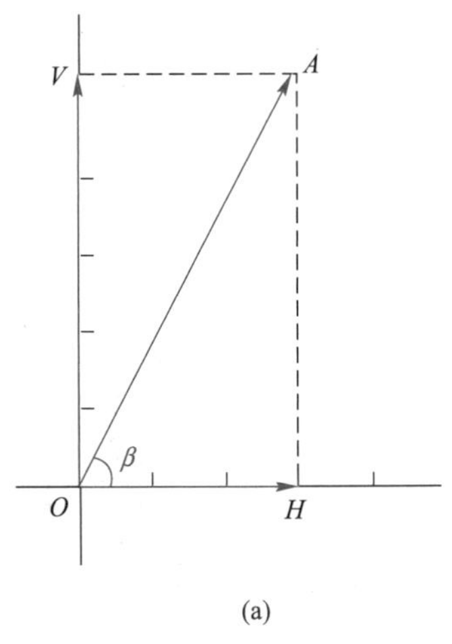

(a)

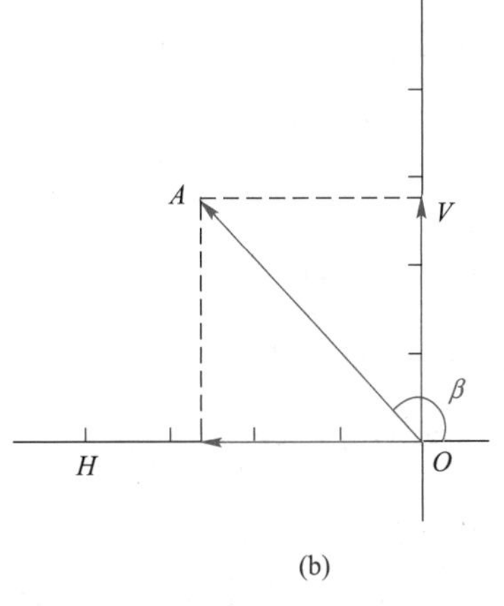

(b)

图 5 - 12　棱镜度的分解

$$OH = OA\cos\beta = 6\cos 60^{\circ} = 3^{\triangle}B360$$
$$OV = OA\sin\beta = 6\sin 60^{\circ} = 5.2^{\triangle}B90$$

例 5 - 5：把 $4^{\triangle}B135$ 棱镜分解为垂直和水平方向的两棱镜

解：由图 5 - 12(b)可知：

$$OH = OA\cos\beta = 4\cos 135^{\circ} = 2.83^{\triangle}B180$$
$$OV = OA\sin\beta = 4\sin 135^{\circ} = 2.83^{\triangle}B90$$

所以 $4^{\triangle}B135 = 2.83^{\triangle}B180 \bigcirc 2.83^{\triangle}B90$

三、任意基底方向的两棱镜合成

棱镜合成不局限于水平或垂直方向，合成的两棱镜基底是任意方向。如图 5 - 13 设有棱镜 A 屈光力为 a，基底 α，与棱镜 B 基底 β 两棱镜合成，求其等效棱镜 C。

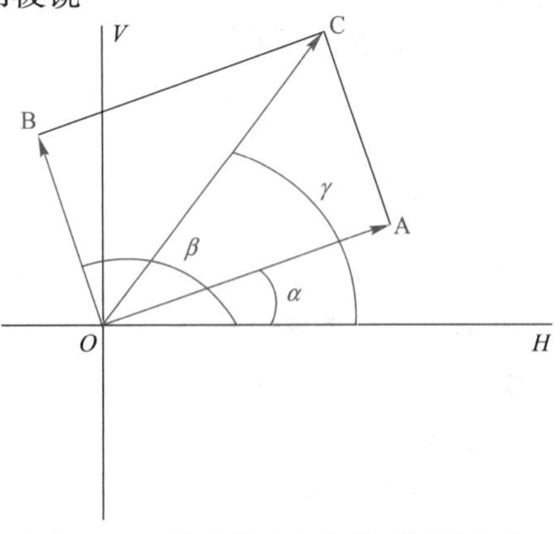

图 5 - 13　任意基底方向的两棱镜合成

因棱镜的基底为任意方向，所以先将 A 棱镜和 B 棱镜分解成水平和垂直方向的两个分量，然后再合成为 C 棱镜。

即：$A_V = a\sin\alpha$ $A_H = a\cos\alpha$

$B_V = b\sin\beta$ $B_H = b\cos\beta$

$C_V = A_V + B_V = a\sin\alpha + b\sin\beta$

$C_H = A_H + B_H = a\cos\alpha + b\cos\beta$

$C = \sqrt{C_V^2 + C_H^2}$ $\gamma = \tan^{-1}\frac{C_V}{C_H}$

例 5-6：试求 $5^\triangle$B60 与 $2^\triangle$B110 两棱镜合成之棱镜。

解：$A_V = 5\sin 60° = +4.33$

$A_H = 5\cos 60° = +2.50$

$B_V = 2\sin 110° = +1.88$

$B_H = 2\cos 110° = -0.68$

$C_V = A_V + B_V = 4.33 + 1.88 = +6.21$

$C_H = A_H + B_H = 2.50 + (-0.68) = +1.82$

$C = \sqrt{C_V^2 + C_H^2} = \sqrt{6.21^2 + 1.82^2} = 6.47^\triangle$

$\gamma = \tan^{-1}\frac{C_V}{C_H} = \tan^{-1}\frac{6.21}{1.82} = 73.67°$

合成结果：$5^\triangle$B60 ⊂ $2^\triangle$B110 = $6.41^\triangle$B73.67

四、棱镜合成和分解的应用

临床上，由于斜向棱镜屈光力的检测不方便，故棱镜处方是分别记录垂直和水平方向的偏移量，其合成即为总处方的棱镜屈光力。而在眼镜加工时，总处方的棱镜移心不方便，而分解成水平和垂直两个方向后容易做移心加工。用手动焦度计检测棱镜屈光力时，可对总棱镜进行直接测量，也可以分别对水平和垂直方向的棱镜分别评估。临床较多应用分解的棱镜处方，因此自动焦度计通常只显示分解棱镜。

第三节 旋转棱镜

一、旋转棱镜的构成

将两片相同度数的棱镜叠合在一起，可以组合出不同屈光力和方向的棱镜系统，这在临床上应用非常广泛。旋转棱镜（rotary prism）的原理由 John Herschel 所阐述，旋转棱镜是产生可变棱镜折射力的设计，由 Risley 首先应用于眼科，故又名 Risley 棱镜（Risley prism）。旋转棱镜是将两个薄三棱镜组合在一起，以共同的几何中心为轴，以相同的角速率相向旋转而构成的棱镜。现常用的一种 Risley 旋转棱镜，每一棱镜片为 $20^\triangle$，故最大棱镜屈光力为 $40^\triangle$。

如图 5-14 所示，常用的单个棱镜屈光力 P 为 $20^\triangle$。当重叠底相反的棱镜时，组合后的棱镜度为零。若将两片棱镜中的一片顺时针转 90°,另一片逆时针转 90°,则两片棱镜底靠底组合后的棱镜度为 2P。若成一定的角度,则得出各种不同的棱镜度,并呈不同的方向。

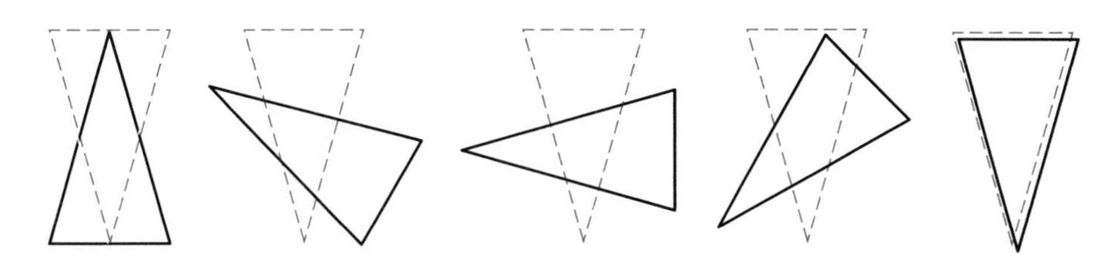

图 5－14　旋转棱镜

二、旋转棱镜的计算

一旋转棱镜由棱镜屈光力为 P_0 的两块薄棱镜构成,零位在垂直方向上(图 5－15)。如果每一棱镜均自零位转 θ 角度,则每一棱镜与水平线的倾角为 $\phi(\phi=90-\theta)$。垂直方向上,两片棱镜分解后分别为 $P_0\sin\phi$ 底朝上、$P_0\sin\phi$ 底朝下,这里垂直方向的棱镜效果互相中和;而水平方向上分解的棱镜屈光力都为 $P_0\cos\phi$,因底方向相同而相加,总屈光力为 $2P_0\cos\phi$。因 $\phi=90-\theta$,总屈光力又为 $2P_0\sin\theta$。

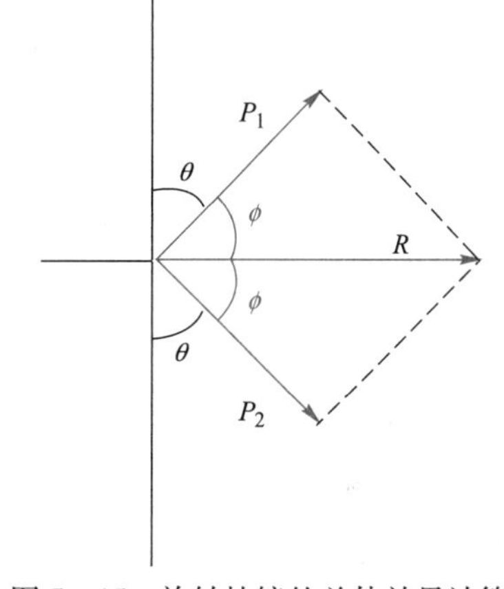

图 5－15　旋转棱镜的总体效果计算

(1) 当 $\theta=0$,总屈光力为 0,此时两棱镜是底与顶相接而互相中和。

(2) 当 $\theta=90°$,总屈光力为 2 P_0,此时两棱镜处在底靠底的位置。

(3) 其他位置,总屈光力 $P=2P_0\sin\theta$。$\sin\theta$ 由 0 连续变至 1,故其总效果由 0 连续变至 $2P_0$。因此,这样的旋转棱镜装置可获得从零至两棱镜度之和的任何棱镜度。

这种装置常用于双眼视的检查,要测垂直轴向的棱镜效果,零位应在水平方向;要测水平方向的棱镜效果,零位应在垂直方向。

例 5－7:一旋转棱镜的两片组合棱镜各为 $20^{\triangle}$,设每片均自零位转动 60°,试计算它的总棱镜效果。如果要其总效果为 $3^{\triangle}$,每片棱镜应各转动多少角度?

解:$P=2P_0\sin\theta, P_0=20^{\triangle}, \theta=60°$

所以　总棱镜效果为 $P=2P_0\sin\theta=2\times20\times\sin60°=34.64^{\triangle}$

要获得总棱镜效果为 $3^{\triangle}$

$$\sin\theta=\frac{P}{2P_0}=\frac{3}{2\times20}=0.075$$

每片棱镜应转动 $\theta=4.30°$

三、旋转棱镜的临床应用

1. 眼位测量 例如 Von Graefe 法测量眼位。如图 5-16,采用综合验光仪上的旋转棱镜将单个视标分离,打破融像;再通过旋转棱镜测量,确定眼位偏离的方向和量。

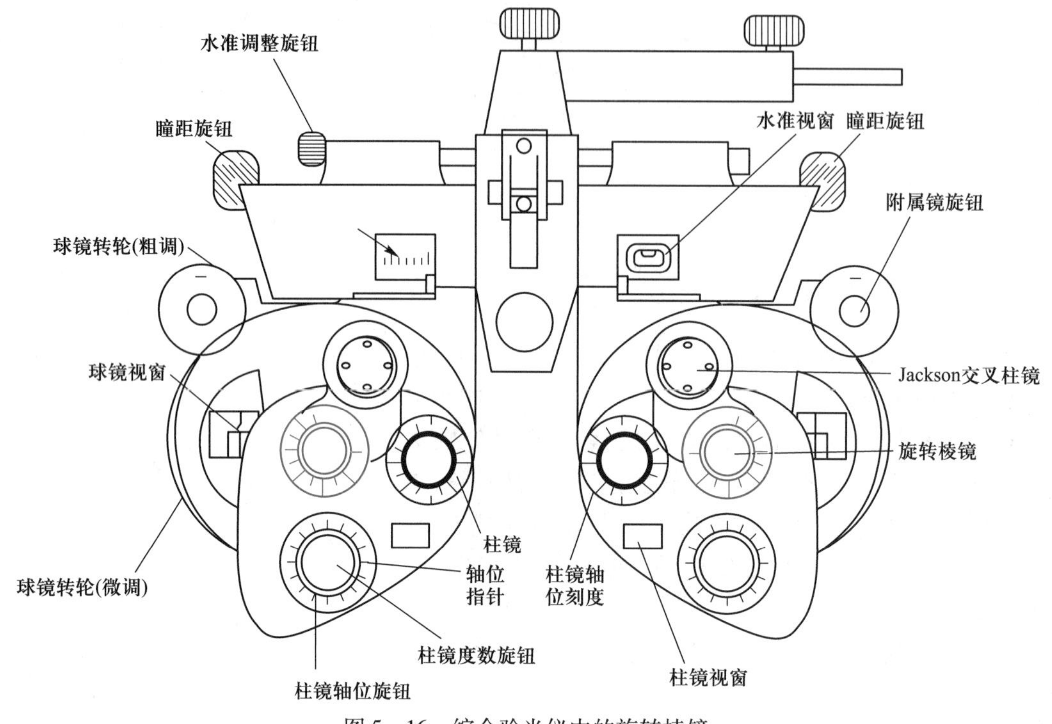

图 5-16 综合验光仪中的旋转棱镜

2. 聚散度测量 在被检查者双眼前放置旋转棱镜,可测量远距和近距的聚散力,即双眼视觉功能中重要的测量参数,正负融像性聚散度,即测量双眼的集合/散开力。综合验光仪上的旋转棱镜(图 5-17)置于被检者眼前,通过增减 BI/BO 棱镜量使被检者的眼球发生相应移动,从而测量被检者的正负融像性聚散范围。

四、棱镜排

将不同棱镜屈光力的镜片以一定的增率放置做成一个棱镜排镜(prism bar)(图 5-18),给

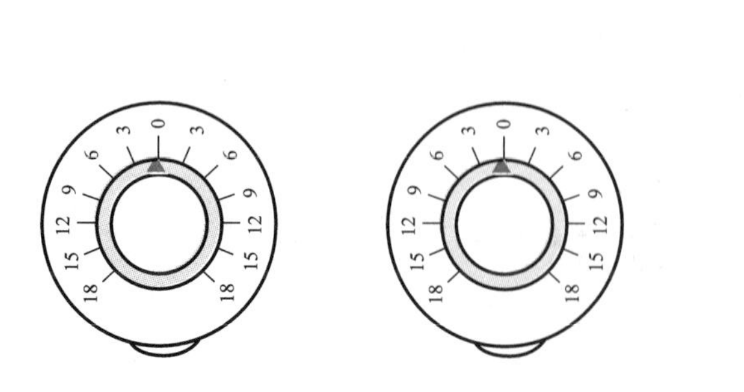

图 5-17 旋转棱镜

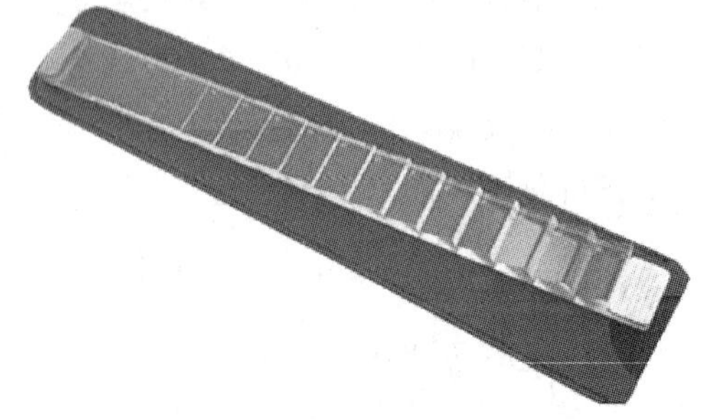

图 5-18 棱镜排镜

临床的检测带来便利。棱镜排上的棱镜屈光力范围一般由 1$^{\triangle}$ 至 20$^{\triangle}$，分为水平位和垂直位两组。在临床应用有遮盖试验中确定斜视量、Hirshberg 试验中测量斜视量等。

第四节　透镜的棱镜效果

球面透镜和棱镜相似，对光线有偏折作用。可以把球面透镜想象成由无数个棱镜组合而成，这些小棱镜的屈光力随着它到光心的距离增加而增加（图 5－19）。球面透镜上任一点对光线的偏折力，称为该点的棱镜效果（prism effect）。这种效果随该点至光心的距离增加而增加。

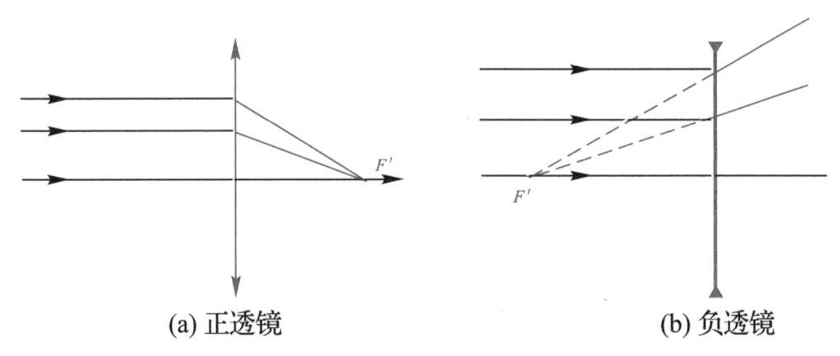

图 5－19　透镜总是把光线折向厚度大的方向

在光心位置，球面透镜的前后两个折射面是平行的，故光心处的棱镜效果等于零。正球面透镜的最厚部在光心，所以各点棱镜效果的底都朝向光心。负球面透镜最厚部位在边缘，故各点棱镜效果的底都朝向周边。在记忆球面透镜的棱镜方向时，我们可用两个组合的棱镜来简化球面透镜（图 5－20）。

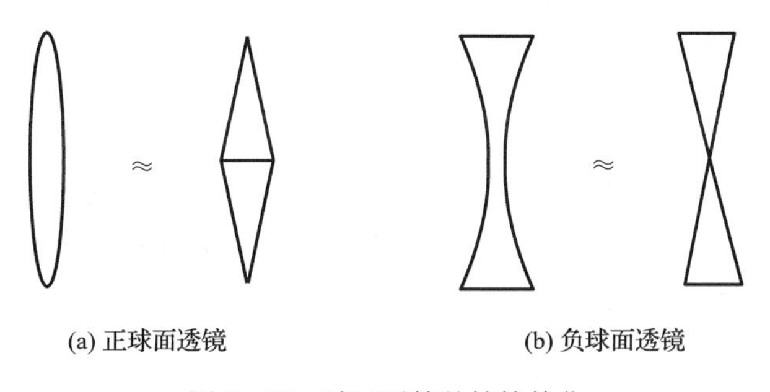

图 5－20　球面透镜的棱镜简化

一、透镜移心产生的棱镜效果

一般情况下，在矫正屈光不正时，透镜光心应对准眼睛的瞳孔。有时为了某种特殊需要，需将光心偏离瞳孔位置。这种移动光心的过程称为移心，经过移心的透镜称为移心透镜。透镜移心的作用之一是产生所需的棱镜效果。视线保持平视时，移心产生的棱镜效果如图 5－21。

（1）无移心：视线落在光心处，无论正透镜还是负透镜，都不产生棱镜效果。

（2）向下移动镜片：① 正透镜，光心处较厚的底移到下方，产生底朝下的棱镜效果；② 负透镜，较近的厚边缘在上方，产生底朝上的棱镜效果（图 5－21）。

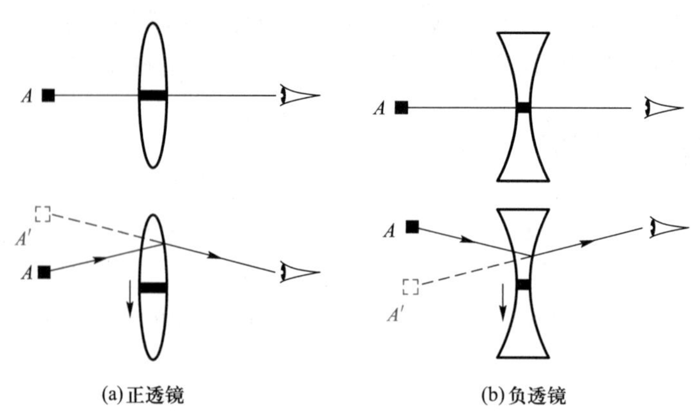

图 5-21 透镜移心对成像位置的影响

(3) 向上移动镜片:① 正透镜,光心处较厚的底移到上方,产生底朝上的棱镜效果;② 负透镜,较近的厚边缘在下方,产生底朝下的棱镜效果。

总之,要想通过透镜移心产生预期的棱镜效果,正透镜移心的方向应与所需棱镜之底的方向相同,而负球镜移心的方向则应与所需棱镜之底的方向相反。例如,要产生底朝外的棱镜效果:就将正透镜光心向外移,或将负透镜光心向内移。

如某处方为 +5.00DS,同时需要 $2^{\triangle}$ BD 的棱镜矫正眼位不正,即处方为:+5.00DS ◯ $2^{\triangle}$ BD。这时就可将镜片的光心向下移动,直至产生 $2^{\triangle}$ 棱镜效果时为止。

若棱镜处方并非水平或者垂直方向,可将移心分解为垂直和水平两方向分别进行,这种分解和棱镜的分解原理相同。例如,要向 60°方向移心 3 mm,可向 90°方向移位 2.60 mm(3sin 60°),在沿 0°方向移位 1.5 mm(3cos 60°)。

二、移心透镜的计算

透镜上任何一点,球镜屈光力对入射光线所产生的偏折,等价于透镜该点的棱镜效果。设光线入射点与光轴的距离为 C(m),与光轴平行的光线经正球面透镜 P 点后发生偏折并通过象方焦点 F',其偏角为 θ(图 5-22),则 P 点的棱镜屈光力为:

$$P^{\triangle} = 100\tan\theta = 100\frac{C}{f'} = 100CF \qquad \text{公式 5-5}$$

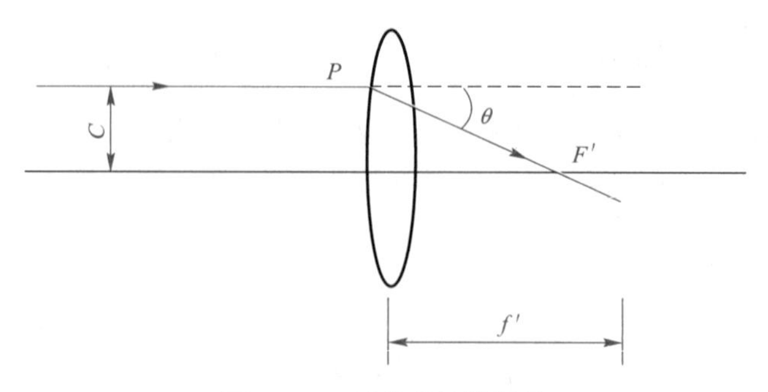

图 5-22 透镜的棱镜效果

上式为移心透镜的关系式，又称为 Prentice 规则。式中，f'为透镜的像方焦距；F 为透镜的屈光力；f'和 C 的单位是 m；F 的单位是 D 。

如果 C 的单位为 cm，则上式可写成：

$$P = CF \qquad \text{公式 5-6}$$

屈光力为 F 透镜的光心移动 C(cm)距离，所产生的棱镜效果等于移心距离与透镜屈光力的乘积。例如，+4.00DS 透镜的光心向上移 0.6 cm，在视轴处产生的棱镜效果为 $0.6\times4=2.4^{\triangle}$(底朝上)。忽略透镜产生的像差，这一关系式对透镜上的任意点均有效。但由于离轴像差的出现，周边点产生的实际棱镜效果还和镜片的设计有关，本书不做讨论。

三、球面透镜上任意点的棱镜效果

球面透镜上除光心以外的各点都存在棱镜效果。视点离光心越远，棱镜效果就越大。因其各方向的屈光力相同，计算棱镜屈光力大小时，无需考虑屈光力的差异，直接利用 Prentice 规则即可。下面举例说明球面透镜上棱镜效果的计算方法。

例 5-8：求左眼镜片 -6.00DS 在光心上方 3 mm 及光心外侧 5 mm 两处的棱镜效果。

解：对于 -6.00DS 透镜，边缘代表棱镜底的位置。

(1) 光心上方 3 mm：

$$P = CF = 0.3\times6 = 1.8^{\triangle}B90(\mathrm{BU})$$

(2) 光心外侧 5 mm：

$$P = CF = 0.5\times6 = 3^{\triangle}B360(\mathrm{BO})$$

例 5-9：右眼 +5.00DS 镜片的光心下方 5 mm 且偏内 8 mm 处一点，试计算其垂直、水平和合成棱镜效果。

解：垂直棱镜效果 $P_V=C_VF=0.5\times5=2.5^{\triangle}B90(\mathrm{BU})$

水平棱镜效果 $P_H=C_HF=0.8\times5=4^{\triangle}B180(\mathrm{BO})$

合成棱镜效果 $P=\sqrt{P_V^2+P_H^2}=\sqrt{2.5^2+4^2}=4.72^{\triangle}$

基底的方向为 $\tan^{-1}\dfrac{P_V}{P_H}=\tan^{-1}\dfrac{2.5}{-4}=148°$

所以该点的棱镜效果为：$4.72^{\triangle}B148$(底朝外上方)。

四、球面透镜的移心

移心关系式更多的用途是，指导透镜的光心移位，以在眼镜的视轴处得到特定的棱镜效果。即求 C 的大小及移动方向。在应用时要注意：正球面镜移心与所需的棱镜底同方向，负球面镜移心与所需的棱镜底反方向。

由移心关系式得：

$$C = \frac{P}{F}$$

式中 C 的单位为 cm。

例 5-10：要使右眼球镜 +5.50DS 在视轴处分别产生(1)$2^{\triangle}$BD 和(2)$1.5^{\triangle}$BI 的棱镜效果，

求移心量和方向。

解：(1) $2^{\triangle}$底朝下

$C=\frac{P}{F}=\frac{2}{5.50}\text{ cm}=0.36\text{ cm}$ 因是正球镜，向下移 3.6 mm

(2) $1.5^{\triangle}$底朝内

$C=\frac{P}{F}=\frac{1.5}{5.50}\text{ cm}=0.27\text{ cm}$ 因是正球镜，向内移 2.7 mm

例 5-11：要使左眼球镜 -5.00DS 在视轴处产生 $1^{\triangle}$B90 和 $3^{\triangle}$B360 的棱镜效果，求移心量和方向。

解：要产生 $1^{\triangle}$底朝上，则 $C_V=\frac{P}{F}=\frac{1}{5}\text{ cm}=0.2\text{ cm}=2\text{ mm}$ （负球镜　下移）

要产生 $3^{\triangle}$底朝外，则 $C_H=\frac{P}{F}=\frac{3}{8}\text{ cm}=0.375\text{ cm}=3.75\text{ mm}$ （负球镜　内移）

将两移心合成，$C=\sqrt{C_V^2+C_H^2}=\sqrt{2^2+3.75^2}\text{ mm}=4.25\text{ mm}$

移心方向为：$\tan^{-1}\frac{-2}{-3.75}=208.07°$

即：向下移 2 mm 再向内移 3.75 mm，或者沿 208.07°方向移动 4.25 mm。

五、柱面镜的棱镜效果

柱面镜的轴向上没有屈光力，故轴向上移心无棱镜效果产生；在与轴垂直的方向上有屈光力，该方向的移心有棱镜效果存在，故底也在该方向上，即柱面镜轴向 ±90°。

例 5-12：计算左眼镜片 -3.00DC×90 在(1)光心内侧 2 mm 处，(2)光心上方 3 mm，分别求其棱镜效果。

解：(1) $P=0.2\times3=0.6^{\triangle}$B180

(2) 由于该方向上无屈光力，故 $P=0$

例 5-13：计算右眼镜片 +2.50DC×180 在光心上方 3 mm 处的棱镜效果。

解：$P=0.3\times2.5=7.5^{\triangle}$B270

六、柱面镜的移心

可以通过柱面镜的移心得到需要的棱镜效果。因柱面镜在与轴垂直的方向上有屈光力，所以移心也在与轴垂直的方向上进行。移心量的求法与球面镜相同。

例如，求左眼处方 +1.00DC×90 ⌒ $0.5^{\triangle}$B180 移心量

$C=\frac{P}{F}=\frac{0.5}{1}=0.5\text{ cm}=5\text{ mm}$ 可通过柱面镜向内(180)移 5 mm 即可完成。

七、球柱面镜的棱镜效果

球柱面镜可看成是球面镜与柱面镜或两个正交的柱面镜叠加。所以，球柱面镜的棱镜效果也可看作是球面镜与柱面镜棱镜效果的叠加或相应两正交柱面镜棱镜效果的叠加。对分解成分分别进行棱镜效果的计算，并将棱镜效果合成，就能得到球柱面镜的棱镜效果。

例 5-14：试求右眼镜片 +2.00DS/-1.00DC×90 在光心上方 5 mm 及光心偏内 3 mm 处分

别的棱镜效果。

解：(1) 先将透镜看成球镜＋柱镜。

球镜 $C_V = 0.5\ \text{cm}\quad C_H = 0.3\ \text{cm}\quad F_S = +2.00$

所以 $P_{V1} = C_V F_S = 0.5 \times 2 = 1^{\triangle}\text{B}270$

$$P_{H1} = C_H F_S = 0.3 \times 2 = 0.6^{\triangle}\text{B}180$$

柱镜 $C_V = 0.5\ \text{cm}\quad C_H = 0.3\ \text{cm}\quad F_C = -1.00$

所以 $P_{V2} = 0$ （轴向上无屈光力）

$$P_{H2} = C_H F_C = 0.3 \times 1 = 0.3^{\triangle}\text{B}360$$

球镜＋柱镜 $P_V = P_{V1} + P_{V2} = 1^{\triangle}\text{B}270\quad P_H = P_{H1} + P_{H2} = 0.3^{\triangle}\text{B}180$

结果，在光心上方 5 mm 处的棱镜效果为 $1^{\triangle}\text{B}270$；在光心偏内 3 mm 处的棱镜效果为 $0.3^{\triangle}\text{B}180$。

(2) 也可将透镜看成柱面镜＋柱面镜

将处方变换为 $+1.00\text{DC} \times 90 \bigcirc +2.00\text{DC} \times 180$

$$C_V = 0.5\ \text{cm}, C_H = 0.3\ \text{cm}$$

对于 $+1.00\text{DC} \times 90$：

有 $P_{V1} = 0$（轴向） $P_{H1} = C_H F = 0.3 \times 1 = 0.3^{\triangle}\text{B}180$

对于 $+2.00\text{DC} \times 180$：

有 $P_{V2} = C_V F = 0.5 \times 2 = 1^{\triangle}\text{B}270\qquad P_{H2} = 0$（轴向）

所以 $P_V = P_{V1} + P_{V2} = 1^{\triangle}\text{B}270\qquad P_H = P_{H1} + P_{H2} = 0.3^{\triangle}\text{B}180$

以上两种方法的结果相同，但转化成柱面镜＋柱面镜的方式更简单。

例 5－15：将左眼镜片 $-1.00\text{DS}/+2.00\text{DC} \times 180$ 的光心向 60°方向移心 5 mm，求视轴处的棱镜效果。

解：$C_V = 5\sin 60° = 0.43\ \text{cm}\quad C_H = 5\cos 60° = 0.25\ \text{cm}$

$$F_V = +1.00\quad F_H = -1.00$$

所以 $P_V = C_V F_V = 0.43 \times 1 = 0.43^{\triangle}\text{B}90$

$$P_H = C_H F_H = 0.25 \times 1 = 0.25^{\triangle}\text{B}180$$

视轴处的棱镜效果

$$P = \sqrt{P_V^2 + P_H^2} = \sqrt{0.43^2 + 0.25^2} = 0.50^{\triangle}$$

棱镜底方向 $\tan^{-1}\dfrac{0.43}{-0.25} = 300.17°$

故视轴处的棱镜效果 $P = 0.50^{\triangle}\text{B}120.17$

八、球柱面镜的移心

球柱面镜通过移心可得到需要的棱镜效果。在实际应用中，经常为要得到某一棱镜效果而计算移心量及方向。

例 5－16：要使右眼镜片 $-6.00\text{DS}/-2.00\text{DC} \times 90$ 在视轴处产生 $2.5^{\triangle}\text{B}90$ 和 $1^{\triangle}\text{B}180$ 的棱镜效果，求移心量及方向。

解：$P_V=2.5^{\triangle}\mathrm{B}90,P_H=1^{\triangle}\mathrm{B}180$

$F_V=-6.00\mathrm{D},F_H=-8.00\mathrm{D}$

$$C_V=\frac{P_V}{F_V}=\frac{2.5}{6}\ \mathrm{mm}=4.17\ \mathrm{mm}(\text{向下移})$$

$$C_H=\frac{P_H}{F_H}=\frac{1}{8}\ \mathrm{mm}=1.25\ \mathrm{mm}(\text{向内移})$$

综合移心 $C=\sqrt{C_V^2+C_H^2}=\sqrt{4.17^2+1.25^2}\ \mathrm{mm}=4.35\ \mathrm{mm}$

移心方向 $\theta=\tan^{-1}\dfrac{C_V}{C_H}=\tan^{-1}\dfrac{4.17}{1.25}=286.69°$

移心量为向下移4.17 mm再向内移1.25 mm，或者沿286.69°方向移动4.35 mm。

九、球面透镜的棱镜效果的临床应用

1. 球镜棱镜效果应用的前提　球镜度数本身达到一定量，且所需要的棱镜量比较小，少量移心即达到所需的棱镜量（$P=CF$）。应避免太多的移心，这会影响球镜的矫正效果。

2. 隐斜　部分隐斜者会有一些症状，如用眼疲劳、视久后模糊，需要少量的棱镜就可以达到矫正效果。矫正时，若同时戴上棱镜和眼镜会带来许多不便。这时可利用球面镜移心所产生的棱镜效果达到矫正目的，同时也矫正了屈光不正。

3. 矫正辐辏功能不足　对于辐辏功能异常者，如辐辏过度、辐辏不足，在阅读长久后，会出现头痛等症状。若这些患者正好需要一定量的球镜处方，可以在远视力允许的前提下，通过透镜移心产生基底向内的棱镜效果，达到矫正辐辏功能不足或过度的目的。

第五节　Fresnel 棱镜

棱镜或透镜的重量随着屈光力和直径的增大而增加，这限制了大口径、高屈光力棱镜或透镜的应用。其实，棱镜屈光力决定于棱镜两折射面的夹角，而与厚度关系甚小。Fresnel 棱镜（Fresnel prism）的原理就是去除习用棱镜或透镜的非屈光部分，并将整个棱镜分散为小块棱镜单元，减少各棱镜单元的直径（图5－23）。由公式5－3可知，直径缩小后，底顶线距离缩短，棱镜的厚度差减少，重量减轻。分散为小块棱镜后，厚度和重量能得到较好控制，故 Fresnel 棱镜的口径可以做得比较大。

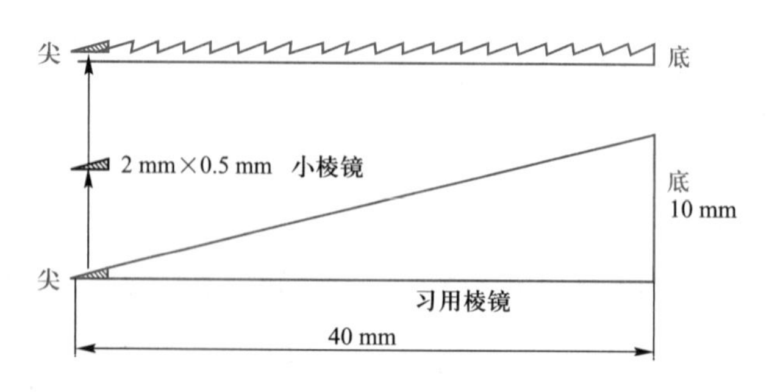

图5－23　上图为 Fresnel 棱镜；下图为习用棱镜

从图 5－23 可以看出 Fresnel 棱镜比习用棱镜要轻得多。将习用棱镜的宽度从 40 mm 缩至 2 mm 时,其底厚度缩至 0.5 mm(图 5－23 中阴影部分),可以想象 Fresnel 棱镜是由一系列缩小的习用棱镜紧密地排列于平板之上而构成的。

Fresnel 棱镜(或透镜)的主要缺点是明显的 Fresnel 沟,对成像质量有所影响,导致配戴者视物清晰度下降。尤其是使用时间较久后,贴膜出现老化,透明度更低。当棱镜屈光力值大于 15^{Δ},透明度下降较明显,外观较差。

Fresnel 棱镜在临床主要用于需要比较大棱镜度矫正的患者,如大角斜视、偏盲患者等,尤其适用于临时性使用。

第六节　实习:眼用棱镜的测量

一、实习目的

掌握对含棱镜透镜的棱镜度的检测技能。

二、仪器和材料

瞳距尺、记号笔、棱镜。

三、实习内容

(一) 测量球面透镜的棱镜度

1. 正切尺法测量未知棱镜屈光力

(1) 以 1 cm 为间隔制作正切尺,建议画 10 个间隔,即从 0～9(图 5－24)。

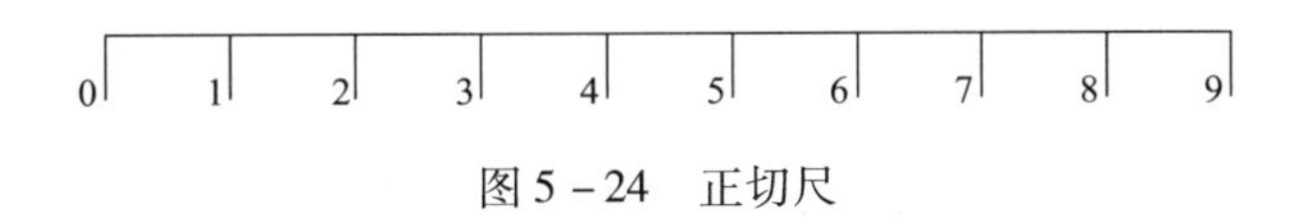

图 5－24　正切尺

(2) 把正切尺贴于垂直墙面上,与检测者眼睛保持水平位。

(3) 检测者站在距墙 1 m 处,右手持未知棱镜置于右眼前,保持棱镜与地面垂直,棱镜与正切尺的距离保持 1 m,棱镜的底顶线保持水平,棱镜的底向朝左。

(4) 右眼通过未知棱镜观察正切尺的 0 位,如 0 位移至刻度 2,即表示该未知棱镜为 2^{Δ}。

2. 半自动焦度计法测量棱镜度

(1) 半自动焦度计的棱镜刻度线:由目镜观察到的十字线上有用同心圆表示的棱镜刻度线。如图 5－25 所示,最小的同心圆代表 1^{Δ},由里至外,第二个同心圆代表 2^{Δ},依此类推。通常,半自动焦度计可以直接读取 5^{Δ} 以内的棱镜值。

(2) 读数方法:若透镜存在棱镜,被测透镜的中心(亮视标中心)偏离十字线中心,通过棱镜刻度线读出棱镜度。棱镜底的底朝向由亮视标中心对应的十字线中心位置决定。如是右眼眼镜片,被测镜片中心偏向鼻侧,表示底朝内;如偏向颞侧,表示底朝外。如图 5－25(b)所示,如果是右眼镜片,通过棱镜刻度线读出棱镜度为 1.5^{Δ}BO;若是左眼镜片,通过棱镜刻度线读出棱镜度为 1.5^{Δ}BI。

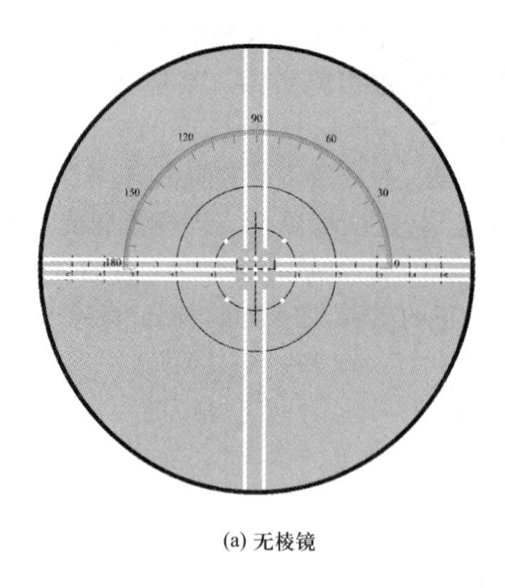
(a) 无棱镜

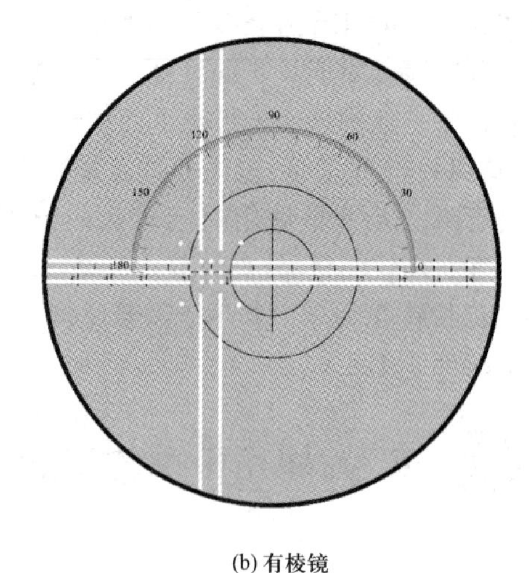
(b) 有棱镜

图 5－25 棱镜刻度线

（3）测量步骤：① 半自动焦度计的使用前准备；② 按照半自动焦度计测量透镜屈光力的步骤，移动带有棱镜的眼镜片，直到确定被测镜片中心对于十字线的偏移位置，读取棱镜度及其底朝向；③ 使用自动焦度计核查棱镜度及其底朝向。

（二）测量散光透镜的棱镜度

使用半自动焦度计测量散光透镜的合成棱镜度和分解棱镜度。

1．测量合成棱镜度

（1）按散光透镜的测量步骤获得散光透镜的屈光度数。

（2）旋转屈光力转轮直至屈光力位于两条主子午线屈光力的一半，此时两条主子午线均模糊。

（3）旋转子午线十字线旋钮，使子午线的一条线对齐眼镜片两条主子午线的交叉中心，读出对准交叉中心十字线的轴向，即为棱镜度的底向（图 5－26：60°）。

（4）根据棱镜刻度线，读取并记录两条主子午线的交叉中心对应的棱镜度（图 5－26：3^{Δ}B60）。

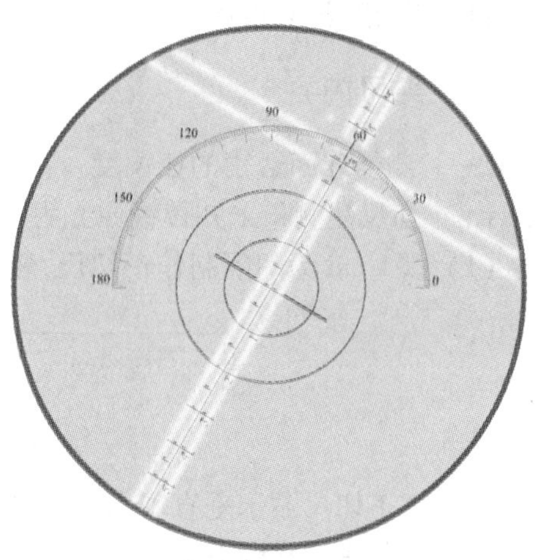
图 5－26 棱镜度的合成（左眼镜片）

2．测量分解棱镜度

（1）按散光透镜的测量步骤获得散光透镜的屈光度数。

（2）转动屈光力转轮直至屈光力位于两条主子午线屈光力的一半，此时两条主子午线均模糊。

（3）转动散光轴向转盘至水平向（0°～180°）。

（4）旋转子午线十字线旋钮至垂直向（90°～270°）。

（5）根据棱镜刻度线，读出垂直方向的分解棱镜度（图 5－27：左眼镜片 2.6^{Δ}BU）。

（6）转动散光轴向转盘至垂直向（90°～270°）。

(7) 旋转子午线十字线旋钮至水平向(0°~180°)。

(8) 根据棱镜刻度线,读出水平方向的分解棱镜度(图 5-28:左眼镜片 1.5^{Δ}BO)。

(9) 记录分解棱镜量及底向(左眼镜片 2.6^{Δ}BU 和 1.5^{Δ}BO)。

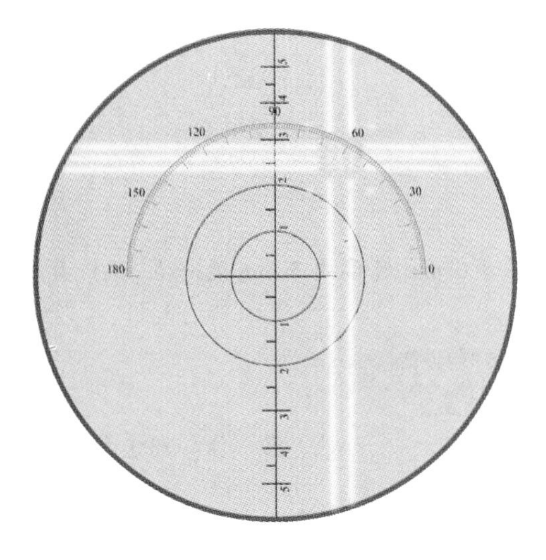

图 5-27　棱镜的分解——垂直

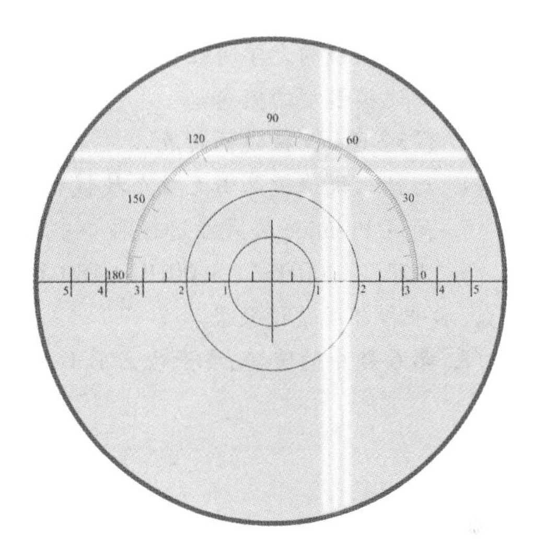

图 5-28　棱镜的分解——水平

附:眼用棱镜的测量实验记录单

姓名:________　学号:________　班级:________　日期:________

1. 测量球面透镜的棱镜度

透镜编号	屈光度数	棱镜度	测量方法	评分

2. 测量散光透镜的棱镜度

透镜编号	屈光度数	合成棱镜度	分解棱镜度	评分

总分:

日期:

思 考 题

1. 简述棱镜的光学特性和眼用棱镜的特点。

2. 简述棱镜度的概念。

3. 简述 Risley 棱镜的特点。

4. 为什么说透镜是由无数个棱镜构成的?

5. 简述 Prentice 公式在透镜移心中的用途。

6. 左眼 +1.00DS/ -3.00DC ×180 的透镜的光心下方 6 mm 且偏内 3 mm 处一点,试计算其竖直、水平和合成棱镜效果。

7. 第 6 题中的透镜,要产生 2^{Δ}B30,求水平、垂直方向移心量。

(瞿 佳 郑志利)

第六章　眼镜片设计常识及应用

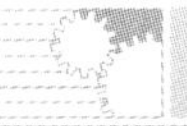

学习目标

◇ 掌握影响眼镜片成像质量的主要像差。
◇ 掌握球面镜片和非球面镜片设计的异同点。
◇ 了解高度远视和高度近视眼镜矫正的光学问题和解决办法。

第一节　眼镜片的像差

戴镜时，如果人眼的视线始终通过眼镜片的光轴，那么眼睛不会受到眼镜片像差的影响；但当视线在离轴状态下通过眼镜片时所成的像会产生像差，影响成像质量。影响戴镜者的主要眼镜片像差包括棱镜效应、斜向像散和横向色差。

一、棱镜效应

棱镜效应（prismatic effects）是指当光线经过眼镜片光学中心以外的点时，光线会发生偏折，因此所注视的物体的成像位置与实际位置会发生偏离（图 6－1）。当人眼注视一网格图形时，人眼感知到的网格上的每一个成像点是光线通过眼镜片折射后的出射方向，因此网格每个点所成的像点或多或少会发生偏折，这种现象称为畸变（distortion）（图 6－2）。图 6－2（b）、（c）分别显示了正镜片和负镜片对网格图的畸变影响。正镜片产生枕形畸变（pincushion distortion）也称针垫形畸变，如图6－2（b），负镜片产生桶形畸变（barrel distortion），如图 6－2（c）。畸变只改变成像的形状，不影响成像的清晰度。物点离光轴越远，像点的畸变越明显。眼镜片的屈光力越大，像的畸变越明显。

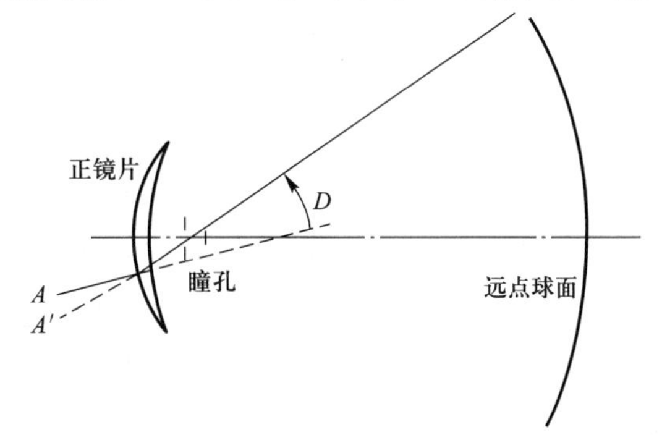

图 6－1　棱镜效应

A 为物体的实际位置，A′为物体的成像位置

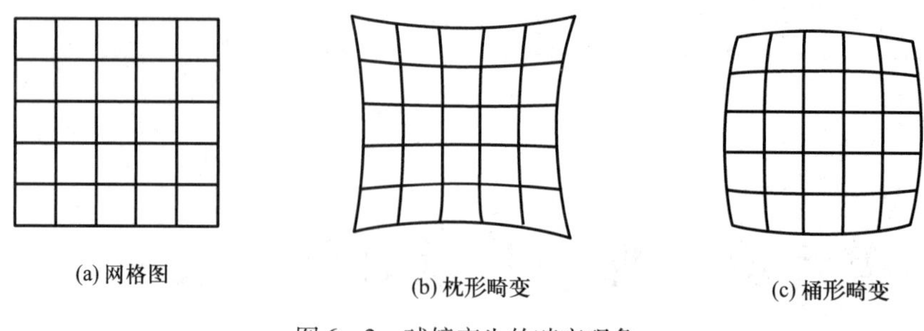

图 6－2　球镜产生的畸变现象

二、斜向像散

斜向像散（oblique astigmatism），简称像散是指轴外点的光束斜向（与光轴成一夹角）经过眼镜片折射后，光束不能聚焦于一点，即子午细光束与弧矢细光束的汇聚点不在一个点上，而引起成像不清晰（图 6－3）。像散的大小与光学系统的孔径角、视场有关。在眼镜片设计中可以采用改变眼镜片曲率或者应用非球面设计来减少像散。

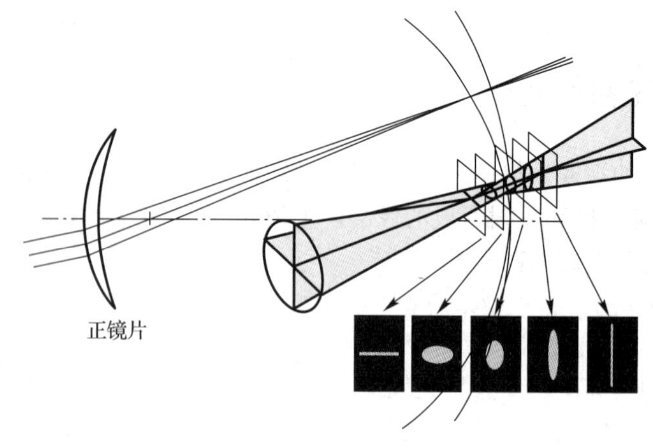

图 6－3　像散光束

三、横向色差

横向色差（transverse chromatic aberration）可以用棱镜效应差异表示。棱镜效应差异是两种不同波长的光线经过眼镜片后产生的棱镜效应的不同（图 6－4）。当戴镜者通过眼镜片的光学中心视物时不产生棱镜效应，因此不会产生横向色差。当戴镜者的视线偏离眼镜片的光轴，会产生棱镜效应。随着眼镜片棱镜效应的增加，横向色差增加。横向色差越高，像质受到的影响越大。

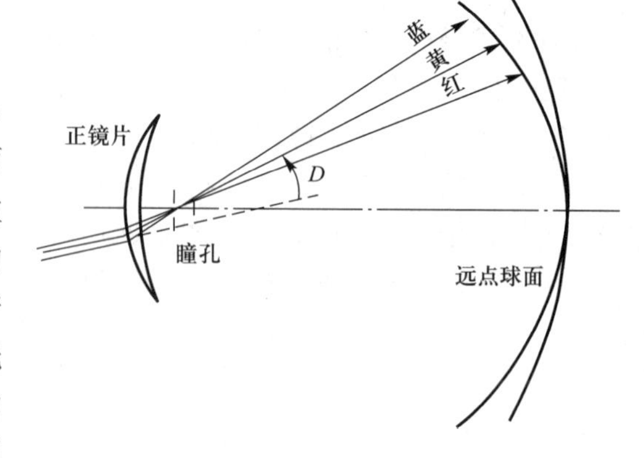

图 6－4　横向色差

上述这些像差中，像散和横向色差会引起视物模糊、影响戴镜者视力，而棱镜效应影响的是戴镜者的动态视觉和空间感知。目前，眼镜片设计时主要考虑消除像散，横向色差取决于眼镜片材料的阿贝数。

第二节　球面镜片与非球面镜片

球面镜片（spheric lens，以下简称球面镜）是指眼镜片表面的曲率半径一致的矫正镜，如同球体的截面。非球面镜片（aspheric lens，以下简称非球面镜）是指眼镜片的中央区为球面设计，而从距离光学中心的特定位置开始以一定速率逐渐改变曲率的矫正镜，其表面曲率半径不一致。

球面镜设计时主要考虑的参数包括屈光力、折射率，中心厚度及基弯。基弯（base curve，BC）通常指眼镜片前表面的面屈光力。对于既定的屈光力，基弯的选择对于眼镜片的光学成像质量非常重要。减平基弯的设计可以改善眼镜片的外观、减小眼镜片厚度，控制眼镜放大率、减轻眼镜片重量，但会增加眼镜片的像差。为了保留减平基弯设计带来的优点，可以采用非球面设计来消除增加的像差（如图 6－5 所示的棱镜效应）。

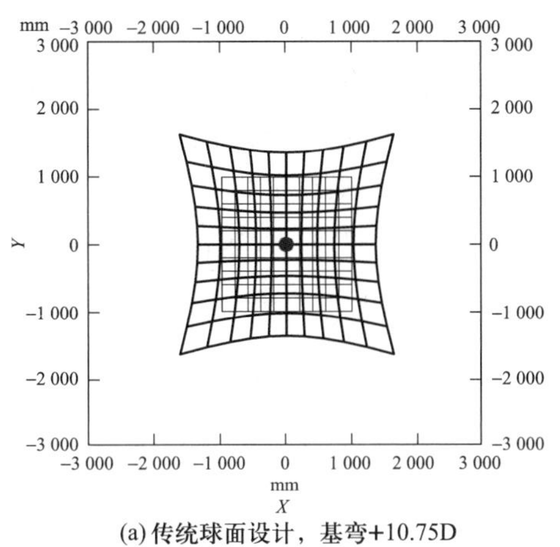

(a) 传统球面设计，基弯+10.75D

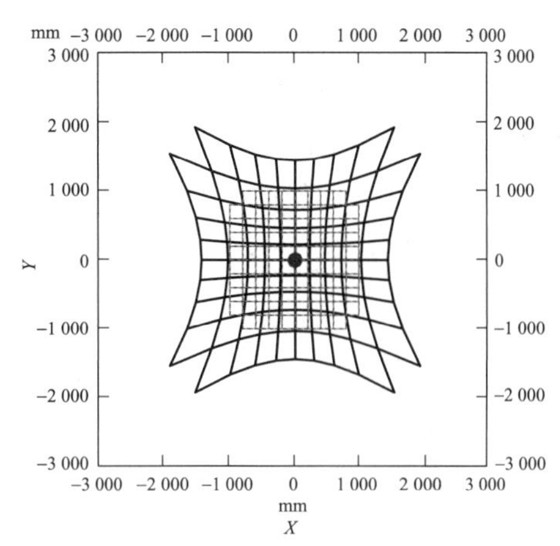

(b) 减平基弯的球面设计，基弯+6.75D

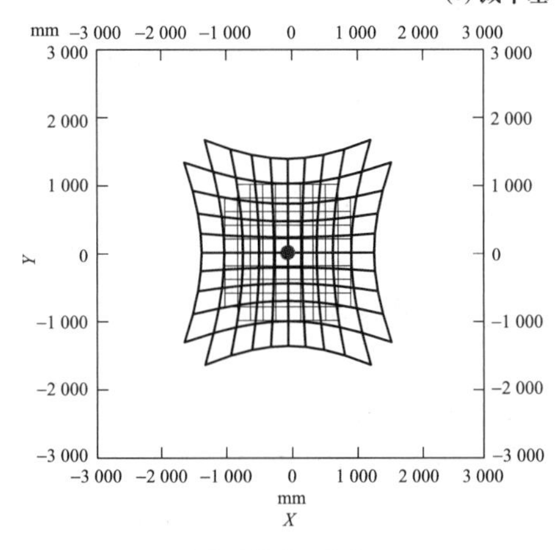

(c) 非球面设计，基弯+6.75D

图 6－5　棱镜效应（屈光力＋5.00D）

目前,市场上较多采用前表面为非球面设计的眼镜片,其优点包括:眼镜片表面曲率变平,减少了眼镜放大率,增加美观性;眼镜片更薄、更轻;从光学上消除了减平基弯产生的像差;眼镜片的弧度与镜圈的弧度更好地匹配,配装安全。

非球面镜设计可以提供较好的光学性能和美观性,验配非球面镜时首先对眼镜架进行标准调整和个性化调整,然后在指导配镜者舒适配戴眼镜的状态下,测量单眼瞳距、单眼瞳高。单眼瞳距和单眼瞳高的精确测量可以确保配镜者的瞳孔中心定位在眼镜片光学中心,即当眼睛向周边转动时,眼睛受到非球面性变化的影响一致。通常,配镜者从传统球面镜换戴非球面镜时需要一定的适应期。

第三节 高度屈光力镜片

一、高度屈光力镜片的基本设计要素

设计高度屈光力镜片时需要考虑四个基本要素,即眼镜放大率、有效屈光力、视场、厚度。

1. 眼镜放大率(spectacle magnification,SM) 指已矫正的非正视眼视网膜像的大小和未矫正的该眼视网膜像大小的比值。眼镜放大率的影响因素包括眼镜片屈光力因素(power factor)和形式因素(shape factor)。屈光力因素与矫正镜片的性质、后顶点屈光力和镜眼距离有关,用屈光力放大率(M_p)表示(公式6-1)。形式因素与矫正镜片的前表面屈光力和厚度有关,用形式放大率(M_s)表示(公式6-2)。眼镜放大率是屈光力放大率和眼镜片形式放大率的乘积,$SM=M_P \times M_S$。

$$M_p = \frac{1}{1-dF} \quad \text{公式6-1}$$

$$M_s = \frac{1}{1-F_1\frac{t}{n}} \quad \text{公式6-2}$$

公式中,d 为镜眼距离;F 为后顶点屈光力;F_1 为前表面屈光力;t 为厚度;n 为折射率。

相对眼镜放大率(relative spectacle magnification,RSM)也可以用于描述视网膜像的放大率。相对眼镜放大率是指已矫正的非正视眼视网膜像的大小与正视眼视网膜像大小的比值。

2. 有效屈光力(effective power) 指眼镜片将平行光线聚焦在指定平面的能力,即将眼镜片从眼前一个位置移到另一个位置会改变眼镜片的实际屈光力。有效屈光力对于验配高屈光力眼镜片,以及转换框镜和接触镜屈光力时非常重要。

3. 视场(field of view) 视场是指人眼通过眼镜片能看到的最大空间范围,用角度表示。视场分视觉视场(apparent field of view)和实际视场(real field of view)。

视觉视场是指空镜圈与眼球旋转中心的夹角,如图6-6(a)。视觉视场与镜圈的尺寸和镜眼距离有关。实际视场是指眼镜片的有效直径与眼球旋转中心共轭点的夹角,如图6-6(b)和(c)。实际视场与镜圈的尺寸、镜眼距离和屈光力有关。屈光力越高,对眼镜片实际视场的影响越大。

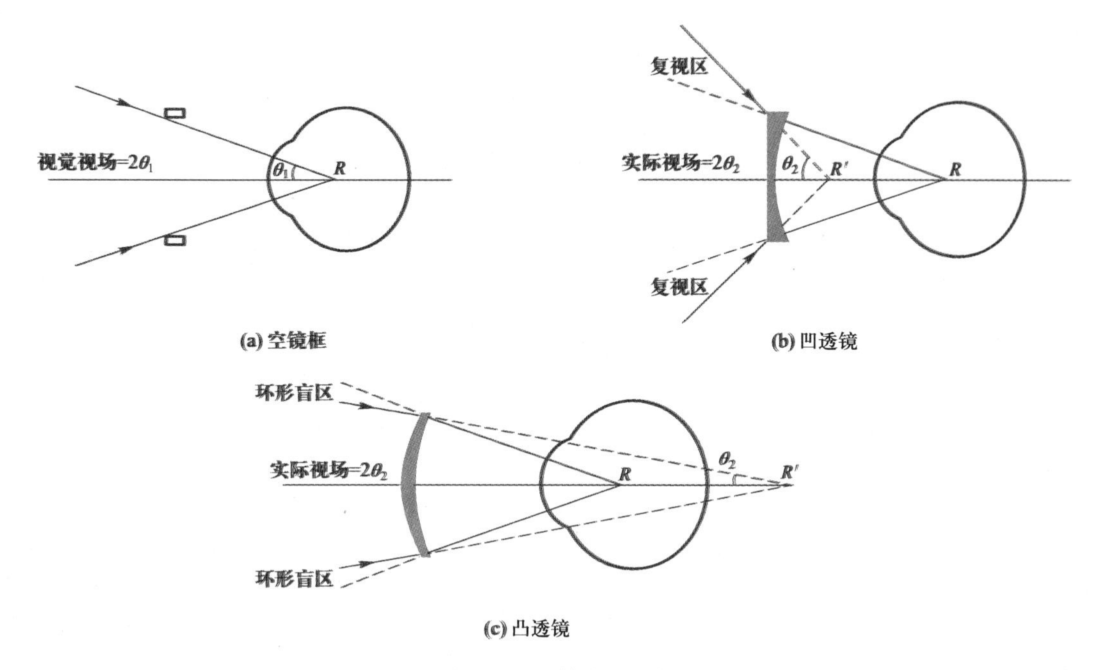

图 6-6　眼镜片的视场

R 为眼球旋转中心；R'为眼球旋转中心共轭点

高屈光力负镜片由于底朝边缘的棱镜效应，戴镜者的实际视场大于视觉视场，眼镜边缘存在复视区(double vision)[图 6-6(b)]。高屈光力正镜片由于底朝光心的棱镜效应，戴镜者的实际视场小于视觉视场，眼镜边缘存在环形盲区(ring scotoma)[图 6-6(c)]。

4. 厚度　随着眼镜片屈光力的增加，正镜片的中心厚度增加，负镜片的边缘厚度增加。如图 6-7 所示，通过选择高折射率的眼镜片，可以减薄正镜片的中心厚度或负镜片的边缘厚度。

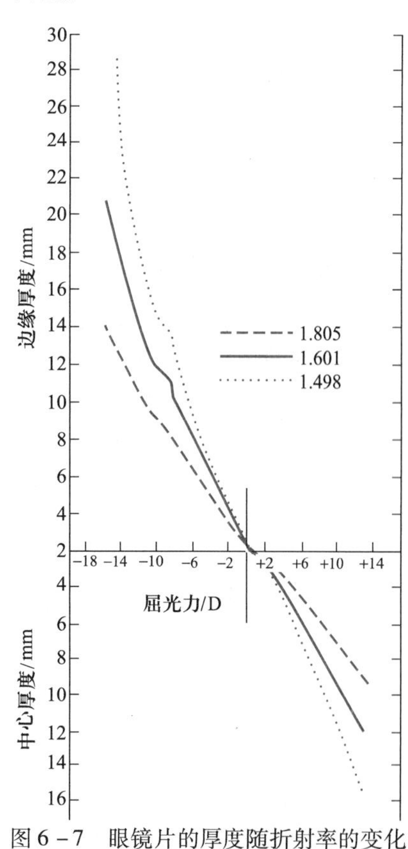

图 6-7　眼镜片的厚度随折射率的变化

二、高屈光力正镜片

高屈光力正镜片用于矫正高度远视眼，其主要光学问题包括：① 眼镜片较重和中心厚度较厚；② 眼镜放大率的影响；③ 实际视场的减少引起的环形盲区；④ 有效屈光力的影响，镜眼距离越小，眼镜片的有效屈光力就越小。

对于既定的屈光力，通过选择合适的眼镜架减小眼镜片直径，可以减薄眼镜片的中心厚度(图 6-8)；高折射率材料的选择也可以进一步减薄眼镜片的中心厚度。

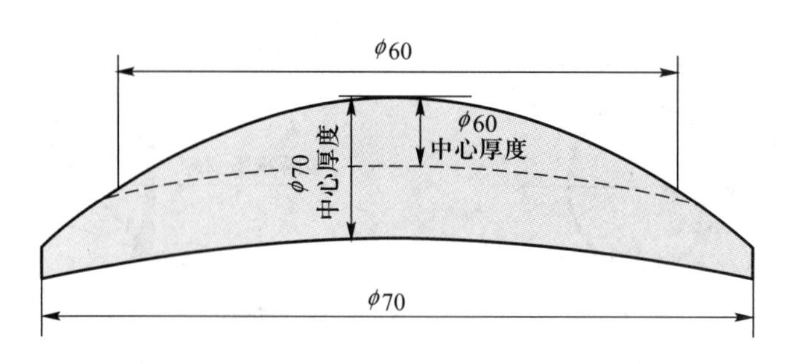

图 6－8 正镜片的镜片直径与中心厚度的关系(单位/mm)

三、高屈光力负镜片

高屈光力负镜片用于矫正高度近视眼,其主要光学问题包括:① 眼镜片较重和边缘厚度较厚;② 眼镜放大率的影响;③ 实际视场增大引起的复视区;④ 有效屈光力的影响,镜眼距离越小,眼镜片的有效屈光力就越大;⑤ 对调节的影响,高屈光力负镜片使调节需求增加,使配戴者视近阅读时更易出现视觉疲劳;⑥ 对集合的影响,视近时眼镜片产生的底朝内的棱镜效应使人眼发散幅度增大,易出现视觉疲劳。

对于既定的屈光力,减小眼镜片边缘厚度的方法:① 选小镜框,减小眼镜片的直径;② 选择镜框几何中心距离与配镜瞳距接近的眼镜架,减少移心,控制眼镜片的边缘厚度;③ 选择高折射率材料眼镜片。

思 考 题

1. 影响眼镜片成像质量的主要像差有哪些? 各有哪些特点?
2. 非球面设计的眼镜片有哪些优点?
3. 高度屈光力镜片的基本设计要素主要有哪些?
4. 如何为高度近视眼配镜者推荐眼镜?

(保金华)

第七章　多焦点镜片

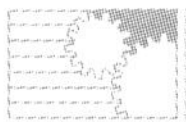

学习目标

- ◇ 熟悉双光镜的分类及其特点。
- ◇ 掌握双光镜的相关参数、双光镜棱镜效应的计算。
- ◇ 熟悉双光镜像跳的概念，像跳量的计算。
- ◇ 掌握双光镜的验配程序。
- ◇ 了解三光镜的基本原理、分类、光学性能和验配。
- ◇ 掌握渐变镜的定义，渐变镜的优点和缺点。
- ◇ 掌握渐变镜硬式和软式设计的优缺点。
- ◇ 了解对称和非对称设计，单一和多样设计。
- ◇ 熟悉渐变镜的评估比较。
- ◇ 掌握渐变镜的规范验配流程。

第一节　双光镜片

双光镜片或双焦镜片(bifocal lens)(以下简称双光镜)是同时包含两个矫正区域的眼镜片(图7-1)，主要用于老视矫正。双光镜矫正视远的区域称为视远区(distance portion,DP)，矫正视近的区域称为视近区(near portion,NP)、阅读区(reading portion,RP)。通常，双光镜的视远区较大，故也称为主片(main lens)，而视近区较小，称为子片(segment)。

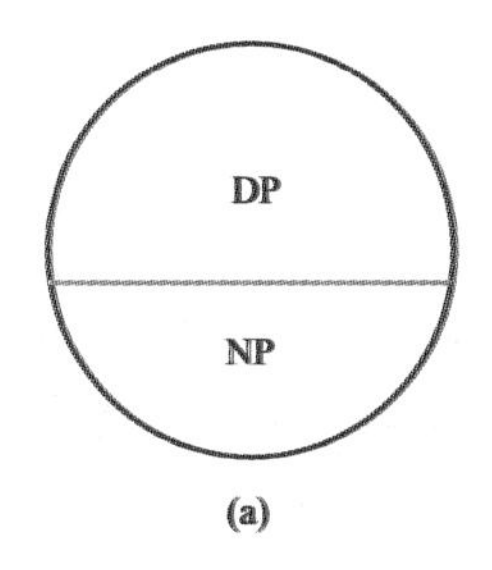

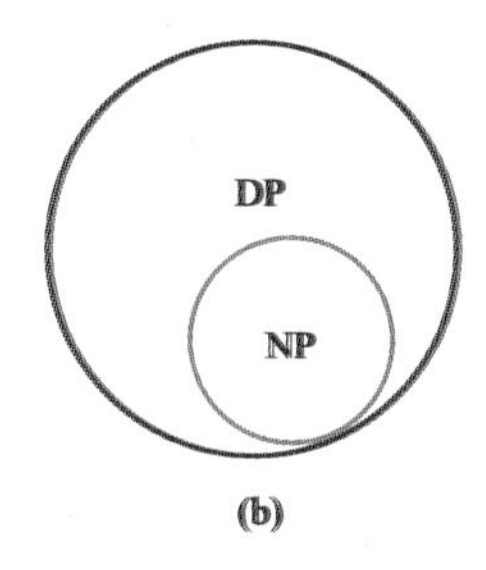

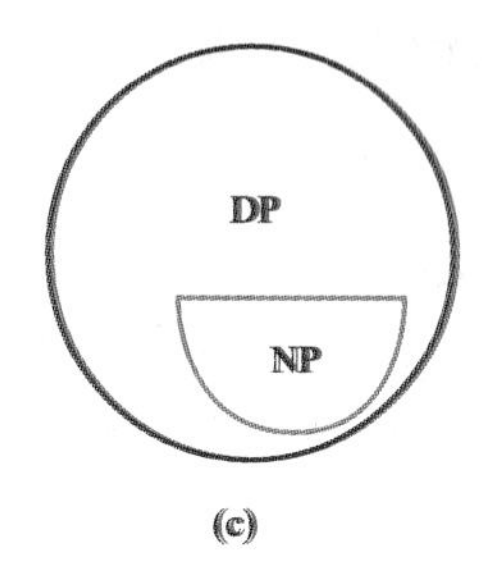

图7-1　双光镜设计
DP表示视远区，NP表示视近区

一、双光镜的术语

双光镜的主片承担视远部分，视远部分的光心称为视远光心（distance optical center），以 O_D 表示；子片的光心称为子片光心（segment optical center），以 O_S 表示。N 点为视近时视线通过双光镜子片上的视点，称为视近点（near visual point, NVP）（图 7－2）。

如图 7－3 所示，双光镜的子片通常位于镜片的下方，偏向鼻侧的位置，其相关术语如下。

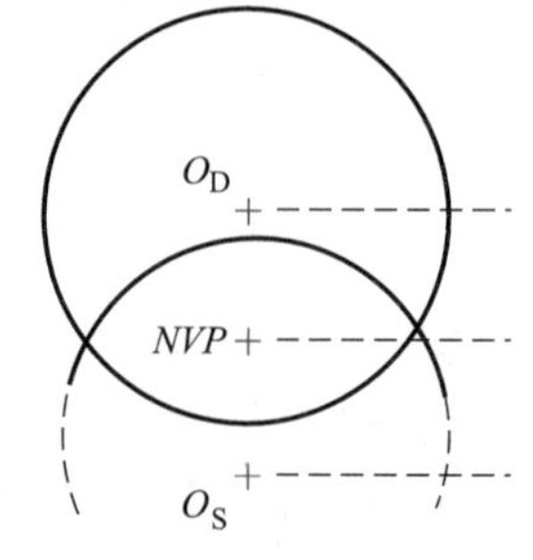

图 7－2 双光镜的光心

1. 子片直径（d）：子片圆弧的直径。

2. 子片顶点高度（h）：从子片顶（T）至主片最低点水平切线的垂直距离。

3. 子片高度（v）：从子片顶至子片最低点水平切线的垂直距离。

4. 子片顶位置（s）：从子片顶至水平中心线（horizontal central line, HCL）的垂直距离。

5. 子片顶点落差：从子片顶至视远光心的垂直距离。

6. 几何偏位：视远光心（无棱镜效果）至子片水平直径中点间的水平距离。

7. 光学偏位：视远光心与子片光心之间的水平距离。

8. 子片尺寸：通常针对特形子片的规格而言，包括子片直径和子片高度。

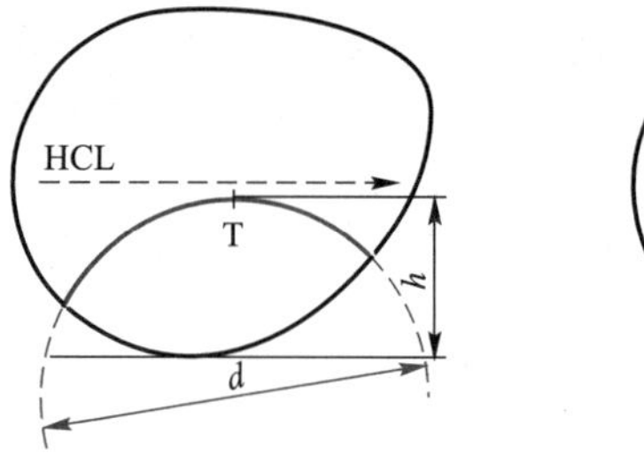

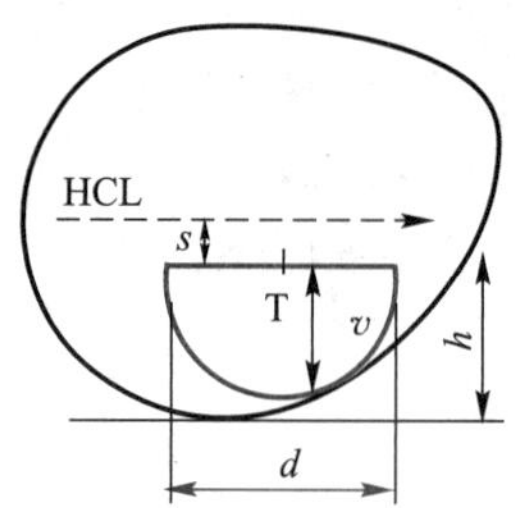

图 7－3 双光镜的各参考点及位置

说明双光镜子片位置的参数包括：子片直径、子片顶点高度、子片顶点位置、几何偏位和子片顶点落差，常用简化形式表达，如“22diam × 17high × $2^1/_2$in，cut5”，其含义为：子片直径 22 mm，子片顶点高度 17 mm，几何偏位 $2^1/_2$mm 和子片顶点落差 5 mm。

二、双光镜的分类

双光镜的分类主要包括制造分类法和子片分类法。

（一）制造分类法

1. 分离型双光镜（split bifocal） 最早的双光镜，是将半个远用单光镜片和半个近用单光镜片对接安装在一个镜圈里［见图 7－1（a）］。这种设计也被称为富兰克林式双光镜（Franklin－style bifocal）。

2. 胶合型双光镜（cemented bifocal） 用专用胶将子片黏附在主片上。早期采用加拿大香杉胶，这种胶的特性是易上胶，受机械、热力、化学作用退胶后可再上胶。现在有用环氧树脂作为黏合胶。胶合型双光镜的子片形状和尺寸多样。

3. 熔合型双光镜(fused bifucal)　是将折射率较高的镜片材料在高温下熔合到主片的凹陷区作为子片,主片的折射率较低。然后磨合子片表面,使子片表面与主片表面曲率一致,视觉上没有明显的分界线。

(二) 子片分类法

双光镜也可以根据子片的形状分类,主要包括圆顶双光镜、平顶双光镜、富兰克林式或一线双光镜。

1. 圆顶双光镜(round bifocal)　其子片称为圆形子片(round segment),如图 7 - 1(b),子片直径范围为 22 ~40 mm,常规加工成 22 mm、28 mm 和 38 mm。

2. 平顶双光镜(flat - top bifocal)　其子片是将圆形子片的顶部切割后的保留部分,称为平顶子片(flat - top segment),如图 7 - 1(c)。平顶子片的顶通常是其所在圆形的中心上方 4.5 ~5.0 mm的位置,即平顶子片的光学中心在子片顶下方的 4.5 ~5.0 mm。平顶子片也被称为 D 型子片(D segment)。平顶子片直径范围为 22 ~45 mm,常见直径为 28 mm。

3. 富兰克林式或一线双光镜　富兰克林式双光镜(Franklin - style bifocal)的商业名为一线双光镜或 E 型双光镜(executive bifocal),通常是眼镜片上方为主片,下方为子片。一线双光镜的优点是具有非常大的近用视场,但其缺点也非常显著。随着近附加屈光力增加,子片分界线变得越凸出、越明显。与相同度数的平顶双光镜相比,一线双光镜更厚、更重。采用棱镜削薄法(prism thinning)可以解决双光镜上下部分厚度的不一致。当一线双光镜主片和子片的光学中心正好位于分界线的同一点时,称为单焦双光镜(monocentric bifocal lens)。

双光镜通常用于替代两副分别用于看远和看近的单光镜,所以双光镜的视远区和视近区的位置和大小要参考配镜者原来的戴镜习惯及视觉需求。如果近距离视觉为主,可以选择较大的子片尺寸,子片位置可以偏高定位。反之,如果更多的时间用于看远,子片可以较小,子片位置也较低。没有一种设计可以满足所有需求,应该根据配戴者的实际视觉需求进行选择和验配。目前国内眼镜市场上常见的双光镜为圆顶双光镜和平顶双光镜[见图 7 - 1(b)、(c)],两种双光镜的子片直径均为 28 mm,可以满足日常情况下的视远和视近的需求。

三、双光镜视近点的棱镜效应

在双光镜验配过程中,一个非常重要的考虑因素是视近点的棱镜效应。确定视近点的棱镜效应时,可以把双光镜看作两个独立的镜片,主片和子片。

以 O_D 表示主片的光学中心,O_S 为子片的光学中心。视近区某点的棱镜效应是主片和子片分别产生的棱镜效应的总和。

假设视近点位于主片光学中心下方 8 mm,子片光学中心上方 5 mm,该视近点的棱镜效应为:主片屈光力 +3.00D,主片对于视近点的棱镜效应,根据 $P = CF$,$P = 0.8 \times 3.00 = 2.4^{\Delta}$BU,子片近附加 +2.00D,子片对于视近点的棱镜效应,根据 $P = CF$,$P = 0.5 \times 2.00 = 1.0^{\Delta}$BD,所以视近点的总棱镜效应为 1.4^{Δ}BU。

四、双光镜的像跳

对于子片光学中心不在分界线上的双光镜,当戴镜者眼睛转动,视线从双光镜的视远区过渡进入视近区，在跨越子片分界线时会产生由子片产生的底朝下的棱镜效应（图 7－4）。像跳效应是子片在分界线产生的棱镜效应，其量相当于以厘米（cm）为单位的子片顶部到子片光学中心的距离与近附加的乘积。

显然，像跳与主片屈光力、视远光学中心位置无关。如果子片顶距离子片光学中心越远，像跳越大。

假设圆顶双光镜的近附加为 +3.00D，子片直径为 24 mm，则像跳效应为 3.6^{Δ}BD；如果直径为 28 mm，则像跳效应为 4.2^{Δ}BD。

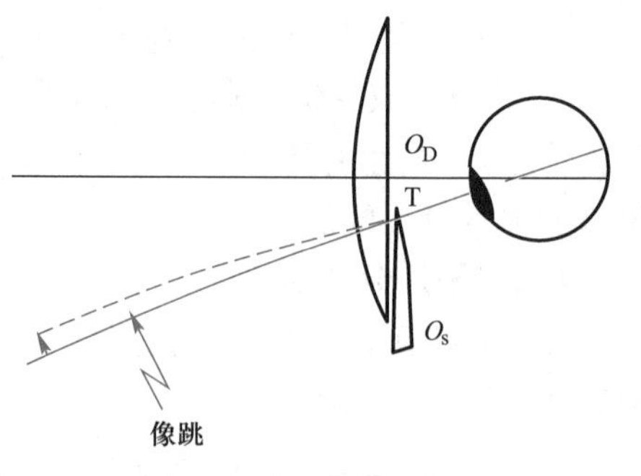

图 7－4 双光镜的像跳

假如是平顶双光镜，子片的光学中心和分界线的距离相对较近。如 28 ×19 的平顶（D 形）子片，子片的光学中心在子片顶下方 5 mm，如果近附加为 +3.00D，则像跳量仅为 1.5^{Δ}BD，不到上述圆顶双光镜的 1/2。在相同子片直径和近附加条件下，平顶双光镜的像跳较小，这是其比圆顶双光镜更受欢迎的一个重要原因。

为了消除双光镜的像跳现象，可以将子片的光学中心 O_S 加工在子片的分界线上，如 E 型双光镜。

五、双光镜的近附加

双光镜的近附加是视近区和视远区的顶点屈光力的差值。检测时参考子片加工所在的眼镜片表面。目前国内眼镜市场的双光镜，子片大多加工在主片的前表面，因此双光镜的近附加是视近区和视远区前顶点屈光力之间的差值。

如图 7－5（a），双光镜的远用处方为 +4.75D，近附加（Add）为 +2.00D。测量视远区的后顶点屈光力，为 +4.75D，用于视远矫正；测量视远区、视近区的前顶点屈光力，分别为 +4.62D 和 +6.62D，则阅读附加为 +2.00D。在镜片测度仪上测量前顶点屈光力时，要将眼镜片的前表面朝下，与测帽接触。

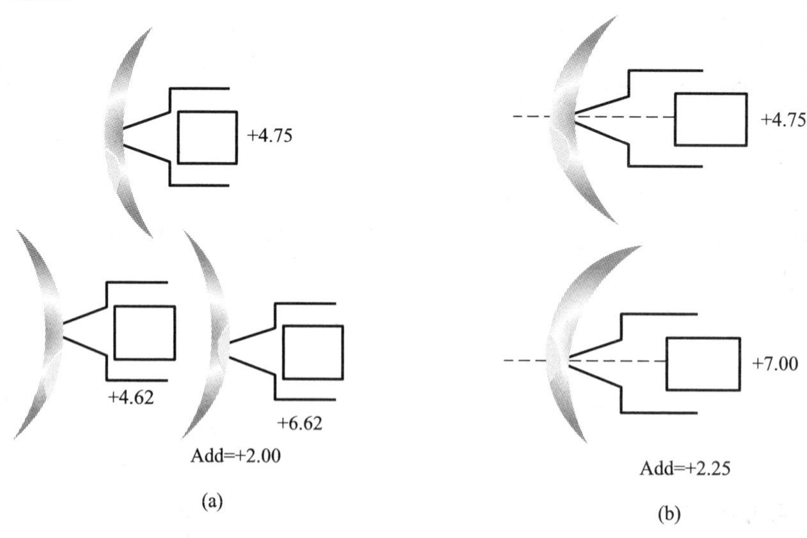

图 7－5 测量双光镜的近附加值

如果误测后顶点屈光力，如图 7－5(b)所示，视近区和视远区的后顶点屈光力分别为 +4.75D 和 +7.00D，则近附加为 +2.25D，就会产生近附加过高的误导。

六、双光镜的验配

验配双光镜，必须使子片定位准确，这样配镜者才能获得清晰的远近视力和足够的远近视场。

1. 子片顶位置　验配普通双光镜时一般要求在第一眼位时，子片顶位置在可见虹膜下缘(即角膜下缘)切线处，如图 7－6(a)。但是如果虹膜下缘被下眼睑遮盖或者与下眼睑缘相重合，则要求子片顶位于下眼睑缘。

如果所配戴的双光镜主要为近用，则子片顶需要定位偏高一些，即位于瞳孔下缘和虹膜下缘的中点，如图 7－6(b)。如果双光镜配镜者的近用区只是偶尔使用，那么子片顶位置可以比下眼睑缘低 3 ~5mm，如图 7－6(c)。

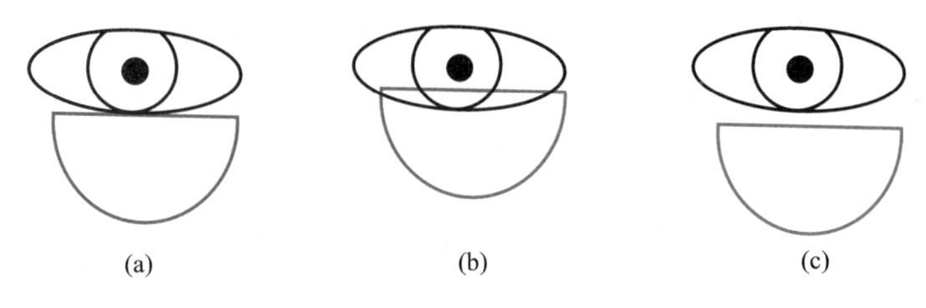

图 7－6　双光镜的子片顶位置

2. 子片顶点高度测量步骤

(1) 将选择好的眼镜架根据配镜者的脸部特征进行针对性调整。

(2) 指导配镜者舒适配戴眼镜架。

(3) 与配镜者正面距离 40 cm 相对而坐，确保与配镜者的视线在同一高度。

(4) 引导配镜者注视自己的左眼，用标记笔(细头墨水记号笔)，在配镜者右眼可见虹膜下缘或下眼睑缘画一水平横线。

(5) 然后引导配镜者注视自己的右眼，同样在其左眼可见虹膜下缘或下眼睑缘画一水平横线，注意确保此间被检者和检查者的头位没有移动。

(6) 取下眼镜架后重新给配戴者戴上，核查所画横线是否正好位于双眼虹膜下缘/下眼睑缘处。

(7) 记录子片顶点高度或子片顶相对于眼镜架中心水平线的垂直距离。

第二节　三光镜片

在前面“双光镜片”一节里，我们已经知道，如果配镜者视远和视近需要不同的矫正处方时，可以选择双光镜。当老视者需要中距离的视力矫正，而双光镜的远用区和近用区无法满足老视者需求时，可以选择三光镜片。三光镜片(trifocal lens)(以下简称三光镜)是在双光镜片的基础上，增加一个能够提供中间距离视觉矫正的附加子片，使得镜片由三个包含不同处方的区域组成(图 7－7)。

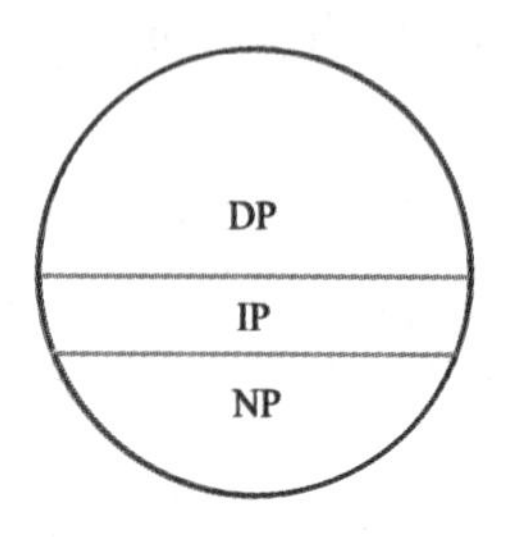

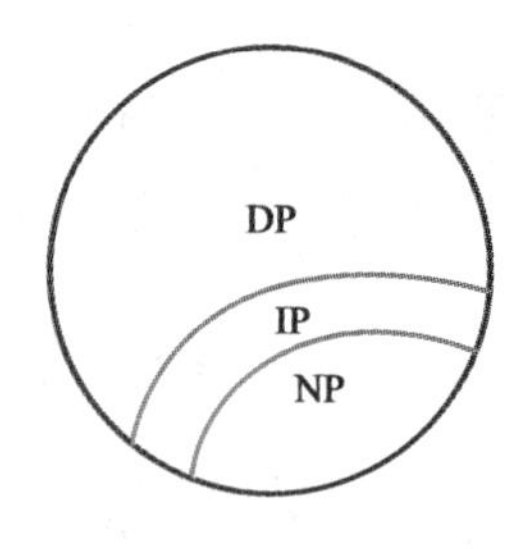

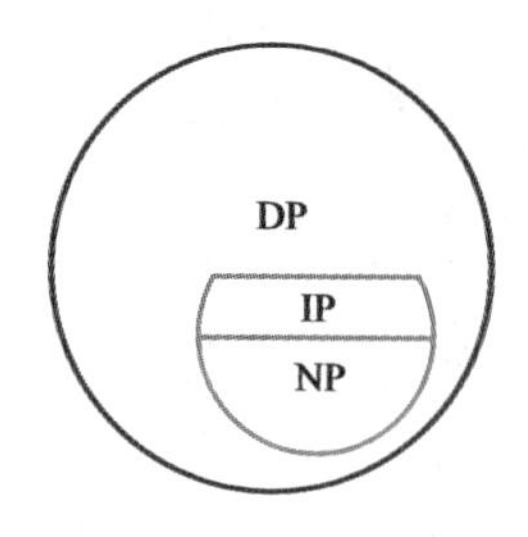

图 7-7 三光镜

三光镜的三个区域分别称为视近区(或叫阅读区)、中间区(intermediate portion,IP)和视远区,分别用于视近、视中和视远。中间区的附加值通常以近附加值的百分比来表示,称为中近比(IP/NP ratio),即中近比 = 中间附加/近附加 ×100%。

和双光镜一样,三光镜也有多种分类方法,最常见的是制造分类法。

1. 分离型三光镜 最早的三光镜是分离型三光镜,三个分别用于远、中、近距离,度数不同的镜片被切割后装配在一个镜圈内。最早有记载的分离型三光镜由 John Isaac Hawkins 在 1826 年发明。由于三个镜片是由独立的镜片拼接,所以可以获得任意数值的中近比,而且远、中、近三个镜片的光学中心可以互相独立。

2. 胶合型三光镜 子片通过专用胶粘着在主片上。这种三光镜设计也可以获得任意比值的中近比。理论上,胶合型三光镜的子片可以采用任意形状和尺寸。

3. 熔合型三光镜 由三种镜片材料组成,主片为较低折射率材料,根据中近比选择两种折射率较高的镜片材料制作中间区和视近区。高折射率材料在高温下熔于主片上的凹槽中。镜片制作完成后,三光镜的表面从视远区到视近区都是连续的,没有明显的分界线。熔合型三光镜受眼镜片材料限制。

对于三光镜的光学性能,最关注的是子片区域的棱镜效应,该效应和主片屈光力、子片屈光力及子片直径有关。三光镜验配时,通常测量瞳孔下缘,加工时使中间区子片顶位于瞳孔下缘(图 7-8)。因此,三光镜近用区的位置通常低于双光镜近用区的位置,为获得足够的近附加值,配戴三光镜视近时眼球需下转幅度更大。

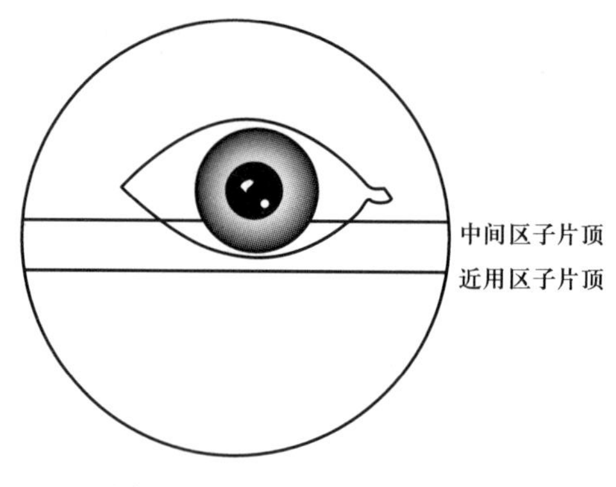

图 7-8 三光镜的子片顶位置

第三节 渐变多焦点镜片

渐变多焦点镜片(progressive addition lens,PAL)简称渐变镜,是用于矫正老视或其他调节异常的一种光学眼镜片。渐变镜的特征是镜片包含逐步增加的近附加屈光力,即近附加屈光力从镜片上方远用区开始逐渐增加,直至在镜片下方近用区达到既定的最大近附加屈光力。通常,近附加屈光力的度数范围为 +0.75 ~ +3.50D。

一、渐变镜的设计

（一）渐变镜的标记

渐变镜的外观如同单光镜，为了便于加工、检测及区分左右眼镜片等，渐变镜通常包含标记。渐变镜的标记包括永久性标记和临时性标记。永久性标记可通过眼睛直接识别，但镀有减反射膜的永久性标记有时难以辨认，可以借助专用仪器。

如图7－9所示，永久性标记（micro－engravings）包括2个隐形刻印（engraved points）、近附加（near addition）、商标（identifying logo）或材料。渐变镜的隐形刻印有圆圈、方形等多种表达方式。两个隐形刻印之间的距离为34mm。近附加位于颞侧隐形刻印的正下方，通常由两位或三位数字表示，图7－9中所示为2.5，代表该渐变镜的近附加为＋2.50D。商标或材料位于鼻侧隐形刻印的正下方，代表品牌、设计和材料。通过目测和用标记笔复原永久性标记，可以获悉该渐变镜的品牌、设计、材料、近附加、左片还是右片。

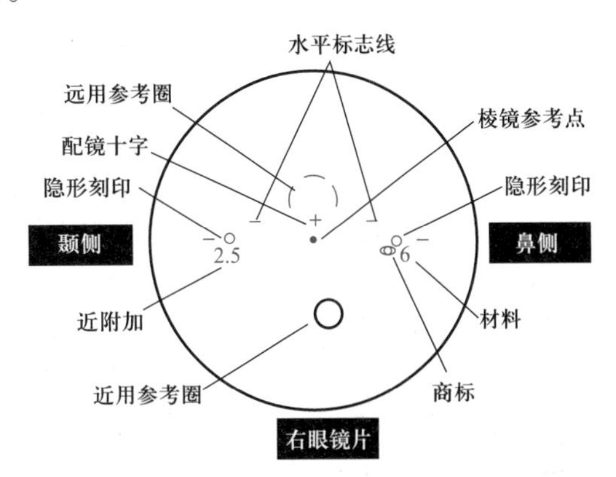

图7－9　渐变镜的标记

如图7－9所示，临时性标记（stamped markings）包括远用参考圈（power checking circle for distance RX）、配镜十字（fitting cross）、水平标志线（alignment reference lines）、棱镜参考点（prism reference point）和近用参考圈（power checking circle for near RX）。远用参考圈是检测渐变镜远用屈光力的区域；配镜十字在配镜时通常对应瞳孔中心（第一眼位），代表单眼瞳距和单眼瞳高；水平标志线用于渐变镜加工时的水平定位；棱镜参考点，也称为主参考点，可以检测渐变镜的棱镜量；眼镜片下方偏向鼻侧的近用参考圈用于检测近用屈光力，但需注意，很多渐变镜的设计使得近用参考圈的位置取决于远用屈光力及近附加屈光力，参考圈的位置并不固定，因此对近附加的检测通常建议直接读取渐变镜的近附加标记（永久性标记）。标记渐变镜临时性标记通常在永久性标记的基础上，通过渐变镜测量卡（图7－10）进行描记，或者根据工作人员对渐变镜设计的了解，在永久性标记的基础上直接标记。

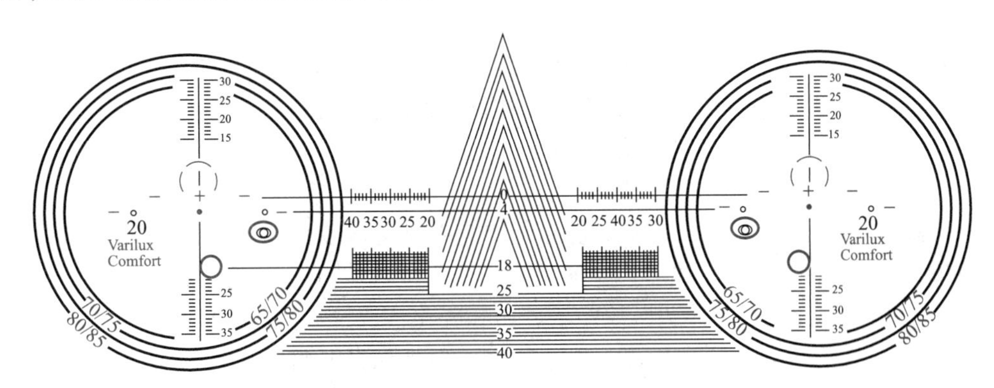

图7－10　渐变镜的测量卡（以 Varilux Comfort 为例）

渐变镜的生产厂商会为不同设计的渐变镜提供特定的渐变镜测量卡(图 7－10)。渐变镜测量卡通常包括标有渐变镜标记的左右镜片、单眼瞳距测量刻度线和瞳高测量刻度线。

(二)渐变镜的功能分区

渐变镜的外观如同单光镜,没有分割线,但根据用途可以分为五个区域:视远区、视近区、渐变区和周边区(图 7－11)。

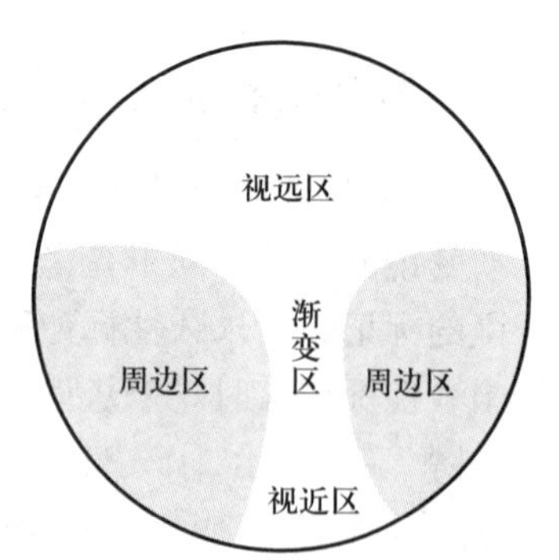

图 7－11 渐变镜表面的主要区域

1. 视远区(distance zone) 位于渐变镜的上方,包含远用屈光力。

2. 视近区(near zone) 位于渐变镜的下方,偏向鼻侧,包含近用屈光力,远用屈光力加上既定的最大近附加屈光力。

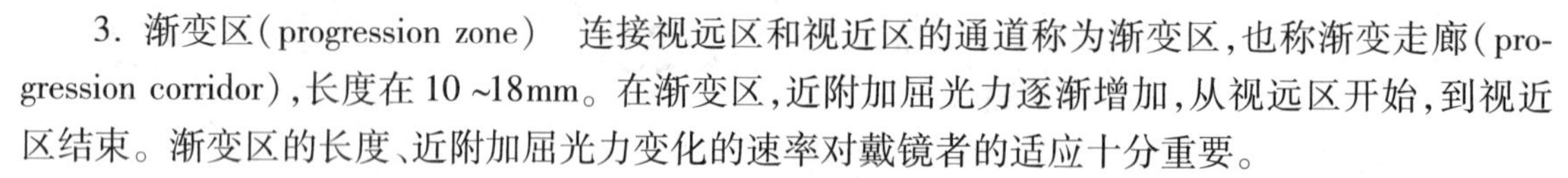
3. 渐变区(progression zone) 连接视远区和视近区的通道称为渐变区,也称渐变走廊(progression corridor),长度在 10～18mm。在渐变区,近附加屈光力逐渐增加,从视远区开始,到视近区结束。渐变区的长度、近附加屈光力变化的速率对戴镜者的适应十分重要。

4. 周边区(peripheral zone) 也称混合区(blended zone)。渐变镜屈光力的变化是通过改变眼镜片表面的曲率,从而为渐变镜配戴者提供自远而近的全程连续清晰的视觉,但眼镜片表面曲率变化的同时会导致眼镜片两侧,即周边区产生不期望的像差,如像散,一定程度上会干扰视觉,产生视觉模糊等症状。

(三)渐变镜的设计

1. 渐变镜的设计发展

(1) 20 世纪 50 年代:硬式、对称设计。渐变镜的最初设计是硬式、对称设计。渐变镜的左、右镜片是分别通过顺、逆时针的旋转来满足近用时的集合需求。

(2) 20 世纪 70 年代:硬式、非对称设计。非对称设计解决了渐变镜对称设计产生的光学问题,渐变镜分左镜片和右镜片。

(3) 20 世纪 80 年代:软式设计。在这一时期,制造商开始为不同需求的配镜者提供不同的渐变镜设计。例如,硬式设计提供给那些阅读为主的配镜者,软式设计提供给那些动态较多的配镜者。

(4) 20 世纪 90 年代:现代软式设计。渐变镜设计融合了硬式和软式的优点,即现代软式设计。

(5) 21 世纪:个体化的渐变镜设计。进入新世纪后,渐变镜的设计越来越趋于针对配镜者个体的设计。例如,看周边物体时,有的人头位转动的角度大些,有的人眼位转动的角度大些,提供不同的渐变镜设计,使他们都能较快适应。

2. 渐变镜的设计特征

(1) 渐变度(progression):渐变区度数变化的速率称为渐变度,根据不同的设计而不同,可以是线性变化,或呈其他函数曲线形式。渐变度的变化可以是匀速的,也可以是变速的。渐变区的长度和渐变度的设计决定了周边区像差的分布和变化,以及视近区的位置。

(2) “泳动”现象(swimming effect):周边区主要包括像散和棱镜。像散会影响配戴者视物的清晰度,而棱镜效应会令配戴者感觉视物偏移、变形,称为“曲线效应”(图 7－12)。“泳动现象”是“曲线效应”的一种动态形式。目前,无论是从设计上还是从工艺上都无法完全消除渐变镜两侧的周边区的像差影响。像差的大小、范围和渐变镜的设计及近附加相关，近附加屈光力越大，像差越显著。

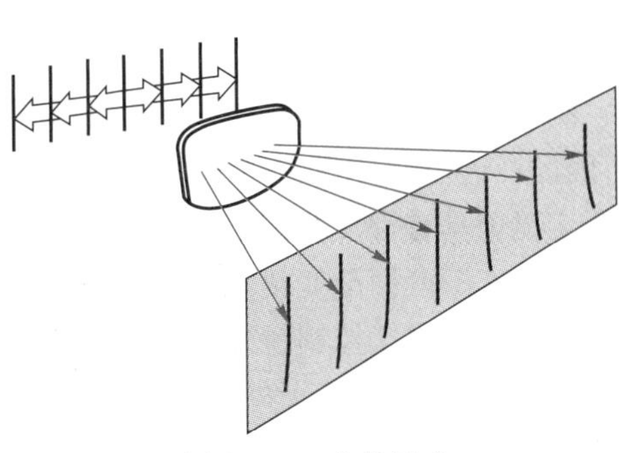

图 7－12 曲线效应

(3) 硬式设计与软式设计

1) 硬式设计(hard design)：硬式设计的渐变镜的渐变区较短，近附加屈光力增加较快，周边区的像差梯度变化较快(图 7－13)。硬式设计的优点是视远区和视近区范围较大；视近区的位置较高，配戴者视近时的姿势较自然。硬式设计的缺点是渐变区范围较窄；由于周边像差增加较快、较密集，故适应时间较长。硬式设计渐变镜的合适配戴人群为有成功配戴硬式设计经验者，或者以大量阅读为主的配镜者。

2) 软式设计(soft design)：软式设计的渐变镜的渐变区较长，近附加屈光力增加较缓和，周边区的像差梯度变化缓和(图 7－14)。软式设计的优点是渐变区范围较宽，比较容易适应。软式设计的缺点是视远区和视近区范围比硬式设计的范围小；视近区的位置较低，配戴者视近时的姿势需要适应。软式设计渐变镜的合适配戴人群为户外活动较多者。

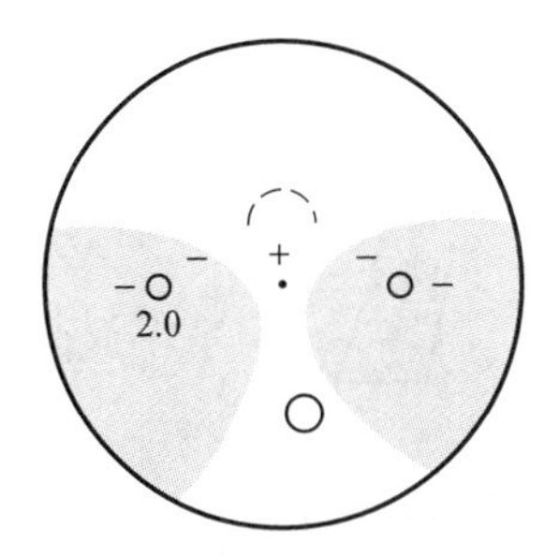

图 7－13 硬式设计

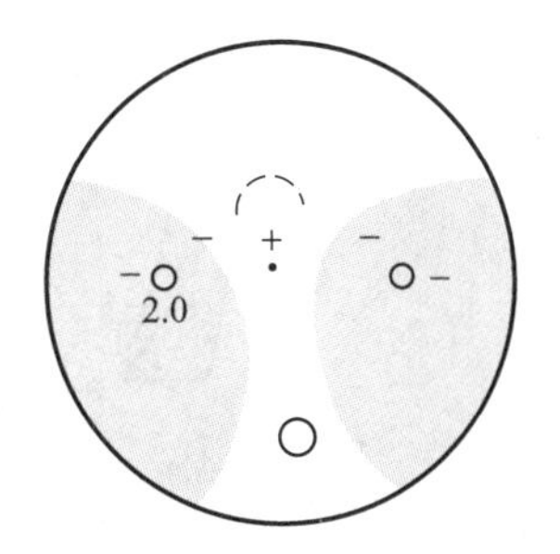

图 7－14 软式设计

软式、硬式设计在渐变区的长度上没有绝对的量值界限，只是相对而言，这种分类方法只是反映渐变区通道的长度，近附加屈光力变化的速率不同，从而对周边区的像差影响不同。

3) 现代软式设计(modern soft design)：现代软式设计的渐变镜综合了硬式设计和软式的特性，其渐变区比软式设计短，也有相对宽的视远区、视近区和渐变区，但周边区像差依然存在。

(4) 对称设计和非对称设计

1) 对称设计(symmetrical design)：镜片无左、右眼别之分，为解决戴镜者视近时因集合产生的眼睛内转，镜片加工时，分别顺时针 10°和逆时针 10°旋转镜片。

2) 非对称设计(asymmetrical design)：镜片有左、右眼之分，渐变区适度向鼻侧偏转，左、右眼镜片周边区两侧对应点的镜度、像差和垂直棱镜等基本等同(图 7－15)。

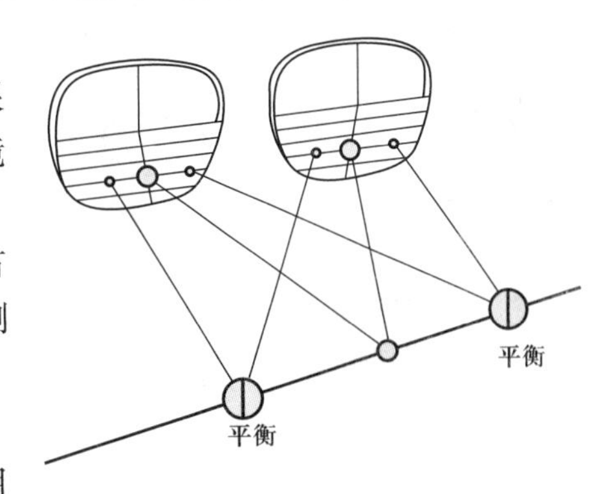

图 7－15 非对称设计

(5) 单一和多样设计

1) 单一设计(mono－design)：早期的渐变镜采用单一设计。同一系列渐变镜在渐变区的近附加屈光力变化相同,视近区的位置相同。

2) 多样设计(multi - design):渐变镜渐变区的设计同时考虑了远用屈光力和近附加屈光力,因此视近区的位置有所不同。尽管这样设计的渐变镜从理论上来讲各不相同,但同一类设计的渐变镜仍具有许多共同的特征。

(6) 外渐变面渐变镜和内渐变面渐变镜:传统的渐变镜为外渐变面渐变镜,即通过改变眼镜片前表面的曲率来控制镜片近附加屈光力的变化,从而为老视配戴者提供自远而近的全程连续清晰的视觉。目前,除了外渐变面渐变镜,又出现了内渐变面渐变镜,即通过改变眼镜片后表面的曲率来控制镜片近附加屈光力的变化(图 7 - 16)。与外渐变面渐变镜相比,内渐变面渐变镜的渐变面更靠近眼睛,可以增加戴镜者的有效视场,减少周边区像差的影响。

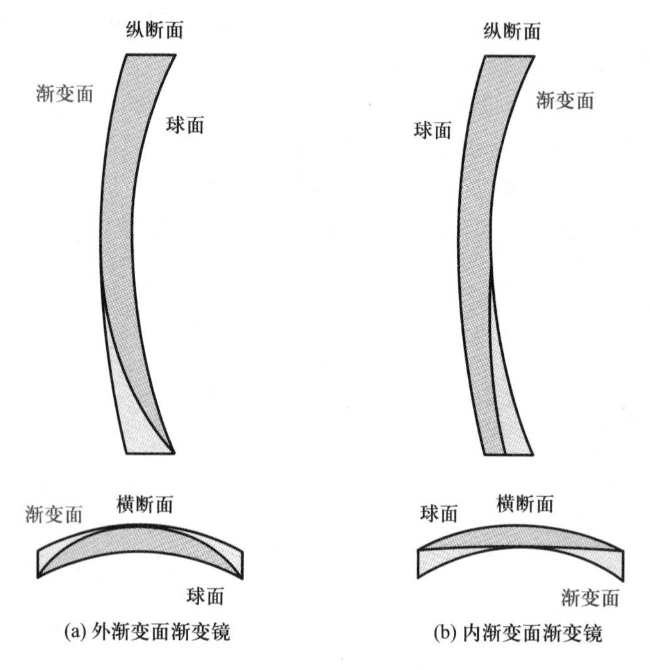

(a) 外渐变面渐变镜 (b) 内渐变面渐变镜

图 7 - 16 渐变面渐变镜

(7) 单光阅读镜、双光镜、三光镜及渐变镜的设计比较(图 7 - 17)。

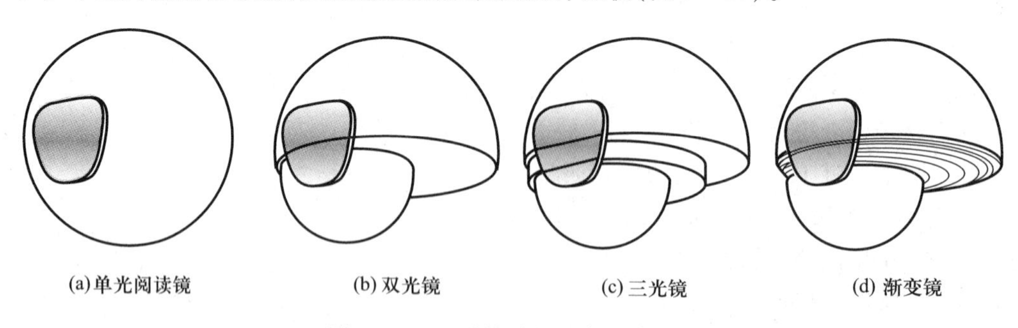

(a)单光阅读镜 (b) 双光镜 (c) 三光镜 (d) 渐变镜

图 7 - 17 几种镜片的基本设计区别

1) 单光阅读镜:单一屈光力,仅用于近距矫正。老视者配戴该镜片,视远模糊,而且没有中距离视力的矫正。

2）双光镜：镜片上方是远用矫正区域，下方子片是近用矫正区域，子片有分界线，影响外观。双光镜没有中距离视力的矫正区域，存在像跳。

3）三光镜：在远用和近用矫正区域之间增加了第三个矫正区域，即中距离的视力矫正区域。三光镜有两条子片分界线，存在像跳。

4）渐变镜：远用视力、中距离视力和近用视力由一系列连续的水平曲线连接，不存在视觉分离，无像跳。从镜片上方的远用视力矫正区域开始，经过镜片中部的渐变区，即中距离视力矫正区域，到镜片下方的近用视力矫正区域，镜片的屈光力逐渐变化。

双光、三光和渐变镜在设计上分别采用了不同的连接方法，将远用和近用的视力矫正区域结合在同一片镜片上。

3. 渐变镜的设计评估

（1）近附加屈光力渐变图（geometrical power profile）：如图 7－18 所示，横轴代表近附加屈光力，纵轴代表渐变镜由上至下的距离，0 点代表主参考点（棱镜参考点）。图中的曲线反映了近附加屈光力沿渐变镜子午线的变化情况。通过近附加屈光力渐变图可以了解渐变镜的近附加屈光力的渐变速率和渐变区长度，了解最大近附加屈光力值，了解渐变镜的整体设计。

（2）球镜图（spherical contour plots）：如图 7－19 所示，数值代表近附加屈光力，曲线代表等球镜线，即同一曲线的近附加屈光力值相同。由配镜十字开始，近附加屈光力逐渐增加，直至视近区。球镜图反映了近附加屈光力在渐变面由上至下的度数增加情况、分布位置及最大的近附加屈光力（如图 7－19，最大近附加屈光力为 +2.00D）。

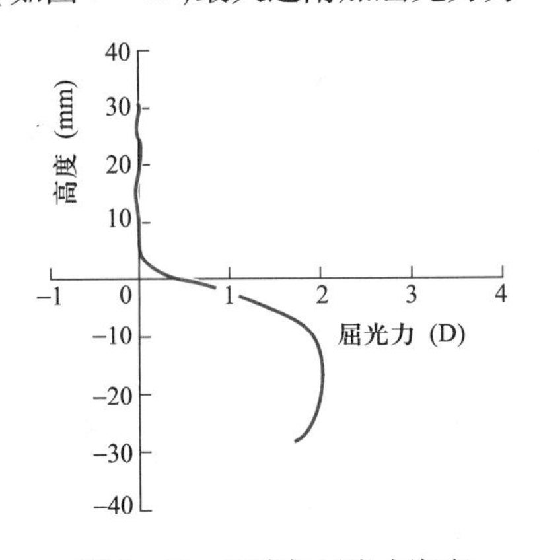

图 7－18　近附加屈光力渐变

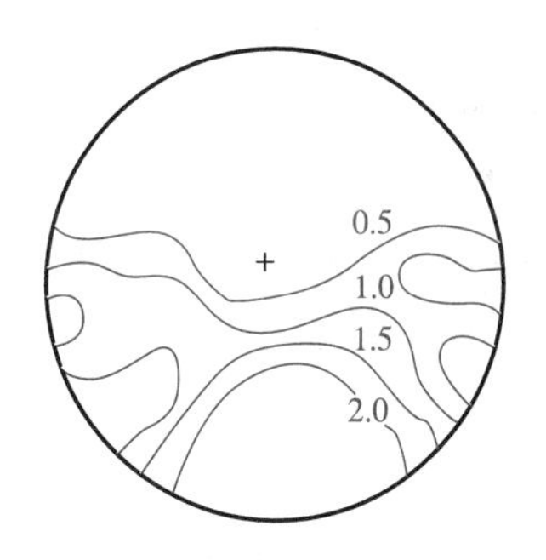

图 7－19　球镜

（3）柱镜图（cylinder contour plots）：如图 7－20 所示，数值代表周边区产生的不期望的柱镜，曲线代表等柱镜线，即同一曲线的柱镜值相同。柱镜图反映了近附加屈光力由上至下逐渐增加时，在渐变面的周边区产生的不期望的柱镜度数的增加情况，以及分布位置。

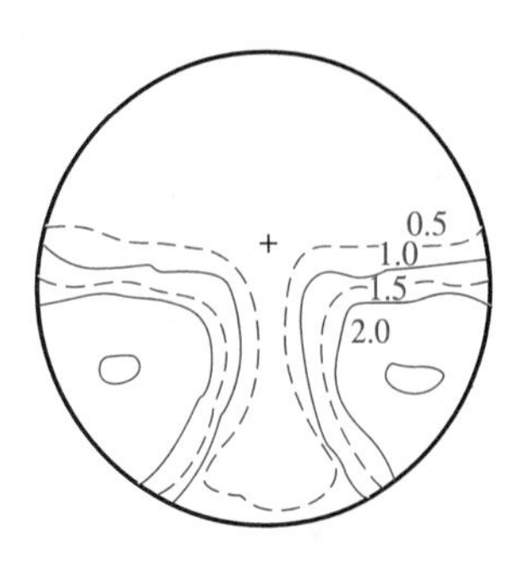

图 7－20　柱镜

图 7－21 为硬式设计和软式设计的渐变镜的柱镜图。硬式和软式设计的渐变镜的柱镜图基本区别是硬式设计的渐变镜的等柱镜线间距紧密，有宽的视远区和视近区；软式设计的渐变镜的等柱镜线间距较宽，有宽的渐变区，而视远区和视近区相对较窄。

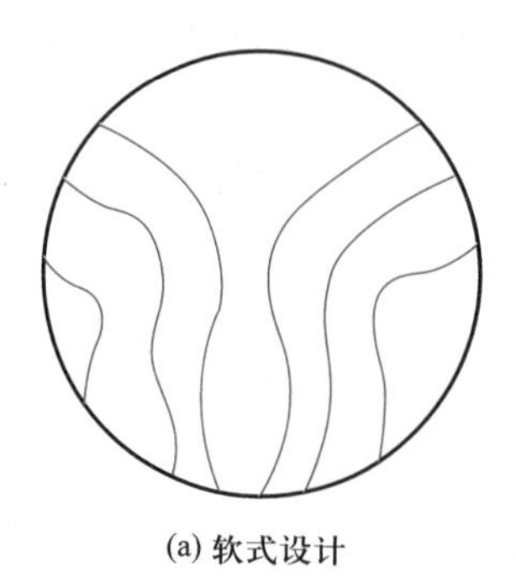

(a) 软式设计　　(b) 硬式设计

图 7－21　渐变镜的柱镜图

（4）等视敏度图（isoacuity plots）：如图 7－22 所示，数值代表视敏度值，曲线代表等视敏度线，即同一曲线的视敏度值相同。等视敏度图反映了由于渐变面周边区像差的影响而引起的视敏度下降情况。等视敏度图是计算的结果，对于个体而言，周边区像差对其视敏度的影响不尽相同。

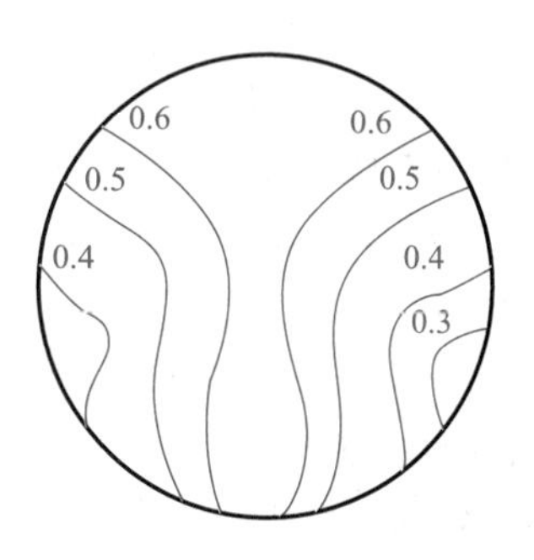

图 7－22　等视敏度图

球镜图和柱镜图是一种模拟图，称为镜度图，是将渐变镜的渐变面上需要分析的屈光力相等的各点连接起来，显示出渐变面的特征，类似于地图等高线。通过镜度图可以基本了解渐变镜的一些共性和特点：① 渐变区的相对宽度；② 渐变面偏硬式设计还是软式设计；③ 渐变面周边区不期望的柱镜分布及量值。但镜度图只是反映了渐变面的光学性能，不能预见临床表现，最可靠的渐变镜的配适评价途径是临床配戴研究。

（四）渐变镜的特点

1．渐变镜的优点

（1）渐变镜的外观如同单光镜，没有分界线。

（2）渐变镜的视远区、视近区和渐变区提供了由远至近的全程视力范围。

（3）渐变镜的近附加屈光力逐渐变化，没有像跳现象。

2．渐变镜的缺点

（1）中、近距离的视场会受到周边区像差的影响。

（2）配镜者需要适应周边区像差，以及调整阅读的习惯姿势。

二、渐变镜的验配流程

（一）选择合适的配戴者

选择合适的配戴者是渐变镜验配成功的第一步。年龄、屈光状态、视觉需求和原先矫正方式等因素会影响渐变镜的适应。理想的渐变镜配戴者是既具有远、中、近距离视觉需求，又注重形象、乐于接受新事物的人。但对于有戴镜适应困难经历的配镜者、视觉需求不符合渐变镜设计的配镜者、屈光参差的配镜者等，推荐渐变镜时必须谨慎。

（二）选择合适的眼镜架

渐变镜的眼镜架过大，会引入更多的周边区像差；渐变镜的眼镜架过小，会影响视近区。通常,为渐变镜选择眼镜架时需要考虑以下因素。

1. 眼镜架有足够的鼻侧区域,为配镜者提供足够的视近区。
2. 眼镜架有足够的高度容纳视远区、视近区和渐变区。
3. 眼镜架不宜过宽,以免引入更多的周边区像差。
4. 选择有鼻托的眼镜架,便于调整瞳高位置。
5. 选择易调整的眼镜腿,便于调整眼镜架的前倾角。
6. 眼镜架应牢固,不容易变形,通常以全框镜架和半框镜架为宜。

(三) 针对性调整眼镜架

渐变镜的针对性调整主要是为了减少周边区像差对戴镜者的影响,增加有效视场。渐变镜的针对性调整包括减小镜眼距离、增加前倾角和增加面弯。调整镜眼距离时需注意对有效屈光力的影响。

(四) 配镜参数的测量

渐变镜的配镜参数测量必须在眼镜架调整完成后再进行。配镜参数包括单眼瞳距和单眼瞳高。临床上,单眼瞳距的测量方法主要有 3 种,瞳距仪法、单目瞳距尺法和直接标记样片法。单眼瞳高的测量方法主要有 2 种,直接标记样片法和基准线法。具体的操作步骤参考本书的第十章(眼镜参数测量)。

(五) 渐变镜的定制

渐变镜定制的主要参数包括:远距配镜处方、近附加、单眼瞳距、单眼瞳高、渐变镜的品牌及设计、折射率、眼镜片的表面处理(镀膜、染色),或者变色镜/偏正镜、眼镜片直径(对于正镜片控制中心厚度尤为重要)。

(六) 渐变镜的检测

渐变镜的检测首先需要复原渐变镜的标记。检测人员通过目测标记渐变镜的永久性标记,包括隐形标记、近附加和商标、材料。其次,选择对应的渐变镜测量卡,根据隐形标记在渐变镜上标记出临时性标记,包括远用参考圈、配镜十字、棱镜参考点、水平标志线、近用参考圈。最后,根据渐变镜的标记核对渐变镜的左右片、水平定位、远用处方、单眼瞳距、单眼瞳高、棱镜量、近附加、商标、材料等参数。

(七) 渐变镜的使用指导

核实渐变镜后,等待配镜者取镜。配镜者取镜时,向配镜者再次说明渐变镜的特性后指导配镜者配戴渐变镜,确认配适,如配镜十字的位置。然后,进行渐变镜的使用指导。使用指导包括指导配镜者配戴渐变镜看远距、看中距离,以及看近距离;同时,需要指导配镜者注视两侧的周边区,其目的是为了判断周边区像差对配镜者的影响程度,以及指导配镜者当注视周边物体模糊时,应转动头位,避开周边区像差,使用渐变镜的视远区、渐变区或视近区。完成上述指导后,还需要进一步提醒配镜者阅读姿势和行走时可能带来的影响;必须注意要让配镜者明确到存在周边区像差,需要适应,而且坚持配戴可以缩短适应时间。最后,提醒配镜者,在坚持配戴使用的条件下,渐变镜的配戴适应期为 2 ~ 3 天,如果超出 2 周未能适应渐变镜,建议配镜者复诊(具体可见第十二章眼镜的配发)。

第四节 实习:渐变镜的检测

一、实习目的

掌握渐变镜的标记复原及渐变镜的检测技能。

二、仪器和材料

渐变镜、渐变镜测量卡、焦度计、记号笔、酒精棉球、镜布。

三、实习内容

(一) 渐变镜的标记复原

1. 操作者观察渐变面,寻找隐形刻印并用记号笔直接在镜片上描记。

2. 识别隐形刻印正下方的隐形标记并记录,通常颞侧隐形刻印正下方为近附加标识,鼻侧隐形刻印正下方为商标及材料标识。

3. 根据标识的商标,选择相应产品设计的渐变镜测量卡。

4. 将渐变镜已描记的隐形刻印,分别对应渐变镜测量卡上的隐形刻印图标,先右片,后左片,用记号笔描记出渐变镜的临时性标记,包括远用参考圈、配镜十字、水平标志线、棱镜参考点和近用参考圈。

(二) 渐变镜的检测

1. 远用屈光度数 使用全自动焦度计检测渐变镜上远用参考圈位置的后顶点屈光力,记录结果,并核对其是否符合国家标准(允差见 GB 13511.2—2011 配装眼镜第 2 部分:渐变焦)。

2. 近附加 通常可以核对渐变镜的近附加标识。或者检测渐变面视近区的顶点屈光力和视远区的顶点屈光力,两者的差值为近附加,核对其是否符合国家标准(允差见 GB 13511.2—2011 配装眼镜第 2 部分:渐变焦)。

3. 单眼瞳距 检测步骤如下:① 将渐变镜测量卡正对自己置于桌面上(图 7-23);② 将渐变镜的眼镜腿朝上水平置于渐变镜测量卡上;③ 将渐变镜的鼻梁中央位于“0”刻度,即同一点的两条斜线至左右镜圈内侧或镜圈鼻梁的焊接点等距;④ 配镜十字中竖线对应的刻度线读数即是单眼瞳距,读数并记录;⑤ 核对其是否符合国家标准(允差见 GB 13511.2—2011 配装眼镜第 2 部分:渐变焦)。

4. 单眼瞳高 检测步骤如下:① 将渐变镜测量卡倒置后水平放置(图 7-24);② 将渐变镜的眼镜腿朝上置于渐变镜测量卡上,使镜圈下缘与“0”刻度线相切,并稍稍压住“0”刻度线;③ 配镜十字中横线对应的刻度线读数即是单眼瞳高,读数并记录;④ 核对其是否符合国家标准(允差见 GB 13511.2—2011 配装眼镜第 2 部分:渐变焦)。

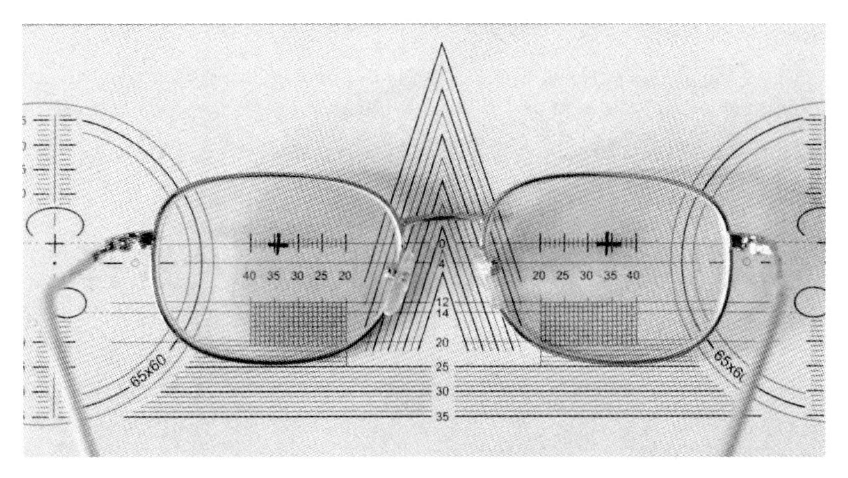

图 7－23　渐变镜的单眼瞳距检测

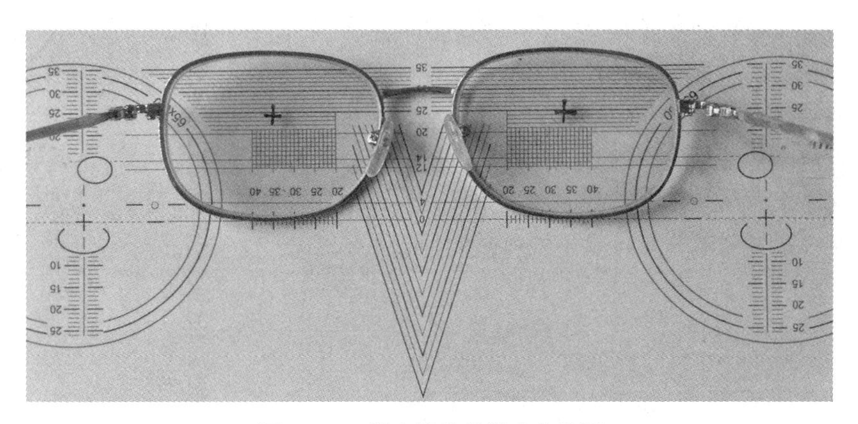

图 7－24　渐变镜的单眼瞳高检测

5. 棱镜参考点　将标记的渐变镜棱镜参考点对准焦度计测量孔径的中央，使用焦度计测量该点的棱镜值及底向，读出并记录；核对其是否符合国家标准（允差见 GB 13511.2—2011 配装眼镜第 2 部分：渐变焦）。

思　考　题

1. 单光阅读镜、双光镜、三光镜及渐变镜的基本设计区别是什么？

2. 试述“22diam × 17high × $2^1/_2$in，cut5”的含义。

3. 试述渐变镜的定义及其优缺点。

4. 比较硬式渐变镜和软式渐变镜的优缺点。

5. 双光镜的像跳计算：如果近阅读附加为 +2.00D，子片为圆形，直径为 28 mm，则像跳效应是多少？

（保金华）

第八章　眼镜架的分类及选择

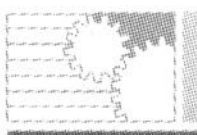

学习目标

◇ 掌握眼镜架基本部件。
◇ 掌握眼镜架的分类及特点。
◇ 掌握镜架的测量与标记方法。
◇ 理解脸型对镜架选择的影响。
◇ 了解特殊功能鼻托的主要适应人群。
◇ 掌握渐变多焦点眼镜镜架的选择。
◇ 掌握大屈光参差及儿童镜架的选择。

案例

小李，今年8岁，发现近视半年余，配镜后一直戴镜不适，面颊与镜腿接触处皮肤出现小红疹，后破溃，用药膏后缓解，后又出现，鼻梁处感觉压迫感明显，使其不愿戴镜，看不清黑板，导致上课不能注意听讲。到某眼科医院检查后，发现是对眼镜架的不适应造成的。

小李双眼矫正处方分别为 -0.75DS（VA=1.2），度数并不大，选用的是一种蒙耐尔合金镜架。蒙耐尔合金属于镍铜合金的一种。主要含镍、铜和少量的铁和锰等。具有很好的强度、弹性、耐腐蚀性和焊接牢固等优点，但小李年龄小，皮肤娇嫩，对金属过敏导致与镜腿接触处皮肤反复出现小红疹、破溃，所以应选择抗过敏的钛材料或塑胶镜架。同时，小李有鼻梁处明显的压迫感，使其不愿戴镜，原因为原镜架较重，原鼻托与鼻梁接触面较小，可选用儿童专用鼻托。这种鼻托质地柔软，适合儿童娇嫩的肌肤，并可以在儿童面部受外力撞击时，避免面部受伤，对儿童鼻梁起到保护作用。

在选择儿童镜架时，不仅要考虑到镜架的牢固度，同时需考虑镜架的重量，以减少对鼻梁的压迫，并考虑视野范围、色彩、尺寸、框型等，建议儿童最好选择色彩艳丽的塑胶全框眼镜架，并带有鼻托支架及硅胶鼻托或连体鼻托，使儿童乐于戴镜。

眼镜架(frame)是眼镜的重要组成部分，主要起到支撑眼镜片的作用，并保证眼镜能够方便、牢固、舒适配戴。外观漂亮的眼镜架还可起到美观的作用。

随着生活水平的提高、科技的不断进步，人们配戴眼镜，不再是为了单纯的矫正视力，更多的是关心镜架的安全性、舒适性、配戴美观度等方面的问题。新型材料、独特的设计结构、颜色艳丽的眼镜架也就应运而生。眼镜在矫正视力的同时，也起着重要的装饰、保护作用，不同场合配戴不同类型的镜架，不同服装搭配不同色彩的镜架，不同的运动配戴专业保护镜架。以前的镜架以塑料架、普通金属架为主，强度低、化学稳定性差，一般设计偏于厚重，由于汗液腐蚀等因素，也容易对人体造成不良影响。随着材料工业和制造工艺的发展，人们追求美观、轻巧、舒适、耐用的愿望逐步得到满足。随着高强度的有机材料、航空材料等用于眼镜架制造，眼镜可以设计得更精巧、更轻便、更多的结构和款式，更多的不同材料的组合，为追求舒适、美观、时尚和个性化的现代人提供了更多的选择。

传统的眼镜加工，基本是手工单件完成，随着眼镜行业的发展，使眼镜加工逐步实现了数据化、自动化、批量化和规范化，同时对眼镜从业人员也提出了更高的要求，配发一副合格的眼镜，涉及眼科学、眼屈光学、验光学、力学、材料学、美学等相关知识。本章就与眼镜架相关的知识加以介绍。

第一节　眼镜架部件与类型

眼镜架的发展是一个从简单到复杂的过程，从开始的简单的镜圈连接手柄的结构，发展到现在的镜腿、鼻托等功能配件齐全的眼镜架。

一、眼镜架基本部件

以一副普通的金属全框眼镜为例，如图 8－1 所示，其部件如下。

1. 镜圈（rim）　又称镜框。镜片的装配位置，用金属丝及螺丝，凭借着沟槽来固定镜片，它影响到镜片的切割和眼镜的外形。

2. 鼻桥（bridge）　连接左右镜圈或直接与镜片固定连接。鼻桥有直接置于鼻子上的，也有的通过托叶支撑于鼻子。

3. 鼻托（pad）　包括托叶梗，托叶箱和托叶，托叶与鼻子直接接触，起着支撑和稳定镜架的作用。某些浇铸成形的塑料架可以没有托叶梗和托叶箱，托叶和镜圈相连。

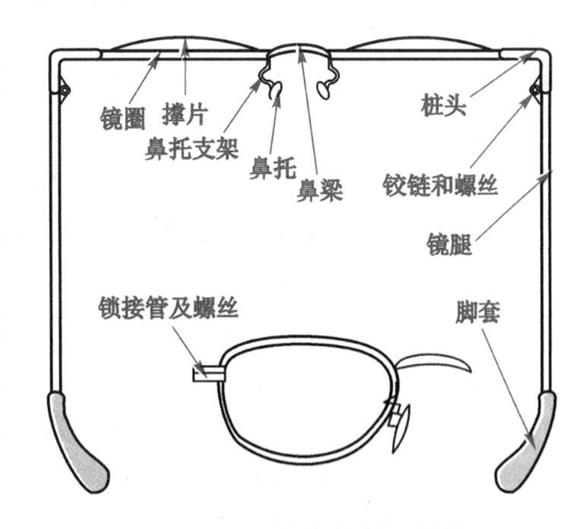

图 8－1　眼镜架部件和结构

4. 桩头（end－piece）　镜圈和镜腿的连接处，一般是弯形。

5. 镜腿（temple）　镜腿的作用是（与脚套一起）将眼镜挂在耳上。钩架在耳朵上，可以活动的与桩头相连，起着固定镜圈作用。

6. 铰链（hinge）　连接桩头和镜脚的一个关节。

7. 锁紧块（tube）　旋紧螺丝，把镜圈开口两侧的锁紧块紧固，从而固定镜片的作用。

8. 脚套(side tip) 装配在镜腿末端。作用是舒适配戴。

9. 撑片(lens shape) 又称衬片。安装在左右镜圈内,起到支撑镜圈和美观的作用。

二、眼镜架分类

按照2003年发布的国家眼镜架产品分类标准,眼镜架有两种分类方法:一种是按材料分类,另一种是按类型分类。

(一)按材料分类

眼镜架按材料可分为金属架、塑料架和天然有机材料架。

1. 金属架(metal frame) 眼镜架的金属材料有铜合金、镍合金、钛及钛合金、铝合金和贵金属五大类。要求具有一定的硬度、柔软性、弹性、耐磨性、耐腐蚀性、重量轻、有光泽和色泽好等。因此,用来制作眼镜架的金属材料几乎都是合金或在金属表面加工处理后使用。

2. 塑料架(plastic frame) 一般用来制造眼镜架的非金属材料,主要采用合成树脂为原材料,分为热塑性和热固性树脂两大类。

3. 天然有机材料架(the natural organic material frame) 用于制作眼镜架的天然材料有玳瑁、特殊木材和动物头角等。一般牛角架很少见,常见的是玳瑁眼镜架和木质镜腿的眼镜架。

(二)按类型分类

眼镜架按类型可分为全框架、半框架、无框架、组合架和折叠架。不同款式结构的镜架,具有不同的结构特点,使用的场合也有一定的区别。

1. 全框架(full sized frames) 有完整镜圈的镜架即为全框架(彩图8-1、彩图8-2)。全框架具有好的强度,适合运动员和儿童配戴,由于镜片周边被镜圈完全保护,适合配装各种屈光参数的镜片。全框架镜片装配如图8-2。

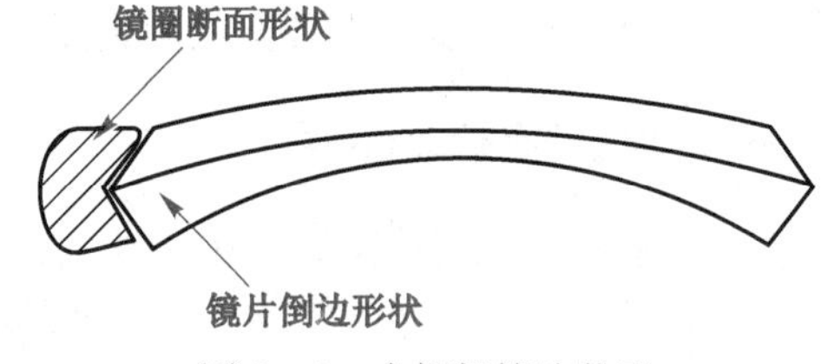

图8-2 全框架镜片装配

2. 半框架(Semi-Rimless frames) 半框架也称拉丝架,这类镜架一般镜圈上部分是用金属或塑料材料制造(彩图8-3、彩图8-4),并在内部开槽,镶嵌尼龙丝,镜圈下半部分是用一根很细的尼龙丝(拉丝)作为下部分镜圈。市场上也有极少的镜架把拉丝部分设计在镜圈的上半部分。加工配装此类眼镜,需在磨平后的镜片边缘上开槽,将镜架上的上丝和拉丝镶入镜片的槽内,以固定镜片,如图8-3所示。由于镜片在磨边成形后需要在边缘开槽,槽的宽度约为0.6 mm,因而要求镜片具有一定的边缘厚度,才能在槽的两侧留有一定的镜片厚度,以保持足够的强度。由于下半部分镜片没有镜圈遮挡,而镜片边缘过厚又会影响美观,所以屈光度数小的镜片和屈光度数过大的镜片,不适合选用此类镜架。

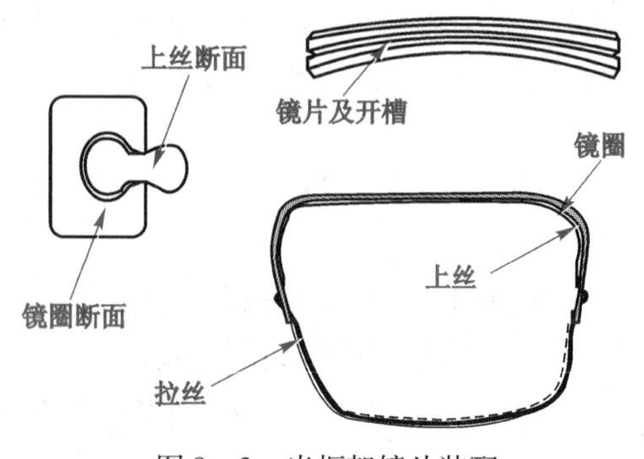

图8-3 半框架镜片装配

3. 无框架(rimless frames) 无框架又称打孔架,这类镜架分为零件式和一体式。零件式是由一个鼻桥(连同鼻托)、左右两个镜腿(连同桩头)构成;一体式在鼻桥和桩头之间有镜架材料相连,把鼻桥和镜腿连接成为一体,但这部分的材料与镜片之间没有连接，似介于半框架和无框架之间（彩图 8-5、彩图 8-6）。此类眼镜的配装加工是在镜片磨边成形后在镜片两侧边缘打通孔，用螺丝、螺母、平垫、套垫分别固定在鼻桥和桩头上，如图 8-4 所示。由于镜片没有镜圈的保护，在眼镜使用中，眼镜所承受的外力，通过桩头和鼻桥直接作用在镜片上，同时由于打孔处的薄弱及内应力的存在，很容易造成镜片碎裂。所以要求镜片具有一定的边缘厚度，同时由于完全没有镜圈的遮掩，考虑外观要求，屈光度数小的镜片和屈光度数过大的镜片，同样也不适合选用此类镜架。

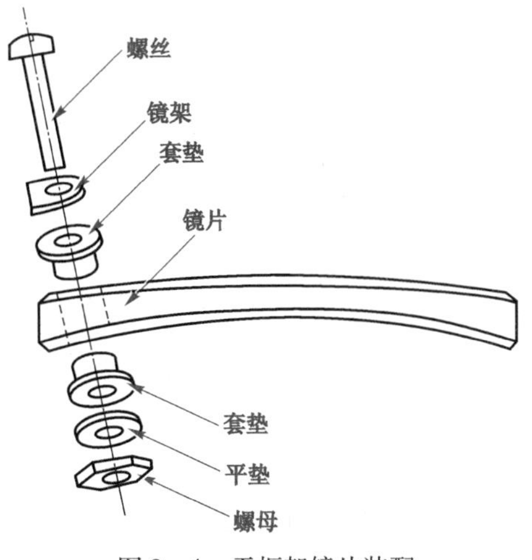

图 8-4　无框架镜片装配

4. 组合架（combination frames）　此类镜架分前后两组镜圈，通常前组配装彩色镜片，后组配装用于矫正屈光不正的镜片。室外配戴使用两组镜片，具有太阳镜的防护功能，又可以有清晰的视野。在室内使用时，可将前组镜片上翻或卸下，为通过框架眼镜矫正屈光不正的患者配戴太阳镜提供了一定方便。如彩图 8-7、彩图 8-8 所示。由于两组镜片的存在，增加了眼镜的重量，使配戴的舒适程度受到影响；另一方面受结构空间的限制，镜片厚度大的高屈光度患者要慎重选择。

5. 折叠架（folding frames）　这类镜架一般可以在鼻桥及镜腿处折叠，缩小存放或携带时镜架所占空间，多用于制作老花镜，如彩图 8-9 所示。

第二节　眼镜架的测量和标记

一、眼镜架的规格尺寸

通常眼镜架会在一只镜腿的内侧或者一个撑片表面注明各项尺寸、型号和颜色，而另一只镜腿的内侧或另一撑片表面则注明产地、品牌和材料。眼镜架的规格尺寸是由镜圈尺寸、鼻桥尺寸和镜腿尺寸 3 部分组成，镜架每部分的规格尺寸又分单数和双数两种。镜圈尺寸为 33 ~ 60 mm；鼻桥尺寸为 13 ~ 22 mm；镜腿尺寸为 125 ~ 156 mm。

二、眼镜架规格尺寸的测量和标记

眼镜架规格尺寸的测量和表示，一般采用方框法（box method）和基准线法（datum line method）两种方式。

（一）方框法

如图 8-5 所示，以塑料架为例，在左右镜圈的内缘或镜片的外缘（虚线部分），分别画两个外切矩形（虚线部分）。一个外切矩形的长度代表镜圈的尺寸（a）；两外切矩形间的距离代表鼻桥的尺寸（d）；外切矩形的高度称为镜架的高度；两外切矩形的中心距离称为镜架的中心距离（c），也等于镜圈尺寸和鼻桥尺寸的和（$c = a + d$）。

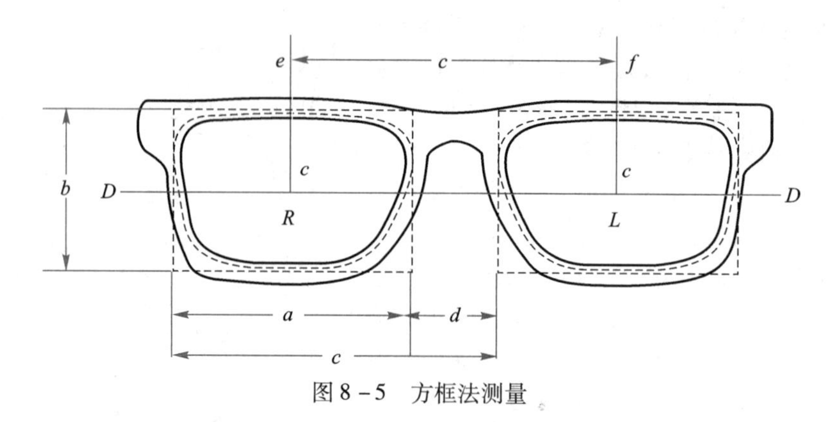

图8－5 方框法测量

图8－6中，50代表镜圈尺寸为50 mm，20代表鼻桥尺寸为20 mm，136代表镜腿尺寸（延展长度）为136 mm，“□”代表用方框法测量和表示，TITAN－P表示材料，Col. 01表示颜色。

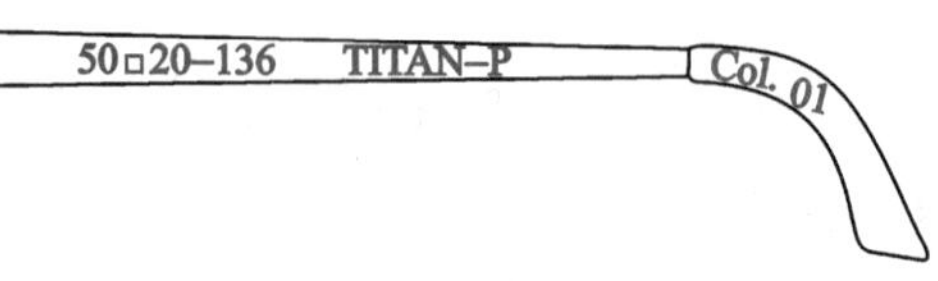

图8－6 眼镜架尺寸标记

（二）基准线法

如图8－7所示，通过在左、右镜圈的内缘或镜片的外缘的最高点和最低点分别做水平切线（AA'和BB'）及其平分线（DD'），镜圈内缘鼻侧与颞侧间基准线的长度代表镜圈尺寸（a）；左、右镜圈鼻侧内缘间的距离代表鼻桥尺寸（d），左、右镜圈内缘鼻侧与颞侧间基准线的长度的中点M、M'间的距离为镜架的中心距离c（$c=a+d$），这种表示方法称为基准线法。

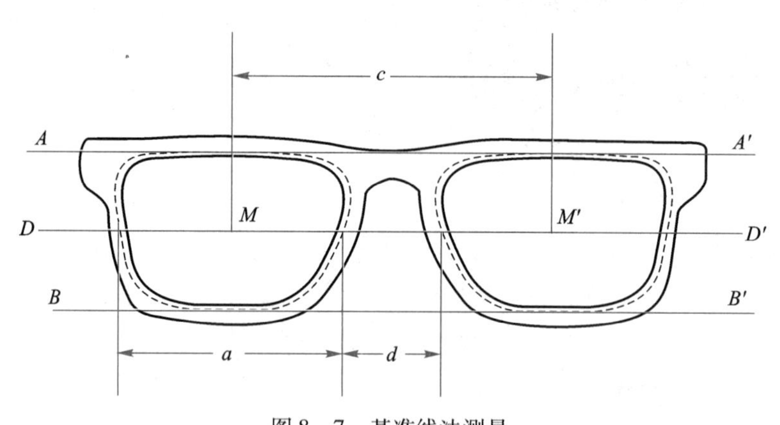

图8－7 基准线法测量

三、其他镜架尺寸的测量

1. 镜架宽度（frame width） 脚套（或镜腿）上与耳朵顶点接触的部位称为耳上点，当两镜腿完全外展时，两侧镜腿耳上点之间的距离称为镜架宽度。

2. 颞距（temporal distance） 镜圈平面后25mm处测得两镜腿内侧的距离。

3. 镜眼距（eye wire distance） 镜片的后顶点与角膜前顶点间的距离，一般为12 mm。

4. 镜面角（specular angle） 从眼镜内侧测量左、右镜片平面所夹的角。一般为170°～180°。

5. 前倾角(the front inclination angle)　镜圈平面与水平面的垂线之间的夹角，也称倾斜角，一般为8°~15°。一般远用眼镜宜取偏小值，近用眼镜、双光眼镜或渐变多焦点眼镜宜取偏大值。

6. 身腿倾斜角(body tilt angle leg)　每侧镜腿与镜圈平面的法线的夹角，也称接头角。前倾角是视线通过镜片光学中心的保证，一般不变动，且左、右镜片前倾角一致。身腿倾斜角则是前倾角恒定的前提，然而相对于眼球位置而言，当耳位过高、过低时则需加以调整，左、右耳位高度不等时左、右身腿倾斜角也不相等。

7. 镜腿角度及长度

(1) 外张角(external angle)：镜腿完全外展时，两铰链轴线连接线与镜腿之间的夹角称为外张角，一般为80°~95°。

(2) 镜腿弯点长(length to bend)：镜腿铰链中心到耳上点的距离。

(3) 垂长(length of drop)：耳上点至镜腿尾端的距离。

(4) 垂俯角(the vertical angle)：将镜腿完全外展正放置于桌面，从侧面观察测量镜腿的垂长部与镜腿延长线之间的夹角。

(5) 垂内角(the vertical angle of depression)：将镜腿完全外展正放置于桌面，从后面观察测量镜腿的垂长部与通过镜腿的垂面之间的夹角。

8. 鼻托的前角、斜角、顶角

(1) 前角(anterior angle)：正视时，鼻托长轴与水平面的垂线的夹角，一般为20°~35°。

(2) 斜角(oblique angle)：俯视时，鼻托平面与镜圈平面法线的夹角，一般为35°。

(3) 顶角(point angle)：侧视时，鼻托长轴与镜圈背平面的夹角，一般为10°~15°。

第三节　眼镜架选择

随着时尚潮流的发展，眼镜早已不是近视者的专利，现代人配戴眼镜，不再只限屈光矫正或者防护眼睛，更多时候，眼镜是一个彰显端庄、高贵、典雅、时尚、浪漫、活泼、可爱等改变自己形象气质的道具。所以，选择镜架在考虑适合镜片装配及配戴舒适因素的同时，还必须考虑美观等诸多因素。下面结合以上因素就如何选择镜架加以探讨。

一、美观因素

从美观的角度讲，选择一副合适的镜架需要考虑的因素包括性别、年龄、职业与服装的搭配，最重要的一方面，是要考虑与脸型的适配。

(一) 脸型

人的面貌千变万化，脸型也各不相同。从脸型分大致可分为3种，如图8-8所示：从发际、前额到下颌，把整个高度平均分成3份，根据美学中黄金分割的原理，如果眉毛恰好在面部上1/3处，这样的面部会给人一种均衡的美感。因而根据眉毛的高低位置，可以把面孔分为均衡型、长型、短型3种。均衡型面孔的人，大部分款式的镜架都适用；长型面孔则适合配戴深色的镜圈来“降低”眉线；而短型面孔则适合选择透明的镜圈来“提高”眉线。从美学角度，镜架的鼻桥高一些，视觉上

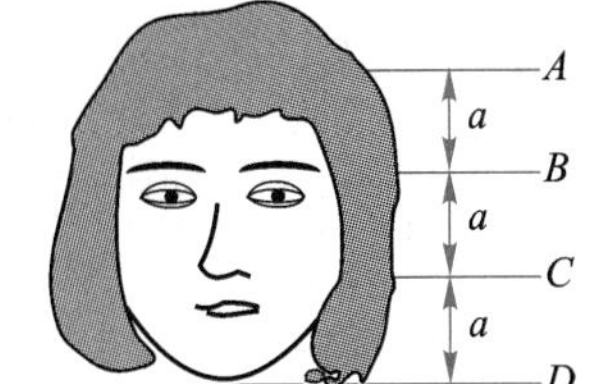

图8-8　脸型

可使人感觉配戴者鼻子变长，而鼻桥低的镜架，可使配戴者的鼻子显得短些；同样，选择宽大、位置较低的镜腿可使长脸型变短，而细窄、位置较高的镜腿则可使短脸型变长。

尽管人的面貌千差万别，但脸型总的归纳起来，大致可分为7类：圆形脸型、椭圆形脸型、方形脸型、长方形脸型、尖长形脸型、尖短形脸型和倒心形脸型。不同脸型选择的眼镜架也不同。

1. 圆形脸型　圆形脸型适合选择镜片横向尺寸大，高度尺寸小的镜片，以拉长脸型（图8－9）。需要用棱角较鲜明的镜架改善面部轮廓，避免过圆款式及直线款式。

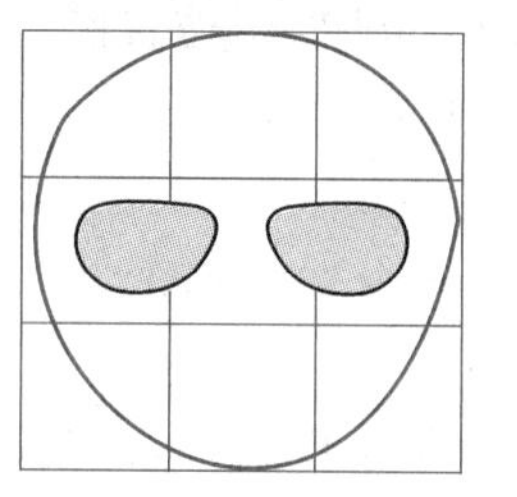
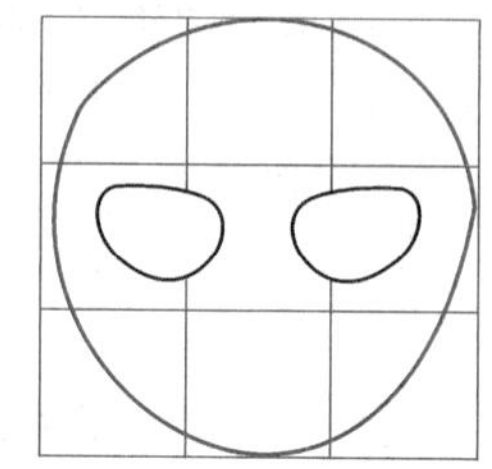

图8－9　圆形脸型

2. 椭圆形脸型　椭圆形脸型是较为理想的脸型，镜架选择空间比较大，可以适当有些棱角但要避免直线及折线的镜架，镜片横向尺寸大，高度尺寸不大也不小的镜片（图8－10）。

3. 方形脸型　正方形的脸比较短，下颌突出并有棱角。宜选用圆形镜架特别是底部是圆形的镜架，以在视觉上减弱脸部明显的棱角，同时选择较扁的镜架，镜脚位置比较高，若镜圈底边透明的镜架会更好，可以使脸型在视觉上有拉长的感觉（图8－11）。

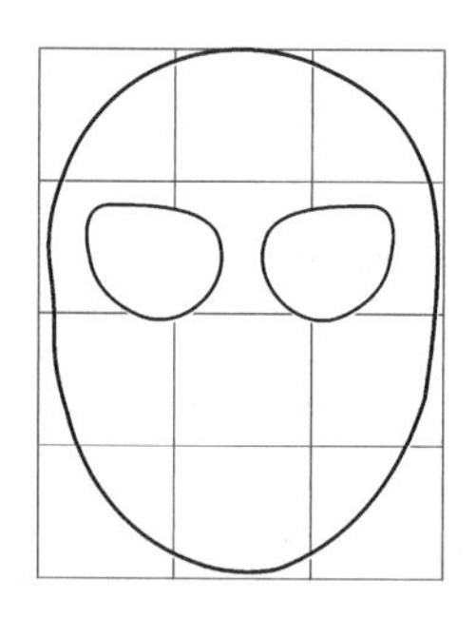
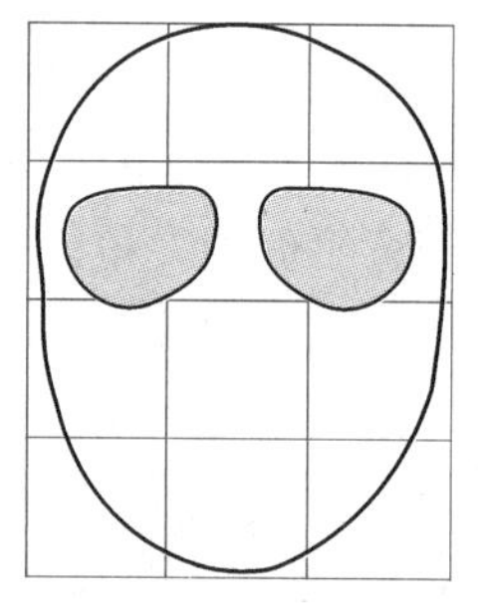

图8－10　椭圆形脸型

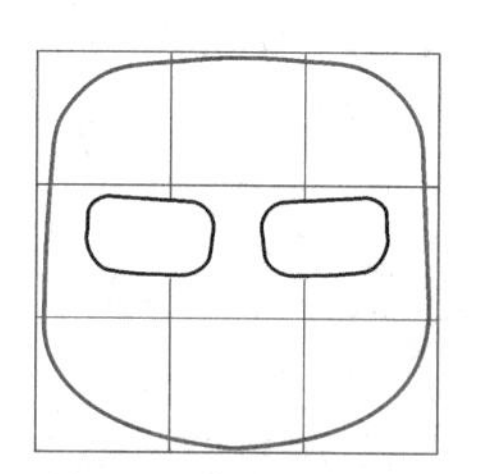
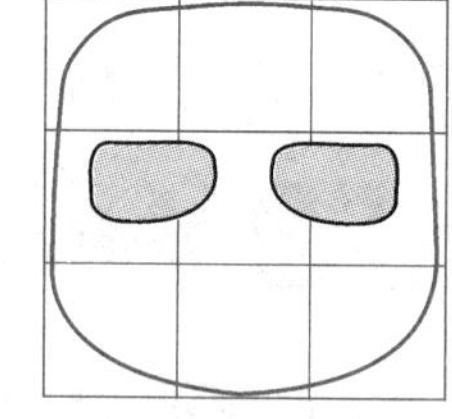

图8－11　方形脸型

4. 长方形脸型　长方形的脸比较长，下颌棱角也比较突出。适合选用圆形镜架，可以在视觉上减弱明显的棱角，避免选择棱角明显的镜架，同时选择镜圈高度较大、镜脚位置偏低、深色镜圈的镜架来获得缩短脸型的效果（图8－12）。

5. 尖长形脸型　此类脸型前额较宽，下颌尖且窄。这种脸型上下不平衡，需要配戴下方较宽的镜架以适应脸型。由于脸型较长，宜选择镜片片型高，镜脚位置较低的镜架（图8－13）。

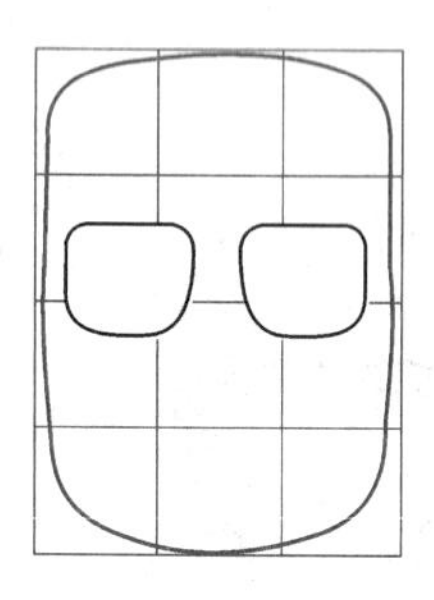
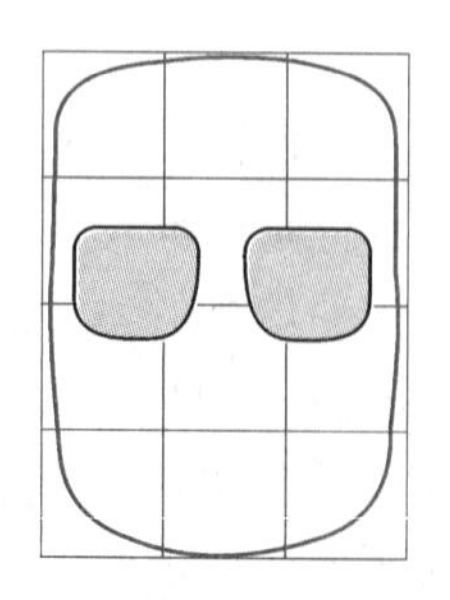

图8－12　长方形脸型

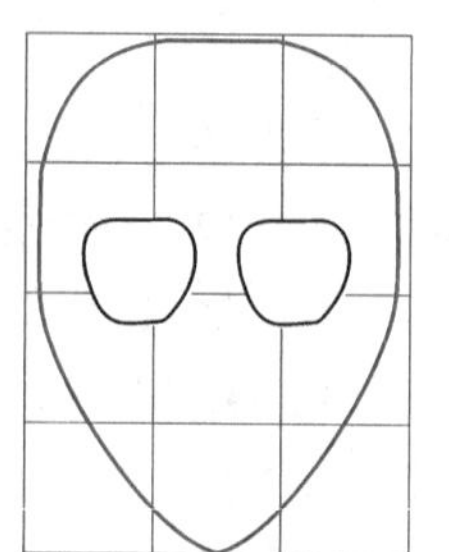
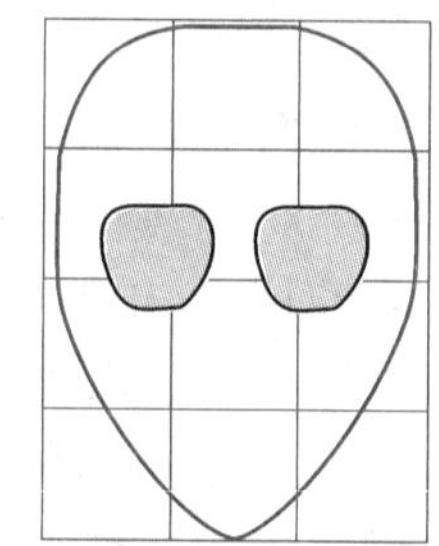

图8－13　尖长形脸型

6. 尖短形脸型　这种脸型也被称为倒三角形脸型，前额较宽，下颌尖且窄。这种脸型其镜架选择原则也是要选择下方较宽的片型。由于脸型短，宜选择扁形镜片、镜脚位置较高的镜架（图 8－14）。

7. 倒心形脸型　这种脸型额头较窄，下额较宽。其镜架选择需要与尖短形脸型相反。适合选用上宽下窄的镜片，镜腿位置宜高不宜低（图 8－15）。

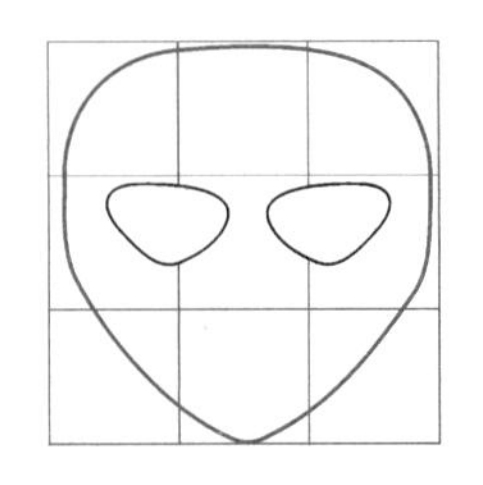
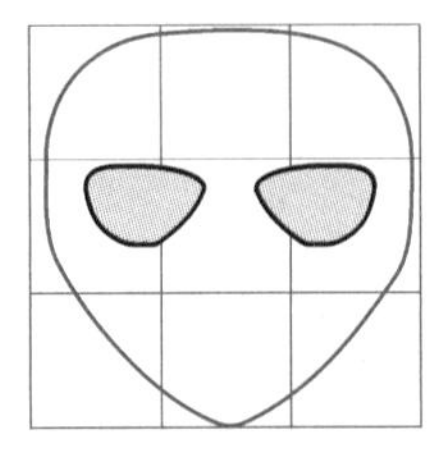

图 8－14　尖短形脸型

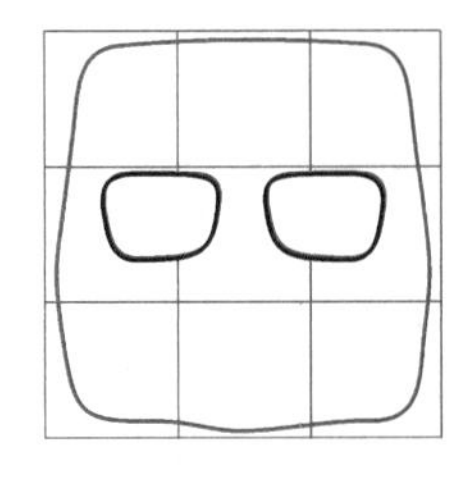
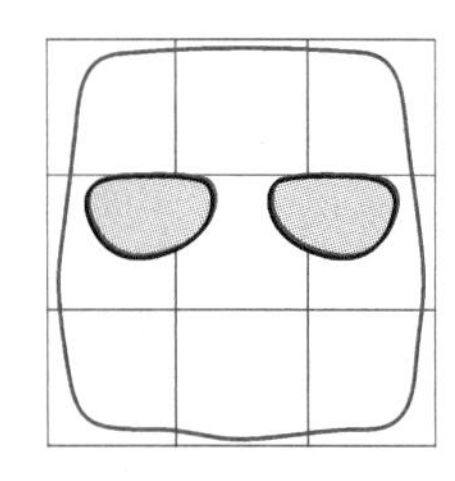

图 8－15　倒心形脸型

（二）其他美观因素

近年来，眼镜的装饰功能越来越凸显，与时尚服饰、配饰一样，常被人们作为美化、装饰的用途，合适的眼镜能塑造出不同的形象气质。选择镜架时要根据肤色、性别、年龄、职业、服饰、环境等进行搭配。

一般而言，肤色较白，宜选择颜色较浅的镜架，如柔和的粉色系、金银色等；肤色较暗，则宜选择颜色较深的镜架，如红色、黑色或玳瑁壳色等；肤色偏黄，则要避免戴黄色的镜框，以粉红色、咖啡红色、银色、白色等浅亮的颜色为主；肤色偏红，则要避免戴红色的镜框，可选灰色、浅绿色、蓝色镜框等。男性多用单一色泽，女性则适合色调明快、鲜艳和素浅等颜色的镜架；年长者镜架不宜选择冷色调，儿童则适合选用色调鲜艳、活泼的镜架。

同时，可以根据自身气质选择适合的风格。一般分为 3 种类型：① 协调：接近同色调的互相搭配；② 对比：选择冷暖色调进行衬托；③ 点缀：用醒目眼镜颜色点缀服装，起到点睛的效果。

此外，选择一副适合自己个性、符合当时场合的眼镜是非常重要的。正式场合适宜配戴框架较小、款式精致的眼镜，既典雅又干练；休闲、聚会等场合，则适宜选择时下流行的眼镜，既青春，又时尚；当然，也可根据自身喜爱，选择不规则形状镜片的眼镜，出入一些个性化派对场合。

所以，眼镜的搭配除了考虑矫正视力的实用性以外，还要同自身的气质、所穿的服装风格、所处的环境、流行趋势等相搭配。配戴不同风格的眼镜会塑造出不同的形象气质。

二、配适因素

在选择眼镜架时，镜圈的大小及鼻托的高低均会影响镜片的位置，因而产生不同的矫正效果，有些特殊的镜片，对镜片的尺寸形状也有特定的要求，所以选择镜架时，不但要考虑美学因素，还需要考虑镜架的配戴舒适度。配戴舒适度受镜架材料、镜片尺寸、镜架配适情况等诸多因素的影响。在综合考虑镜架美学、功能性及配戴舒适度、安装和配戴的因素后，才能正确选择镜架及镜片，再经过严格调整镜架配适，实现眼镜的舒适配戴。在选择镜架时，需要考虑的配适因素如下。

（一）款式结构

在选择款式结构时，应考虑到镜片的边缘厚度，与屈光参数和折射率有关。边缘厚度过薄的镜片，不适合选择半框和无框镜架，主要是考虑加工工艺和强度的问题。柱镜参数比较大时，也不适合选择无框镜架,因为无框镜架的螺丝容易松动,造成镜片活动从而使镜片散光轴位变化,造成视觉障碍。同时,屈光参数过大成型后边缘厚度过厚的镜片,考虑到美观因素,也不大适合选择半框和无框镜架。此外,因为无框眼镜架是将桩头和鼻桥直接安装在镜片前表面或后表面,两眼屈光不正度数相差较大的情况下,两镜片边缘厚度差异更加明显,应尽量避免选择无框镜架。高度远视屈光不正者选择无框镜架时,应选择桩头和鼻桥固定在镜片后表面的无框镜架,否则由于镜片前表面角弯度过大,影响镜面角镜腿张开的角度,可能影响眼镜的正常配戴。

(二)镜架的尺寸

关于尺寸大小选择,需要考虑:① 配戴者的面部尺寸、瞳距、视野与镜片边缘厚度等因素。所选镜架尺寸以瞳距为依据,即所选镜架的几何中心距尽量与配戴者的瞳距相一致,以便在配装时尽量减小镜片移心量。② 镜圈的高度应符合配戴者的视野需求,如:用于装配双光眼镜及渐变眼镜的镜架,为保证有足够的视远区和视近区视野,要求镜圈不低于一定高度,镜圈的鼻侧有足够的空间以容纳镜片视近区;还有某些特殊要求,如需要较大视野的驾驶员,其镜圈宽度和高度都应有一定的要求,不宜过小。③ 镜圈尺寸越大,所需镜片毛坯越大,割边后相应的镜片体积越大,重量也越重。所以,对于屈光参数较大的镜片应尽量选择小尺寸镜架,同时选择面积较大的鼻托以分散眼镜对鼻梁的压力。④ 儿童处于生长发育时期,面部及头部的尺寸会不断变化,镜架需要定期的更换,所以在为儿童选择镜架时应考虑价格低、弹性好、强度高、安全性好、结构稳定的镜架,比如弹性较好的全框镜架便是很好的选择。

(三)镜架的鼻托

鼻托的作用是支撑眼镜的重量,因为有一定的面积,使眼镜重量分散并均匀地分布在鼻梁左右。在选择镜架时,对鼻托没有严格的要求,但要考虑到配戴者鼻梁的高度、睫毛的长度以及颧骨的高度,避免戴镜后镜片后表面碰到睫毛,在笑的时候镜圈下缘也不能接触面颊。配装双光镜、渐变镜时,要选择“S”形或“U”形鼻托支架的可调式鼻托,因为在试戴和使用期内,常常需要对鼻托的高度和角度进行调整,以便配戴者具有良好的远用和近用视野。

随着人们对舒适度的要求越来越高,多种具有特殊功能的鼻托也应运而生,下面介绍几种特殊的鼻托。

1. 温控鼻托　此款鼻托是在人体正常体温的情况下可以改变外观形状的鼻托(图 8－16),可以使鼻托更好地符合鼻梁的形状,让鼻托整个面能够更好地贴伏在鼻梁上,减少以前普通鼻托一个点受力的状况,使配戴者配戴起来更加舒适。特别适合对鼻托较为敏感的配戴者。

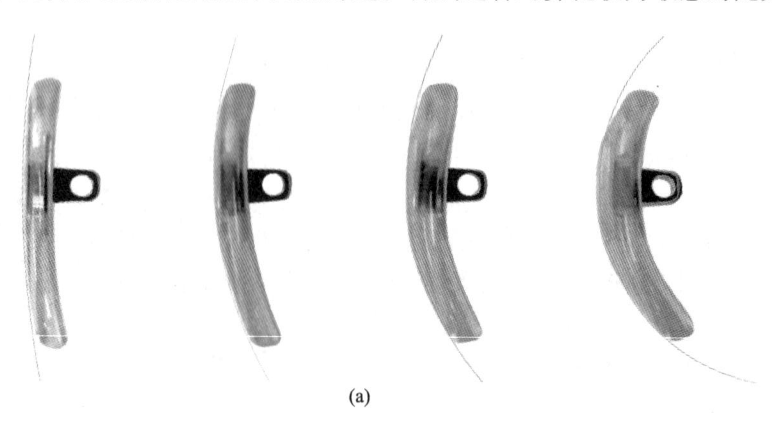

(a)

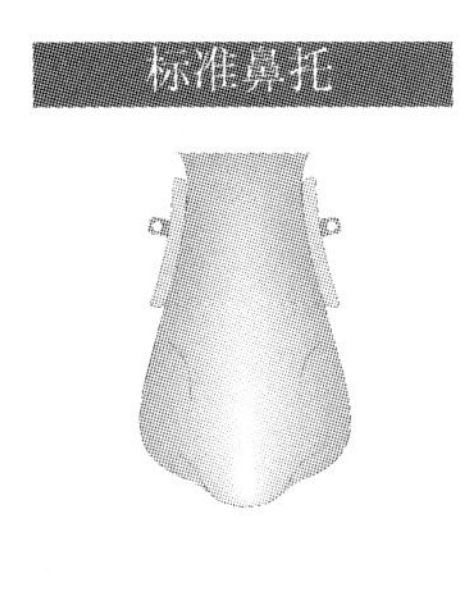

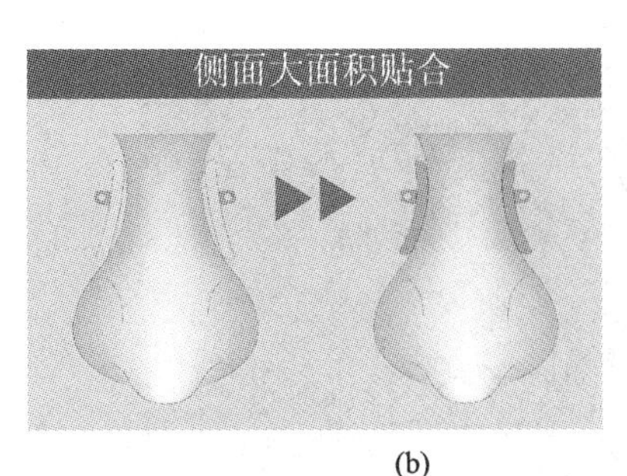

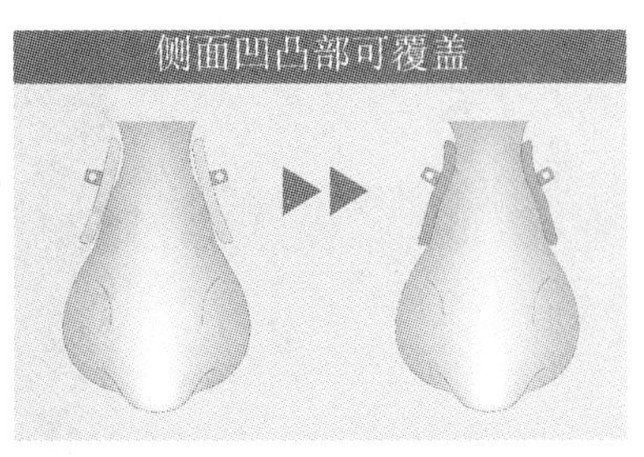

(b)

图 8－16 温控鼻托

2. 三段式可调鼻托 此款鼻托分为上、中、下 3 个挡位，配戴者可以根据自己不同的需要来进行调整：配戴者经常看书看报需要近距离用眼时，可以把挡位调整到最下挡，使眼镜近用光区使用更充分，配戴者也会感到更舒适。相反如果配戴者经常使用眼镜远光区，可以把挡位调整到最上挡，从而更充分地使用远光区（图 8－17）。这样调整挡位可以使渐进多焦点眼镜更易为配戴者接受、适应。

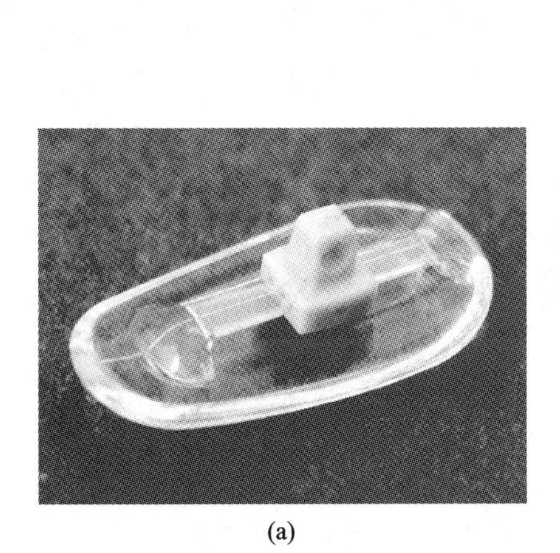

(a)

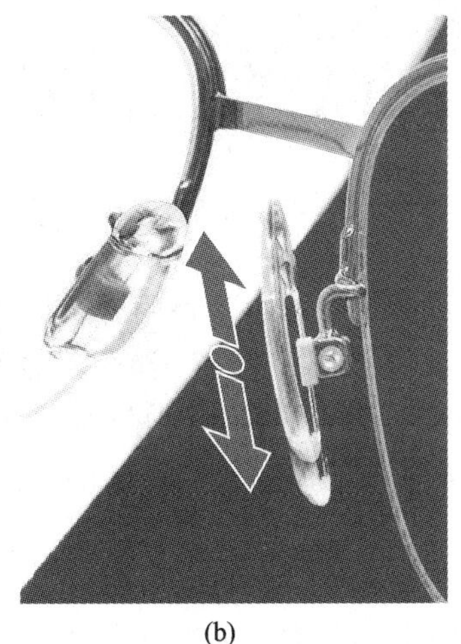

(b)

图 8－17 三段式可调鼻托

3. 板材增高鼻托 此款鼻托主要适用于板材镜架，因欧款板材眼镜鼻托较小，不适合我国人鼻梁，可将原有鼻托加高，使镜框落在鼻梁上，由于此鼻托由硅胶制成，还可以起到防止眼镜下滑的作用。

4. 免调增高鼻托 此款鼻托不必调整鼻托托架也可以改变镜眼距，减少调整鼻托托架对镜架的损伤，避免镜架漆面的脱落和托架断裂（图 8－18）。适用于长睫毛、矮鼻梁配戴者，儿童及配戴渐进多焦点眼镜和欧式太阳镜时。

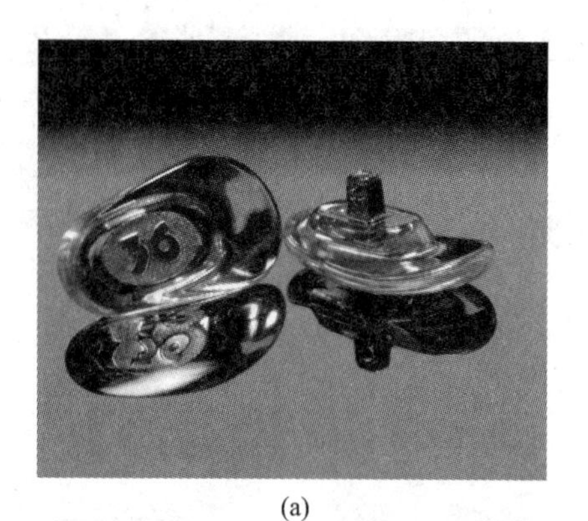

(a)

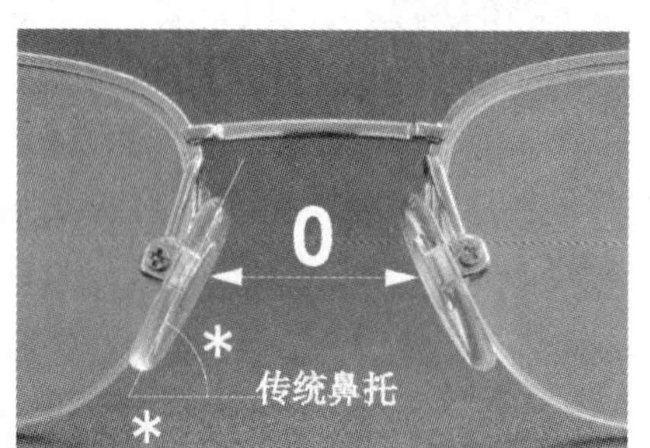

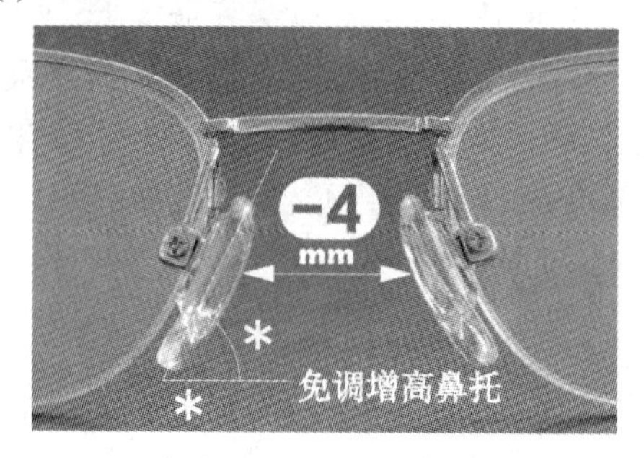

(b)

图 8-18 免调增高鼻托

5. 鼻乐 此款鼻托是由化妆用的粉扑作为材质制成。这种材料的特点是触感柔软、不损伤皮肤。有指纹一样细小的凹凸,具防滑功能,而且可以减少眼镜对鼻梁的压迫感,适合儿童和鼻部敏感的人使用(图 8-19)。

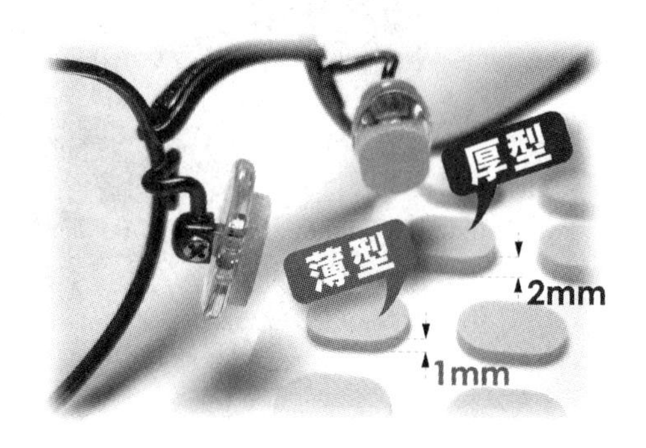

图 8-19 鼻乐

6. 儿童专用鼻托 此款鼻托可以在儿童面部受外力撞击时,避免面部受伤,对儿童鼻梁起到保护作用(图8-20)。配戴舒适、质地柔软,适合儿童娇嫩的肌肤。

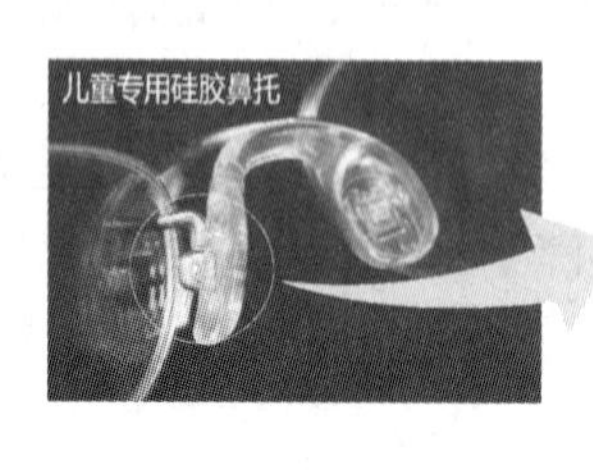

(a)

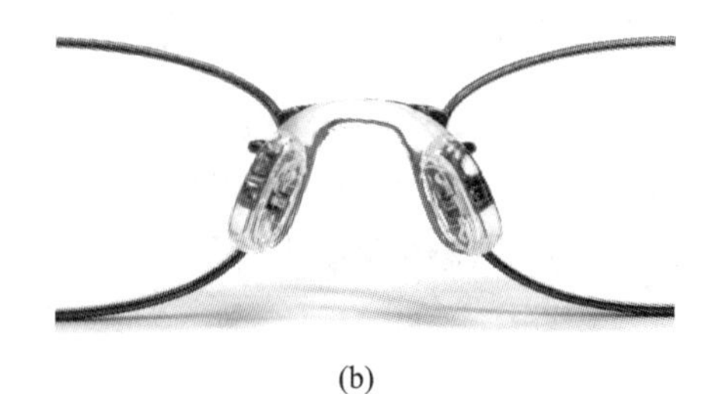

(b)

图 8-20 儿童专用鼻托

（四）渐变多焦点眼镜镜架的选择

选择合适的镜架对渐变多焦点眼镜配发是非常重要的，在选择时需要考虑的因素如下。

1. 镜圈的高度，需要同时满足远用视野和近用视野以及渐变带长度的要求，一般不小于35 mm。

2. 镜圈的鼻侧区域要足够大，以容纳镜片近用区，如雷朋形状的镜片靠近鼻侧的区域比较窄小，就不适合。

3. 选择可调整鼻托镜架，调整后使镜眼距较小不超过12 mm，以得到最宽阔的近用视野。

4. 将前倾角调整到较大角度（12°左右），最大限度地扩大近用视野。

5. 镜架材质结构坚固不易变形，以免由于镜架变形而造成配戴不适。

（五）大屈光参数眼镜镜架的选择

高度屈光不正者选择镜架时，需要考虑的因素包括：镜圈的形状、大小和特殊部位的结构等。

1. 高度数近视患者应尽量选择厚重的镜圈，使镜片边缘镜圈包含的厚度尽量大，以减少镜片前后面探出的量，使镜片看上去厚度不明显，比如可以选择塑料镜架。

2. 尽可能选择尺寸小的镜圈，以降低镜片边缘的厚度和眼镜的重量。

3. 选择镜圈的几何中心距离接近瞳距的镜架，从而减小移心量，同样可以降低镜片颞侧边缘的厚度和眼镜重量。

4. 适合选择面积大且具有防滑表面的鼻托，以分散眼镜对鼻梁的压力并避免压力造成的眼镜下滑。

5. 鼻托支架等特殊部位，离镜圈平面要有一定的空间距离或者鼻托支架容易调整，确保一定边缘厚度的镜片能顺利安装。

6. 选择结构坚固、不易变形的镜腿和桩头，以支撑厚重的眼镜并满足经常扶正的需要。

（六）儿童镜架的选择

儿童镜架的选择应考虑以下几个问题。

（1）尺寸：参照上面提到的儿童镜架的尺寸，应选儿童专用镜架。

（2）重量：选择儿童眼镜需考虑镜架的重量，以减少对鼻梁的压迫，一般而言儿童用眼镜在13～19 g最为适合。

（3）视野范围：由于儿童视线活动范围很广，所以尽量不要选择会产生阴影及视线死角的镜框，也要避免太大的镜框或太长的挂角。

（4）牢固度：大多数儿童顽皮好动，对眼镜的摘戴、摆放不太在意。应考虑眼镜的坚固程度。

（5）经济角度：儿童眼睛屈光度变化快，往往6个月至1年就要更换新眼镜，从经济角度考虑选用较实惠的镜架。

（6）框形及色彩：应符合儿童的喜好，避免配镜后儿童不愿意配戴。

建议儿童选择色彩艳丽的塑胶全框眼镜架，并带有鼻托支架及硅胶鼻托或连体鼻托。

综上所述，眼镜除了考虑实用性、舒适性、科学性、美观性外，还要考虑与年龄、职业、服饰、素养、环境等因素相搭配。所以，配镜者应到正规的眼镜店由专业人士结合需求选配不同类型的眼镜。

第四节 实习:眼镜架的测量

一、实习目的

1. 认识了解各种材料和款式结构的眼镜架。
2. 掌握各种镜架尺寸的测量方法。

二、实习工具、设备和材料

1. 各种眼镜架,包括:塑料架(注塑架和板材架)、普通合金架、钛架或钛合金架,其中包括各种款式结构——全框架、半框架、无框架。

2. 实习工具,包括游标卡尺(或直尺)、量角器、螺丝刀("一"字、"十"字)。

3. 实习报告纸。

三、实习内容

指导教师讲解:

(1) 各种标识的含义。

(2) 各种材料的特点:重量、颜色、强度、弹性、化学稳定性等。

(3) 各种款式镜架的结构特点:分解不同结构的眼镜架并讲解其结构特点。

(4) 工具的使用及注意事项:使用方法、安全事项。

(5) 示教具体的测量方法。

学生练习:

(1) 研读各种标识并理解其含义。

(2) 验证体会各种材料的特点。

(3) 拆卸并组合各种款式镜架,了解结构特点。

(4) 研读、测量三种眼镜架并记录研读测量结果(表8-1)。

表8-1 测量结果

镜架代号	标识内容		镜圈尺寸	鼻桥尺寸	镜腿尺寸
		标称尺寸			
		测量结果			
		标称尺寸			
		测量结果			
		标称尺寸			
		测量结果			

实习报告:

学生在实习结束后,填写实习报告,报告应包括① 实习名称;② 实习目的;③ 实习工具、设备和材料;④ 实习内容和记录;⑤ 收获和总结。

思 考 题

1. 绘图说明眼镜架的结构及各部件名称。

2. 按结构款式,眼镜架可分为哪些类型?各类型的特点是什么?

3. 方框法和基准线法有什么区别?两种方法测量的结果有哪些不同?

4. 一镜架在镜腿内侧的标识为:48□22—130 Titan - C,试解释其含义。

5. 一镜架在镜腿内侧的标识为:52□22—140 GF 1/10 18K,试解释其含义。

6. 顾客配镜处方为:R: +0.50DS;L: +1.00DS;PD = 68。

选择的镜片为 $n = 1.50$ 折射率树脂镜片,在为其选择镜架时应注意些什么?

7. 顾客配镜处方为:R: -1.00DS;L: -1.50DS;PD = 60。选择的镜片为 $n = 1.50$ 折射率树脂镜片,在为其选择镜架时应注意些什么?

8. 顾客配镜处方为:R: -8.50DS/ -1.50DC ×10;L: -8.00DS/ -1.0DC ×170;PD = 58。选择的镜片为 $n = 1.56$ 中折射率树脂镜片,在为其选择镜架时应注意些什么?

9. 顾客配镜处方为: R: -6.50DS/ -0.50DC ×180; L: -6.00DS/ -1.0DC ×180;ADD: +3.00D PD = 58。选择的镜片为 $n = 1.60$ 高折射率双光树脂镜片,在为其选择镜架时应注意些什么?

(何向东)

第九章　眼镜架的调整

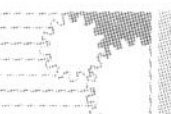

学习目标

◇ 掌握常用镜架调整工具及其使用方法。
◇ 掌握加热器的使用方法和注意事项。
◇ 掌握标准镜架调校需满足的指标。
◇ 掌握塑料镜架和金属镜架的调校方法。
◇ 了解特殊镜架的调校。
◇ 掌握镜架具体部位的调校方法。
◇ 掌握针对性调校中的典型问题及其出现的原因和解决办法。

案例

王女士,57岁,近视眼,常年戴镜。最近眼镜被小外孙损坏,变形严重。到某眼镜店维修调整后,一直戴着不舒服,眼镜店建议重新更换镜架,但王女士没有选到称心的镜架。

王女士来到某大型正规眼镜店加工维修部后,维修调整人员发现她的眼镜主要存在的问题是镜面扭曲变形(左、右前倾角不一致)和前倾角变大。

因为王女士的眼镜是金属镜架,同时存在镜面扭曲变形(左右前倾角不一致)和前倾角变大的问题。变形发生在鼻桥和镜圈之间的焊接点,最好用手来调整,同时为避免镜片受力损坏,一般要先拆掉镜片,然后进行调整。王女士的眼镜是玻璃镜片,因此,一定要先拆掉镜片,然后再调整。通过科学的调整方法,消除镜面的扭曲变形,使前倾角达到标准要求的角度。

第一节　概述

镜架的调整是指改变镜架的某些角度或者改变某些部件的相对位置,以满足标准的要求或配戴者的需求。眼镜架在出厂前,需要按照国家标准进行调整;配装眼镜在加工完成后也需要进行调整,以恢复由于配装过程产生的变形,使其符合标准要求的尺寸和角度,这类调整我们称之为整形。标准尺寸的镜架不一定符合每位具体的配镜者,即使配戴者自己配戴很久的眼镜在发生变形后也将产生不适,需要进行调校。在顾客选择好成品眼镜后,或者试戴完成的配方眼镜时,也可能是使用一段时间后,由于使用不当或者眼镜受到外力破坏后,为了使配镜者达到舒适满意的配戴效果,要根据每一位配镜者头部、面部的实际情况以及配戴后的视觉、心理反应等因素而进行针对性的调整,我们称之为眼镜的校配。眼镜的校配与验光一样重要。一副合格眼镜至少包括三个要素:专业的验光、精确的加工、科学的调整,三要素缺一不可,即使验光、加工没问题,不经过科学调整的眼镜也不能起到良好的视觉效果和舒适的配戴。

通过科学调整可以达到如下效果:① 配戴上触感舒适;② 使配镜者获得良好的视觉效果;③ 延长镜架的使用寿命;④ 增强眼镜企业的专业性;⑤ 提高配镜者对销售人员的信任度。

眼镜的调整一般按以下步骤进行(此步骤也适用于眼镜维修)。

一、前期准备

(一) 工作确认

根据眼镜本身的状态,以及配镜者的主述,必要时,让配镜者现场配戴观察,判断眼镜本身存在的问题,确认需要进行的调整及维修工作。

1. 需要的工具或设备。

2. 调整或维修需要经过的程序。

3. 容易产生的破坏或问题。

(二) 工具或设备的选择

根据工作确认的结果,选择好所需要的最得力的工具或设备,将带来事半功倍的效果。用于眼镜调整的工具设备很多,常用的有如下几种。

1. 鼻托调整钳(彩图 9 – 1)　用以调整鼻托的位置和角度, 使用方法见彩图 9 – 2。

2. 镜圈调整钳(彩图 9 – 3)　调整镜圈(rim)的面弯或形状,以与镜片的曲率及形状相适合,使用方法见彩图 9 – 4。

3. 鼻桥调整钳(彩图 9 – 5)　调整鼻桥前后及上下弧度,使用方法见彩图 9 – 6。

4. 镜腿倾角调整钳(彩图 9 – 7)　调整镜腿垂直倾斜角度,使用方法见彩图 9 – 8。

5. 镜腿张角调整钳(彩图 9 – 9)　调整镜腿的外张角,使用方法见彩图 9 – 10、彩图 9 – 11、彩图 9 – 12。

6. 尖嘴钳(彩图 9 – 13)　调整鼻托支架及镜腿等,钳嘴部分截面以圆形为好,半圆形的容易损伤镜架,使用方法见彩图 9 – 14。

7. 无框架调整夹持钳(彩图 9 – 15)　调整打孔架,有辅助夹持的作用,使调整的力量作用于螺丝,避免镜片受力损伤,使用方法见彩图 9 – 16。

8. 脚套调整钳(彩图 9 – 17)　调整脚套弯度,保持弯度有一定的曲率半径。

9. 螺丝刀(分为“一”字形和“十”字形)　在眼镜调整维修时,用来拆装螺丝,有几种规格,按照螺丝的形式及直径大小选用。

10. 镊子　维修时,夹持螺丝或零件用。

11. 加热器(彩图 9 – 18)　调整板材镜架时,加热镜架用;内部主要由一个风机、一个加热元件构成。加热元件又有电阻丝和陶瓷两种。加热时要防止过热而导致的镜架发生非预期变形,使用方法见彩图9－19。

手是用途最广、感觉性最强、防护效果最好的调整“工具”。

二、调整或维修的操作过程

参见本章第三节。

三、调整或维修的后处理

调整或维修的后处理包括对镜架的清洁保养、效果检查、工具和工作环境的整理、记录等。很多人在工作中不注意后处理环节,但其实很重要。原因如下:① 即使调整的结果很好,但没有对眼镜进行清洁保养,调整留下的污迹仍然留在眼镜上,也是不尽如人意。② 工具和工作环境不能及时整理,会给以后的工作带来不必要的麻烦。③ 必要的记录是很多企业的管理要求。

防护注意在镜架调整过程中,要求:① 凡是调整钳金属部分直接接触镜架的,一定要在钳子与镜架间,加垫防护布或者塑胶护套,以防止镜架损伤。② 一般顺序是由前向后:鼻桥—镜圈—鼻托—镜腿—脚套。③ 总体要求是分析准确、工具得力、防护得当、结果精美。

第二节 标准整形

标准整形与配戴者的具体状况无关,目的是使镜架具备出厂时或者配装完成时达到标准要求的尺寸。首先,调整者应该熟知标准要求的内容,以便能发现需要调整的问题,然后才进行调整;其次,由于对镜架前部所作的调整会直接影响镜架后部形态,所以调整时遵循“由前向后”原则,即当一副眼镜架有多个部位需要调整时,应遵循由鼻桥、镜圈、鼻托、桩头、镜腿、脚套的顺序进行调整。对镜架进行标准调校,是在镜架检验包装出厂前、镜架展示一段时间之后或割边配装完毕后为满足标准的要求而进行的调整。

需要满足的镜架标准指标包括:① 镜架镜面角为170°～180°。② 左右镜圈前倾角一致,为8°～15°,对镜架、太阳镜和远用眼镜取偏小值,对近用眼镜、双光镜和渐变多焦点眼镜取偏大值。③ 镜腿外张角相等,为80°～95°。④ 调整两侧镜腿的身腿倾斜角一致,即:使两镜腿从侧面看相互平行,使前倾角相等,为8°～15°。⑤ 调整双侧镜腿及脚套弯点,并保持双侧镜腿弯点长、垂俯角、垂内角相等。⑥ 调整鼻托,使左右鼻托对称,高度、角度及上下位置适中。⑦ 调整铰链螺丝松紧度,交替开合镜腿,既可以保持镜腿顺利开合,又有微小的阻力感,在镜腿张开的情况下,左右轻轻晃动镜架时,镜腿仍可保持原位。

调整完成的镜架,需要达到这样的要求:① 张开镜腿将眼镜正放在平面上,左右镜圈的下部边缘和左右镜脚(四点)同时接触平面;将镜架两镜腿张开倒置于水平面上,左右镜圈的上部和两镜腿的耳上点(四点)同时与水平面平行接触。② 合拢镜腿,镜腿折叠后相互平行相叠,或者仅成极小的夹角,相交点位于镜架中央且两侧角度应当相等。

不同材料、不同款式结构的眼镜架,其调整的工具不同,调整的方法和需要注意的事项也不一样,下面就塑料架的调整、金属架的调整、无框半框架的调整、具体部位的调整方法等,分别加以阐述。

一、塑料镜架的校正

塑料镜架调整重点是对镜面、镜腿外张角、身腿倾斜角、弯点长、垂长弯曲形状的调整。

调整的方法：① 可以用加热器加热，使镜架需调整部位上的塑料软化，通过外力调整，以达到变形目的。② 可通过电烙铁加热金属铰链，使金属铰链位置或角度发生变化，从而达到调整目的。③ 个别的调整，也可用锉刀锉或砂轮削去一定的材料，达到调整目的。

塑料架加热后切忌使用调整钳进行调整，以防造成压痕。加热前应充分了解被加工镜架材料的加热特性，以免造成镜架损毁。塑料架若装有活动鼻托，则与金属架鼻托的调整方法相同。

二、金属镜架的校正

金属镜架的调整，主要是利用调整工具，借用外力使镜架发生塑性变形而达到调整目的。包括对镜面、鼻托、身腿倾斜角、外张角、镜腿弯点长和垂长弯曲形状的调整。金属镜架调整的难点是鼻桥与镜圈的位置角度、鼻托的角度和位置、镜腿垂长部垂内角和垂俯角的调整。

校正注意事项：① 选择合适得力的工具。② 适合的力度和恰当的受力点。③ 注意防护，避免矫正工具在强力下对镜架造成压痕和刻伤。④ 防止调整过度而造成的反复操作，避免镜架断裂。

三、特殊材料镜架的调整

天然材料的镜架一般价格较昂贵，加之材料本身强度低，容易脆裂等特点，在调整时应特别注意。用于制造镜架的木材，一般经过特殊处理，不会变形，无须进行调整，即使变形也可以通过调整与其连接的金属部件，达到调整目的。玳瑁和动物犄角镜架调整难度比较大，不能硬性操作，要用热水加温，或用热风微烤慢慢加热，然后进行校正，应避免使用工具，最好用手直接调整，手的防护性和感知性会减少意外损坏情况的发生。

记忆材料由于具有形状记忆特性，镜架调整时很难使其变形，需要加热到特定的温度范围进行整形，然后保持形状恢复常温。

四、无框镜架和半框镜架的校正

无框镜架和半框镜架因为本身结构的不同，在调整时有其特别的要求和注意事项：① 由于镜片周围没有镜圈的保护，调整时镜架所承受的外力会直接作用在镜片上，而镜片本身由于边缘开槽或打孔造成的强度降低，也使镜片更容易受到破坏。所以要求在调整时，需要借助辅助工具来夹持眼镜的某些部位，以控制镜片受力状态，或者拆卸镜片后再进行调整。② 因为半框眼镜和无框眼镜的形状往往与螺丝、拉丝的松紧度有关，无框眼镜螺丝松动和半框眼镜拉丝松动常常会引起镜架变形，所以在观察分析变形情况之前首先要紧固螺丝或拉丝。

五、镜架各部位的调整方法

镜架不同部位发生的变形，需要用不同的工具和不同的方法来调整，针对不同的变形，施力的方式也不同，下面列举不同的变形问题的调整方法。

(一) 镜面的调整

镜面的变形包括两镜圈前后位置不一致、鼻桥倾斜和左右镜圈高度不一致、镜面扭曲变形(左右前倾角不一致)。

1. 两镜圈前后不一致的调整

(1) 金属镜架:如图 9 -1 所示,两镜圈前后位置不一致,从镜架上面观察,需要调整为图 9 -2 所示的状态。

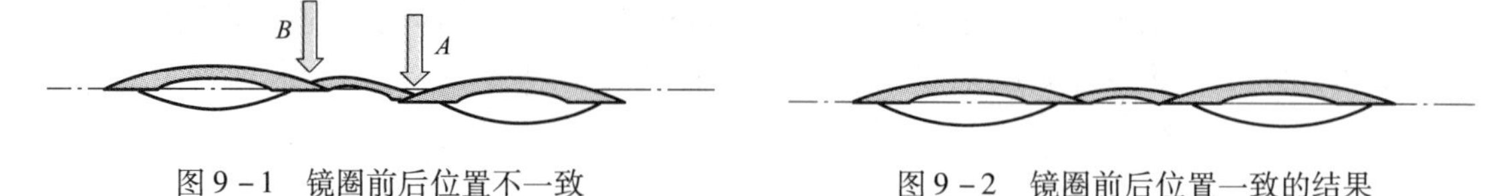

图 9 -1 镜圈前后位置不一致　　图 9 -2 镜圈前后位置一致的结果

首先分析变形原因:判断主要变形是发生在箭头“A”所指的位置上,再判断在焊接点上,还是在鼻桥部位。如果判断变形发生在鼻桥部位,并且有把握在调整过程镜圈不会承受压力,可以不拆卸镜片,否则必须拆卸镜片后调整。

如果变形发生在鼻桥部位,使用镜腿张角调整钳,金属部分从里,带塑料护套部分自外,在靠近“A”点的部位,自上而下前后夹持鼻桥。用另一把同型号的调整钳(或鼻桥调整钳、镜腿调整钳),自下而上,夹持鼻桥中间部位或者靠近“B”点的位置(视变形情况而定),沿着箭头“C”的方向,向鼻桥施加一个适当的扭矩,促使鼻桥变形,如图 9 -3。调整的幅度,根据变形情况而定。注意里面的金属部分与镜架接触的地方应用镜布衬垫,以防止镜架出现压痕。

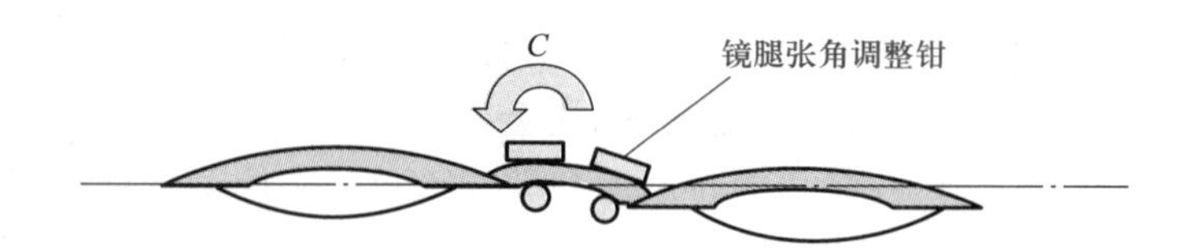

图 9 -3 镜圈前后位置调整方法

如果变形发生在焊接点,为防止焊接点断裂,最好用手来调整,一手把持镜圈贴近“A”点的部分,一手在鼻桥用力,或者用鼻桥调整钳(镜腿张角调整钳)夹持鼻桥,在鼻桥靠近 “A”处,施加一个箭头“C”方向的扭矩,使焊接点处变形。

(2) 塑料镜架:若塑料镜架发生上述变形,首先用加热器热风对镜架鼻桥局部加热,然后用手在图 9 -1 所示“A”点,施加一个向箭头“C”方向的扭矩,使镜架向需要调整的方向变形,达到调整目的。注意要把握加热时间和温度,温度过低不能达到调整目的,温度过高则易造成镜架整体或局部过度软化,出现非预期的变形。

2. 鼻桥倾斜、左右镜圈高度不一致的调整

首先分析变形发生的位置,然后再调整(图9 -4)。

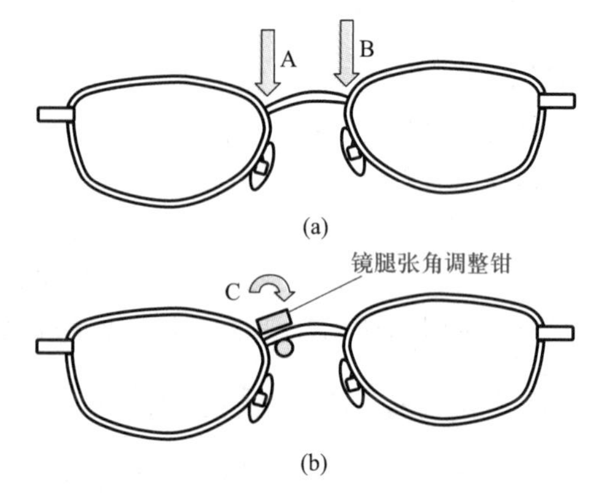

图 9 -4 鼻桥倾斜、左右镜圈高度不一致调整

(1) 金属镜架:如果变形发生在“A”点,那么用镜腿张角调整钳或者用手,在“A”点带塑料护套

的面在镜架上方、圆柱形金属面在下方夹持镜架,施加一个“C”方向的扭矩,达到调整目的。图9-4(b)图所示。

如果变形发生在“B”处,那么在“B”处调整,施加的力矩与“C”相反;如果“A”和“B”处均有变形,则分别调整,结果以两镜圈对称、高度一致为准。也可以用鼻桥调整钳在靠近“A”或“B”点的位置夹压,使鼻桥变形,达到调整目的。

(2) 塑料镜架:若塑料镜架出现上述变形,调整的方法是将塑料架鼻桥处加热使其软化,用手在变形处施加与金属架调整同方向的扭矩,达到变形目的。注意不要使镜圈受力而发生变形。

3. 镜面扭曲变形(左右前倾角不一致)的调整　镜面的扭曲变形是两镜片的倾角不同,俯视镜架如图9-5所示。需要调整的结果为图9-6所示的状态。首先判断主要变形是发生在焊接点上,还是在鼻桥部位。如果判断变形发生在鼻桥部位,并且有把握在调整过程镜圈不会承受压力,可以不拆卸镜片,否则必须拆卸镜片后调整。

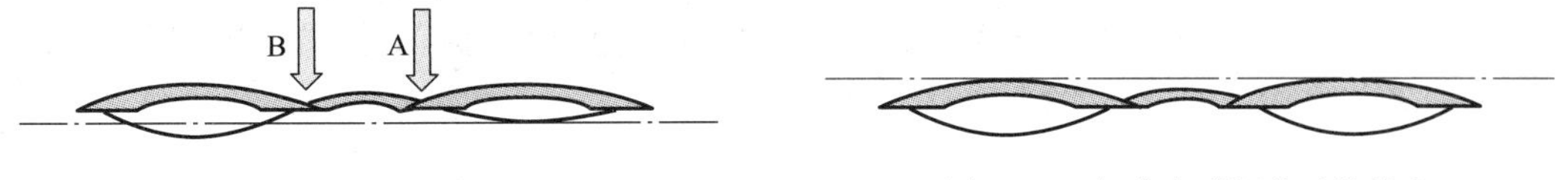

图9-5　镜面扭曲变形　　图9-6　扭曲变形调整后的状态

(1) 金属镜架:如果变形发生在鼻桥部位,使用镜腿张角调整钳,金属部分从下,带塑料护套部分自上,在靠近“A”点的部位,自前而后上下夹持鼻桥。用另一把同型号的调整钳(或尖嘴钳),自后而前,上下夹持鼻桥中间部位或者靠近“B”点的位置(视变形情况而定),沿着箭头“C”和“D”的方向,向鼻桥施加一个适当的扭矩,促使鼻桥变形。调整的幅度,根据变形情况而定,如图9-7所示。

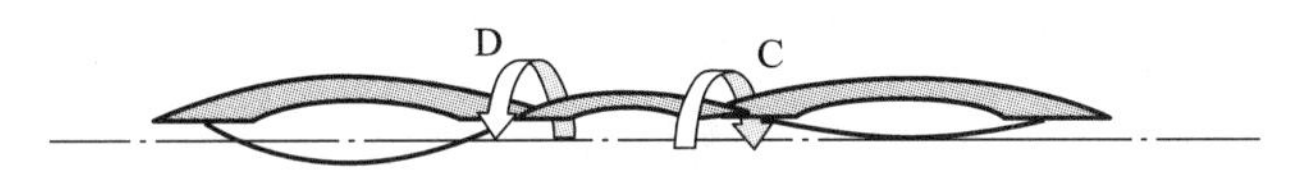

图9-7　镜面扭曲变形调整方法

如果变形发生在鼻桥和镜圈之间的焊接点,最好用手来调整,一手把持镜圈贴近“A”点的部分,一手在鼻桥(或“B”点)用力,在鼻桥靠近“A”处,施加一个沿箭头“C”方向的扭矩,使焊接点(或左右)处变形。

(2) 塑料镜架:若板材镜架发生上述变形,首先用加热器对镜架鼻桥局部加热,然后用手在“A”点和“B”点,施加一个箭头“C”和“D”方向的扭矩,使镜架向需要调整的方向变形,达到调整目的。

(二) 镜圈的调整

镜圈的调整主要指镜圈弧度的调整和轮廓形状的调整。镜圈弧度的调整目的是使镜圈弧度与镜片的弧度相吻合;轮廓形状的调整是使左右镜圈的轮廓一致,并与镜片的轮廓形状相吻合。

1. 镜圈弧度的调整　当镜圈弧度与镜片弧度不能吻合的时候,如图9-8(a)图所示,镜片不能顺利、牢固地安装在镜圈中,这样容易造成镜片脱落,或者产生易使镜片损坏的内应力。需要调整镜圈,使镜圈的弧度与镜片的表面弧度相吻合。

(1) 金属镜架:调整方法如图9-8(b)图所示,用镜圈弧度调整钳夹压镜圈上部和下部,使镜圈变形,并与镜片弧度相吻合。注意:由于镜圈本身带有一定弧度,对镜圈施加压力调整时,会发生沿箭头“A”及“B”方向的扭矩而导致旋转，所以在夹持时，应把对面部分镜圈，卡于调整钳的手柄上。如图9－8(c)图所示，这样钳柄在C点和D点对镜架产生的力会阻止其旋转。

（2）塑料镜架：如果是塑料镜架需要进行上述调整时，需要将左右镜圈分别加热，待塑料软化后，用手进行调整。调整的方法是用拇指按压镜圈的凹面，示指和中指在镜圈的凸面分别在拇指按压位置的两侧进行按压，并左右移动手指的位置，使镜圈变形均匀并达到弧度增加的目的；若要减小弧度，则拇指和示指、中指的按压方向与上述相反。需要注意的是防止加热温度过高，导致镜架发生非预期的变形。不同的材料软化变形的温度不同，需要一面加热一面用手试验。

2. 镜圈轮廓形状的调整　在镜架生产过程、配装过程或者使用过程中，由于挤压受力，使得镜圈轮廓改变形状，需要对镜圈的轮廓形状进行调整。

（1）金属镜架：调整的方法如图9－9所示。根据需要调整部位的弧度，选择不同的调整工具。镜圈上部和下部弧度半径大的位置，选择“镜圈弧度调整钳调整；弧度半径相对小的位置，选择鼻桥弧度调整钳调整；弧度半径特别小的位置，选择镜腿张角调整钳沿水平方向施加箭头“A”方向或者与之相反的方向的扭矩，达到调整目的。

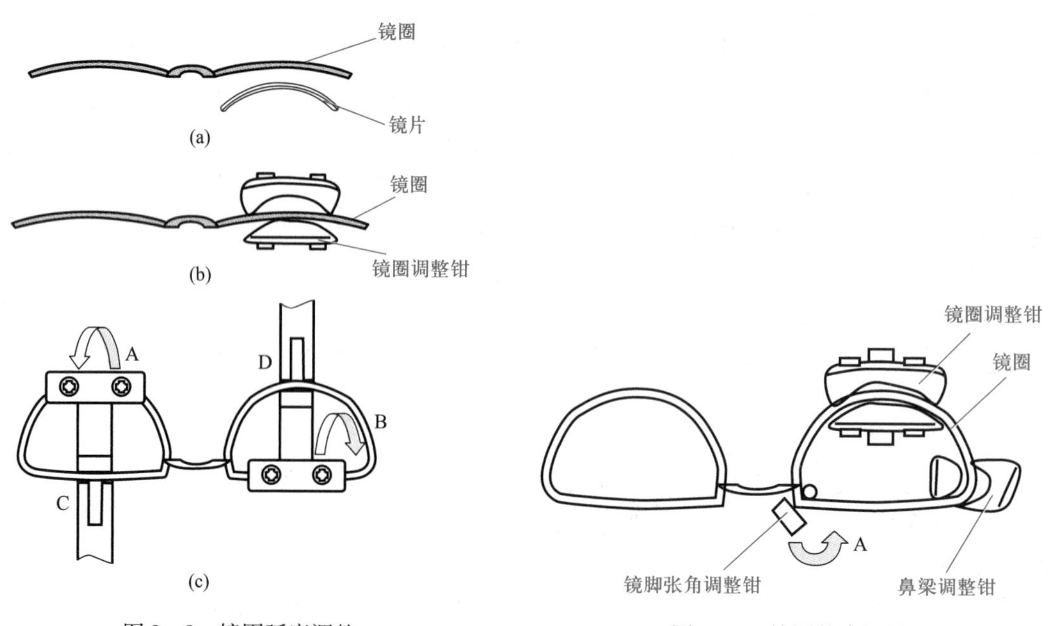

图9－8　镜圈弧度调整

图9－9　镜圈轮廓调整

（2）塑料镜架：若是塑料镜架，则把需要调整的部位用烤灯加热后，用手进行调整，一般不能使用工具。因为镜架加热后，材料变得很软，容易留下压痕。调整的方法是，曲率半径较大的地方，用拇指放置镜圈内侧，中指和示指放置镜圈外侧，分别在拇指两侧按压镜圈导致镜圈变形，在按压同时注意左右滑动手指按压位置，防止局部变形过大。若是曲率半径小的位置，则用拇指尖按压镜圈内侧，示指在镜圈外侧按压，达到使镜圈变形的目的。在加热过程中要防止过热。

（三）前倾角的调整

如图9－10所示，前倾角是镜腿张开后，从侧面看，镜圈平面与水平面法线之间的夹角。

1. 金属镜架

(1) 调整方法:一手持用镜腿倾角调整钳,夹持桩头靠近镜腿连接部分,一手把持镜圈与桩头的连接部分,根据要调整的方向,沿箭头“A”或“B”的方向施加扭矩,使前倾角达到标准要求的角度。若桩头部分比较粗壮,用手难以把持,可以使用镜腿张角调整钳,如图 9 – 11 所示,夹持在桩头的前部分,起到牢固把持的作用。

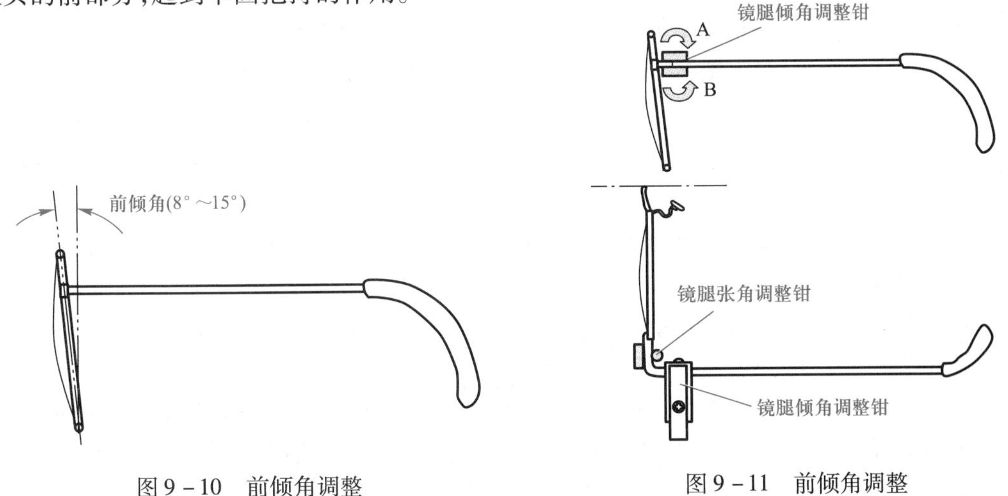

图 9 – 10　前倾角调整　　图 9 – 11　前倾角调整

(2) 注意事项:为避免镜片受力损坏,一般要先拆掉镜片,然后进行调整。特别是玻璃镜片,一定要先拆掉镜片,然后再调整。

2. 塑料镜架

(1) 调整方法:若是塑料镜架的前倾角需要调整,可以用以下几种方法。

1) 用加热器将桩头部分加热使塑料软化,用手调整镜腿的倾斜角度,导致镶嵌在桩头塑料中的金属铰链角度位置变化,达到调整目的。

2) 用电烙铁将镶嵌在桩头的铰链加热,导致铰链周围塑料局部软化,改变铰链的角度,达到调整目的。

3) 对于镜腿比较细小的,也可以在贴近铰链的部分用加热器加热镜腿,然后调整镜腿,达到调整目的。

(2) 注意事项:使用电烙铁时,要防止与塑料接触,避免烫伤镜架;用加热器加热镜架时,要使镜架局部足够软化,以便改变铰链的角度;要防止因过热而产生的非预期变形。所以,建议使用电烙铁的办法更为方便。

(四) 镜腿张角的调整

当镜腿张角不适合配戴或者不符合标准时,需要对镜腿的张角进行调整。

1. 金属镜架

(1) 调整方法:如图 9 – 12 所示,用镜腿张角调整钳夹持桩头靠近镜腿的部分,用手或镜腿张角调整钳(视需要力量的大小而定)把持在桩头靠近镜圈的部分,根据要调整的方向,施加一个箭头“A”或

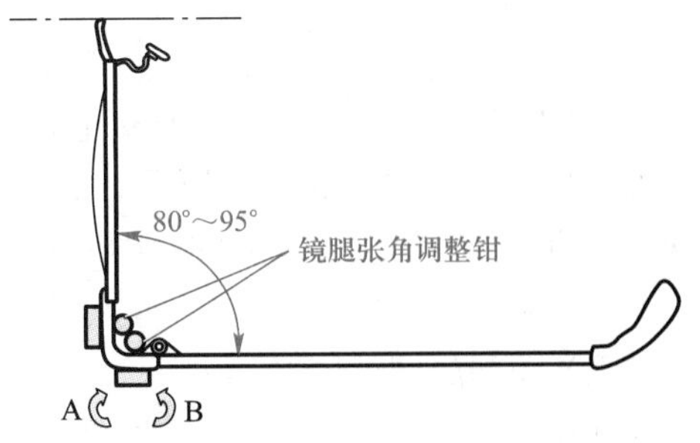

图 9 – 12　镜腿张角调整

“B”方向的扭矩,达到调整目的。

(2) 注意事项:① 调整的幅度,根据标准或者配镜者的要求而定,保持左右镜腿张角一致;施加的扭矩一定要在水平方向,不然垂直方向产生变形,会导致前倾角的改变。② 在钳子金属部分与镜架接触的位置加垫镜布等,防止镜架损伤。

2. 塑料镜架

(1) 调整方法:若是塑料镜架的镜腿张角需要调整,可以用以下几种方法。① 用加热器将桩头部分加热使塑料软化,用螺丝刀头或通过镜腿给桩头处的铰链施加外力,改变铰链向内或向外的倾斜角度,达到调整目的;② 用电烙铁将镶嵌在桩头的铰链加热,使铰链周围塑料局部软化,改变铰链向内或向外的倾斜角度,达到调整目的;③ 在贴近铰链的部分用加热器加热镜腿,然后调整镜腿,达到调整目的。

(2) 注意事项:与前倾角调整相同,也要避免烫伤镜架和因过热而产生的非预期变形。

(五) 鼻托的调整

当左右鼻托不对称或者距离、角度、高度、上下位置不适合时,需要对鼻托进行调整。根据不同的部位和调整内容,可分别选用圆嘴钳或者鼻托钳。

1. 鼻托角度的调整　当鼻托的角度需要调整时,可以用鼻托调整钳夹持鼻托,再根据变形需要,在水平方向或者垂直方向施加扭矩,达到调整鼻托角度的目的,如图 9-13(a)所示。也可以用尖嘴钳夹持在鼻托支架的合适部位,根据变形需要,在垂直面或水平面的某种角度施加扭矩,达到调整目的。在反复调整的时候,为防止鼻托支架与镜圈焊接点因反复受力变形而折断,可以在焊接点处,用手指沿“B”方向施加外力,以改变变形位置,起到保护的目的,如图 9-13(b)所示。

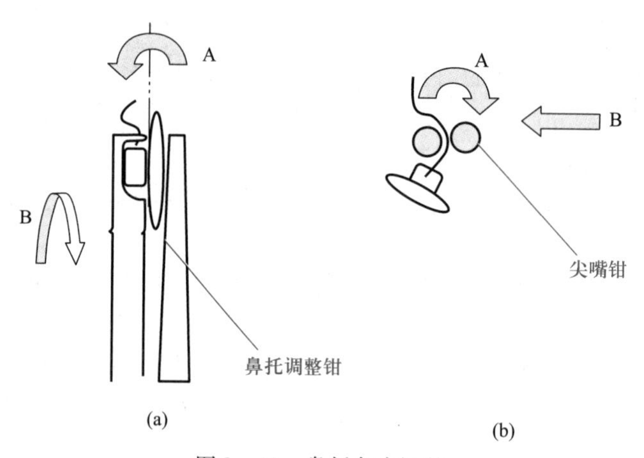

图 9-13　鼻托角度调整

2. 鼻托上下位置的调整　当鼻托上下位置需要调整时,可以用鼻托调整钳夹持鼻托上下拉动,达到调整目的,如图9-14 所示;也可以用尖嘴钳夹持在鼻托支架上,根据需要施加某方向的扭矩,达到改变鼻托上下位置的目的。在施加扭矩的同时,可以通过钳子向下压鼻托或向上拉鼻托,改变支架变形的位置,以防止焊点附近反复变形而断裂,如图 9-14 所示。

(六) 镜腿的调整

当镜腿向内、外弯曲,或者过直,不符合设计要求时,需要对镜腿进行调整。金属架变形状态如图 9-15(a)所示。

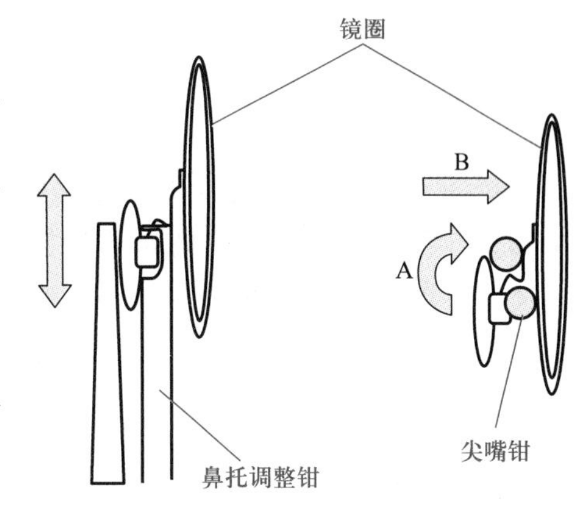

图9－14 鼻托上下位置调整

1. 金属镜腿

（1）调整方法：如图9－15（b），镜圈调整钳，夹持镜腿，按图示方向，上下施加压力，促使镜腿变形，或者用手拇指按压镜腿内侧，中指和示指按压镜腿外侧，达到图9－15（c）的理想状态。

如果镜腿向内弯曲过大，则用手或者镜圈调整钳，与图示反方向夹持镜腿，上下施加压力，达到调整目的。

（2）注意事项：为得到理想的弯曲形状，夹持及施加压力的位置应左右移动，以避免局部过度变形。

2. 塑料镜腿

（1）调整方法：用加热器将镜腿需要调整的部位加热，按照上面调整金属镜腿的方法，用手调整。

（2）注意事项：防止过热和局部过度变形。

（七）脚套的调整

当脚套的形状不规范或者与配戴者耳或头部不能很好吻合时，需要对脚套进行调整，调整方法见图9－16。

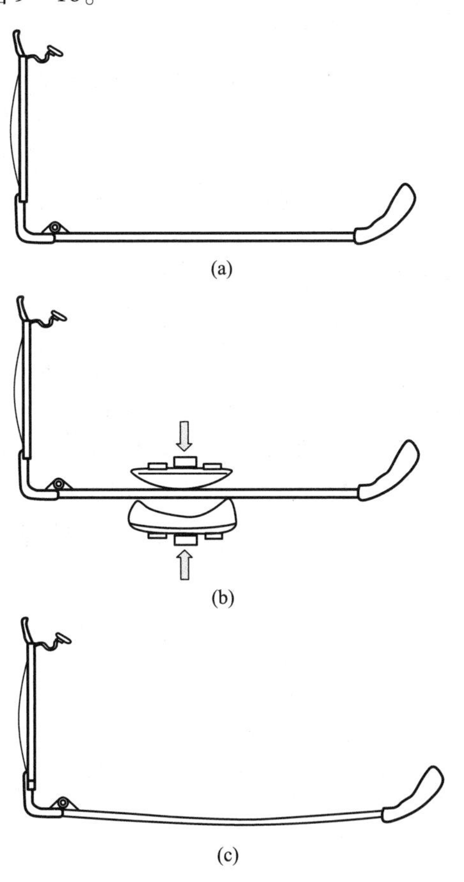

图9－15 镜腿调整

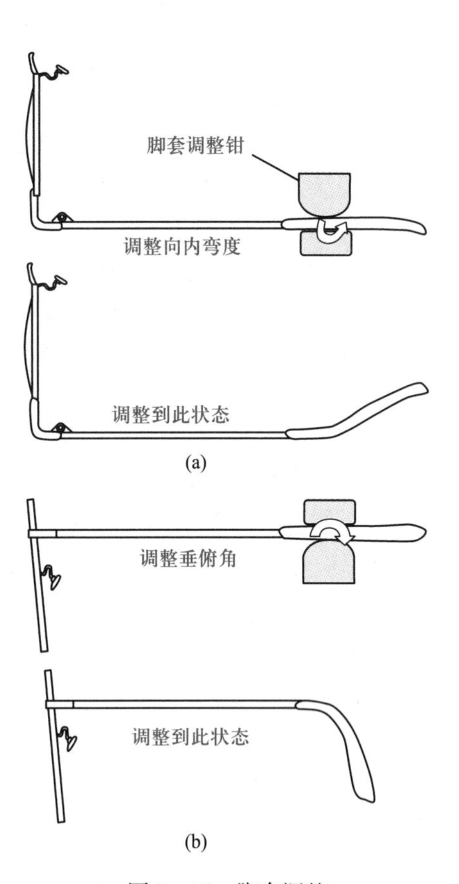

图9－16 脚套调整

因为脚套通常是用塑料制成，在调整前，需要用加热器将脚套部分加热，使其软化，避免脚套脆裂。一般用脚套调整钳或者用手，首先调整脚套的垂内角，见图 9－16(a)；然后调整脚套的垂俯角，见图 9－16(b)。调整完成。有时往往仅需要调整一个方向的弯度。

在选择工具的时候，要尽量选择专用的工具来调整某一特定的部位，但又不是一成不变的。一个熟练的调整人员，应该熟练使用各种调整工具。

注意防护，多处调整的时候，遵循“由前往后”的原则。

第三节 针对性校配

每个人的脸型各不相同、眼镜配戴出现的问题也不同，不舒适的感觉也不一样。针对性校配就是要根据配戴者的脸形和头部的尺寸调整镜架，使其接近或达到舒适的感觉和理想的效果，最大限度地减少配戴者戴镜的不适感觉。正确的镜架配适对提高视觉舒适度也很重要。

不理想的配适情况包括：① 外观问题：指镜架位置偏移、倾斜、镜腿松紧不适度、镜面角和前倾角不符合要求等。② 力学问题：镜架重量不能均匀地分担在鼻梁两侧及双侧耳部，造成相应部位局部不适。眼镜的重量对鼻梁及耳部的压迫或摩擦都可以影响皮肤、皮下神经、淋巴管的功能。所以调整眼镜时应根据头面部形状有针对性地进行，尽可能减少对皮肤的压迫和神经的刺激。③ 视力问题：我们知道，对于较大屈光度数的眼镜来说，镜眼距对屈光不正的矫正效果有很大的影响；镜面前倾角对双光眼镜、渐变多焦点眼镜的近用视野的大小和角度也紧密相关，所以对感觉视觉不良的眼镜调整校配至关重要。

需要注意的是：铰链螺丝、全框眼镜锁接管螺丝、半框眼镜拉丝、无框眼镜镜片固定螺丝的松动，往往影响镜架的形态，会引起我们判断变形状况和原因的判断失误，所以在分析原因动手调整之前，要先将这些螺丝或拉丝紧固。

针对性调整的一般步骤为：① 观察了解不适配的状况，分析不适的原因。包括询问倾听配戴者关于不舒适情况的主述，让配戴者配戴上眼镜观察各位置、距离、角度的情况，必要时要用手接触顾客，感知鼻托、耳上点和耳后的接触及受力情况，然后摘下眼镜，观察分析眼镜的形态，分析造成引起不适的原因，以确定调整的位置和方法。② 具体调校。首先针对观察和分析的原因，选择合适的调整工具，确定合适的调整方法，实施调整。③ 验证和补充调整。这一过程包括自己检验、让配戴者试验体会、检查调整后的配戴状态，必要时的补充调整。一般的配适标准是，戴上眼镜后，下眼睑大致位于镜片的高度中心，镜腿能够松紧适度，镜眼距、镜面角和前倾角符合要求。④ 调整后处理。包括眼镜的清洁、环境和工具的整理等。

问题表现的状况不同，出现的原因不同，调整和处理的方法也不一样，虽然问题多种多样，但还是有其规律可循。下面就一些典型问题及其出现的原因和解决办法加以探讨。

一、外观问题

外观问题指镜架配戴出现水平倾斜、左右镜圈高度不一致，左右倾斜、眼镜偏向某一侧，镜面高低位置不适合，镜腿过松或过紧，镜面角不适合等。

(一) 水平倾斜、左右镜片高度不一致

如图 9－17 所示，当配戴者主述或者通过配戴观察，发现眼镜出现水平倾斜或者左右镜片高

度不一致的情况时，很多人往往会注意鼻托的位置是否一致。

1. 原因

（1）左右的身腿倾斜角不一致。

（2）镜架鼻桥变形倾斜。

（3）配戴者两耳高度不一致。

2. 检查和校配方法

（1）检查左右镜圈前倾角是否一致，如不一致，调整到一致，方法见本章第二节。

（2）观察鼻桥是否变形倾斜，如果倾斜，按本章第二节的办法调整。

（3）检查左右身腿倾斜角是否一致，如不一致，调整一致并保持在标准范围。

（4）最后让配戴者戴镜观察，如还有问题，便可能是配戴者耳朵高度不一，镜圈高的一侧耳朵的位置偏高，需要将此侧的身腿倾斜角调小。试戴检查，直到完好为止。

（二）水平偏移

如图9－18所示，配戴者主述或调整者观察发现，眼镜配戴时向左侧或右侧偏移。

图9－17　水平倾斜、镜圈高度不一致

图9－18　水平偏移

1. 原因

（1）大部分情况是由于两镜腿外张角不一致造成的，特别是幅度比较大的偏移，都与张角有关。

（2）鼻托左右位置不一致，这种情况很容易观察。

（3）左右镜腿弯点长度不一致，偏向的一面过短，所以把眼镜拉向一边。

（4）个别配戴者左右面部的宽度差别较大或左右耳的前后位置不一，需要将左右镜腿的外张角调整为与其左右分别适合的角度，或者分别将左右镜腿弯点长度调整到合适。

2. 校配方法

（1）首先观察镜腿张角和鼻托位置。

（2）察看镜腿弯点长度，如果有问题，按照第二节的方法进行调整。还要注意观察镜腿和颞侧部配合的松紧度，以便确定是将大张角的调小，还是将小张角的调大。

（3）若还是偏移，则应观察配戴者的面部情况，如有不对称，按情况进行调整。

（三）镜面位置高低不适合

镜圈的位置偏上或者偏下，不但会影响外观效果，很多时候还会影响到矫正功能，需要进行调整。

1. 观察配戴者鼻梁的情况及鼻梁和鼻托的吻合情况　如果两鼻托距离过大或过小，会导致鼻托下滑或上拉，因而造成镜面高度不适合；若鼻托的角度与鼻梁的坡度不匹配，会发现鼻托与配戴者鼻梁的接触不均衡，以上情况，需要按第二节的方法调整鼻托。

2. 镜腿弯点长度问题 鼻托确认无问题或者调整好以后，让配戴者戴上眼镜，轻轻晃动头部，发现镜面还是抬高或者下滑，则用手扶住镜架，使镜架高度合适，观察耳后，看镜腿弯点长度是否适合，确定加长或缩短的长度，以便进行调整。

（四）镜腿过松或过紧

镜腿过松容易使镜架滑落，过紧会对颞侧部造成压力，过松或过紧都会给配戴者造成强烈的不适感，严重影响眼镜的正常使用，需要进行调整。镜腿过松或过紧的原因分析：① 验看镜面角的大小，如在可以调整的范围，可以通过调整镜面角的方法解决。② 如镜面角比较理想，可以通过调整镜腿张角的办法完成。调整的方法参见本章第二节的相关内容。

二、力学问题

镜架重量均匀地分担在鼻梁两侧及双侧耳部。眼镜的重量对鼻梁及耳部的压迫或摩擦都可以影响皮肤、皮下神经、淋巴管的功能。所以调整眼镜时应根据头面部形状有针对性地进行，尽可能减少对皮肤的压迫和神经的刺激。常见的这类问题包括：鼻托对鼻梁压迫严重或者有压痕、耳上点或耳后强烈的压迫感或磨伤。

1. 鼻托对鼻梁压迫严重或者有压痕 有三种原因：① 鼻托位置、角度与配戴者鼻梁不能吻合，需要对鼻托的位置或角度进行调整，使其能与配戴者鼻梁很好吻合。② 镜腿弯点长度过短，需要调整镜腿弯点的长度。③ 眼镜过于厚重，压力过大，这种情况在调整好鼻托和镜腿弯点长度后，可以让配戴者尽量适应或者更换质轻的镜片镜架。

2. 耳上点或耳后强烈的压迫感或磨伤 有两种原因：① 镜腿弯点长度不适合。② 弯点曲率不适合或者垂内角垂俯角不适合。

检查分析的方法是，让配戴者戴上眼镜，分开耳后的头发，观察脚套与耳朵及耳后头部乳突骨凹陷的吻合情况。常常是由于脚套弯点的曲率半径过小，或者下垂角度不适合，造成脚套与耳朵、耳后头部接触点过于集中，因而使人不适或磨伤，需要按照本章第二节中脚套的调整方法，根据配戴者的具体情况对脚套进行调整。

三、视力问题

（一）常见的视力问题及调配

对于配戴视力矫正眼镜的人来说，视力问题与矫正的程度有关，很多时候，眼镜配戴的状态对视力也有很大的影响。这里我们抛开矫正程度的问题，仅就眼镜配戴状况引起的视力问题加以探讨。这类问题包括：① 镜眼距大小变化造成与原镜视物清晰度不一致。② 视线与光学中心位置差造成的棱镜效应引起的视觉不适。③ 由于镜架变形或配戴倾斜，导致散光轴位变化引起的视觉不适。④ 由于双光镜和渐变镜的镜眼距和前倾角不适合造成的近用视野问题。⑤ 渐变多焦点眼镜的视野偏移问题。

1. 镜眼距大小变化造成与原镜视物清晰度不一致 大的镜眼距会提高凸透镜的等效镜度、减小凹透镜的等效镜度。反之，小的镜眼距会减小凸透镜的等效镜度、提高凹透镜的等效镜度。所以，当配戴者主述戴镜时有头晕、恶心等的过矫现象时，对于凸透镜，我们可以通过把鼻托调低、前倾角调小，镜腿弯点长度变小的方法，使镜眼距减小，从而减小其有效镜度；对于凹透镜，我们可以通过调高鼻托、调大前倾角，增加镜腿弯点长度的方法，使镜眼距增大，从而减小其有效镜度。当配戴者主述戴镜看不清楚、觉得矫正不够的时候，对于凸透镜，我们可以通过把鼻托调高、调大前倾角，镜腿弯点长度变大的方法，使镜眼距增大，从而增大其有效镜度；对于凹透镜，我们可以通过调低鼻托、调小前倾角，减短镜腿弯点长度的方法，使镜眼距减小，从而增大其有效镜度。

2. 视线与光学中心位置差造成的棱镜效应引起的视觉不适　对于球柱透镜，当视线偏离镜片的中心时，会有棱镜效应产生，造成视觉不适，棱镜效应的大小与偏离的距离和镜片的镜度成正比。此种情况，应首先判断偏离的原因，是倾斜还是偏移，然后根据第二节的调整方法进行调整。

3. 由于镜架变形眼镜配戴倾斜，导致散光轴位变化引起的视觉不适　对于矫正散光的眼镜、特别是散光度数较大的眼镜，由于镜架变形或者无框眼镜螺丝松动引起的镜片自由倾斜，都会因为散光轴位的变化，造成视物不清。检查分析的方法是：观察有无可能引起镜片轴位变化的镜架变形或螺丝松动。调整的方法见本章第二节。

4. 由于双光镜和渐变镜的镜眼距和前倾角不适合造成的近用、远用视野问题　如图 9－19 所示，可见镜眼距变化对视野大小的影响。如图 9－20 所示，可见前倾角变化对视野大小和视野角度的影响。

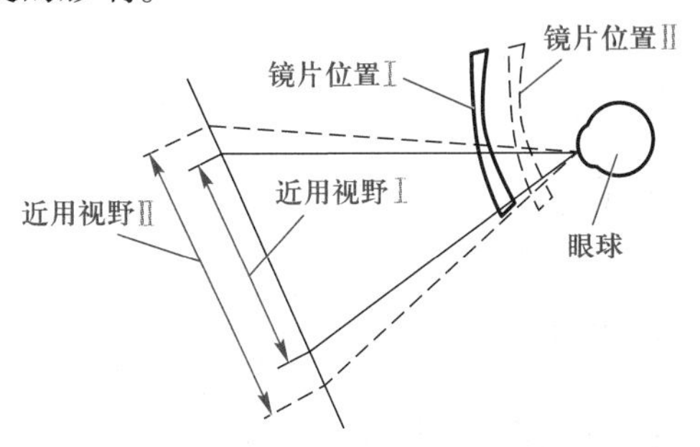

图 9－19　镜眼矩对近用视野的影响

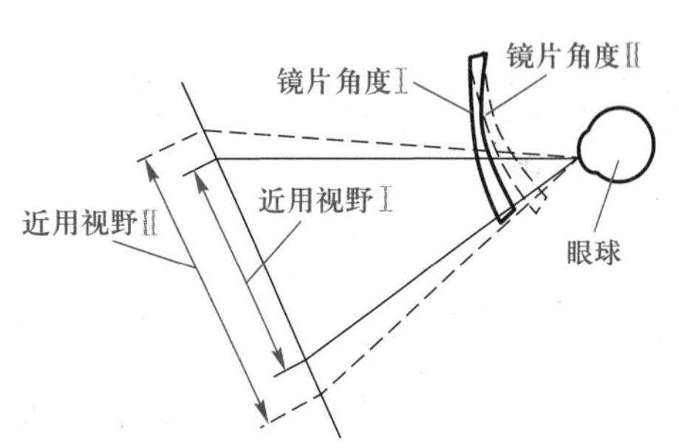

图 9－20　前倾角对近用视野的影响

如果双光眼镜或者渐变多焦点眼镜配戴者主述远用视野小或者近用视野小，可以通过调整镜眼距或者调整前倾角的办法得到改善。

镜眼距的调整方法及前倾角的调整方法如前所述。但前倾角的改变会在一定程度改变视野的方向。还需要注意的是，调整镜眼距还会在一定程度上改变屈光矫正的程度，所以对于远用屈光矫正度数比较大的眼镜，要格外注意，以防因此而引起不适。

5. 渐变多焦点眼镜的视野偏移问题　对于渐变多焦点眼镜来说，还存在一个渐变区和近用区左右偏移、近用区上下偏移等情况。

（1）如果渐变镜的配戴者主述需要抬头或者视线用力下移才能看清书报，属于镜片近用区域过低的情况，适当把眼镜的配戴位置提高，基本可以得到改善。

（2）如果配戴者主述需要低头或者视线上移，才能看清楚书报，而且视远不舒适时，属于镜片近用区域过高的情况，可以通过调整使眼镜配戴位置降低的方法得到改善。

（3）如果配戴者主述需要把头左转或右转才能通过渐变区看清楚中距离物体及近距离物体时，是由于眼镜有水平偏移的原因，可以通过调整镜腿的张角，改变眼镜配戴的水平左右位置得到改善。具体的调整方法见本章第二节相关内容。

（二）配适核查

针对性校配结束后，让配戴者戴上眼镜，认真仔细地核查配适情况是重要的，也是必需的。

配适核查的主要内容如下。

(1) 核查眼镜配戴的外观情况,眼镜平正,下眼睑低点基本位于眼镜高度的中心位置,镜腿松紧适度,前倾角、镜眼距正常。

(2) 核查配戴者鼻梁、耳及耳后头部的压力情况,询问配戴者有无不适。

(3) 询问(必要时)验证配戴者戴镜后的远、近视力情况是否达到要求。

以上方面都适合后,方可将眼镜清洁交给配戴者,然后整理工具和环境。

一个好的眼镜调整人员,需要掌握更多的眼镜学、美学、力学、材料学知识,也要熟练地利用各种工具,更要善于分析具体的原因。

需要强调两点。

(1) 外观问题、力学问题及视力问题,往往不是单独存在的,很好地利用它们之间的关系,往往可以达到事半功倍的效果,反之则会事倍功半。

(2) 工具的选择和使用,也不是一成不变的,灵活地使用各种工具,将给调整工作带来更大的方便和更好的效果。

第四节 实习:眼镜架调整

一、实习目的

1. 认识了解各种调整钳,掌握它们的使用方法和注意事项。
2. 掌握加热器的使用方法和注意事项。
3. 掌握常见一般问题的观察分析方法和调整方法。

二、实习工具、设备和材料

1. 各种眼镜架,包括:塑料架、普通合金架,其中包括各种款式结构——全框、半框、无框镜架。
2. 实习工具,包括各种调整钳和加热器。
3. 实习报告纸。

三、实习内容

1. 指导教师示范讲解。
2. 各种调整钳的特点、使用场合、使用方法和注意事项。
3. 加热器的结构原理、使用方法和注意事项;演示塑料架调整的最佳软化状态(及加热过度造成镜架软化变形的情况)。
4. 不同常见问题的观察分析方法、调整方法和注意事项。包括强调调整顺序、不同款式、材料镜架的调整方法和注意事项。
5. 不同工具的结合使用。
6. 演示具体问题的分析调整过程和方法。

四、学生练习

1. 认识各种调整钳并绘制能说明各自特点的简图。
2. 体会各种材料镜架调整的感受和用力的力度与变形大小的关系。
3. 分析调整预设的各种常见变形,初步掌握常见问题的分析、调整方法。
4. 体会和总结。

五、实习报告

学生在实习结束后,填写实习报告,报告应包括以下内容。

1. 实习名称。
2. 实习目的。
3. 实习工具、设备和材料。
4. 实习内容和记录。
5. 收获和总结。

思 考 题

1. 眼镜调整的一般顺序和总体要求是什么?
2. 眼镜调整的工具钳都包括哪些?绘制简图并说明各自的特点。
3. 国家标准中与眼镜调整关系密切的几个角度是什么?他们的参数分别是多少?
4. 标准调校和针对性调校有什么区别和联系?
5. 无框镜和半框镜在调整时,应注意哪些问题?
6. 在塑料架加热调整时应注意什么?加热过度会产生什么后果,怎样避免?
7. 引起眼镜配戴水平倾斜、左右镜片高度不一致的原因大概有哪些?如何进行调整?
8. 造成眼镜配戴有水平偏移、眼镜偏向面部一侧是由于什么原因造成的?怎样进行调整?
9. 一顾客配戴高度的近视眼镜,感觉有些头晕,是什么原因?如何进行调整?
10. 一渐变眼镜配戴者,感觉近用视野太小,是什么原因?如何调整?在调整过程中要注意什么?

(何向东)

第十章　眼镜验配参数测量

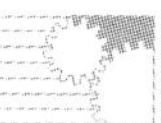

学习目标

◇ 掌握瞳距瞳高参数在眼镜制作中的作用。
◇ 掌握直尺法瞳距测量技术。
◇ 掌握映光法瞳距测量技术。
◇ 掌握瞳距仪瞳距测量技术。
◇ 掌握衬片标定法瞳高测量技术。
◇ 掌握渐变镜测量卡法瞳高测量技术。

一副配适精良的眼镜,不仅要求眼镜的屈光力符合配戴者的需要,同时还要求眼镜的光学中心与眼镜配戴者的瞳距相吻合。为了保证眼镜达到良好的视觉效果和观察舒适度,在配装眼镜国家标准中对眼镜光学中心水平允差和光学中心垂直互差作了明确的规定和要求,用以控制眼镜光学中心与眼镜配戴者瞳孔的一致性,故瞳距测量是验光配镜过程中的一项重要环节。

第一节　瞳距测量

一、概述

瞳孔距离(pupillary distance)是指双眼瞳孔中心之间的水平距离,简称为瞳距,通常用其英文字母的缩写符号“PD”表示,瞳距的单位用毫米(mm)表示。图 10－1 为瞳距。

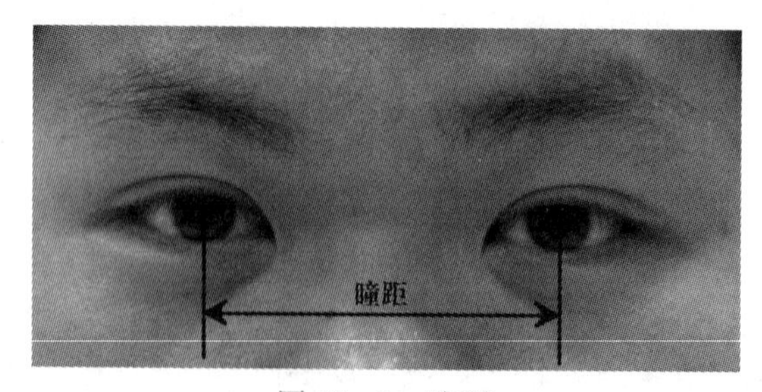

图 10－1　瞳距

当人眼注视不同距离目标时，人眼视轴的集合角是会发生改变的，导致人眼的瞳距也随之发生相应的变化（图 10 - 2）。

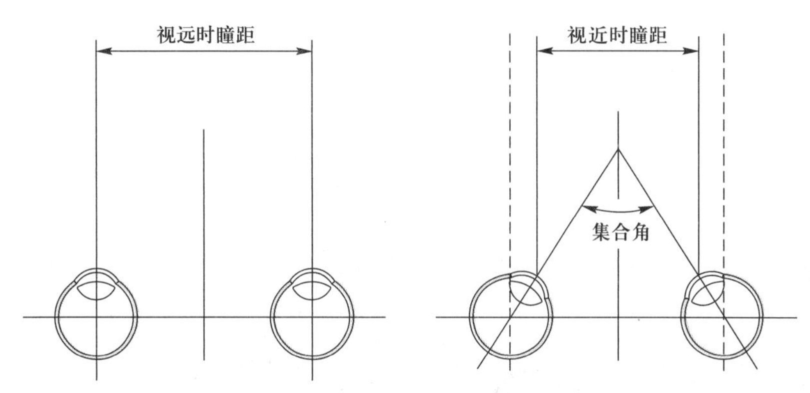

图 10 - 2　人眼集合角大小与瞳距的变化

由图 10 - 2 可知，人眼瞳距会随注视距离不同而发生改变，在不同距离注视目标，会存在一个与之相对应的瞳距值，这说明瞳距不是一个定值。

眼镜根据使用的不同需要，分为视远用眼镜、视近用眼镜和能同时视远视近的眼镜。不同观察距离的眼镜其光学中心对应的瞳距也不同，如单纯性近视用镜为视远用镜，其光学中心对应的瞳距为视远状态下的瞳距值；如单纯性老视用镜为视近用镜，其光学中心对应的瞳距为视近状态下的瞳距值；又如能同时视远视近多焦点眼镜和渐变焦眼镜，在视远区光学中心对应的瞳距为视远状态下的瞳距值，在视近区光学中心对应的瞳距为视近状态下的瞳距值。为了适应不同用镜的需要，将瞳距又分为远用瞳距、近用瞳距和单眼瞳距。

1. 远用瞳距（distance pupillary distance）　指当双眼向前远方平视，双眼视轴达到平行状态时，双眼瞳孔中心之间的水平距离。

2. 近用瞳距（near pupillary distance）　指当双眼处于注视眼前 30 ~ 40 cm 距离物体状态时，双眼瞳孔中心之间的水平距离。

3. 单眼瞳距（monocular pupil distance）　在实际配镜中，当遇到明显的双眼不对称、斜视患者和验配渐变焦眼镜时，还需测量其单眼瞳距。单眼瞳距分为右眼瞳距和左眼瞳距（图 10 - 3）。

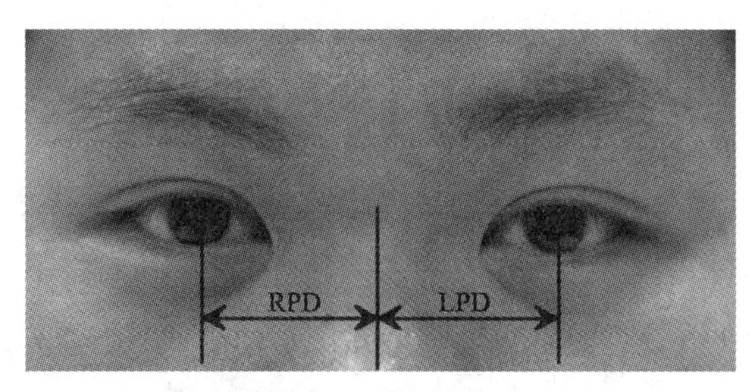

图 10 - 3　单眼瞳距

（1）右眼瞳距（RPD）：指从右眼瞳孔中心到鼻梁中线之间的距离。

（2）左眼瞳距（LPD）：指从左眼瞳孔中心到鼻梁中线之间的距离。

单眼瞳距也有近用瞳距和远用瞳距之分。

瞳距测量的工具分别为直尺、瞳距尺和瞳距仪。目前常用的瞳距测量方法有直尺法、映光法和瞳距仪法。

二、直尺法瞳距测量

直尺法瞳距测量是用直尺直接测量左右眼瞳孔中心点之间距离而获得瞳距值的一种方法。由于瞳孔是一个随光强不同而直径随时会发生变化的圆孔，测量时瞳孔中心点不易判断准确，容易造成测量误差。在实际测量时，为了避免由于直接测量瞳孔中心的不确定性，减少测量误差，提高测量准确性，通常采用测量角膜缘的方式代替测量瞳孔中心的方式，这种测量角膜缘的方法避免了直接测量瞳孔中心不确定性带来的误差。测量方法如图 10－4 所示。

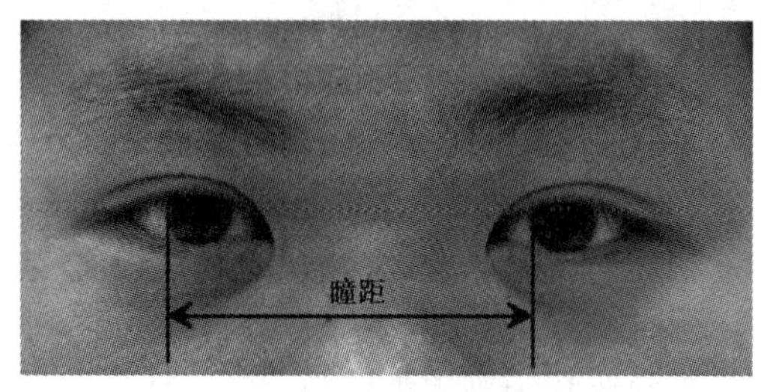

(a) 直尺法测量右侧角膜缘

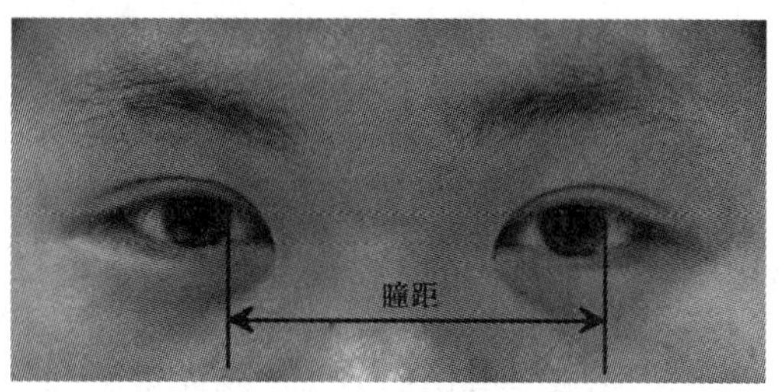

(b) 直尺法测量左侧角膜缘

图 10－4 直尺法角膜缘瞳距测量

1. 直尺法远用瞳距测量 远用瞳距测量是验光过程中的一个基本测量环节，测量时应确认被检者双眼向前远方平视，双眼视轴达到平行状态下测得的瞳距值。直尺法远用瞳距测量操作步骤如下。

(1) 请被检者入座后，确认其头部端正，双眼处于水平位置，嘱被检者保持稳定不要晃动。

(2) 检查者入座后，调整自己的座位，确认自己头部端正，双眼处于水平位置与被检者双眼相距 40 cm，处于同样高度。

(3) 检查者用右手拇指与示指拿稳瞳距尺，另外 3 个手指放于被检者左颞侧作为持尺手的支撑点，并将瞳距尺轻轻依托在被检者鼻梁上，瞳距尺的测量边与被测双眼瞳孔中心连线保持平行并同高，测量状态如图 10－5 所示。

(4) 请被检者双眼注视检查者的左眼，检查者闭上右眼，用左眼观察瞳距尺，并调整瞳距尺零刻度指标线与被检者右眼角膜外缘(或内缘)相切，以确定测量计数的起始位置。

(5) 请被检者双眼注视检查者的右眼，检查者闭上左眼，用右眼观察被检者左眼角膜内缘(或外缘)与瞳距尺指标线相切刻度值，估读到 0.25 mm，此刻度示值为第一次测得的远用瞳距值，记为 PD1。

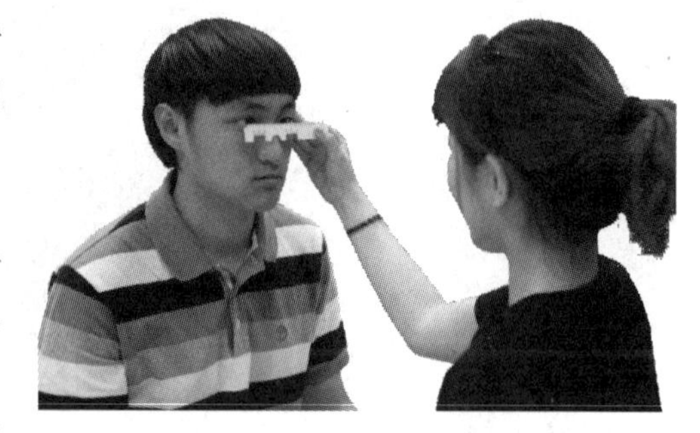

图 10－5 直尺法瞳距测量状态

(6) 重复上述(4)和(5)项操作,得到第2次测得的远用瞳距值,记为PD2。

(7) 将测得的PD1和PD2计算平均值:PD=(PD1+PD2)/2,计算出远用瞳距值PD,PD值采用四舍五入的方式取整,单位为mm。

(8) 核对并记录测量结果。

例10-1:远用瞳距测量结果计算。

第一次测得远用瞳距值PD1=62.25 mm;

第二次测得远用瞳距值PD2=62.00 mm;

平均:PD=(PD1+PD2)/2=(62.25 mm+62.00 mm)/2= 62.12 mm

取整后得到:PD=62 mm

故本次测量远用瞳距结果为62 mm。

2. 直尺法近用瞳距测量　近用瞳距测量是近用眼镜、双焦点眼镜、多焦点眼镜和渐变焦眼镜验光过程中的一个测量环节,近用瞳距测量时应确认被测者双眼注视眼前30~40 cm距离目标时双眼瞳孔之间的距离。

直尺法近用瞳距测量操作步骤如下。

(1) 请被检者入座后,确认其头部端正,双眼处于水平位置,提示被检者保持稳定不要晃动。

(2) 检查者入座后,调整自己的座位,确认自己头部端正,双眼处于水平位置与被检者双眼相距40 cm,处于同样高度。

(3) 检查者用右手拇指与示指拿稳瞳距尺,另外3个手指放于被检者左颞侧作为持尺手的支撑点,并将瞳距尺轻轻依托在被检者鼻梁上,瞳距尺的测量边与被测双眼瞳孔中心连线保持平行并同高,测量状态如图10-5所示。

(4) 请被检者双眼注视检查者的鼻梁中间,检查者闭上右眼,用左眼观察瞳距尺,调整瞳距尺零刻度指标线与被检者右眼角膜外缘(或内缘)相切,以确定测量计数的起始位置,并保持瞳距尺位置不变。

(5) 检查者闭上左眼,用右眼观察被检者左眼角膜内缘(或外缘)与瞳距尺指标线相切刻度值,估读到0.25 mm,此刻度示值为第1次测得的近用瞳距值,记为PD1。

(6) 重复上述(4)和(5)项操作,得到第2次测得的近用瞳距值,记为PD2。

(7) 将测得的PD1和PD2计算平均值:PD=(PD1+PD2)/2,计算出近用瞳距值PD,PD值采用四舍五入的方式取整,单位为mm。

(8) 核对并记录测量结果。

例10-2:近用瞳距测量结果计算。

第1次测得近用瞳距值PD1=57.75 mm;

第2次测得近用瞳距值PD2=58.00 mm;

平均:PD=(PD1+PD2)/2=(57.75 mm+58.00 mm)/2= 57.88 mm

取整后得到:PD= 58 mm

故本次测量近用瞳距结果为58 mm。

三、映光法瞳距测量

映光法瞳距测量是借助笔式手电筒照亮被检眼后,在角膜顶点处形成一个反光点,认为此反光点可以代表被检眼的瞳孔中心位置，用直尺测量出左右眼两个反光点之间距离作为瞳距值的方法。

1. 映光法远用瞳距测量 当被测者双眼向前远方平视，双眼视轴达到平行状态时，借助笔式手电筒照亮被检眼后，用直尺或瞳距尺测量出左右眼两个反光点之间的距离，此数值为映光法测得的远用瞳距值。

映光法远用瞳距测量操作步骤如下。

（1）请被检者入座后，确认其头部端正，双眼处于水平位置，提示被检者保持稳定不要晃动。

（2）检查者入座后，调整自己的座位，确认自己头部端正，双眼处于水平位置与被检者双眼相距 40 cm，处于同样高度。

（3）检查者用右手拇指与示指拿稳瞳距尺，另外 3 个手指放于被检者左颞侧作为持尺手的支撑点，并将瞳距尺轻轻依托在被检者鼻梁上，瞳距尺的测量边与被测双眼瞳孔中心连线保持平行并同高。

（4）检查者左手持笔式手电筒置于自己左眼下方，并照亮被检者右眼，请被检者双眼注视检查者的左眼，检查者闭上右眼，用左眼观察瞳距尺相对被检者右眼角膜反光点的位置，调整瞳距尺零刻度指标线与被检者右眼角膜反光点位置对齐，以确定测量计数的起始位置。测量状态如图 10－6 所示。

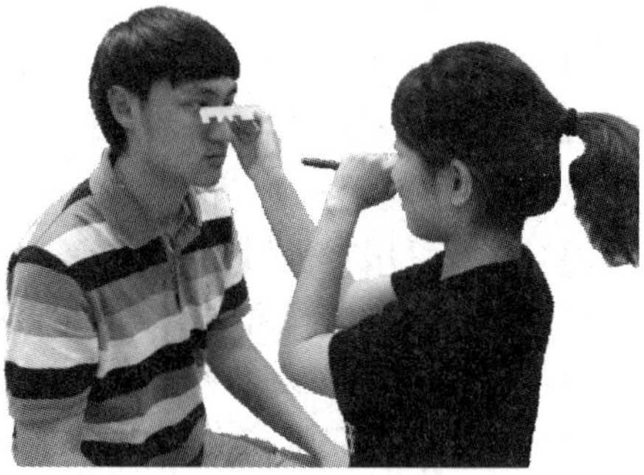

图 10－6 映光法远用瞳距测量状态

（5）检查者左手持笔式手电筒置于自己右眼下方，并照亮被检者左眼，请被检者双眼注视检查者的右眼，检查者闭上左眼，用右眼观察被检者左眼角膜反光点对应瞳距尺指标线的刻度值，估读到 0.25 mm，此刻度示值为第 1 次测得的远用瞳距值，记为 PD1。

（6）重复上述（4）和（5）项操作，得到第 2 次测得的远用瞳距值，记为 PD2。

（7）将测得的 PD1 和 PD2 计算平均值：PD =（PD1 + PD2）/2，计算出远用瞳距值 PD，PD 值采用四舍五入的方式取整，单位为 mm。

（8）核对并记录测量结果。

2. 映光法近用瞳距测量 当被测者双眼注视眼前 30～40 cm 距离目标时，借助笔式手电筒照亮被检眼后，用直尺或瞳距尺测量出左右眼两个反光点之间的距离，此数值为映光法测得的近用瞳距值。

映光法近用瞳距测量操作步骤如下。

（1）请被检者入座后，确认其头部端正，双眼处于水平位置，提示被检者保持稳定不要晃动。

（2）检查者入座后，调整自己的座位，确认自己头部端正，双眼处于水平位置与被检者双眼相距 40 cm，处于同样高度。

（3）检查者用右手拇指与示指拿稳瞳距尺，另外 3 个手指放于被检者左颞侧作为持尺手的支撑点，并将瞳距尺轻轻依托在被检者鼻梁上，瞳距尺的测量边与被测双眼瞳孔中心连线保持平行并同高。

（4）检查者左手持笔式手电筒置于检查者鼻梁中间，照亮被检眼角膜，请被检者双眼注视检查者鼻梁中间，检查者闭上右眼，用左眼观察瞳距尺相对被检者右眼角膜反光点的位置，调整瞳距尺零刻度指标线与被检者右眼角膜反光点位置对准，以确定测量计数的起始位置。

（5）检查者闭上左眼，用右眼观察被检者左眼角膜反光点对应瞳距尺指标线的刻度值，估读到0.25 mm，此刻度示值为第1次测得的近用瞳距值，记为PD1。

（6）重复上述（4）和（5）项操作，得到第2次测得的近用瞳距值，记为PD2。

（7）将测得的PD1和PD2计算平均值：PD＝（PD1＋PD2）/2，计算出近用瞳距值PD，PD值采用四舍五入的方式取整，单位为mm。

（8）核对并记录测量结果。

3. 映光法远用单眼瞳距测量　使用带有鼻梁槽的瞳距尺，让鼻梁槽的0位与被检眼鼻梁中线位置对齐，借助笔式手电筒照亮被检眼后，分别测量出左右眼两个反光点至鼻梁槽的0位之间的距离，可测得被检眼的单眼瞳距值。映光法远用单眼瞳距测量操作步骤如下。

（1）请被检者入座后，确认其头部端正，双眼处于水平位置，提示被检者保持稳定不要晃动。

（2）检查者入座后，调整自己的座位，确认自己头部端正，双眼与被检者双眼相距40 cm，处于同样高度，处于水平位置。

（3）检查者用右手拇指与示指拿稳瞳距尺，另外3个手指放于被检者左颞侧作为持尺手的支撑点，将瞳距尺轻轻依托在被检者鼻梁上，使瞳距尺鼻梁槽的0位对准被检者鼻梁中点位置，并保证测量边与被测双眼瞳孔中心连线保持平行。

（4）检查者左手持笔式手电筒置于检查者左眼下方，并照亮被检者右眼，请被检者双眼注视检查者的左眼，检查者闭上右眼，用左眼观察被检者右眼角膜反光点对应瞳距尺刻度指标线示值，估读到0.25 mm，此刻度示值此为右眼单眼瞳距RPD1。

（5）重复上述第（4）项操作，可得到第2次测得的右眼瞳距值，记为RPD2。

（6）检查者左手持笔式手电筒置于检查者右眼下方，并照亮被检者左眼，请被检者双眼注视检查者的右眼，检查者闭上左眼，用右眼观察被检者左眼角膜反光点对应瞳距尺刻度指标线示值，估读到0.25 mm，此刻度示值此为左眼单眼瞳距LPD1。

（7）重复上述第（6）项操作，可得第2次测得的左眼瞳距值，记为LPD2。

（8）将测得的RPD1和RPD2计算测量平均值有：RPD＝（RPD1＋RPD2）/2为右眼远用瞳距值；LPD＝（LPD1＋LPD2）/2为左眼远用瞳距值，RPD和LPD值采用四舍五入的方式取整，单位为mm。

（9）认真核对测量结果，及时做好测量记录。

4. 映光法近用单眼瞳距测量　操作步骤如下。

（1）请被检者入座后，确认其头部端正，双眼处于水平位置，提示被检者保持稳定不要晃动。

（2）检查者入座后，调整自己的座位，确认自己头部端正，双眼处于水平位置与被检者双眼相距40 cm，处于同样高度。

（3）检查者用右手拇指与示指拿稳瞳距尺，另外3个手指放于被检者左颞侧作为持尺手的支撑点，将瞳距尺轻轻依托在被检者鼻梁上，使瞳距尺鼻梁槽的0位对准被检者鼻梁中点位置，并保证测量边与被测双眼瞳孔中心连线保持平行。

（4）检查者左手持笔式手电筒置于检查者鼻梁中间，照亮被检眼角膜，请被检者双眼注视检查者鼻梁中间，检查者闭上右眼，用左眼观察被检者右眼角膜反光点对应瞳距尺刻度指标线示值,估读到0.25 mm,此刻度示值此为右眼单眼瞳距RPD1。

(5) 重复上述第(4)项操作,可得第2次测得的右眼瞳距值,记为RPD2。

(6) 检查者左手持笔式手电筒置于检查者鼻梁中间,照亮被检眼角膜,请被检者双眼注视检查者鼻梁中间,检查者闭上左眼,用右眼观察被检者左眼角膜反光点对应瞳距尺刻度指标线示值,估读到0.25 mm,此刻度示值此为左眼单眼瞳距LPD1。

(7) 重复上述第(6)项操作,可得第2次测得的左眼瞳距值,记为LPD2。

(8) 将测得的RPD1和RPD2计算平均值:RPD=(RPD1+RPD2)/2为右眼近用瞳距;LPD=(LPD1+LPD2)/2为左眼近用瞳距,RPD和LPD值采用四舍五入的方式取整,单位为mm。

(9) 认真核对测量结果,及时做好测量记录。

四、瞳距仪瞳距测量

瞳距仪(pupilometer)是目前常用的一种瞳距测量仪器,瞳距仪采用角膜反射光成像方式实现瞳距测量,具有测量精度高、操作方便和测量功能全面的特点。

瞳距仪提供了从无穷远到30 cm之间的多挡视距的观察目标,用以实现不同视距对应的瞳距测量,同时还提供了单眼瞳距的测量功能,其测量结果以数字显示方式给出,测量读数精度可达0.1 mm。以拓普康PD-5型瞳距测量仪为例,介绍瞳距仪的构成和基本操作。仪器外形及基本构成如图10-7所示。

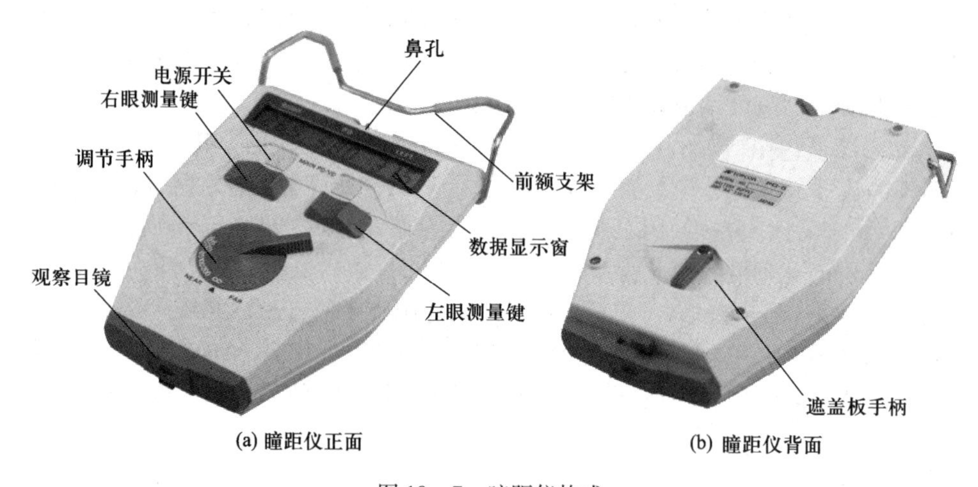

图10-7 瞳距仪构成

在瞳距测量中,瞳距仪内部光源照射到被检眼后,在被检眼角膜顶点产生反光点,检查者通过观察目镜可以观察到角膜反光点和仪器内部的测量标线,通过移动左、右眼测量键将测量标线对准反光点,其瞳距测量结果显示在数据显示窗中。PD-5型瞳距仪可以测量远用瞳距、近用瞳距和单眼瞳距。

1. 瞳距仪远用瞳距测量　在瞳距仪注视距离调节手柄指向"∞"指标位置时,测量到的瞳距值为远用瞳距值。瞳距仪远用瞳距测量操作步骤如下。

(1) 请被检者入座后,确认其头部端正,双眼处于水平位置,提示被检者保持稳定不要晃动。

（2）检查者面对被检者入座，调整自己的座位，保证其双眼与被检者双眼处于同样高度。

（3）打开瞳距仪电源开关，将注视距离调节手柄调整到“∞”指标位置，如图 10－8 所示。

（4）请被检者双手扶住瞳距仪，配合检查者将瞳距仪的鼻托和前额支架轻轻放在被检者的鼻梁和前额处，并使鼻梁托、前额支架靠紧在被检者的鼻梁和前额上，测量状态如图 10－9 所示。

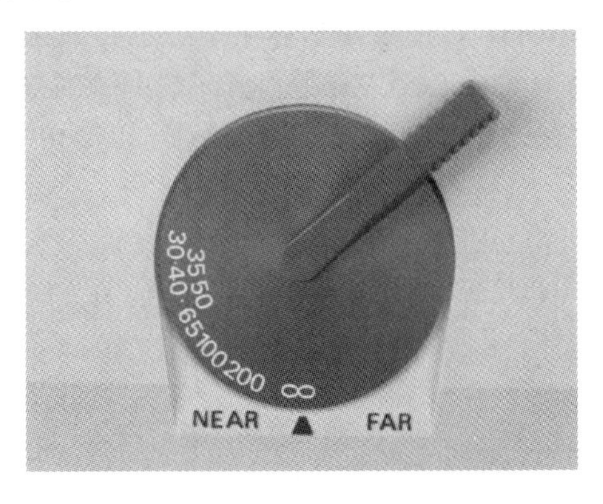

图 10－8 瞳距仪远用瞳距测量调整

图 10－9 瞳距仪测量状态

（5）请被检者注视瞳距仪中绿色亮视标，放松双眼并保持稳定。检查者通过瞳距仪的观察目镜观察被检者角膜上反射光点，用左、右手的中指分别调整瞳距仪左、右眼测量键，使测量标线与被检眼角膜反射光点对准。

（6）取下瞳距仪，在数据显示窗中读取瞳距数值。RIGHT 数值表示从鼻梁中心至右眼瞳孔中心之间的距离，表示右眼远用瞳距。LEFT 数值表示从鼻梁中心至左眼瞳孔中心之间的距离，表示左眼远用瞳距。中间部 PD 所示数值表示两眼瞳孔之间的距离，即远用瞳距 PD1，单位为 mm。

（7）重复上述第（5）和（6）项操作，得到第 2 次测得的远用瞳距值，记为 PD2。

（8）将测得的 PD1 和 PD2 计算平均值：$PD = (PD1 + PD2)/2$，计算出远用瞳距值 PD，PD 值采用四舍五入的方式取整，单位为 mm。

（9）核对并记录测量结果。

（10）关闭瞳距仪。

2. 瞳距仪近用瞳距测量　在瞳距仪注视距离调节手柄指向“30”指标位置时，测量得到的瞳距值为近用瞳距值。瞳距仪近用瞳距测量操作步骤如下。

（1）请被检者入座后，确认其头部端正，双眼处于水平位置，提示被检者保持稳定不要晃动。

（2）检查者面对被检者入座，调整自己的座位，保证其双眼与被检者双眼处于同样高度。

（3）打开瞳距仪电源开关，将注视距离调节手柄调整到“30”指标位置。如图 10－10 所示。

（4）请被检者双手扶住瞳距仪，配合检查者将瞳距

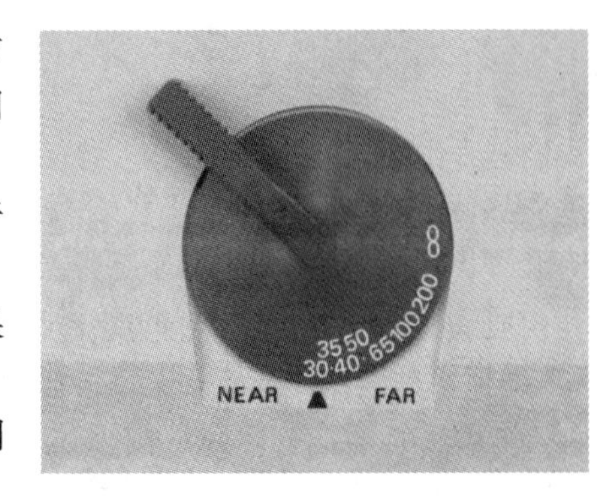

图 10－10 瞳距仪近用瞳距测量调整

仪的鼻托和前额支架轻轻放在被检者的鼻梁和前额处，并使鼻梁托、前额支架靠紧在被检者的鼻梁和前额上，其测量状态如图 10－9 所示。

（5）请被检者注视瞳距仪中绿色亮视标，放松双眼并保持稳定。检查者通过瞳距仪的观察目镜观察被检者角膜上反射光点，用左右手的中指分别调整瞳距仪左右眼测量键，使测量标线与被检眼角膜反射光点对准。

（6）取下瞳距仪，在数据显示窗中读取瞳距数值。RIGHT 数值表示从鼻梁中心至右眼瞳孔中心之间的距离，表示右眼近用瞳距。LEFT 数值表示从鼻梁中心至左眼瞳孔中心之间的距离，表示左眼近用瞳距。中间部 PD 所示数值表示两眼瞳孔之间的距离，即近用瞳距 PD1，单位为 mm。

（7）重复上述第（5）和（6）项操作，得到第 2 次测得的近用瞳距值，记为 PD2。

（8）将测得的 PD1 和 PD2 计算平均值：PD＝（PD1＋PD2）/2，计算出近用瞳距值 PD，PD 值采用四舍五入的方式取整，单位为 mm。

（9）核对并记录测量结果。

（10）关闭瞳距仪。

3. 瞳距仪单眼瞳距测量　在瞳距仪注视距离调节手柄指向“∞”（或“30”）指标位置时，通过调整位于瞳距仪背面的遮盖板手柄位置，就可得到远用（或近用）的单眼瞳距值。

瞳距仪单眼瞳距测量操作步骤如下。

（1）请被检者入座后，确认其头部端正，双眼处于水平位置，提示被检者保持稳定不要晃动。

（2）检查者面对被检者入座，调整自己的座位，保证其双眼与被检者双眼处于同样高度。

（3）打开瞳距仪电源开关，将注视距离调节手柄调整到“∞”（或“30”）指标位置。同时将位于瞳距仪背面的遮盖板手柄拨向右边，如图 10－11（a）所示。将左眼遮盖，进行右眼瞳距测量。

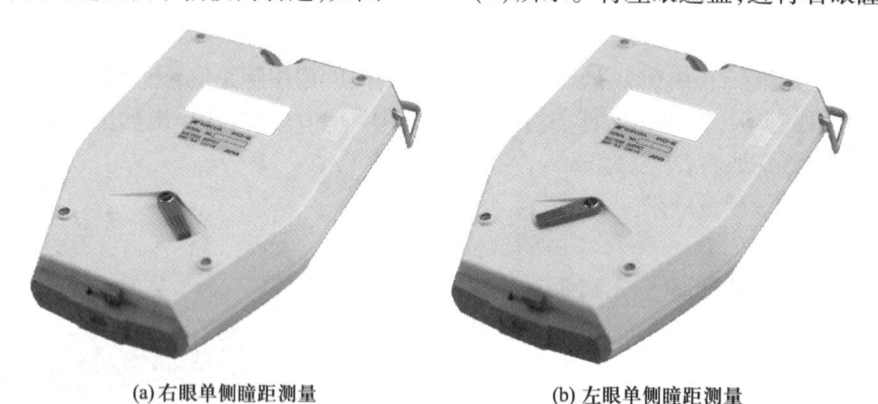

(a) 右眼单侧瞳距测量　　(b) 左眼单侧瞳距测量

图 10－11　瞳距仪背面遮盖板手柄

（4）请被检者双手扶住瞳距仪，配合检查者将瞳距仪的鼻托和前额支架轻轻放在被检者的鼻梁和前额处，并使鼻梁托、前额支架靠紧在被检者的鼻梁和前额上，其测量状态见图 10－9。

（5）请被检者注视瞳距仪中绿色亮视标，放松双眼并保持稳定。检查者通过瞳距仪的观察目镜观察被检者角膜上反射光点。检查者通过瞳距仪的观察目镜可以观察到被检者右眼角膜上反射光点，用左手的中指调整瞳距仪右眼测量键，使测量标线与被检眼右眼角膜反射光点对准。

(6) 取下瞳距仪,在数据显示窗中读取瞳距数值。RIGHT 数值表示从鼻梁中心至右眼瞳孔中心之间的距离,既右眼远用(或近用)瞳距,记为 RPD1。

(7) 重复上述第(5)和(6)项操作,得到第 2 次测得的右眼远用(或近用)瞳距值,记为 RPD2。

(8) 将测得的 RPD1 和 RPD2 计算平均值:RPD = (RPD1 + RPD2)/2,计算出右眼远用(或近用)瞳距值 RPD,RPD 值采用四舍五入的方式取整,单位为 mm。

(9) 核对并记录测量结果 RPD 值。

(10) 将位于瞳距仪底部的遮盖板手柄拨向左边[见图 10 - 11(b)]。将右眼遮盖,进行左眼瞳距测量。

(11) 请被检者注视瞳距仪中绿色亮视标,放松双眼并保持稳定。检查者通过瞳距仪的观察目镜观察被检者角膜上反射光点。检查者通过瞳距仪的观察目镜可以观察到被检者左眼角膜上反射光点,用右手的中指调整瞳距仪左眼测量键,使测量标线与被检左眼角膜的反射光点对准。

(12) 取下瞳距仪,在数据显示窗中读取瞳距数值。LEFT 数值表示从鼻梁中心至左眼瞳孔中心之间的距离,即左眼远用(或近用)瞳距,记为 LPD1。

(13) 重复上述第(11)和(12)项操作,得到第 2 次测得的左眼远用(或近用)瞳距值,记为 LPD2。

(14) 将测得的 LPD1 和 LPD2 计算平均值:LPD = (LPD1 + LPD2)/2,计算出左眼远用(或近用)瞳距值 LPD,LPD 值采用四舍五入的方式取整,单位为 mm。

(15) 核对并记录测量结果 LPD 值。

(16) 将遮盖板手柄拨回到中间位置,关闭瞳距仪。

第二节 瞳高测量

一、概述

在验光处方中,瞳高也是一项基本参数,特别是验配渐变焦眼镜时,瞳高参数的准确性会直接影响到配镜的质量和眼镜的使用效果。

瞳高(pupil height,PH)指当双眼向前平视,双眼视轴达到平行状态下,瞳孔中心到眼镜框底边内槽的垂直距离。通常瞳高是按单侧瞳高进行测量的,即右眼瞳高(RPDH)和左眼瞳高(LPDH),如图 10 - 12 所示。

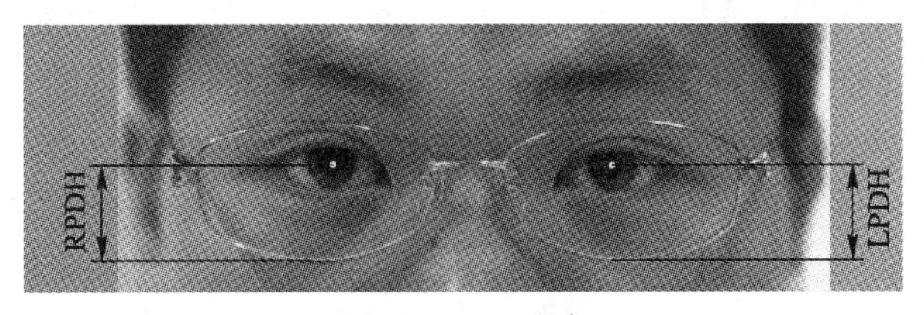

图 10 - 12 瞳高

瞳高是瞳孔中心在所配戴眼镜上的对应位置。瞳距是左右眼瞳孔中心之间的距离，故瞳高的测量与瞳距的测量从概念上讲是不同的。瞳距测量是针对双眼的测量，而瞳高的测量则是将人眼瞳孔位置标定在待加工的眼镜片上，测量结果体现的是人眼与眼镜之间的位置关系，故测量瞳高时需要被检者配戴待加工的眼镜架。瞳高的测量精度与瞳高测量时眼镜架的配戴位置正确与否有着密切的关系，配戴位置正确则瞳高测量精度高，否则测量精度低。这就是说，在瞳高测量前要对眼镜架进行调整，达到眼镜校配与整形的基本要求，在此基础上才开始进行瞳高的测量。瞳高数据的准确性会直接影响到眼镜垂直参数的质量。

目前常用的瞳高测量方法有衬片标定法和渐变镜测量卡法。工具分别为直尺、瞳距尺和渐变镜测量卡。

二、瞳高测量

瞳高测量前，被检者需要配戴已选好的眼镜架，检查者检查眼镜架配戴的状态是否符合要求，若达到要求方可进行瞳高标定，否则应先调整镜架，达到配戴要求后再进行瞳高标定。

目前常用的瞳高测量方法有衬片标定法和渐变镜测量卡法。

1. 衬片标定法瞳高测量　在被检者配戴的眼镜架上，将被检者的瞳高标定在眼镜架的衬片上，然后通过直尺测量出瞳高标记到眼镜架底边内槽的距离，即为瞳高。衬片标定法瞳高测量操作步骤如下。

（1）请被检者配戴选好的眼镜架，检查眼镜架配戴是否舒适，是否达到整形及调校要求。

（2）引导被检者保持正确坐姿，头部端正，双眼处于水平状态，不要偏斜和晃动。

（3）检查者面对被检者入座，调整自己的座位，双眼处于水平位置与被检者双眼相距40 cm，处于同样高度。

（4）检查者右手拇指和示指持记号笔，其他3个手指放于被检者前额作为持笔手的支撑点，测量状态如图10－13所示。

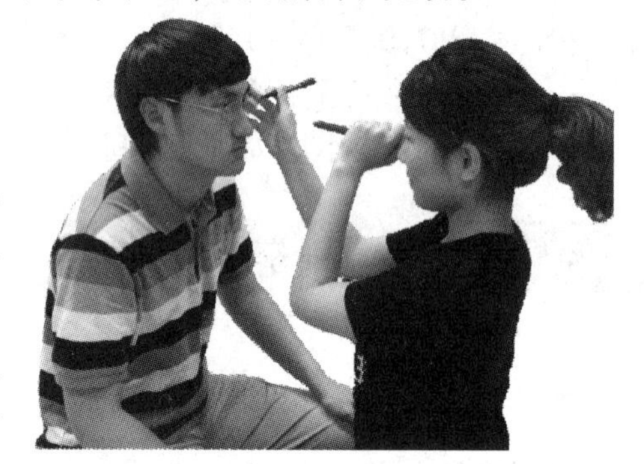

图10－13　在衬片上做角膜反光点测量状态

（5）检查者左手持笔式手电筒置于检查者左眼下方，并照亮被检者右眼，请被检者双眼注视检查者的左眼，检查者闭上右眼，用左眼观察被检者右眼角膜反光点，在眼镜衬片与右眼角膜反光点对应的位置上用记号笔做一标志点。

（6）检查者左手持笔式手电筒置于检查者右眼下方，并照亮被检者左眼，请被检者双眼注视检查者的右眼，检查者闭上左眼，用右眼观察被检者左眼角膜反光点，在眼镜衬片与左眼角膜反光点对应的位置上用记号笔做一标志点。

（7）取下眼镜，用直尺分别测量左右镜圈下缘到对应角膜反光标志点的距离，可测得右眼瞳高（RPDH）和左眼瞳高（LPDH），如图10－14所示。

（8）直尺测量边与左右两镜片角膜反光标志点对齐，分别读取反光标志点到眼镜鼻梁中线的距离，可测得右眼单眼瞳距（RPD）和左眼的单眼瞳距（LPD），如图10－15所示。

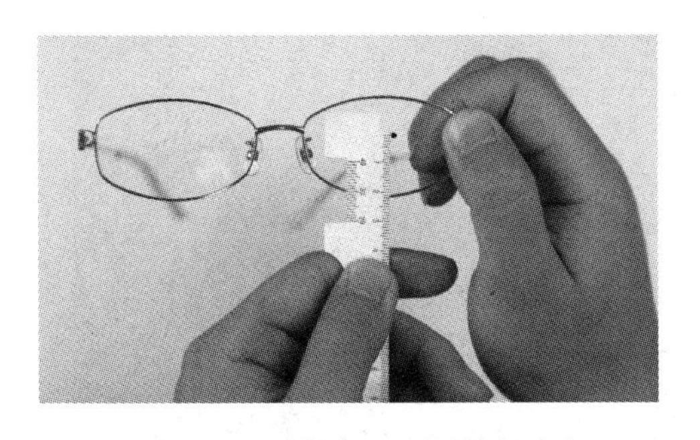

图 10－14　在镜架上测量单侧瞳高

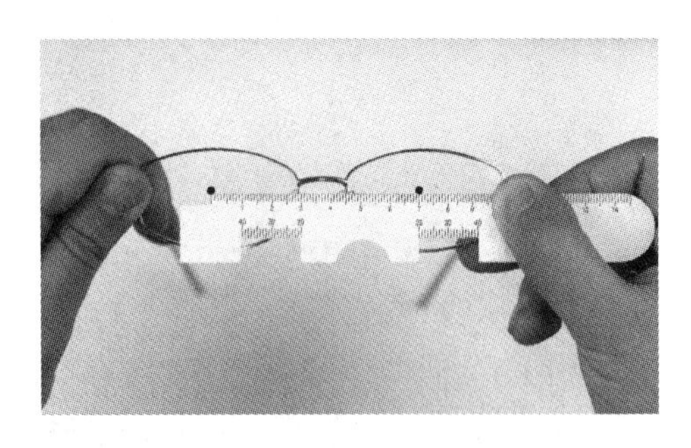

图 10－15　在镜架上测量单侧瞳距

（9）认真核对测量结果，做好测量记录。

2. 渐变镜测量卡法瞳高测量　在被检者配戴选定的眼镜架的状态下，将被检者的瞳高标定在眼镜架的衬片上，然后利用渐变镜测量卡测量出瞳高标记到眼镜架底边的距离，即为瞳高。渐变镜测量卡法瞳高测量操作步骤如下。

（1）请被检者配戴选好的眼镜架，检查眼镜架配戴是否舒适，并达到整形及调校要求。

（2）引导被检者保持正确坐姿，头部端正，双眼处于水平状态，不要偏斜和晃动。

（3）检查者面对被检者入座，调整自己的座位，保证其双眼与被检者双眼相距 40 cm，处于同样高度，处于水平位置。

（4）检查者右手拇指和示指持记号笔，其他 3 个手指放于被检者前额作为持笔手的支撑点，测量状态如图 10－13 所示。

（5）检查者左手持笔式手电筒置于检查者左眼下方，并照亮被检者右眼，嘱被检者双眼注视检查者的左眼，检查者闭上右眼，用左眼观察被检者右眼角膜反光点，在眼镜衬片与右眼角膜反光点对应的位置上用记号笔画一个“十”字标志。

（6）检查者左手持笔式手电筒置于检查者右眼下方，并照亮被检者左眼，嘱被检者双眼注视检查者的右眼，检查者闭上左眼，用右眼观察被检者左眼角膜反光点，在眼镜衬片与左眼角膜反光点对应的位置上用记号笔画一个“十”字标志。

（7）取下眼镜，将眼镜前表面朝下放置在渐变镜测量卡上，眼镜鼻梁中心与渐变镜测量卡中心对准，同时让眼镜左右两衬片上十字线中心与渐变镜测量卡零高度水平线对齐。

（8）通过衬片上左右十字线的竖线对应渐变镜测量卡上水平方向刻度值，可测得右眼瞳距（RPD）和左眼瞳距（LPD），如图 10－16 所示。

（9）将眼镜前表面向下左右镜圈下缘朝前放置在渐变镜测量卡上，眼镜鼻梁中心与渐变镜测量卡中心对准，同时让眼镜左右镜圈下缘与渐变镜测量卡零高度水平线对齐。

（10）通过衬片上左右“十”字线的横线对应渐变镜测量卡上垂直方向刻度值，可获得右眼瞳高（RPDH）和左眼瞳高（LPDH），如图 10－17 所示。

（11）认真核对测量结果，及时做好测量记录。

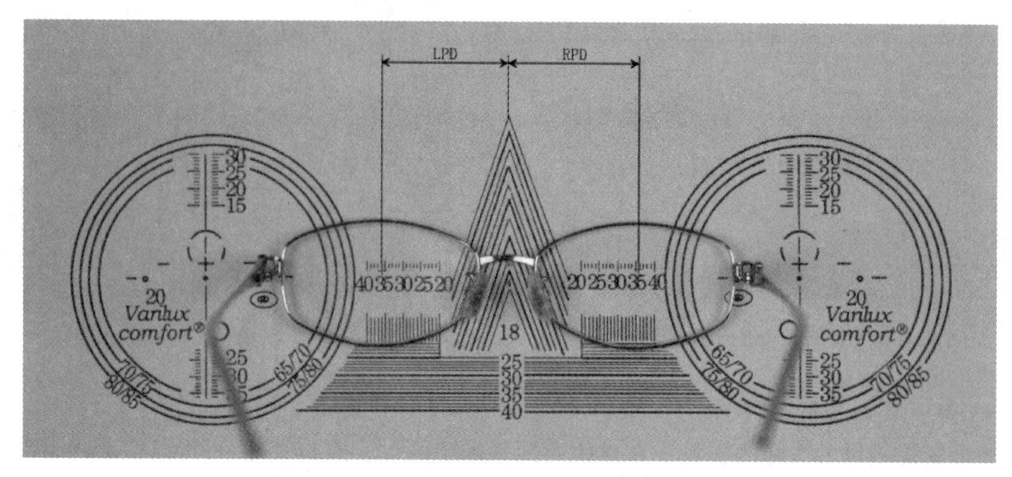

图 10－16　在渐变镜测量卡上测量单侧瞳距

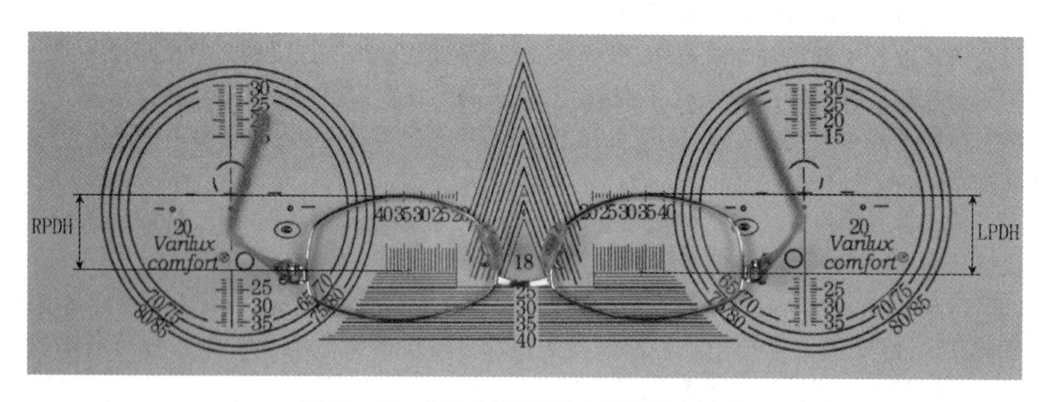

图 10－17　在渐变镜测量卡上测量单侧瞳高

第三节　实习:瞳距与瞳高测量

一、实习目的

1. 熟练掌握直尺法测量远用瞳距、近用瞳距的操作技术。
2. 熟练掌握映光法测量远用瞳距、近用瞳距和单眼瞳距的操作技术。
3. 熟练掌握瞳距仪测量远用瞳距、近用瞳距和单眼瞳距的操作技术。
4. 熟练掌握衬片标定法和渐变镜测量卡法测量瞳高的操作技术。
5. 掌握对特殊患者进行瞳距瞳高测量的操作技术。

二、实习环境及工具

验光室或模拟验光室,自然光或室内照明光,其照度应达到 200～400lx。

工具:直尺、瞳距尺、瞳距仪、渐变镜测量卡、笔式手电筒、标记笔、记录用纸和笔。

三、实习操作

1. 每位同学以三个同学作为操作对象，为其进行瞳距和瞳高测量。

2. 依次采用直尺法、映光法和瞳距仪法，为操作对象进行远用瞳距和近用瞳距测量，并将测量结果记录在表10－1中。

表10－1　远用近用瞳距测量操作记录表

操作者姓名：　　　　操作者学号：　　　　年　月　日

测量项目(一)	测量对象一/mm	测量对象二/mm	测量对象三/mm	核对
直尺法远用瞳距测量				
直尺法近用瞳距测量				
映光法远用瞳距测量				
映光法近用瞳距测量				
瞳距仪远用瞳距测量				
瞳距仪近用瞳距测量				

操作成绩：　　　　教师签名：

3. 分别采用映光法和瞳距仪法为操作对象进行单眼瞳距测量，并将测量结果记录在表10－2中。

4. 分别采用衬片标定法和渐变镜测量卡法为操作对象进行单眼瞳距和瞳高测量，并将测量结果记录在表10－2中。

表10－2　单眼瞳距瞳高测量操作记录表

操作者姓名：　　　　操作者学号：　　　　年　月　日

测量项目(二)	测量对象一/mm		测量对象二/mm		测量对象三/mm		核对
	右眼	左眼	右眼	左眼	右眼	左眼	
映光法单眼瞳距测量							
瞳距仪单眼瞳距测量							
衬片法单眼瞳距测量							
渐变镜测量卡单眼瞳距测量							
衬片法单侧瞳高测量							
渐变镜测量卡单侧瞳高测量							

操作成绩：　　　　教师签名：

四、瞳距瞳高测量注意事项

1. 瞳距测量时,若被检者配戴眼镜,请取下眼镜再进行测量。

2. 测量过程中检查者与被检者位置保持稳定,测量应迅速准确。

3. 在衬片上做角膜反光点位置的标志点应尽可能小。

4. 测量 RPDH、LPDH、RPD 和 LPD 数据过程中,检测者双眼和被检者双眼保持平行状态,以减少读数误差。

5. 在直尺角膜缘瞳距测量时,要观察被检者双眼角膜缘大小是否一致。当双眼角膜缘直径存在明显不一致时,请选择其他方式进行测量。

五、测量结果审核

对实际操作过程及测量结果进行审核,给出操作成绩和审核意见。

思 考 题

1. 测量瞳距的意义是什么?

2. 直尺法和映光法进行远用瞳距测量时,如何保证被检眼视轴处于平行状态?

3. 瞳距有哪几种测量方法?

4. 瞳高有哪几种测量方法?

5. 如何减小瞳距测量误差?

(武 红 朱博伟)

第十一章　眼镜片的移心

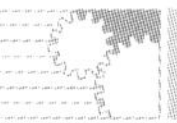

学习目标

◇ 理解眼镜片移心的概念。
◇ 掌握单光眼镜片移心量的计算方法。
◇ 掌握双光眼镜片移心量的计算方法和子片顶点高度的测量方法。
◇ 掌握渐变焦镜片移心量的计算方法。
◇ 掌握带有棱镜度处方的眼镜片移心方法。
◇ 能使用定中心仪对眼镜片进行移心。

案例1

张某，男，14岁，中学生，好运动，最近一段时间上课时总是看不清黑板上的字，父母带张某到医院检查后，诊断为近视，需要配眼镜。医生开具的远用矫正处方为OD -1.00 DS，OS -1.25 DS，PD =58 mm，矫正视力双眼均为1.0。所选镜片为直径70 mm、折射率1.56的普通树脂加硬加膜镜片，在挑选眼镜架时，张某和父母的意见发生了分歧，张某喜欢选择一副颜色较为鲜艳、样式较为夸张的大镜圈全框板材镜架，而父母希望选择一副质量较为轻盈、框架较为牢固的小镜圈半框镜架。通过与眼镜定配人员沟通，张某和父母知道配镜者眼睛的视线要与眼镜片的光学中心相一致，选择眼镜架不仅要考虑镜架的美观、安全和轻便，还要考虑配戴者的瞳距与眼镜架的规格尺寸等因素。通常眼镜架的镜圈尺寸与配戴者的瞳距相差越大，眼镜片的移心量就越大，对镜片的尺寸和实际配装加工时的技术要求就越高。

案例2

王某，男性，52岁，行政职员，近视眼，常戴眼镜。最近感觉戴眼镜时看报纸特别困难，而摘掉眼镜又需要将报纸移得很近才能看清，很是苦恼。到医院检查后，医生告诉他是老花了，看远和看近需要戴不同度数的眼镜。王某双眼远用的矫正处方为：OD -4.75 DS，OS -5.00 DS，矫正视力双眼均为1.0，近附加为 +2.00D，瞳距为64/60 mm。王某嫌使用两副眼镜太麻烦，于是医生建议他可以配戴看远、看近都可以的双光眼镜或渐变焦眼镜。因王某以前配过眼镜，他知道一点关于配眼镜的知识，配眼镜需要移心，要使眼镜片的光学中心与眼睛的视线相一致。所以当听完医生介绍完双光眼镜和渐变焦眼镜的特性后，王某非常好奇，"1个焦点的镜片"移心好理解，"两个焦点的镜片"和"多个焦点的镜片"怎么移心？

为满足不同患者的矫正需要、使配装眼镜符合国家标准，在配装加工眼镜的时候往往要进行眼镜片的移心。本章重点介绍眼镜片移心量的计算及移心方法。通过本章学习，要求熟练掌握单光眼镜片的移心、多焦点眼镜的移心及特殊眼镜的移心方法。

第一节　单光眼镜片的移心

一、眼镜片移心的一般概念

在配装加工眼镜的时候，对眼镜片光学中心的装配位置要以一个参考点为基准，这个参考点就是眼镜架镜圈的几何中心。为了满足眼镜配戴者眼睛的视线与眼镜片的光学中心相一致的原则，在配装加工眼镜时，就需要使眼镜片的光学中心满足于瞳孔的位置（眼镜片的光学中心与瞳距相符）。若眼睛的视线正好位于眼镜架镜圈的几何中心，而且眼镜片在装配时光学中心也加工在此位置上，此时，眼镜片没有移心。当眼睛的视线位于眼镜架镜圈几何中心以外的其他位置时，则眼镜片的光学中心也应随之移至该位置。将眼镜片光学中心移到眼镜架镜圈几何中心以外任何位置的过程，称为眼镜片移心。一般情况下眼镜片的移心分为水平移心和垂直移心两种。以眼镜架镜圈的几何中心为基准点，眼镜片的光学中心沿水平中心线向鼻侧或颞侧移动的过程称为水平移心；以眼镜架镜圈的几何中心为基准点，眼镜片的光学中心沿垂直中心线向上或向下移动的过程称为垂直移心。

二、移心量的计算方法

（一）水平移心量的计算方法

为使左右眼镜片光学中心间水平距离与瞳距相一致，将镜片光学中心以镜圈几何中心为基准，沿其水平中心线进行平行移动的量，称为水平移心量。如图 11－1 所示。

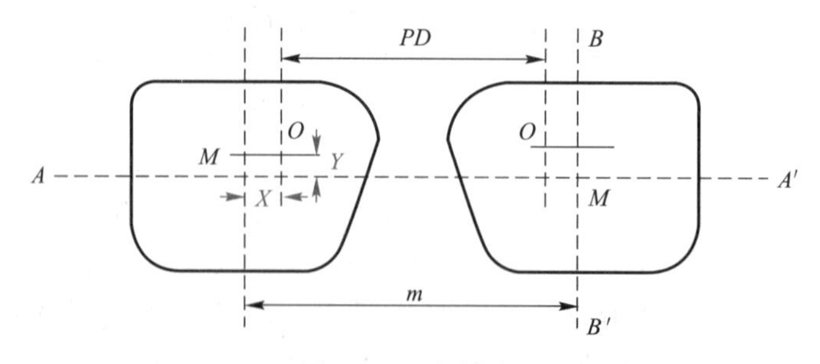

图 11－1　水平移心

图中 M 为镜圈几何中心，O 为镜片光学中心，X 为水平移心量，PD 为两眼瞳孔间距离，m 为眼镜架左右两镜圈几何中心水平距（又称 FPD），AA' 为水平中心线，BB' 为垂直中心线。从图中可以看出，水平移心量 X 等于眼镜架左右两镜圈几何中心水平距（FPD）与瞳距（PD）之差值的一半。用公式表示：

$$X = \frac{FPD - PD}{2} \qquad \text{公式 11 - 1}$$

式中：X 为水平移心量；FPD 为左右镜圈几何中心水平距；PD 为瞳距。可以根据 X 的正、负数值，判断出该光学中心是朝哪个方向移动。

当 $X>0$，即 $FPD>PD$ 时，光学中心向鼻侧（向内）移动。

当 $X<0$，即 $FPD<PD$ 时，光学中心向颞侧（向外）移动。

当 $X=0$，即 $FPD=PD$ 时，两镜片光学中心水平距离与左右镜圈几何中心水平距相一致，无需移动。

例 11－1：某顾客选配一副规格为 54□16 的镜架，其瞳距为 62 mm，要使眼镜片光学中心与瞳距相符，水平移心量是多少？向哪个方向移动光心？

解：根据镜架的尺寸可知：$FPD=(54+16)\text{ mm}=70\text{ mm}$，$PD=62\text{ mm}$，代入式（11－1）中，可求出水平移心量 X

即：
$$X=\frac{FPD-PD}{2}=\frac{70-62}{2}\text{ mm}=4\text{ mm}$$

因为 $FPD>PD$，所以镜片光学中心向鼻侧移动 4 mm。

如果考虑到单眼瞳距，则要以单眼瞳距的移心法来计算，利用下式可求出单眼水平移心量：

$$X = \frac{FPD}{2} - PD(\text{单眼}) \qquad \text{公式 11 - 2}$$

式中：X 为单眼水平移心量；FPD 为左右镜圈几何中心水平距；PD 为单眼瞳距。同样，可以根据 X 的正、负数值，判断出该光学中心是朝哪个方向移动。当 $X>0$ 时，光学中心向鼻侧（向内）移动；当 $X<0$ 时，光学中心向颞侧（向外）移动。

例 11－2：某顾客选配一副规格为 54□16 的镜架，经测量其右眼瞳距为 30 mm，左眼瞳距为 32 mm，要使眼镜片光学中心与瞳距相符，水平移心量是多少？向哪个方向移动光心？

解：根据镜架的尺寸可知：$FPD=(54+16)\text{ mm}=70\text{ mm}$，左右眼的单眼瞳距分别为 $PD_R=30\text{ mm}$、$PD_L=32\text{ mm}$，代入式（11－2）中，可求出水平移心量 X。

右眼：
$$X_R=\frac{FPD}{2}-PD_R=\left(\frac{70}{2}-30\right)\text{mm}=5\text{ mm} \qquad \text{（向内移）}$$

左眼：
$$X_L=\frac{FPD}{2}-PD_L=\left(\frac{70}{2}-32\right)\text{mm}=3\text{ mm} \qquad \text{（向内移）}$$

从配镜精度要求考虑，提倡用单眼瞳距计算法。

在实际配装加工过程中，选择眼镜片也必须要考虑到移心量的大小，移心量越大，所需镜片的直径就越大。此外，移心量大的镜片在自动磨边机旋转轴中容易发生倾斜，不利于保证加工的精确度。

所需镜片的最小直径通常依据以下公式进行选定：

$$D=(FPD-PD)+R$$

式中：D 为所需镜片最小直径；FPD 为左右镜圈几何中心水平距；PD 为瞳距；R 为镜圈尺寸；

此外，还要考虑在实际配装加工中要有损耗，镜片边缘厚度不一样，损耗也不一样，需留有一定的加工余量，一般为2～3 mm。

（二）垂直移心量的计算方法

为使镜片光学中心高度与眼睛的视线在镜圈垂直方向上相一致，将镜片光学中心以镜架几何中心为基准，沿其垂直中心线进行上下移动的量，称为垂直移心量。如图11－2所示。

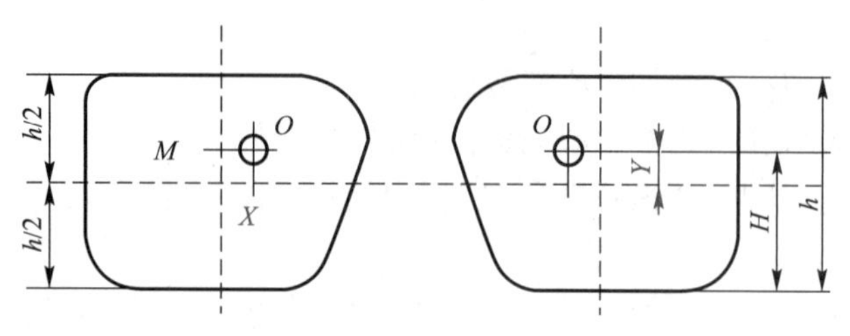

图11－2 垂直移心量

图中Y为垂直移心量，H为镜片光学中心高度，h为镜圈垂直高度。从图中可以看出，垂直移心量Y等于镜片光学中心高度H与1/2镜圈垂直高度之差值。

即：

$$Y=H-\frac{h}{2}$$ 公式11－3

式中：Y为垂直移心量，H为镜片光学中心高度，h为镜圈垂直高度。可以根据Y的正、负数值，判断出该镜片的光学中心高度应朝哪个方向移动。

当$Y>0$，即$H>h/2$时，向上方移动。

当$Y<0$，即$H<h/2$时，向下方移动。

当$Y=0$，即$H=h/2$时，无需移动。

例11－3：镜圈的垂直高度为42 mm，镜片装配时要求光学中心高度为18 mm，问垂直移心量是多少？应向哪个方向移动？

解：已知$H=18$ mm，$h=42$ mm代入公式11－3中，

垂直移心量 $$Y=H-\frac{h}{2}=\left(18-\frac{42}{2}\right)\text{mm}=-3\ \text{mm}$$

由于$Y<0$，需向下方移动3 mm。

在实际配装加工过程中，根据戴镜时眼镜前倾角与眼睛视轴的关系及镜圈的大小，远用眼镜的光学中心高度应在镜圈几何中心水平线到偏上2 mm的范围内。近用眼镜的光学中心高度应在瞳孔中心垂直下睑缘处，即与镜圈几何中心水平线相一致或略低于水平中心线到偏下2 mm的范围内。

在配制多焦点镜片或渐变焦镜片时，应根据不同的要求来确定镜片的光学中心高度。

案例分析

本章开头案例1中，如张某选择的是一副镜架规格为56□16－135的全框板材镜架，要使眼镜片光学中心与瞳距相符，水平移心量是多少？向哪个方向移动光心？制作此眼镜的未切割镜片直径尺寸至少需多大？

根据镜架的尺寸可知：$FPD=(56+16)$ mm $=72$ mm，$PD=58$ mm，代入式(11－1)中，可求出水平移心量 X

即：$$X=\frac{FPD-PD}{2}=7\text{ mm}$$

因为 $FPD>PD$，所以镜片光学中心应向鼻侧移动7 mm。

在实际配装加工过程中，所需镜片的最小直径取决于左右镜圈几何中心水平距和配镜者的瞳距。

本例中，所需镜片的最小直径为：

$$D=(FPD-PD)+R$$
$$=(56+16-58+56)\text{ mm}=70\text{ mm}$$

此外，在实际配装加工中要有损耗，镜片边缘厚度不一样，损耗也不一样，需留有一定的加工余量，一般为2～3 mm。因此，本例中所选定的镜片最小直径应为72～73 mm。由于张某所选的镜片为直径70 mm、折射率1.56的普通树脂加硬加膜镜片，不能满足加工要求，建议张某不要选择左右镜圈几何中心水平距与配镜者的瞳距相差较大的镜架。

第二节　多焦点镜片移心量的计算

一、双焦点镜片的移心

双焦点镜片又称双光镜片(bifocal lens)，它是一种在同一个镜片上具有两个不同的焦点，形成远用区(distance zone)和近用区(near zone)两个部分，即能看远又能看近，适合老视眼者配戴的眼镜。用于远用部分的镜片称为主镜片，其光学中心称为远用光学中心(distance optical center)。用于近用部分的镜片称为子片。根据制造方法可分为胶合双光、熔合双光和整体双光等。从子片外观形状上分，最常见的有圆顶双光(round top)和平顶双光(flat top)等。

(一) 双光镜片移心量的计算

双光镜片移心量的计算与单光镜片移心量的计算方法基本相同。但由于双光镜片是在同一镜片上具有远用和近用两个部分。因此，双光镜片移心量的计算主要是子片顶点水平移心量和子片顶点垂直移心量的计算。

1. 子片顶点水平移心量的计算　为使左右子片顶点间水平距离与近用瞳距相一致，将子片顶点以镜圈几何中心为基准，沿其水平中心线进行平行移动的量，称为子片顶点水平移心量；其计算方法可通过近用瞳距(*NPD*)相对眼镜架左右两镜圈几何中心水平距(*FPD*)的位置而求得。写成公式即为：

$$X_n=\frac{FPD-NPD}{2}\qquad\text{公式 11－4}$$

式中 X_n 为子片顶点水平移心量；*FPD* 为左右镜圈几何中心水平距；*NPD* 为近用瞳距。

在实际配装加工中，也可根据子片顶点相对远用光学中心位置的不同，采取不同的方法，以达到子片水平移心的要求。

（1）子片顶点相对远用光学中心内移量为 2 ~ 2.5 mm 的镜片。像这样的镜片，从设计上已将近用瞳距相对远用瞳距向内移 4 ~ 5 mm。因此，可采取下述两种方法进行计算。

① 利用公式 11 - 1，已知镜圈几何中心距 *FPD* 及远用瞳距 *PD*，即可求出主片远用光学中心水平移心量。

② 利用公式 11 - 4，已知镜架几何中心距 *FPD* 及近用瞳距 *NPD*，求出子片顶点水平移心量。

例 11 - 4：某顾客选配一副规格为 56□16 的镜架，其远用瞳距 *PD* = 66 mm，近用瞳距 *NPD* = 62 mm，问：配制双光眼镜时，主片光学中心水平移心量是多少？子片顶点水平移心量是多少？

解：将已知量 *FPD* = (56 + 16) mm = 72 mm、*PD* = 66 mm 代入公式 11 - 1，求出主片光学中心水平移心量。

即：
$$X = \frac{FPD - PD}{2} = \frac{72 - 66}{2}\ \text{mm} = 3\ \text{mm}$$

代入公式 11 - 4，求出子片顶点水平移心量。

即：
$$X_n = \frac{FPD - NPD}{2} = \frac{72 - 62}{2}\ \text{mm} = 5\ \text{mm}$$

结果，主片光学中心水平移心量为 3 mm，子片顶点水平移心量为 5 mm。

（2）子片顶点相对远用光学中心位置在同一垂直线上，这种镜片多见于圆顶双光球镜片。这时应首先计算出远用光学中心水平移心量，然后再根据制造商所给定的子片光心向内旋转角度的要求，使用量角器并以远用光心为轴向内旋转至所要求的角度即可。在实际配装加工中，通常使用定中心仪来完成子片光心向内旋转的角度要求，详见本章第四节球性圆顶双光眼镜片移心的方法。

2. 子片顶点垂直移心量的计算　子片顶点垂直移心量是指子片顶点高度在镜架垂直方向相对镜架水平中心线的移动量，称为子片顶点垂直移心量。其计算方法可通过镜架水平中心线高度与子片顶点高度之差值来求得。写成公式的形式，

即：
$$Y_n = H - \frac{h}{2} \qquad \text{公式 11 - 5}$$

式中，Y_n 为子片顶点垂直移心量；*H* 为子片顶点高度；*h* 为镜圈垂直高度。

例 11 - 5：某顾客选配一副金属架，其镜圈的垂直高度 *h* = 40 mm；测得子片顶点高度 *H* = 17 mm。问：子片顶点垂直移心量是多少？

解：代入公式 11 - 5

$$Y_n = H - \frac{h}{2} = \left(17 - \frac{40}{2}\right)\text{mm} = -3\ \text{mm}$$

结果：子片顶点垂直移心量为 3 mm，因为结果小于零，故子片顶点在镜架水平中心线下方 3 mm 处（向下移）。

3. 确定子片顶点高度　子片顶点位于配戴者瞳孔垂直下睑缘处时，从子片顶点至镜圈内缘最低点处的距离称为子片顶点高度。子片顶点高度的确定可以根据配戴的使用目的，即以远用为主、近用为主和普通型三种情况来确定。一般情况下，当配戴者以远用为主时，子片顶点高度应位于配戴者瞳孔垂直下睑缘处下方 2 mm 的位置。若以近用为主时，子片顶点高度应位于配戴者瞳孔垂直下睑缘处上方 2 mm 的位置。若是普通型，子片顶点高度应位于配戴者瞳孔垂直

下睑缘处的位置。

子片顶点高度需进行实际测量而得到。其测量方法如下。

（1）工具：瞳距尺、细油笔。

（2）操作步骤：① 验光师与配戴者正面对坐，且眼睛的视线保持在同一高度上。② 嘱配戴者戴上所选配并进行整形校配的镜架，达到配戴的要求。③ 嘱配戴者注视前方与视线高度相同的注视物（通常注视验光师鼻梁中心位置）。④ 验光师使用细油笔在镜圈衬片上顾客左右眼瞳孔中心正下方的下睑缘处画一横线（如果镜架上没有衬片，可以在镜圈上粘一透明胶纸）。⑤ 验光师再次核对横线位置，观察所画横线是否位于下眼睑缘处。⑥ 验光师取下镜架，利用瞳距尺分别测量横线至镜圈内缘最低点处的垂直距离，即为子片顶点高 H（图 11－3）。⑦ 询问顾客的使用目的。如果顾客为普通型，则子片顶点高即为 H；若以近用为主，则子片顶点高为 $H+2$ mm；若远用为主，则子片顶点高为 $H-2$ mm。

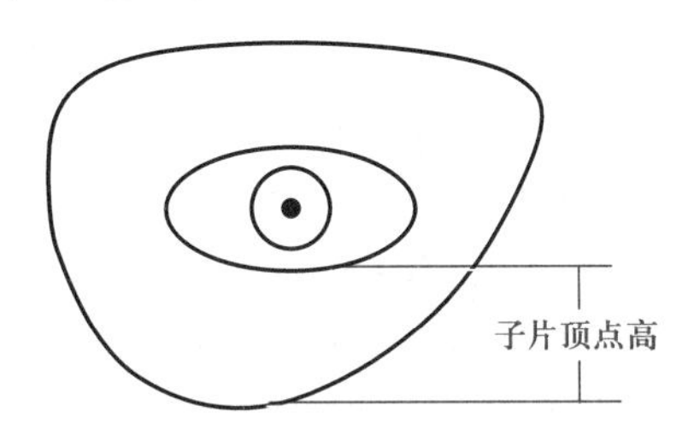

图 11－3　子片顶点高

（3）注意事项：① 镜圈内缘最低点不在瞳孔中心下方处时，所测量的子片顶点至镜圈内缘的高度和子片顶点至镜圈内缘最低点的高度是不同的。前者所测得的子片顶点高度就会太低，这时可利用方框法来重新测量子片顶点高度。② 左右眼下睑缘的高度不在同一高度时，首先检查所配戴的镜架是否在同一水平线上。若确定在同一水平线上，当左右眼相差 2 mm 以内时，以主眼下睑缘高度为基准确定子片顶点高度；当左右眼相差 2 mm 以上时，以左右眼的平均值为基准来确定子片顶点高度。

二、渐变焦镜片的移心

装配加工渐变焦镜片，通常要求印记在镜片表面上的远用眼位配适点（配镜“十”字）与眼睛的瞳孔位置（远用）相一致。因此，在进行水平方向移心时，只要准确测量出眼睛的瞳距，将镜片表面上的远用眼位配适点（配镜“十”字）水平移至眼睛的瞳孔中心即可。同样，在垂直方向移心时，将镜片表面上的远用眼位配适点（配镜“十”字）垂直移至眼睛的瞳孔中心即可。

1．渐变焦镜片水平移心量的计算　为使印记在镜片表面上的远用眼位配适点（配镜“十”字）与眼睛的瞳孔位置（远用）相一致，渐变焦镜片的水平移心量可根据公式 11－6 进行计算：

$$X = FPD/2 - \text{单侧瞳距} \qquad \text{公式 11－6}$$

式中：X 为水平移心量；FPD 为左右镜圈几何中心水平距。可以根据 X 的正、负数值，判断出远用眼位配适点（配镜“十”字）朝哪个方向移动。

当 $X>0$，即 $FPD/2$ ＞ 单侧瞳距时，远用眼位配适点（配镜“十”字）向鼻侧（向内）移动。

当 $X<0$，即 $FPD/2$ ＜ 单侧瞳距时，远用眼位配适点（配镜“十”字）向颞侧（向外）移动。

当 $X=0$，即 $FPD/2$ ＝ 单侧瞳距时，两镜片远用眼位配适点（配镜“十”字）在水平方向上与眼睛的瞳孔位置（远用）相一致，无需移动。

2．渐变焦镜片垂直移心量的计算　同样，为使远用眼位配适点（配镜“十”字）与眼睛的瞳孔位置（远用）相一致，渐变焦镜片的垂直移心量可根据公式 11－7 进行计算：

$Y = h/2 - 瞳高$ 公式 11 - 7

式中：Y 为垂直移心量；h 为镜圈高度。可以根据 Y 的正、负数值，判断出远用眼位配适点（配镜"十"字）朝哪个方向移动。

当 $Y>0$，即 $h/2 >$ 瞳高时，远用眼位配适点（配镜"十"字）需向下移动。

当 $Y<0$，即 $h/2 <$ 瞳高时，远用眼位配适点（配镜"十"字）需向上移动。

当 $Y=0$，即 $h/2 =$ 瞳高时，两镜片远用眼位配适点（配镜"十"字）在垂直方向上与眼睛的瞳孔位置（远用）相一致，无需移动。

（注：瞳高的测量方法详见第十章第二节）

例 11-6：某顾客的矫正处方为 OD -3.75 DS，OS -4.00 DS，近附加为 +2.00D，右眼瞳距为 31 mm，左眼瞳距为 33 mm。欲配制渐变焦眼镜，其选配了一副规格为 56□14-135 的金属全框镜架，镜圈的垂直高度 $h=36$ mm；测得其瞳高为 22 mm，问：渐变焦镜片的水平移心量是多少？垂直移心量是多少？

解：将已知量 $FPD=(56+14)\text{mm}=70$ mm，右眼瞳距为 31 mm，左眼瞳距为 33 mm 代入公式（11-6），分别求出左、右眼渐变焦镜片的水平移心量。

即：右眼的水平移心量为，$X_{右}=(70/2-31)\text{mm}=4$ mm

左眼的水平移心量为，$X_{左}=(70/2-33)\text{mm}=2$ mm

因为结果都大于零，右眼远用眼位配适点应向鼻侧移 4 mm，左眼远用眼位配适点应向鼻侧移 2 mm。

将镜圈垂直高度 $h=36$ mm，瞳高 $=22$ mm，代入公式（11-7），求出渐变焦镜片的垂直移心量。

即：$Y=h/2-瞳高= Y=(36/2-22)\text{mm}=-4$ mm

因为结果小于零，可知，远用眼位配适点（配镜"十"字）需向上移动 4 mm。

注意，上述提到的移心指的都是模板固定，移动镜片，模板为中心型模板，具体移心过程详见第四节实习中渐变焦镜片的移心方法。

第三节 特殊镜片的光学移心

在眼镜装配加工时，常会遇到一些顾客在矫正屈光不正的同时需要一定的棱镜度来矫正其他的视功能障碍。从第五章可知，棱镜度可通过眼镜片的移心来获得。

一、球面透镜的移心

球面透镜移心是想在眼睛的视轴处得到某一棱镜效果时而作的光心移位。即求移心距的大小及移动方向。在应用时要注意：正球面镜移心与所需的棱镜底同方向，负球面镜移心与所需的棱镜底反方向。

由球面透镜的移心关系式 $P=CF$ 得到：

$$C=\frac{P}{F}$$

式中 C 为移心量，其单位为 cm；P 为棱镜度；F 为镜片屈光力。

例 11-7:按照处方 L:(1) -4.50DS ⌓ $2^{\triangle}$BD,(2) -4.50DS ⌓ $1.5^{\triangle}$BI 的要求配镜,分别求移心量和方向。

解:根据题意,要使左眼透镜 -4.50DS 在视轴处产生(1) $2^{\triangle}$底朝下和(2) $1.5^{\triangle}$底朝内的棱镜效果。

(1) $2^{\triangle}$底朝下

$C=\frac{P}{F}=\frac{2}{4.5}\text{ cm}=0.44\text{ cm}$　　因是负球镜,向上移 4.4 mm

(2) $1.5^{\triangle}$底朝内

$C=\frac{P}{F}=\frac{1.5}{4.5}\text{ cm}=0.33\text{ cm}$　　因是负球镜,向外移 3.3 mm

例 11-8:按照处方 L: -8.00DS ⌓ $2^{\triangle}$BU ⌓ $1^{\triangle}$BO 的要求配镜,求移心量和方向。

解:根据题意,要使左眼镜片 -8.00DS 在视轴处产生 $2^{\triangle}$BU 和 $1^{\triangle}$BO 的棱镜效果

(1) 要产生 $2^{\triangle}$底朝上,

则: $C_V=\frac{P}{F}=\frac{2}{8}\text{ cm}=2.5\text{ mm}$　　(下移)

(2) 要产生 $1^{\triangle}$底朝外,

则 : $C_H=\frac{P}{F}=\frac{1}{8}\text{ cm}=1.25\text{ mm}$　　(内移)

将两移心合成:

$C=\sqrt{C_V^2+C_H^2}=\sqrt{2.5^2+1.25^2}\text{ mm}=2.8\text{ mm}$

移心方向为: $180°+\tan^{-1}\frac{2.5}{1.25}=180°+63.43°=243.43°$

即:向 243.43°方向移动 2.8 mm。

二、柱面镜的移心

与球面镜的移心一样,可以通过柱面镜的移心得到需要的棱镜效果。因柱面镜在与轴垂直的方向上有屈光力,所以移心方向也在与轴垂直的方向上。如,左眼处方 L: +2.00DC ×90° ⌓ $1^{\triangle}B180°$,可通过柱面镜向内(180°)移 5 mm 即可完成。移心量的求法与球面镜相同。

三、球柱面镜的移心

球柱面镜通过移心可得到需要的棱镜效果。在实际应用中,经常为要得到某一棱镜效果而计算移心量及方向。

例 11-9:处方 L: -6.00DS ⌓ +2.00DC ×90 ⌓ $2^{\Delta}B90°$ ⌓ $1^{\Delta}B180°$(说明要使左眼镜片 -6.00DS ⌓ +2.00DC ×90 在视轴处产生 $2^{\Delta}B90°$和 $1^{\Delta}B180°$的棱镜效果),求移心量及方向。

解: $P_V=2^{\Delta}B90°$　　　$P_H=1^{\Delta}B180°$

$F_V=-6.00$　　　$F_H=-4.00$

$C_V=\frac{P_V}{F_V}=\frac{2}{6}\text{ cm}=3.3\text{ mm}$　　(向下移)

$$C_H=\frac{P_H}{F_H}=\frac{1}{4}\ \text{cm}=2.5\ \text{mm}\quad(\text{向外移})$$

综合移心：　$C=\sqrt{C_V^2+C_H^2}=\sqrt{3.3^2+2.5^2}\ \text{mm}=4.14\ \text{mm}$

移心方向：　$\theta=\tan^{-1}\frac{C_V}{C_H}=-53°=307°$

即：应向307°方向移动4.14 mm。

注：当所需棱镜度较小时，可以在配装眼镜时，通过镜片的移心来实现。若所需棱镜度较大时，就需要特殊定做。

第四节　实习：眼镜片的移心

一、实习目的

通过实习，学会使用定中心仪对眼镜片进行移心。

二、实习仪器及用具

眼镜架（眼镜架上标有尺寸）及标准模板、单光眼镜片（镜度可任意）、球性圆顶双光眼镜片（镜度可任意）、平顶双光眼镜片（镜度可任意）、渐变焦眼镜片（镜度可任意）、直尺、定中心仪、焦度计。

三、实习内容

（一）单光眼镜片的移心

1. 使用焦度计分别确定右眼和左眼单光眼镜片的加工基准，并打上三印点标记。

2. 测量镜架左右镜圈几何中心水平距 *FPD*（或依据眼镜架上标有的规格尺寸获得镜架左右镜圈几何中心水平距 *FPD*），根据教师给定的瞳距值，利用（公式11－1）计算移心量 X。

3. 打开中心仪电源开关，照明灯照亮视窗，操作压杆，将吸盘架转至左侧位置。

4. 将右眼的标准模板（模板的几何中心与镜圈的几何中心完全一致）装在定中心仪刻度面板的定位销上；对于左眼镜片的移心，可将右眼的标准模板沿水平方向翻转180°，重新嵌入中心仪刻度面板上。

5. 设置水平移心位置。

右眼镜片：如 $X>0$，转动中线调节旋钮，通过视窗观察，使红色中线向右偏离刻度面板中心垂直基准线 X mm（如 $X<0$，则向左移动）。

左眼镜片：如 $X>0$，转动中线调节旋钮，通过视窗观察，使红色中线向左偏离刻度面板中心垂直基准线 X mm（如 $X<0$，则向右移动）。

6. 将打上三印点标记的眼镜片凸面向上放在定中心仪刻度面板上，并将镜片加工基准线与模板水平中心线重合，且光学中心与模板的几何中心对齐。

7. 设置垂直移心位置。通过视窗观察，在刻度面板水平线族中找到偏离中心水平基准线上方2 mm的那条水平线，移动镜片，使镜片的中间印点（光学中心）与红色中线和这条水平线的交点重合，同时三印点均在这一条水平线上。

8. 确认镜片的直径是否满足加工要求。通过视窗观察，检查模板大小是否在未切割镜片边缘之内，且满足与镜片边缘最小距离≥2 mm，否则更换较大直径的镜片。

9. 分清吸盘方向，定位孔与定位针对齐，将吸盘装入吸盘座。

10. 操作压杆，将吸盘座连同吸盘转至中心位置，按下压杆，将吸盘附着在镜片加工中心位置上。

11. 松开压杆，取出镜片，完成右眼、左眼单光镜片加工前的定中心和上吸盘工作。

(二) 圆顶双光眼镜片的移心步骤

1. 球性圆顶双光眼镜片的移心步骤

(1) 使用焦度计分别确定右眼和左眼球性圆顶双光镜片主镜片的加工基准，并打上三印点标记。

(2) 测量镜架左右镜圈几何中心水平距 *FPD*（或依据眼镜架上标有的规格尺寸获得镜架左右镜圈几何中心水平距 *FPD*），根据教师给定的远用瞳距和近用瞳距值，利用公式(11 -1) 和公式(11 -4) 分别计算主镜片光学中心水平移心量 X 和子片顶点水平移心量 X_n。

(3) 测量镜圈的垂直高度 h，根据教师给定的子片顶点高度 H，利用公式(11 -5) 计算子片顶点垂直移心量 Y_n。

(4) 打开中心仪电源开关，照明灯照亮视窗，操作压杆，将吸盘架转至左侧位置。

(5) 将右眼的标准模板（模板的几何中心与镜圈的几何中心完全一致）装在定中心仪刻度面板的定位销上；对于左眼镜片的移心，可将右眼的标准模板沿水平方向翻转 180°，重新嵌入中心仪刻度面板上。

(6) 将打印好三印点标记的球性圆顶双光镜片凸面向上放在定中心仪刻度面板上，且三印点均在刻度面板水平中心基准线上，转动包角线调节螺丝，打开包角线，通过视窗观察，调节包角线的角度使之与子片相切，如图(11 -4)所示。

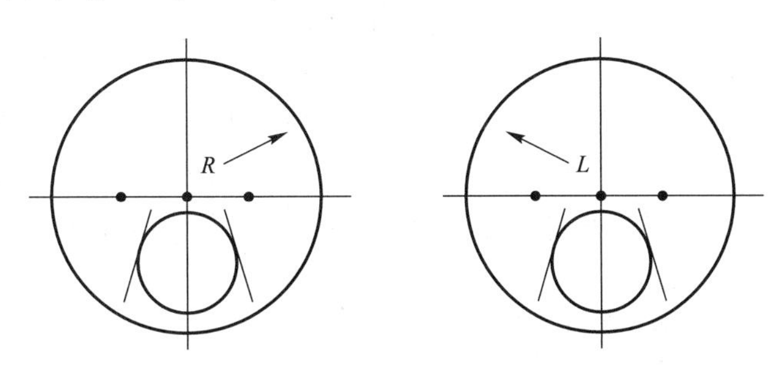

图 11 -4　左右球性圆顶双光眼镜片在定中心仪的位置

(7) 设置主镜片光学中心水平移心位置。

右眼镜片：如 $X>0$，转动中线调节旋钮，使红色中线向右偏离刻度面板中心垂直基准线 X mm（如 $X<0$，则向左移动）；水平移动镜片，通过视窗观察，将远用光心水平移到红色中线上。

左眼镜片：如 $X>0$，转动中线调节旋钮，使红色中线向左偏离刻度面板中心垂直基准线 X mm（如 $X<0$，则向右移动）；水平移动镜片，通过视窗观察，将远用光心水平移到红色中

线上。

(8) 设置子片顶点水平移心位置。继续转动中线调节螺丝,通过视窗观察,使红色中线移至与子片顶点水平移心量相符的 X_n mm 位置上(偏离刻度面板中心垂直基准线 X_n mm),即与近用瞳距相符;然后以远用光心为圆心,根据左右眼分别旋转镜片,使左右两条黑色包角线分别与子片左右二顶角相切。

(9) 设置子片顶点垂直移心位置。如 $Y_n<0$,沿着红色中线垂直方向移动镜片,通过视窗观察,使子片顶点移到水平中心线下方 Y_n mm,与子片顶点在镜架水平中心线下方 Y_n mm 处相符,如 $Y_n>0$,沿着红色中线垂直方向移动镜片,通过视窗观察,使子片顶点移到水平中心线上方 Y_n mm,与子片顶点在镜架水平中心线上方 Y_n mm 处相符。

(10) 分清吸盘方向,定位孔与定位针对齐,将吸盘装入吸盘座。

(11) 操作压杆,将吸盘座连同吸盘转至中心位置,按下压杆,将吸盘附着在镜片加工中心位置上。

(12) 松开压杆,取出镜片,完成右眼、左眼双光镜片加工前的定中心和上吸盘工作。

如双光镜片主镜片为球柱面镜片,可在完成上述 1 ~6 步骤后,将子镜片顶点直接水平移到与近用瞳距相符的位置,然后上下移动镜片,再将子片顶点移到子片顶点高度位置即可,无需转动。

2. 平顶双光眼镜片的移心步骤

(1) 使用焦度计分别确定右眼和左眼平顶双光镜片主镜片的加工基准,并打上三印点标记。

(2) 测量镜架左右镜圈几何中心水平距 *FPD*(或依据眼镜架上标有的规格尺寸获得镜架左右镜圈几何中心水平距 *FPD*),根据教师给定的近用瞳距值,利用公式 (11 -4)计算子片顶点水平移心量 X_n。

(3) 测量镜圈的垂直高度 h,根据教师给定的子片顶点高度 H,利用公式(11 -5) 计算子片顶点垂直移心量 Y_n。

(4) 打开中心仪电源开关,照明灯照亮视窗,操作压杆,将吸盘架转至左侧位置。

(5) 将右眼的标准模板(模板的几何中心与镜圈的几何中心完全一致)装在定中心仪刻度面板的定位销上;对于左眼镜片的移心,可将右眼的标准模板沿水平方向翻转 180°,重新嵌入中心仪刻度面板上。

(6) 将打印好三印点标记的平顶双光镜片凸面向上放在定中心仪刻度面板上,且三印点均在刻度面板水平中心基准线上。

(7) 设置子片顶点水平移心位置。

右眼镜片:如 $X_n>0$,转动中线调节螺丝,使红色中线向右偏离刻度面板中心垂直基准线 X_n(如 $X_n<0$,则向左移动),与近用瞳距要求的移心量相符。水平移动镜片,把镜片的子片顶移动到红色中线上,转动包角线调节螺丝,打开包角线,调节包角线的角度,使左右两条黑色包角线分别与子镜片相切。

左眼镜片:如 $X_n>0$,转动中线调节螺丝,使红色中线向左偏离刻度面板中心垂直基准线 X_n(如 $X_n<0$,则向右移动),与近用瞳距要求的移心量相符;水平移动镜片,把镜片的子片顶移动到红色中线上,转动包角线调节螺丝,打开包角线,调节包角线的角度使左右两条黑色包角线分别与子镜片相切。如图(11 -5)所示。

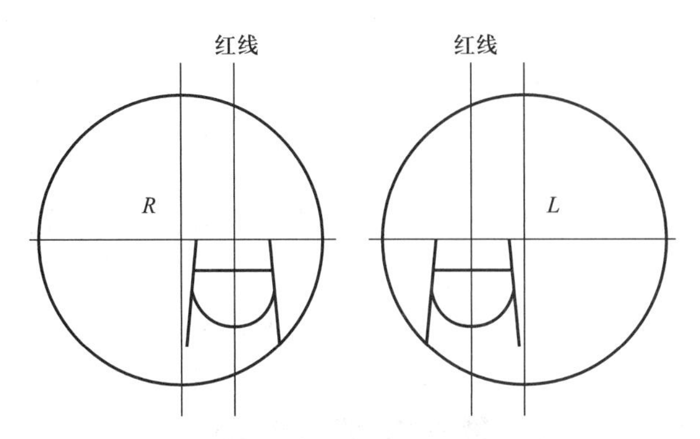

图 11－5 左右平顶双光眼镜片在定中心仪的位置

(8) 设置子片顶点垂直移心位置。如 $Y_n<0$,沿着红色中线垂直方向移动镜片,使子片顶点移到水平中心线下方 Y_n mm,与子片顶点在镜架水平中心线下方 Y_n mm 处相符,如 $Y_n>0$,沿着红色中线垂直方向移动镜片,使子片顶点移到水平中心线上方 Y_n mm,与子片顶点在镜架水平中心线上方 Y_n mm 处相符。

(9) 分清吸盘方向,定位孔与定位针对齐,将吸盘装入吸盘座。

(10) 操作压杆,将吸盘座连同吸盘转至中心位置,按下压杆,将吸盘附着在镜片加工中心位置上。

(11) 松开压杆,取出镜片,完成右眼、左眼双光镜片加工前的定中心和上吸盘工作。

(三) 渐变焦眼镜片的移心步骤

(1) 测量镜架左右镜圈几何中心水平距 *FPD*(或依据眼镜架上标有的规格尺寸获得镜架左右镜圈几何中心水平距 *FPD*),根据教师给定的单侧瞳距,利用公式(11－6)分别计算远用眼位配适点(配镜"十"字)的水平移心量 $X_{右}$ 和 $X_{左}$。

(2) 测量镜圈的垂直高度 h,根据教师给定的瞳高值,利用公式(11－7) 计算远用眼位配适点(配镜"十"字)的垂直移心量 Y。

(3) 打开中心仪电源开关,照明灯照亮视窗,操作压杆,将吸盘架转至左侧位置。

(4) 将右眼的标准模板(模板的几何中心与镜圈的几何中心完全一致)装在定中心仪刻度面板的定位销上;对于左眼镜片的移心,可将右眼的标准模板沿水平方向翻转 180°,重新嵌入中心仪刻度面板上。

(5) 将渐变焦眼镜片置于定中心仪上,且远用眼位配适点(配镜"十"字)位于刻度面板中心。

(6) 设置远用眼位配适点水平移心位置。

右眼镜片:如 $X_{右}>0$,转动中线调节螺丝,使红色中线向右偏离刻度面板中心垂直基准线 $X_{右}$(如 $X_{右}<0$,则向左移动),与右眼单侧瞳距要求的移心量相符;水平移动镜片,把远用眼位配适点(配镜"十"字)移动到红色中线上。

左眼镜片:如 $X_{左}>0$,转动中线调节螺丝,使红色中线向左偏离刻度面板中心垂直基准线 $X_{左}$(如 $X_{左}<0$,则向右移动),与左眼单侧瞳距要求的移心量相符;水平移动镜片,把远用眼位配适点(配镜"十"字)移动到红色中线上。

(7) 设置远用眼位配适点垂直移心位置。

如 $Y<0$，沿着红色中线垂直方向向上移动镜片，使远用眼位配适点（配镜“十”字）移到水平中心线上方 Y mm，与眼睛的瞳孔位置相一致；如 $Y>0$，沿着红色中线垂直方向向下移动镜片，使远用眼位配适点（配镜“十”字）移到水平中心线下方 Y mm，与眼睛的瞳孔位置一致。

（8）分清吸盘方向，定位孔与定位针对齐，将吸盘装入吸盘座。

（9）操作压杆，将吸盘座连同吸盘转至中心位置，按下压杆，将吸盘附着在镜片加工中心位置上。

（10）松开压杆，取出镜片，完成右眼、左眼渐变焦镜片加工前的定中心和上吸盘工作。

思考题

1. 什么是眼镜片移心？什么是水平移心量和垂直移心量？

2. 某顾客选配一副规格为 56□18 的镜架，其瞳距为 68 mm，要使眼镜片光学中心与瞳距相符，水平移心量是多少？向哪个方向移动光心？

3. 某顾客选配一副规格为 56□16 的镜架，其瞳距为 64 mm，要使眼镜片光学中心与瞳距相符，求水平移心量及移心方向？

4. 镜圈的垂直高度为 40 mm，镜片装配时要求光学中心高度为 22 mm，问垂直移心量是多少？应向哪个方向移动？

5. 某顾客选配一副规格为 54□18 的镜架，经测量其右眼瞳距为 33 mm，左眼瞳距为 35 mm，要使眼镜片光学中心与瞳距相符，水平移心量是多少？向哪个方向移动光心？

6. 某患者的验光处方是 R：-3.00DS，L：-3.50DS，PD：58 mm，定配一副金属全框眼镜，所选镜架尺寸规格为 52□17，试问制作此眼镜的未切割镜片直径尺寸至少需多大？

7. 某顾客选配一副规格为 56□14 的镜架，其远用瞳距 $PD=64$ mm，近用瞳距 $NPD=60$ mm，问：配制双光眼镜时，主片光学中心水平移心量是多少？子片顶点水平移心量是多少？

8. 某顾客选配一副金属架，其镜圈的垂直高度 $h=42$ mm；测得子片顶点高度 $H=18$ mm。问：子片顶点垂直移心量是多少？

9. 按照处方 L：-5.00DS ◯ 2^{Δ}BD ◯ 1^{Δ}BI 的要求配镜，求移心量和方向。

10. 按照处方 L：-6.00DS ◯ +2.00DC×90 ◯ 2^{Δ}B90 ◯ 1^{Δ}B180 的要求配镜，求移心量及方向。

（闫　伟）

第十二章　眼镜的配发

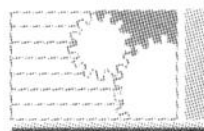

学习目标

◇ 熟悉配镜订单，掌握单光、双光和渐变焦眼镜配发时订单确认的内容。

◇ 掌握单光、双光和渐变焦眼镜配发时配适评估的项目及内容。

◇ 掌握单光、双光和渐变焦眼镜配发戴镜指导的内容及方法。

◇ 学会单光、双光和渐变焦眼镜配发时常规问题的处理方法。

案例1

患者，张某，女，16岁，中学生，最近主诉上课时看不清黑板上的字迹，于是父母带其到医院检查。经检查，验光医师开具的验光处方如下：OD -2.00 DS/-0.50DC×180，OS -2.25 DS，*PD*=60 mm，矫正视力双眼均为1.0。通过推荐和交流，张某最后选择定配了一副半框眼镜，眼镜架的规格尺寸为53□17-140，镜片为普通树脂加硬加膜镜片，折射率1.599。取镜时，张某戴上新配的眼镜感觉视物非常清晰，但看东西有些轻微变形。张某的父母非常担心，问医生是不是眼镜没有配好？这时医生给张某和其父母进行了耐心的解释并进行了戴镜指导，医生告诉张某和其父母，初次配镜的患者会有短期的不适，经过短暂的适应期后不适的感觉会消失，张某和其父母最终打消了疑虑。

案例2

患者，王某，男性，62岁，某日到某验配中心配镜，在营业人员的推荐下配了一副迷你渐变焦眼镜，新眼镜的度数为：远用：OD +2.00 DS，OS +1.25 DS/+0.50 DC×180，矫正视力单眼均为1.0，ADD +2.00 D。但是配戴了一周后进店投诉：看远还可以但是没有当时验光试镜时清楚，看近时间一长就觉得不舒服，不想戴，还是得戴老花眼镜。该患者原来不戴看远的眼镜，不知道所戴的老花眼镜的度数。所选的镜架规格尺寸为52□18，框高31 mm，瞳距右眼为32.5 mm，左眼为33.5 mm，瞳高均为20 mm。看远没有当时验光试镜时清楚的原因主要包括两个方面：① 眼位点是否没有对准；② 镜片度数是否准确。而看近时间一长就觉得不舒服的问题，其实就是长时间看近后出现的视疲劳，一般引起的原因是调节紧张或者调节与辐辏不协调。作为一名专业人员面对王某投诉的问题，应如何解决？

第一节 单光眼镜的配发

一、订单确认

订单确认就是核对配镜订单。配镜订单即配镜者的订货单，它是眼镜定配加工的依据，也是眼镜店、眼镜验配中心等企业内部使用的施工单。目前，配镜订单还没有统一的格式，下面为某验配中心使用的配镜订单。

*** 医院验配中心 NO. 00008 **

姓名：________ 性别：____ 年龄：____

地址：________ 联系电话：____

配镜日期：____ 取镜日期：____ 卡号：____

裸眼视力：R： L：

旧眼镜资料与处方

			球镜	柱镜	轴位	棱镜	基底	ADD	矫正视力
远用 近用	旧眼镜 度数	R							
		L							

眼镜光心距：远用 mm 近用 mm 镜架的规格： 镜片：

验光资料与处方

			球镜	柱镜	轴位	棱镜	基底	ADD	矫正视力
远用 近用	验光 处方	R							
		L							

瞳距	远用	mm	单眼 瞳距	右眼瞳距	mm	瞳高	右眼	mm
	近用	mm		左眼瞳距	mm		左眼	mm

新眼镜资料

类别	商品名称	单价	金额	备注	客户签名：
镜架					
镜片					
护理产品					
隐形眼镜					

总计人民币： 预付： 余额：

销售员：____ 验光师：____ 收银员：____ 库房：____ 加工师：____ 质检：____

配镜订单一般有一式多联，各企业、各店使用的订单的联数也不统一，每一联的作用也各不相同。通常情况下，配镜订单的第一联为收款存根，用于企业内部每天结账；第二联为取镜凭证，当患者付款后，将此联加盖收款章交付患者，作为患者取镜时的证明；第三联为发料凭证，用于企业内部发放领取眼镜架、眼镜片等货品，货品发放后，此联由库房留存；第四联为配镜证明，配镜师凭此联为患者加工制作眼镜，患者取镜时，收回取镜单，然后将此联交付患者作为配镜凭证，患者凭此联可用于保修服务或下次配镜的参考。

订单确认就是将加工好的眼镜按照配镜订单逐一进行核对确认，核对的内容主要包括：患者的姓名、年龄、患者的处方、配镜时间、取镜时间、镜架、镜片的货名、价格、有无特殊的加工需求等。确认无误后，回收配镜订单，进行库存，然后，将眼镜交给患者进行试戴并进行配适评估和戴镜指导。

二、配适评估

1. 镜架配戴情况的评估

（1）从戴镜者正面观察：镜架一定要配戴端正，符合美学要求，镜圈几何中心线基本位于配戴者下眼睑的高度，鼻托与鼻梁面接触，见图 12－1(a)。

（2）从戴镜者侧面观察：镜腿松紧适度，与耳朵是否接触良好，眼镜的前倾角是否恰当，见图 12－1(b)。

（3）俯视观察戴镜者：两眼的镜眼距是否一致，镜架颞距的宽度是否合适，镜面角是否与面形相配，见图 12－1(c)。

（4）核查配戴者鼻梁、耳朵及耳后头部的压力情况，询问配戴者有无不适。

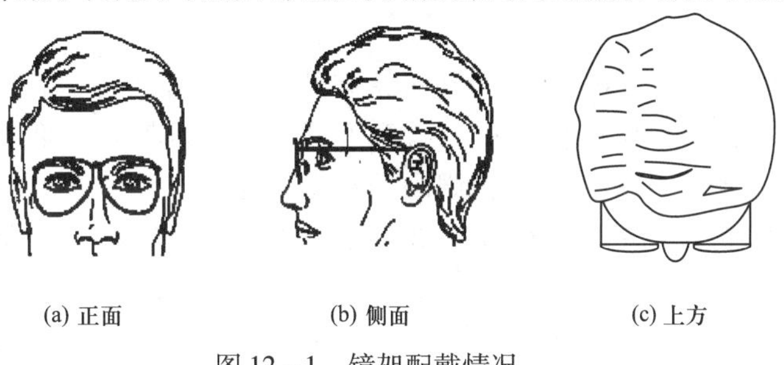

(a) 正面　(b) 侧面　(c) 上方

图 12－1　镜架配戴情况

2. 戴镜后的视力评估　询问(必要时)验证配戴者戴镜后的视力情况是否达到要求。

三、戴镜指导

1. 初次配镜患者的戴镜指导　对初次配镜患者要介绍眼镜的使用常识。

（1）即使验配合格的眼镜，对于初次配镜患者也可能有短期的不适，经过短暂的适应期后不适的感觉会消失。

（2）初次配戴散光眼镜后视觉清晰，但视物会轻微变形。这是因为习惯了原来裸眼视物的状态，经过短暂的适应期后不适的感觉会消失。

（3）初次配戴完全矫正眼镜(屈光度数较高)严重不适，应向患者建议适当降低屈光度数至可以承受，待适应后逐渐增大屈光度数至完全矫正。

（4）初次配戴远用近视眼镜，视远良好，但上下楼梯或台阶时总有踩空的感觉。这是因为在上下楼梯或台阶时,眼睛通过镜片下部视物时产生的棱镜效应。若低头通过镜片的光学中心看楼梯,踩空的感觉会消失。

(5) 建议养成双手摘、戴眼镜的习惯,以防长期单手摘、戴眼镜造成眼镜架变形;放置镜架时须将上端朝下放稳,不用时,须用镜布将眼镜包好,放进镜盒,以免损坏。

(6) 对少年儿童近视患者,应嘱其戴镜连续近距离用眼时间不能过长,以不超过 1 h 为宜。儿童近视多数是由于没有养成良好的用眼习惯、连续长时间近距离用眼所致。对于这类患者,应向其及家长介绍科学用眼卫生知识。连续长时间近距离用眼,会使眼睛睫状肌处于紧张状态,如长期如此,眼睛睫状肌的紧张状态不能复原,只能看清近处不能看清远处而成为近视眼。配近视镜矫正后,由于眼镜的帮助可以看清远方的物体,但少年儿童的主要时间要用于学习,在看书、写作业时还要近距离使用眼睛。

(7) 对于隐形眼镜和框架眼镜交替配戴者,首先要向其介绍镜眼距的不同会对矫正镜片的屈光度数产生影响;近视眼患者,如果原来配戴隐形眼镜,现在定配框架眼镜,框架眼镜的度数会比其原来配戴隐形眼镜的度数高;远视眼患者,如果原来配戴隐形眼镜,现在定配框架眼镜,框架眼镜的度数会比其原来配戴隐形眼镜的度数低。其次,要建议隐形眼镜和框架眼镜交替配戴,在定配框架眼镜时最好选择非球面镜片,以避免视觉上存在大的差异。

(8) 介绍眼镜片的护理方法。例如,树脂材料镜片清洁时最好用水洗。

2. 重新配镜患者的戴镜指导

(1) 重新配镜的患者,除了给予其规范的验光外,为避免配镜者产生不适,还必须参考原配镜处方、原镜的配戴情况以及配镜者对原镜的评价,包括原屈光度数、散光轴位,瞳距、原眼镜架的弧度、倾角等。

(2) 对于配镜处方没有变化,而更换新眼镜架的配镜患者,若其屈光力在 ±4.00D 以下,不必考虑镜眼距变化对屈光度数的影响;但对于高度屈光不正患者,则应保持新镜架的镜眼距和旧镜架的镜眼距一致,这样可以避免由于镜眼距的改变而导致有效屈光力的改变。若新镜架的镜眼距和旧镜架的镜眼距无法保持一致,镜眼距发生的改变,则应根据有效屈光力公式计算并改变屈光度数。

(3) 原来配戴非球面镜片眼镜的患者,重新配镜时,建议不要选择球面镜片,因为非球面镜片相对于球面镜片,变形较小,视野范围大,更轻、更薄、更美观。所以患者重新配镜时,如果选择球面镜片会感到新配眼镜不如原来的眼镜好。

案例分析1

现在我们明白了本章开头案例 1 中,张某戴上新配的眼镜为什么视物非常清晰,但看东西有些轻微变形了。通常初次配镜的患者会有短期的不适,尤其是初次配戴散光眼镜后尽管视觉清晰,但视物会轻微变形,这是因为配戴者习惯了原来裸眼视物的状态,经过短暂的适应期后不适的感觉会消失。

同时,我们还要提醒张某,戴镜后上下楼梯或台阶时,一定要注意低头通过镜片的光学中心看楼梯,不要通过镜片下部看楼梯或台阶,不然总有踩空的感觉,这是因为眼睛通过镜片下部视物时会产生棱镜效应。

第二节　双光眼镜的配发

一、订单确认

双光眼镜的订单确认和单光眼镜的订单确认基本相同，除了核对患者的姓名、年龄、患者的处方、配镜时间、取镜时间、镜架、镜片的货名、价格、有无特殊的加工需求之外，还要重点核对以下内容。

1. 核对配镜订单与镜片是否一致，着重检查双光镜片类型、远用屈光力、近用附加度、子镜片高度和近用瞳距是否与配镜订单上记录的一致。

2. 容许误差。双光眼镜的远用屈光力、近用附加度、散光度数和轴位的容许误差参见国家有关镜片度数误差的质量标准。对于双光眼镜，两子镜片高度的误差应不超过 1 mm，两子镜片的几何中心水平距离与近瞳距的差值应小于 2 mm。其他的误差范围请参见双光眼镜的配装标准。

二、配适评估

1. 镜架配戴情况的评估

(1) 从戴镜者正面观察：镜架一定要配戴端正，符合美学要求，子镜片高度基本位于配戴者下眼睑的高度，鼻托与鼻梁面接触。

(2) 从戴镜者侧面观察：镜腿松紧适度，与耳朵是否接触良好，眼镜的前倾角是否恰当。

(3) 俯视观察戴镜者　两眼的镜眼距是否一致，镜架颞距的宽度是否合适，镜面角是否与面形相配。

(4) 核查配戴者鼻梁、耳朵及耳后头部的压力情况，询问配戴者有无不适。

2. 戴镜后视力的评估　询问、验证配戴者戴镜后的远、近视力情况是否达到要求。

3. 戴镜后远用、近用视野的评估　询问、验证配戴者戴镜后的远用、近用视野是否达到要求。

三、戴镜指导

双光眼镜是老视患者的一种配镜选择，适用于同时需要视远、视近配戴者。在配发时，要向患者说明使用方法及中距离视物的局限性。

1. 双光眼镜有视远与视近两个不同屈光力的区域。对于老视患者，可以满足使用一副眼镜看远或看近的需要。但是需要向老视患者说明，双光眼镜是为视远与视近两个特定的区域而设计，对于以上两个区域以外的物体可能会看不清(如中距离的物体)。

2. 为使双光镜的配戴者很好地使用眼镜，在眼镜加工前必须将眼镜架按使用状态调整好，并在取镜时进一步进行调整，避免由于加工过程引起的镜架变形而改变了使用状态。

3. 向配戴者说明在使用双光镜时会出现像跳现象，提醒配戴者在走路、上下楼梯、骑车时不要用近用光学区，避免由于视角误差产生不良后果。

第三节 渐变焦眼镜的配发

一、订单确认

渐变焦镜片在完成割边、装架之后，会暂时保留镜片上的临时性标记，以便在眼镜质量检测时对眼镜的相关数据进行核对。患者取镜时，还要再次确认配镜参数的正确性，核对无误后，才能将制作好的眼镜配发给患者。临时性标记只有在完成对配戴者的配适评估和戴镜指导后才能擦去。

渐变焦眼镜的订单确认和单光眼镜的订单确认也基本相同，除了核对患者的姓名、年龄、患者的处方、配镜时间、取镜时间、镜架、镜片的货名、价格、有无特殊的加工需求之外，还要重点核对以下内容。

1. 核对配镜订单与镜片是否一致。着重检查渐变焦镜片类型、镜架、远用屈光力、近用附加度、配镜高度和单眼瞳距是否与配镜订单上记录的一致。

2. 容许误差。远用屈光力、近用附加度、散光度数和轴位的容许误差参见有关镜片度数误差的质量标准。对于渐变焦眼镜来说，配镜参数的准确性要求极其严格，配适点的垂直位置(高度)与标称值的偏差应不超过 1 mm，两眼配镜高度误差不超过 1 mm，配适点的水平位置与镜片单眼中心距标称值的偏差应不超过 1 mm，其他的误差范围请参见渐变焦眼镜的配装标准。部分参数误差源于镜架变形，可通过调整镜架弥补。

二、配适评估

1. 镜架配戴情况的评估

(1) 从戴镜者正面观察：镜架一定要配戴端正，符合美学要求，鼻托与鼻梁面接触。

(2) 从戴镜者侧面观察：镜腿松紧适度，与耳朵是否接触良好，眼镜的前倾角是否恰当。

(3) 俯视观察戴镜者：两眼的镜眼距是否一致，镜架颞距的宽度是否合适，镜面角是否与面形相配。

(4) 核查配戴者鼻梁、耳朵及耳后头部的压力情况，询问配戴者有无不适。

2. 远用眼位配适点的评估　配戴者戴上未擦掉临时标记的渐变焦眼镜后，与医生分别坐在配适操作台的两侧，调整座椅高度保证两者眼睛处于同一高度上，核实远用眼位配适点(配镜“十”字)的位置，在水平和垂直方向是否与瞳孔中心对齐。通常，远用眼位配适点(配镜“十”字)在垂直方向上会与瞳孔中心不对齐，这时可通过调整鼻托改变镜架的高度来解决。

3. 近用眼位点的评估　核实配戴者视近时的视线是否通过近用眼位点。近用眼位点的评估通常采用镜面反射法，方法如下。

(1) 配戴者戴上未擦掉临时标记的渐变焦眼镜后，与医生分别坐在配适操作台的两侧，调整座椅高度保证两者眼睛处于同一高度上，叮嘱配戴者坐姿一定要自然舒适。

(2) 将一块平面镜放置在台面上，确保镜面与配戴者的双眼距离与验光时看近最清楚的距离一致。

(3) 医生用笔灯从自己的左眼位置高度投照于镜面，嘱咐配戴者双眼注视镜面上的点状投照光。

（4）医生闭上右眼，用左眼从镜面中观察配戴者左眼镜片上的反光点，核对反光点是否位于近用眼位点上。然后医生再采用相同的方法核对右眼的近用眼位点。如果反光点不在镜片的近用眼位点上可通过调整镜架来解决，方法如下：① 如果反光点位于镜片近用眼位区域的上面，说明镜架的前倾角过大，调整镜架的前倾角直至反光点位于镜片的近用眼位点；② 如果反光点位于镜片近用眼位区域的鼻侧，说明镜眼距过大或镜架的前倾角过小，调整鼻托减小镜眼距或调整镜架的前倾角直至反光点位于镜片的近用眼位点；③ 如果反光点位于镜片近用眼位区域的颞侧，说明镜眼距过小或镜架的前倾角过大，调整鼻托增大镜眼距或调整镜架的前倾角直至反光点位于镜片的近用眼位点；④ 如果反光点同时偏向镜片近用眼位区域的左侧或右侧，说明配戴者左右眼的镜眼距不一致，调整镜架使左右眼的镜眼距一致。

4. 戴镜后视力的评估　询问、验证配戴者戴镜后远视力是否达到要求，然后嘱咐配戴者头稍稍后仰，注视中距离的目标，最后检查近视力，确认配戴者自远至近的全程视力是连续清晰的。

5. 戴镜后视野的评估　询问、验证配戴者戴镜后的视野是否达到要求。注意近阅读时的视野范围是否满足配戴者的需要。

若以上均无误，可指导配戴，最后用75%的乙醇擦去临时性标记。

三、戴镜指导

1. 配发前的宣教　对配戴者的宣教管理实际上在配戴者进入诊所时就开始了。对配戴者的管理是专业知识、心理学和社会学知识的统一，是保证渐变焦眼镜验配成功的要素。事实上，渐变焦眼镜的适应问题和镜片本身的不足并非是影响配戴者最终能否接受镜片的负面因素，配戴者不现实的期望值才是真正的负面影响因素。

验配前的宣教为配戴者提供了渐变焦眼镜的初步认识。例如，对配戴者介绍："您要配戴的镜片是最新型设计的镜片，可以满足您多种的视觉需求：一副眼镜可以帮助您获得从远到近清晰的连续视力，远、中和近处的物体都能看清楚。当然，对于一副新眼镜的使用，都需要一段适应期。渐变焦眼镜一般需要1～2周的适应期。"同时还需要提到适应中可能遇到的一些问题，例如周边的像差区，阅读时头位和眼位的调整。提前的宣教将有利于配镜者有较好的心理准备和期望，会帮助配镜者更快适应渐变焦眼镜。这样做远比让配戴者自己发现有问题，再重新回来质疑要好得多。

了解配戴者的视觉需求也非常重要，包括习惯的工作距离、视远与视近的需求比例、特殊视觉需求（职业、爱好）、中距离工作视觉需求、与视觉有关的头部运动、特殊视觉位置如是否向上看近、向下看远等。

为让配戴者比较理想地接受并适应渐变焦眼镜，在介绍渐变焦眼镜特点的时候，要了解配戴者是否为老视初发者、原先的矫正方式，针对其心理和现在的视觉问题进行沟通。

2. 配发时指导　应事先向配戴者说明镜片的特性，包括周边像差区。为让配戴者体会由远到近全程的视力范围，在向配戴者配发眼镜时有必要再次对镜片特性进行介绍，并向配戴者进行配发指导。

（1）让配戴者戴上眼镜，先确认镜架配适、配适点（配镜"十"字）位置准确无误。

（2）指引配戴者首先注视与眼睛水平的远视标，看清楚后让配戴者前后倾斜头位体会视标清晰度的变化。

(3) 指引配戴者注视中距离的视标,并体会头位前后移动时视标清晰度的变化。

(4) 指引配戴者注视近视标(近视力表),先让眼睛的视线经过远用区看远,这时保持头位不动,眼睛的视线自然下移,直到看清近视标,然后眼睛盯着近视标,调整头位或手臂(近视标的位置),确认看清近处目标时的头位和姿势是否舒适。

(5) 由于渐变区和视近区位置的局限性,指引配戴者在利用上述区域视物时,应注意左右摆头以得到最佳视觉效果。

在熟悉静态的视觉状态后,再指导学习行走时的视觉习惯。由于渐变焦眼镜设计的特性,静态和动态的视觉习惯与自然姿势相比都将有所变化。

必须注意要让配戴者意识到存在于周边的像差区,需要一定的适应时间,而且长时间配戴可以加速适应过程。

3. 配发后管理 渐变焦眼镜会给配戴者带来新的视觉感受,因此需要定期随访,了解配戴者的适应进程,并且及时了解其屈光状态、眼镜配适情况的变化。随访时间的安排可为:1 周、2 周、1 个月、6 个月、1 年、2 年。从渐变焦眼镜的特点和由此给配戴者带来的优点来看,只要验配规范,配戴者经过一段合理的适应期(一般日常配戴 1 ~ 2 周)后,往往都能较好地适应。但是也有些人在正常的适应期之后仍未能适应,或曾经适应现在却不适应。原因可能与配戴者的屈光状态、原先矫正方式、视觉需求、使用方法有关,分析原因时应主要从验配角度,即屈光度数、配镜参数、配适情况(镜架)三方面来进行分析。

在进行疑难问题解决时所用到的仪器有:瞳距仪、瞳距尺、笔式电筒、焦度计、基弧表(镜片测度表)、近视力表、镜片测量卡(专用于所测镜片)、记号笔和配戴者的既往检查记录。为渐变焦眼镜配戴者保存一份完整的检查记录档案有利于配适的成功。

第四节 常规问题处理

一、单光眼镜配发常规问题处理

在单光眼镜配适评估过程中,由于配戴者的脸型各不相同,眼镜配戴后出现的问题也各不相同,不舒适的感觉也不一样。单光眼镜配发的常规问题主要包括以下几方面。

1. 外观问题 ① 镜架水平倾斜,左右镜圈高度不一致;② 镜架水平偏移,眼镜偏向某一侧;③ 镜面高低位置不适合;④ 镜腿过松或过紧。

2. 力学问题 ① 鼻托对鼻梁压迫严重或有压痕;② 耳上点或耳后有压迫感或磨伤。

3. 视力问题 ① 镜架变形或配戴倾斜,导致散光轴变化引起的视觉不适;② 镜眼距不合适造成的欠矫或过矫;③ 视线与光学中心位置差造成的棱镜效应引起的视觉不适。

具体见本书第九章第三节针对性校配。

二、双光眼镜配发常规问题处理

双光眼镜配发常规问题处理主要包括四个方面:外观问题、力学问题、视力问题和视野问题的处理。外观问题、力学问题和视力问题的处理与单光眼镜配发常规问题处理基本相同,下面重点介绍双光眼镜配适评估过程中视野问题的处理方法。

如图 12－2 所示,镜眼距越大,近用视野就越小;镜眼距越小,近用视野就越大。

如图 12－3 所示,前倾角越大,近用视野就越大;前倾角越小,近用视野也越小。

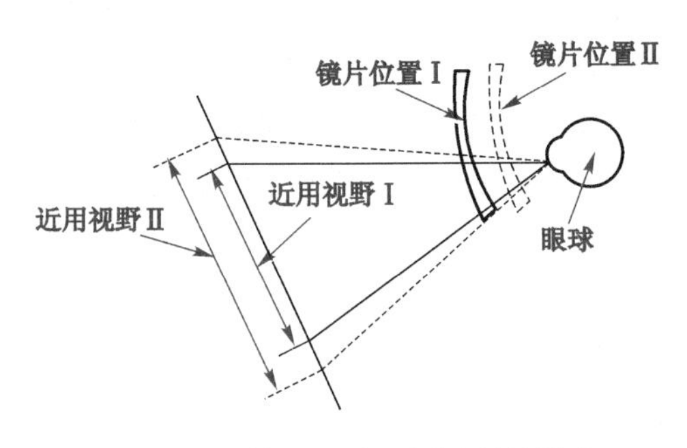

图 12－2 镜眼距对近用视野的影响

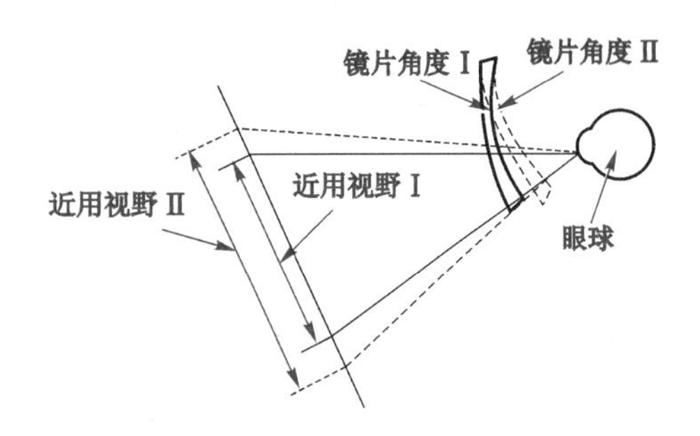

图 12－3 前倾角对近用视野的影响

因此,双光眼镜配适评估过程中,如果配戴者主诉远用视野小或者近用视野小,可以通过调整镜眼距或者调整前倾角的方法得到解决。注意,双光眼镜的前倾角一般调整为 12°左右,调整镜架减小镜眼距时,以不触及睫毛为准。

三、渐变焦眼镜配发常规问题处理

渐变焦眼镜配发中出现的问题,除前面介绍的外观问题、力学问题之外,主要是配戴渐变焦眼镜的适应问题。

(一) 适应症状及常见原因

配戴渐变焦眼镜之后,配戴者会经历一段时间的视觉状态的变化,这是由于渐变焦眼镜设计上导致注视方式的改变,尤其是对于近距离和周边的视觉。验配医生往往需要事先让配戴者了解新镜片和以前矫正镜片(双光镜或者单光镜)之间的不同,并鼓励配戴者适应这种新的视觉习惯。

所谓适应,实际上是视觉神经中枢对新的视觉状态的变化产生的调整,新视觉逐渐被视觉皮层所接受,配戴者不再能够觉察出这种视觉上的明显差异。如配戴初期的轻微眩晕感、周边视觉的模糊、曲线效应等,通常都能够在不超过 2 周的适应期内被配戴者所接受。

影响配戴者能否适应和适应快慢的因素很多,如配戴者选择渐变焦眼镜时的动机、期望值、文化素养、视觉习惯、眼/头运动习惯、职业和业余爱好,以及验配医生的鼓励等。

一般来说,渐变焦眼镜配戴者都能在 2 周内适应渐变焦眼镜带来的新的视觉状态和习惯。如果适应期超出 2 周,或者在适应期内出现异常的视觉状态和症状,可能提示验配方面存在问题,需要分析并解决。

常见的导致配戴者难以适应或者不能接受渐变焦眼镜的原因,主要包括以下四个方面。

1. 因验光处方不恰当导致的度数问题 远用、近用处方不恰当,没有考虑到配戴者的用眼需求和习惯,以及配戴者旧眼镜的度数等,也会影响视觉清晰度和有效视野的大小。

(1) 远用度数不恰当:直接影响远用矫正视力或者适应度。如果过正,会影响远视力的清晰度;如果过负,在配戴者尚有调节剩余的情况下对视觉清晰度的影响可能不大,但是会使视觉容易疲劳,甚至影响近视力。如果原来配戴者所戴的眼镜没有散光,而渐变焦眼镜的远用度数中有散光,或者是原眼镜的散光度数或者散光轴与新配的渐变焦眼镜的不一样甚至差距较大时,都会导致难以适应。

(2) 近附加度数不恰当:近附加度数不恰当会明显影响配戴者中、近距离视觉的清晰度和舒适度。如近附加度数偏高(过正),并不会提高配戴者的近视力,反而迫使配戴者在近距工作时使用近用区上方度数偏正的区域,即渐变区。配戴者虽然能够获得所需要的视力,但是有效视野比较狭小。如近附加度数偏低,配戴者则诉中/近视力下降,当调节可作少量代偿时或者将目标拉远时,近视力可能不受明显影响。

2. 配镜参数问题　主要是水平参数(单眼瞳距)或者垂直参数(配镜高度)的误差。由于渐变焦眼镜的度数增加规律基本是体现在垂直方向上的,因此配镜高度的误差会引起类似度数不准确的表现,也会导致有效视野大小的变化。少量的双眼同向高度误差可以通过调整镜架来补偿;而单眼瞳距的误差主要导致视野的变化,这样的情况比配镜高度的误差更难以通过镜架来调整。

如配镜高度过高,在正确的姿态下,配戴者会感觉到远视力下降,并有可能会受到位置上移的周边区像差的影响,但中/近视力反而更好(因为配镜高度适当偏高会增加配戴者近阅读的舒适度)。配戴者为获得较好的远视力可能会在看远的时候采取低头的代偿姿势。

如高度过低,由于配适点(配镜“十”字)上方均为视远区,故远视力未见明显影响,但视近区位置下移,甚至在割边时因位置过低而被切割,所以中/近视力下降。配戴者为获得较好的中/近视力,需要采取看中/近距离时抬头的姿态。

需要提醒的是,配镜高度实际上因配戴者的视觉习惯而异,如果配戴者在看远时习惯抬头或低头,那么按照第一眼位测量出来的配镜高度制作出来的眼镜就会影响远视力或者近视力。

3. 镜架问题　镜架选择不当或镜架调整不到位可影响渐变焦眼镜的有效视野。因镜架选择不当或镜架调整不到位对渐变焦眼镜配戴者引起的问题,远多于普通单光镜配戴者。镜架过大可能会包含较多的镜片像差区域,影响视觉舒适度和清晰度,镜架过小则可能会削去有效光学区域,尤其是近用区。

适当的镜架调整对于进一步扩大有效视野也非常重要。通常,镜眼距、前倾角和面弯对中/近距离的视野影响更为显著。镜眼距过大,远、中、近的视野就比较小;镜眼距过小,尽管远、中、近的视野都不错,但眼睛向下看近时较费力,或看近时要向上抬眼镜才看清楚。前倾角过大,看远视野窄,看近视野良好;前倾角过小,看远视野良好,看近视野较狭窄。

注意,在调整镜架减小镜眼距时,以不触及睫毛为准。

4. 因渐变焦镜片的品种选择不当导致的问题　不同品种、不同设计的渐变焦镜片有不同的功能侧重,比如渐变焦镜片根据用途的不同分为远中近渐变焦、中近渐变焦和近近渐变焦镜片3种。如果渐变焦镜片的品种选择不当,没有考虑到配戴者的用眼需求和习惯,也会影响配戴的效果和舒适度。如,看远、中、近都需要配戴眼镜,最好选择远中近渐变焦镜片;走路不喜欢戴眼镜,但是中近距离(室内)的工作和生活需要配戴眼镜,最好选择中近渐变焦镜片;只有桌面的工作需要配戴眼镜,包括使用电脑,最好选择近渐变焦镜片。

此外,还要根据配戴者眼睛转动幅度和视觉习惯来选择不同长短渐变区的渐变焦镜片,如,眼睛向下转动幅度较强的配戴者,可以选择渐变区较长的渐变焦镜片;眼睛向下转动幅度较小或看近习惯低头、阅读书报时习惯把书报抬高的配戴者,可以选择渐变区较短的渐变焦镜片。

（二）常见不适应症状、体征、原因及处理原则

1. 清晰度不够，模糊 分析与应对：戴镜后主诉清晰度不够、模糊，主要分为 3 种情况：看远清晰，但看近模糊；看近清晰，但看远模糊；看远看近均不清晰。

（1）看远清晰，但看近模糊：首先观察眼镜的装配和配戴情况，远用眼位点与近用眼位点是否与镜片上相应的位置对应，尤其是近用眼位，如果近用眼位在渐变区，则视近度数不足，导致视近不清晰。应对方法：调整眼镜，确保眼位点对应，如果无论如何也调整不到位，则可能是装配问题，或渐变焦眼镜的渐变区选择有问题，重新选择其他渐变区的镜片。如果眼位点没有问题，则要检查给予的近用处方度数是否适合，重新试戴该近用度数，进一步确认是否由于近附加度数数不足造成的。

（2）看近清晰，但看远模糊：首先确认看远的眼位点是否与镜片相应的位置对应，眼位过低会造成看远模糊。如果眼位点没有问题，则要重新检查看远的度数是否合适，重新验光。

（3）看远看近均不清晰：同样先检查一下远、近眼位，然后再看是否验光度数或散光轴位有问题。如果是眼位问题，则重新调整眼镜或重新装配；如果是度数造成，则要重新验光或者根据原来眼镜的度数重新斟酌处方的度数。

案例分析2

本章开头案例 2 中，患者王某主诉：看远没有当时验光试镜时清楚。

原因分析：看远没有当时验光试镜时清楚的原因：① 眼位点是否没有对准；② 镜片度数是否准确。对于看近时间一长就觉得不舒服的问题，其实就是长时间看近后出现的视疲劳，一般引起的原因是调节紧张或者调节与辐辏不协调。就该患者来说，+2.00D 的近附加度数是否足够，应该再去进行验光确认，或者远用的度数是否已经矫足。

解决方法：确认镜片的远用度数是否合格；确认患者的瞳孔和镜片上的远用眼位点是否重合；如果这两点都没有问题，应该再让配戴者戴上相同度数的插片，确认视力是否与戴渐变焦眼镜的视力一样，用以判断验光度数的准确性。用雾视法再次确认患者的远视度数是否矫足，如果已经矫足，再看近用近附加度数是否准确，能够满足患者要求。

2. 视物变形，晃动感强烈 分析：通常视物变形是视物时静态的感觉，而晃动感是动态（比如转头时）的感觉。所以首先确认患者感觉视物变形是看近还是看远，还是看近看远均有变形现象，一般情况下变形晃动均是看近时会出现，看远没有问题，如果看远变形晃动，很有可能是眼位点过高，或者患者处方度数中散光度数或轴位与原来眼镜相比有了大幅度改变，如果仅仅是看近变形晃动，可能有几方面的原因：① 近附加度数过高，度数变化的速度快，导致变形晃动；② 镜眼距太大，变形晃动感觉比较明显；③ 选择了渐变区较短的渐变焦镜片，渐变区短，对于某一确定的度数来说变化的速度就会快，晃动变形自然就会感觉明显。

应对方法：如果确认是验光处方度数问题，则重新验光，并参考旧眼镜的度数重新确定配镜度数；如果可以通过调整镜架，减小镜眼距就可以解决，当然最好。如果分析下来是患者对变形与晃动敏感，则要选择设计较先进的渐变焦镜片或者慎重选择渐变焦镜片。

案例分析3

患者郝先生，年龄49岁，某日到某眼镜店配了一副三维迷你型渐变焦眼镜，但是1周后到眼镜店投诉，主诉看远视物变形、看近头晕而且不清楚，变形感强烈、无法适应，要求重新换一副单光的老花镜。经检查询问，该患者裸眼视力不错，以前从来不戴远用眼镜，只有一副老花眼镜度数是+1.75DS。该渐变焦眼镜的度数是：远用 右眼0.00DS，左眼0.00DS/+0.50DC×40 单眼矫正视力均为1.0。双眼近附加为+1.75D。所选的镜架规格为50□18，框高28 mm。单眼瞳距左右眼均为32 mm，瞳高均为17 mm。请分析患者投诉的原因，并找出解决该患者现状的方法。

原因分析：该患者从未戴过远用眼镜，但是现在给患者左眼斜轴散光，而且给患者所配的渐变焦为短通道的三维迷你型，越短的渐变区，其渐进周边的变形越严重，两种因素加在一起就是让患者感到视物变形的根本原因。

解决方法：把渐变焦的远用度数进行一些修改，把左眼换成平光。另外尽量说服患者更换成镜框高度为30 mm的，这样可以选配长通道的渐变焦眼镜，或者重新给该患者验近附加度数，看是否可以在满足患者看近要求的前提下，适当降低近附加度数。

3. 视野窄，感觉视物有局限　分析与应对：首先要与患者确认是看近视野窄还是看远视野窄，还是看远看近视野患者都不满意，然后看是否能通过镜架的调整来解决。近视野窄，有可能是前倾角太小造成，把前倾角调大即可解决；远视野窄，可能是前倾角太大造成，相应的把前倾角调小即可解决；远近视野都感觉窄时，把镜眼距调小，视野可得到一定程度的改善。如果通过调整镜架无法解决，就应该核对验光度数，尤其是ADD度数进行再次确认，ADD过高也会导致视野窄。或者挑选渐变区较长的渐变焦镜片，因为渐变区越长，周边的变形越小，相对应的视野就较大。另外一种可能就是患者的心理因素，有的患者把戴渐变焦眼镜的近视野与戴老花镜的近视野相比，总是觉得不如老花镜的视野大。这需要给患者耐心解释，让患者更多的关注渐变焦眼镜看远看近的方便性。

案例分析4

患者胡某，男，45岁，某日到某验配中心配镜，该患者是近视眼，旧眼镜的度数为R：-6.00DS　L：-6.50DS，矫正视力双眼均为1.0，经与患者沟通得知患者看近有视疲劳现象，所以销售人员向其推荐配了一副渐变区为14 mm的三维全视渐变焦眼镜，远用度数与原来的近视眼镜一样不变，ADD+1.50DS，但配戴1周后感觉视野狭窄、晃动感强，很难适应。要求重新配回单光镜片。所选的镜架规格尺寸为54□18，框高32 mm，瞳距：右眼为33.5 mm，左眼为33 mm，瞳高均为20 mm。请分析患者配戴渐变焦眼镜后视野窄、晃动感强的原因，并找出解决该问题的方法。

原因分析：配戴渐变焦眼镜视野窄、晃动感强的原因一方面与近附加度数高有关，相对于患者年龄来说，+1.50D的近附加度数可能有点高。另一方面与镜眼距离、渐变区的长度有关，镜眼距越大、晃动感越强；渐变区越短，晃动感越大。

解决方法：患者已经是选择了长通道的渐变焦眼镜，所以应该与镜片的品种选择无关。① 调整鼻托高度，尽量让镜片离眼的近一些；② 重新对近用度数进行验光，确认近附加度数是否可以低一些。

4. 配戴不舒服，眼睛疲劳　分析与应对：询问患者在何种情况下会不舒服或者出现眼睛疲劳，大部分患者出现该状况是看近时。主要有3方面的原因，第一，患者看近阅读或者使用电脑时姿势不自然，长时间保持不自然的姿势导致不舒适的感觉，如果是该情况，首先让患者保持自然姿势，观察患者近用眼位点是否对应正确，不正确时只能重新选择合适的渐变焦眼镜或者重新装配，确保让眼镜适应患者的需要。第二，渐变焦眼镜的度数与旧眼镜的度数相差较大，或者不能适应较大的双眼屈光参差，或者主眼的改变等都会导致眼睛的疲劳，要仔细检查患者属于哪种情况，然后进行相应的调整。总之渐变焦眼镜的配戴对象是中老年人群，这些患者的适应能力一般比较弱，只能让眼镜适应患者的习惯，患者才会感觉眼镜配戴舒适。第三，近附加度数太大，近附加度数太大除了会导致变形晃动大、视野窄以外，有的患者还会感觉眼睛非常累，所以通过调整远用度数，适度降低ADD，是验配渐变焦眼镜首要考虑的项目。

案例分析5

患者赵某，男，43岁，某日到某眼镜店配镜，经销售人员推荐配了一副迷你型渐进眼镜，处方为：R -1.75DS，L +1.75DS　ADD +1.25D，远用矫正视力均为0.8，但是患者戴后没多久就来店投诉说，戴了此眼镜后清楚是清楚了，但是眼睛非常疲劳。经检查与了解该患者以前也戴远用的单焦点眼镜，度数与所配的渐变焦的远用度数相同，以前没有戴过近用眼镜。所选的镜架规格尺寸为52□18，框高30 mm，瞳距单眼均为34 mm，瞳高均为19 mm。请分析患者配戴渐变焦眼镜后视疲劳的原因，并找出解决该问题的方法。

原因分析：很明显该患者双眼相差3.50D，是严重的屈光参差患者，但是该患者远用一直配戴这样的度数，表明已经适应了，是可以配戴渐变焦眼镜的。但是患者投诉配戴渐变焦眼镜之后视疲劳严重，可能有两方面的原因：第一，配戴渐变焦眼镜之后看近的主眼与未配戴之前的看近主眼不同，视物习惯的改变导致了眼疲劳；第二，近附加度数相对于患者的年龄来说有点偏大了，导致在适应渐变焦眼镜的过程中容易出现视疲劳的症状。所以这两个方面都要仔细的给患者检查予以确认。

解决方法：检查患者以前看近时的主眼，调整患者左右眼看近时的度数，确保主眼不改变。近附加度数是否可以改为+1.00D，一定要进行确认，最好能够降低近附加度数。

以上主要是配戴者的主观感觉，有时候配戴者可能不能主动、详尽地向验配医生倾诉症状，就需要医生仔细的询问，并且能够发现以下异常代偿头位。代偿头位主要存在两个方向：水平代偿头位和垂直代偿头位。如果配戴者看远或者看中/近距离视标时，遵循医生指导的头位和姿势不能获得满意的视力时，就要深入探究代偿头位产生的原因。

（1）关于度数的问题：由于渐变焦眼镜度数的变化是发生在垂直方向的，所以垂直头位变化可能会和度数不准确有关，而水平头位变化则和瞳距（远用瞳距和近用瞳距）有关。

（2）关于配镜参数的问题：水平头位代偿往往提示水平参数——单眼瞳距的问题，垂直头位代偿则常常说明垂直参数——配镜高度有误差或者渐变区长度与患者眼睛下转幅度不匹配。

思考题

1. 什么是配镜订单？眼镜配发时订单确认的内容有哪些？
2. 针对初次配镜患者应如何进行戴镜指导？
3. 应如何对重新配镜患者进行戴镜指导？
4. 双光镜配发时需要提醒什么？
5. 渐变焦镜配发时配适评估的项目有哪些？如何进行评估？
6. 简述渐变焦眼镜配戴者的使用指导。
7. 试分析患者配戴渐变焦眼镜后感觉“清晰度不够、模糊”的原因？怎么解决？

（闫 伟）

第十三章　眼镜的加工

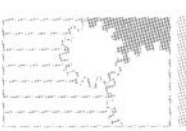

学习目标

◇ 熟悉眼镜的手工磨边的方法，掌握各个步骤的注意事项、操作要点及质量要求。

◇ 熟悉自动磨边的制作步骤，掌握各个步骤的注意事项和操作要点。熟悉自动磨边的结构装置及功用。

◇ 熟悉各种塑料架和金属架的装配方法，注意事项及质量要求。

◇ 掌握模板机、中心仪、开槽机、打孔机的使用方法。

◇ 掌握全框眼镜、半框眼镜、无框眼镜的加工和装配方法。

◇ 掌握球柱镜、渐变焦眼镜的加工方法。

◇ 了解应力仪的结构、原理，熟悉应力仪的使用及检查分析。

眼镜加工（spectacle assembling）是验光配镜过程中的一个重要环节，准确的验配是基础，完美的加工是保证。眼镜加工主要是将已定屈光度数的圆形眼镜毛坯片加工成镜框的形状（磨边），并装入镜框（装配）的过程。加工者要严格遵照验光处方以及加工单的各项要求，按国家标准严格执行加工工艺流程，保证质量，确保眼镜的合格制作。

眼镜加工广义上包括：加工前的调整—确定加工基准—磨边—装配—加工后的调整（整形）—检测—校配。

本章将介绍眼镜加工相关仪器、眼镜的手工磨边、眼镜的自动磨边、全框眼镜的加工装配、半框眼镜的加工装配、无框眼镜的加工装配、渐变焦眼镜的加工装配及相关知识。

第一节　眼镜加工相关仪器

一、手工磨边机

（一）用途

手工磨边机用于手工磨平边、磨尖边、磨安全角。

（二）结构

手工磨边机由电动机、砂轮、水槽等组成。由水槽或吸水海绵向砂轮注水冷却。

（三）使用方法

手工磨边的手势没有定法，可根据个人习惯采用水平磨边法、垂直磨边法、斜向磨边法三种方法之一（图 13－1）。

1. 磨平边

（1）磨平边的动作：将镜片平面垂直与砂轮面接触，左右手都靠腕部的转动，将镜片的周边在旋转的砂轮上（砂轮通常选择由下向上转动）逆向转动磨削，连续地分段修磨，完成整个周边的磨削。

（2）镜片尺寸控制：在磨平面的过程中，要常用模板来检验镜片的尺寸大小及形状的一致性。不能磨得太小，要为下一步磨尖边留有余地。

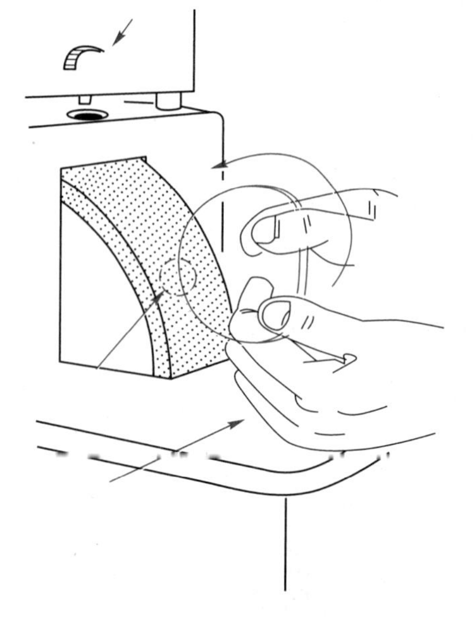

图 13－1 磨平边的手法

2. 磨尖边 磨尖边的目的是将镜片边缘磨削出一定角度和高度的尖边，以便使镜片镶嵌于框架眼镜镜圈的沟槽内，防止镜片因受外力及温度变化等而脱离镜架。

（1）尖边的种类

1）普通尖边：适合中低度镜片。

2）强制尖边：适合高度镜片，减少涡圈，美化外观。

3）平边：适合半框眼镜和无框眼镜镜片。

（2）尖边的弧度（图 13－2）

1）凹透镜：尖边的弧度与镜片前表面弧度基本一致。这是因为双曲面凹透镜一般以前表面为基弧。

2）凸透镜：尖边的弧度与镜片后表面弧度基本一致。这是因为双曲面凸透镜一般以后表面为基弧。

（3）尖边的角度（图 13－3）：框架眼镜镜圈沟槽张角为 110°左右，故镜片的尖边角度也应与之符合。国标规定配装框架眼镜镜片尖边角度为 110° ±10°。

图 13－2 尖边弧度

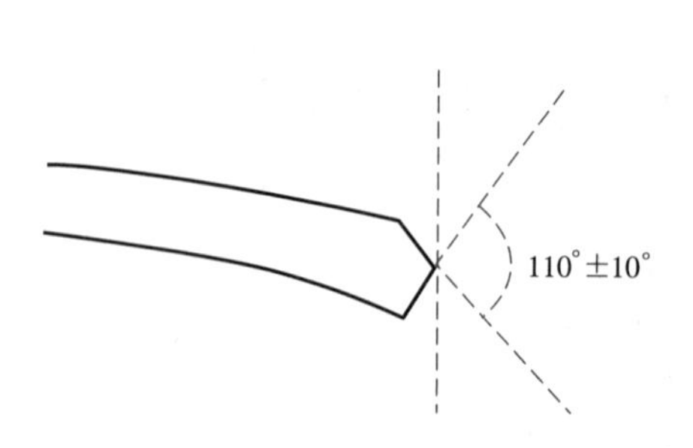

图 13－3 尖边角度

（4）尖边的高度：尖边的高度要依据框架眼镜镜圈沟槽深度而定，一般为0.5～1 mm。

（5）尖边前后宽度比例（图13－4、图13－5）：在尖边高度一定的情况下，只要改变镜片尖边的前后角度，就能实现尖边前后宽度比例的改变。

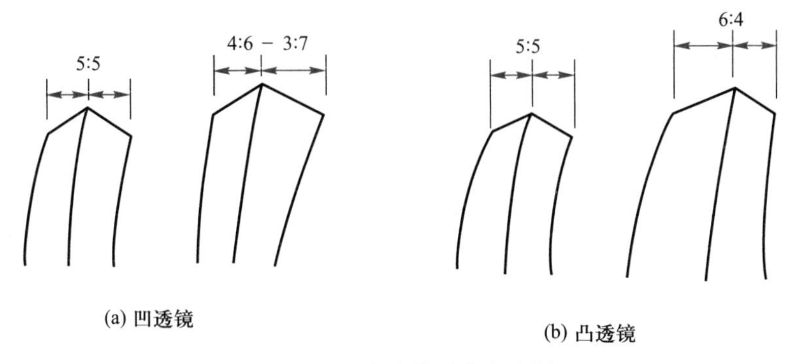

图13－4　尖边前后宽度比例

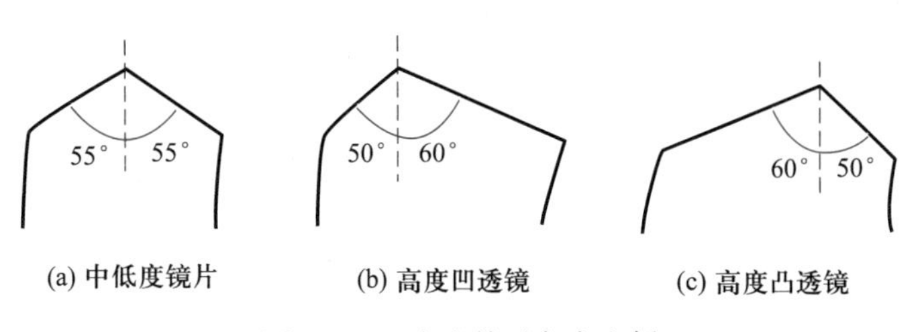

图13－5　尖边前后角度比例

1）中、低镜度凹透镜，在离光学中心最远处尖边前后宽度比例为：1∶1；尖边前后角度比为：55°∶55°。

2）高镜度凹透镜，在离光学中心最远处尖边前后宽度比例为：4∶6或3∶7；尖边前后角度比为：50°∶60°或45°∶65°。

3）中、低镜度凸透镜，在离光学中心最远处尖边前后宽度比例为：1∶1；尖边前后角度比为：55°∶55°。

4）高镜度凸透镜，在离光学中心最远处尖边前后宽度比例为：6∶4或7∶3；尖边前后角度比为：60°∶50°或65°∶45°。

（6）磨尖边的手法：拿片方法基本上与磨平边的手法相同。一般采用水平磨边法更容易控制尖边的高度、角度和前后比例。下面我们以水平磨边法为例说明（彩图13－1）。

右手：示指稍弯曲依次置于镜片下表面右方靠近镜片中央的部位，拇指按在镜片上表面右上方靠近镜片边缘的部位。

左手：示指稍弯曲依次置于镜片下表面左方靠近镜片中央的部位，拇指按在镜片上表面左下方靠近镜片边缘的部位。

（7）磨尖边的动作：将镜片与砂轮有一个倾斜角度的接触，尖边前后宽度比例1∶1时，倾斜角为35°左右。以左手拇指和中指为转动支点，移动右手拇指和食指使镜片转动连续磨削。一般先磨凸面，然后再磨凹面。

（8）尖边尺寸控制：一侧斜边磨至1/2厚度时（高度近视镜片前后宽度比例为4∶6或3∶7），将镜片翻转磨另一侧斜边，两斜边夹角为110°±10°。如果需要将镜片尺寸减小，视情况可以将一侧斜边磨过1/2厚度，再将镜片翻转，另一侧斜边磨至1/2厚度。

凸透镜（即正顶焦度镜片）边缘厚度不得小于1.2 mm。

（9）磨完尖边后的镜片形状与大小：磨完尖边后的镜片大小与形状应与所配眼镜镜圈形状相同、大小匹配。

3. 磨安全角，倒棱去峰（图13－6）　磨安全角也称作倒棱，是消除磨尖边后前后两个斜边分别与镜片前后表面形成的尖角。磨安全角的目的：一者防止镜片因装配时棱角处易产生应力集中而导致崩边甚至破裂；再者确保配戴者的安全，防止镜架遇外力碰撞后，镜片划伤配戴者的面部。

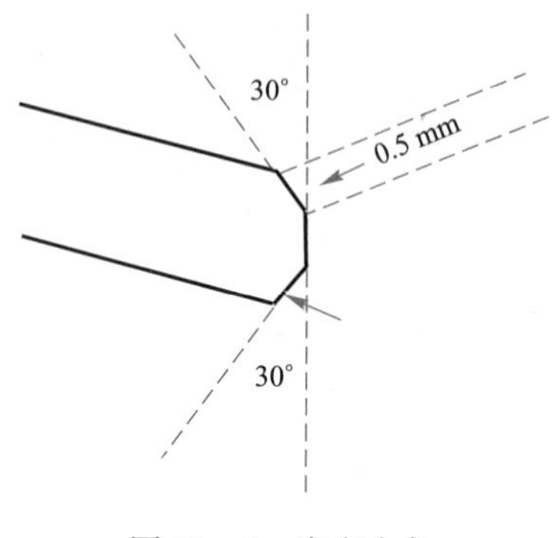

图13－6　磨安全角

（1）安全角的要求：与边缘成30°，宽约0.5 mm。

（2）磨安全角的方法：一般采用垂直磨边姿势。把成形镜片的边缘棱角在砂轮上旋转两周将棱角削去0.5 mm。由于很难测量，一般以手横向抚摸棱角边缘，以不感到刮手为宜。

二、制模机

（一）制模机的结构及工作原理

1. 制模机的结构（彩图13－2）

（1）制模机上部为镜架工作台：由一个镜圈固定夹、两个夹紧螺栓、前后定位板、坐标面板、沟槽扫描针等组成。

（2）中间部由三部分组成

1）模板工作台：由定位钉、模板顶出杆、顶出按钮等组成。

2）切割装置：由曲柄滑块机构和刀具组成。

3）操纵机构：由压力调整装置，模板大小调整装置、模板基准线轴位调整装置、操纵手柄等组成。

（3）下部：封闭在机箱内，由电动机、皮带传动机构、齿轮传动机构等组成。

2. 制模机的工作原理　机内有两台电动机，一台电动机由皮带传动机构连接刀具（曲柄滑块机构和刀具）做高速螺旋上下反复运动；另一台电动机以齿轮传动使镜架工作台和模板工作台同步逆时针旋转，在旋转的镜架工作台上的沟槽扫描针扫描镜圈轨迹的同时，刀具按其扫描的镜圈轨迹切割模板。

（二）模板坯件的形状和尺寸

模板坯料由塑料制成，长70 mm，宽60 mm，厚1.5 mm。模板坯料四周倒角半径为38 mm，中央有一直径为8 mm顶出孔，水平线上有两个直径为2 mm的定位孔，二者距离为16 mm，距离模板中心8 mm垂直线上方有直径为2 mm的上方指示孔（图13－7）。

（三）用模板机制作标准模板的方法

所谓标准模板就是制作出的模板的中央孔的中心位于镜圈的几何中心。用模板机制作标准模板的步骤如下。

1. 固定镜架(图 13－8)　在镜架工作台上,将镜架两镜腿朝上放置,镜架的上端靠紧前后定位板。松开镜圈固定夹的调节螺母,让镜圈固定夹夹住镜圈下边缘,调节定位板前后位置,使镜圈的上下边框在坐标面板所标出的纵坐标的刻度值相同,使镜架的几何中心与模板中心高度一致。一只手松开夹住镜圈下边缘的镜圈固定夹,另一只手扶镜架左右移动,让右(左)眼镜圈的左右边框在坐标面板所标出的横坐标的刻度值相同,使镜架的几何中心与模板中心水平位置一致。然后用两个夹紧螺栓分别将鼻架、颞侧桩头(或镜圈边缘)固定。注意:有时为保持镜圈弧度,以及保证模板与镜圈形状相同,在颞侧镜圈桩头下方需垫上几块模板坯料。

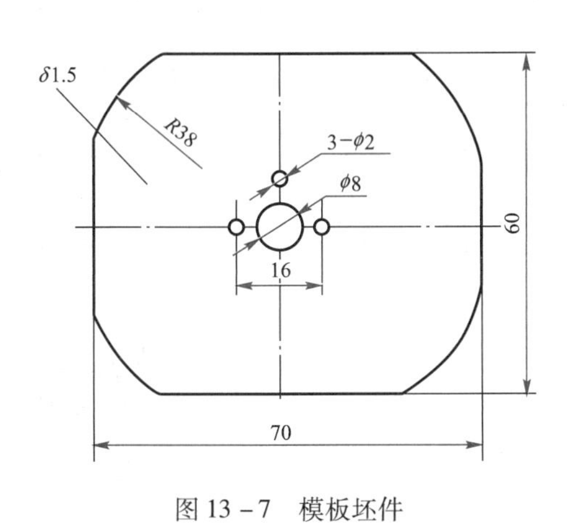

图 13－7　模板坯件

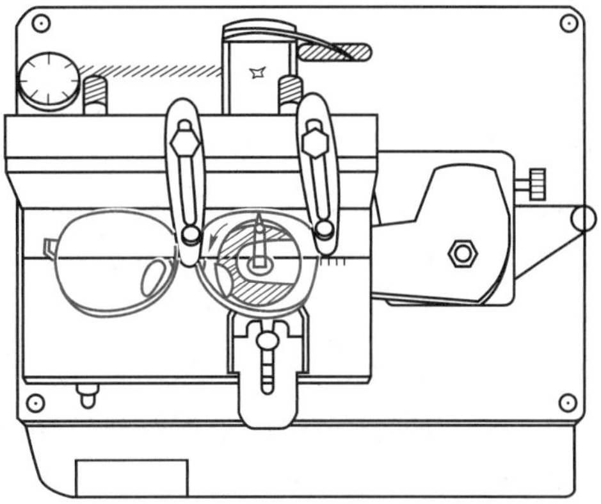

图 13－8　固定镜架

2. 放置模板坯料　将模板指示孔朝上,顶出孔镶嵌于模板工作台上的模板顶出杆上,定位孔镶嵌在模板工作台的定位钉上。一般将模板坯料光滑的一面朝下放置,以便于将来在模板上标注记号。

3. 切割模板(彩图 13－3)　用右手将操作手柄扳置预备位置,用左手将沟槽扫描针嵌入镜圈槽内。右手将操作手柄扳置切割位置,进行模板切割。沟槽扫描针旋转一周后,右手将操作手柄扳置停止位置。按下顶出按钮,将模板顶出,取下模板并清除下脚料。

4. 修整模板　用板锉适当修整模板使之与镜圈形状相同、大小合适、松紧适度;对模板边缘进行倒角,以防刮伤镜架镀层。

应该指出的是:有的制模机受精度限制,制作出的标准模板并不“标准”。塑料模板也可以用手工制作,方法详见本章第二节手工加工内容部分。

三、中心仪

自动磨边中的定中心工序是通过中心仪(彩图 13－4)实现的。

(一) 中心仪的用途

中心仪用来确定镜片加工中心,使镜片的光学中心水平距离、光学中心高度和柱镜轴位等达到配镜的质量要求。

(二) 中心仪的工作原理

通过移动镜片,使镜片光学中心与模板的水平和垂直加工基准线的交叉点重合,如有散光则使镜片水平加工基准线与模板的水平加工基准线重合，从而找到加工中心并用粘盘将镜片吸附固定。

（三）中心仪的使用方法

使用中心仪之前，应用顶焦度计测量镜片的顶焦度、光学中心和柱镜轴位，并打印光心和描绘镜片水平加工基准线。为保护镀膜镜片、树脂镜片表面不受损伤，且提高加工精度，应在镜片两面贴上专用塑料保护贴膜，并使用黏盘。中心仪的使用步骤如下。

1. 打开电源，转动操作压杆将黏盘架转至右侧位置。

2. 分清左右，将模板的定位孔置于中心仪上刻度面板的两个定位销中，如果是标准模板，则计算镜片光学中心水平移心量和垂直移心量，移动标尺确定光学中心与模板的相对位置；如果是非标准模板则移动标尺，使之位于先前标注好的光学中心位置。如果有散光则应使镜片的水平基准线与模板的水平加工基准线平行。

3. 将镜片距光学中心最远端的边缘与模板比较，在确认有足够的加工余量后（一般塑料镜圈与金属镜圈的尖边槽的深度在 0.5 ~ 1.0 mm，故加工余量一般应大于 1 mm，具体还应视模板大小而定），将黏盘的红点对应黏盘架上的标志点装入黏盘，左手固定镜片，右手将操作压杆顺时针转动将黏盘架转动至正位并均匀压下，使黏盘吸附在镜片上后，右手轻轻抬起，左手也随着将镜片上送，最后，将黏盘从黏盘架上小心取下（图 13－9）。

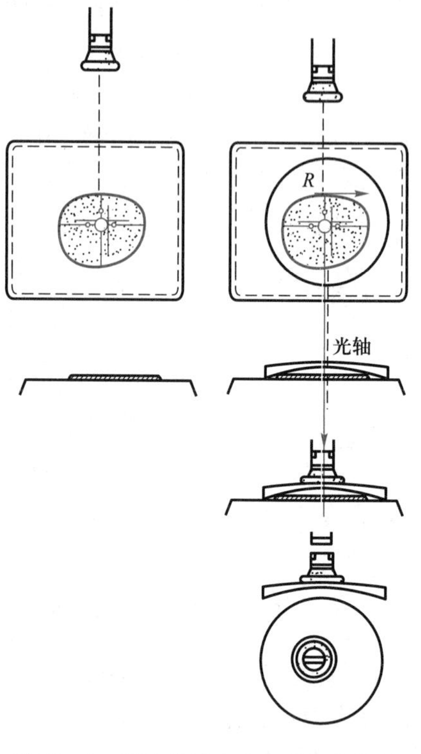

图 13－9 镜片光学中心与黏盘的位置

四、半自动磨边机

半自动磨边机见彩图 13－5。

（一）半自动磨边机的结构及原理

1. 结构

（1）控制机构：镜片类型选择（玻璃片、树脂片、PC 片）；镜片尖边类型选择（磨平边、磨尖边、磨平边尖边）；尺寸大小调节；尖边弧度调节；压力调节。

（2）加工机构：模板定位装置、镜片黏盘、砂轮（玻璃粗磨砂轮、树脂粗磨砂轮、V 形槽细磨砂轮、平磨砂轮）。

（3）水冷机构：水箱、电泵。

（4）内部动力和自动化控制机构：电机、电脑芯片等。

2. 原理　半自动磨边机是自动磨边机按眼镜镜圈或者撑片形状的模板进行自动仿形磨削。

（二）半自动磨边机的使用

1. 一般操作步骤

（1）打开电源开关，半自动磨边机处于待机状态。

(2) 在半自动磨边机的控制机构上选择镜片种类(玻璃片、树脂片、PC 片),尖边类型(磨平边、磨尖边、磨强制尖边),设定大小,尖边弧度调节。

(3) 确认左右、上下无误后,将模板定位孔定位于半自动磨边机左侧模板轴的两个定位销上,用压盖固定。

(4) 把中心仪确定的有镜片吸附其上的黏盘嵌入在半自动磨边机右侧的镜片轴的凹形键槽内。此时,黏盘座上的红色标记点应与轴上的红点标记点对准,手动旋转或机动夹紧固定轴上的夹紧块。在夹紧过程中,要做到力量适中,不能过松或过紧(有的机器带保护装置可以防止过松或过紧)。过松,镜片易滑脱;过紧,镜片易碎裂。

(5) 启动"START"键加工。砂轮转动,镜片台带动镜片自动将镜片移动至粗磨砂轮上方,镜片轴做低速转动,然后缓慢下降使镜片边缘与砂轮接触,开始磨削。开始时镜片朝一个方向转动磨削。当镜片边缘被磨小至模板与模板台接触后,镜片轴作正反转动,按照模板的轨迹先将边缘的一部分磨削成形,磨好一部分再磨下一部分,直至全部成形,这样做可以减少空行程,提高磨边效率。当镜片基本成形后,镜片轴朝一个方向连续旋转将镜片边缘进一步完善。

粗磨成形后,镜片台自动抬起使镜片脱离砂轮,并自动移动到 V 形槽细磨砂轮(或平磨砂轮)上方,镜片轴做低速转动,然后缓慢下降使镜片边缘与砂轮接触,开始磨削尖边。磨尖边结束之后,镜片台自动抬起,使镜片脱离砂轮的 V 形槽,并向右移动到原位。

(6) 加工后,手动旋转或机动松开固定轴上的夹紧块,卸下镜片,与镜圈大小比较。注意在未确认镜片大小合适前,黏盘不要取下。如果尺寸大,则重新将粘盘座上的红色标记点与镜片轴上的红点标记点对准,嵌入镜片轴的凹形键槽内,装上镜片,手动旋转或机动夹紧固定轴的夹紧块,调小尺寸,启动"FINISH"键加工,此时,机器会控制镜片仅进行磨尖边操作。

2. 关于尖边弧度调节　自动磨边机尖边弧度调节范围通常在 2 ~ 8 弯。尖边弧度数值越大,曲率半径越小,磨出的尖边弧度就越大,反之亦然。不同型号的机器,调整的方式有所不同。

尖边的弧度和曲率半径相应关系:$F = (n - 1)/r$,1.00D 业内常称 100 弯。表 13 - 1 是尖边弧度与尖边曲率的数值关系:

普通尖边的弧度一般在 5 ~ 6D 范围内即可。高度近视镜片尖边弧度设定在 2 ~ 4 D 范围内,高度远视镜片弧度设定在 7 ~ 8 D 范围内。

表 13 - 1　尖边弧度与尖边曲率的数值关系(n = 1.523)

弧度/D	曲率半径/mm	弧度/D	曲率半径/mm
1	523	5	104.6
2	261.5	6	87.1
3	174.3	7	74.7
4	130.7	8	65.3

注:不同型号的机器计算弧度采用的折射率可能不同,弧度对应的曲率半径也就不同。

3. 使用半自动磨边机的注意事项

(1) 要避免黏盘或黏盘上沾有磨削粉末,以防止加工时损伤镜片表面。

(2) 要避免固定轴的夹紧块胶垫上沾有磨削粉末,以防止加工时损伤镜片表面。

(3) 树脂镜片及镀膜镜片表面硬度较差,加工时,为保护镜片表面不受损伤,应在镜片两面贴上专用塑料保护贴膜,并使用黏盘。

4. 对高度数镜片的处理 如果镜度太高可以采用缩径镜片,业内常称之为“帽镜”或“带轮”镜片(图 13－10,图 13－11)。对于凹透镜片,定做时“做平面”,即前表面为平面,可以最大限度做得薄一些。如果镜度太高也可以做帽镜。采用定做车房片,成本、价格较高。

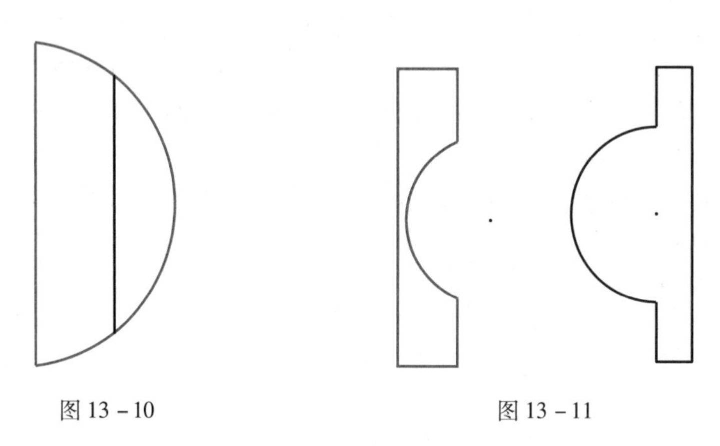

图 13－10　　图 13－11

(三) 偏心板

对应患者的瞳距,将模板几何中心孔中央做到与镜片光学中心重合的板型叫做偏心板。

1. 使用偏心板的目的 偏心板一般在加工高度镜片时使用,为了使镜片在自动磨边机旋转轴中不倾斜,并使尖边位置不靠近镜片颞侧第二面。

如图 13－12(a)所示,使用偏心板,黏盘中心与镜片模型板的中心孔在一条直线上,尖边靠近前面。如图 13－12(b)不使用偏心板,镜片光学中心相对于黏盘和模型板中心靠近鼻侧,磨边结束时尖边靠近后面。偏心板在高度镜片加工中使用,低度数镜片也应使用。

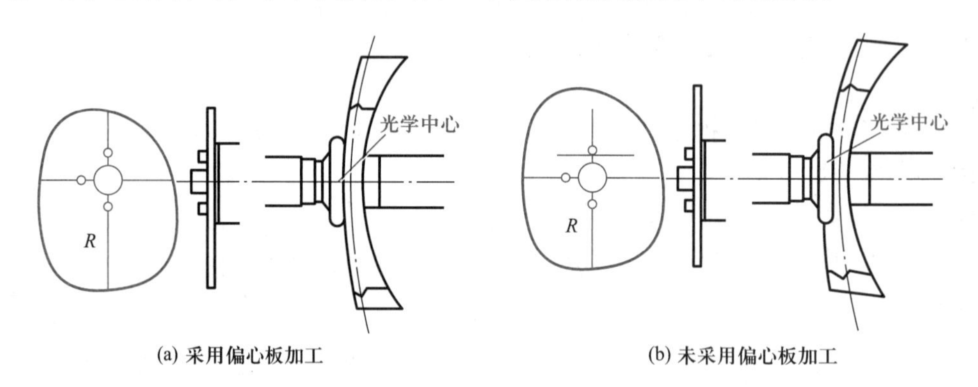

(a) 采用偏心板加工　　(b) 未采用偏心板加工

图 13－12

2. 偏心板的制作方法

(1) 用制模机制作偏心板:在制作偏心板时,只需计算出偏心量,按照远用或近用的不同用途,定出光学中心高度,根据制模机上的标尺刻度,将镜架放置相应位置即可(图 13－13)(应该指出的是:有的制模机受精度限制,制作出的偏心板不准确)。

(2) 手工制作偏心板:按照第二节手工制作塑料模板的方法,对应患者的瞳距及远用或近用的不同用途,定出光学中心高度,将模板几何中心孔中央做到与镜片光学中心重合。

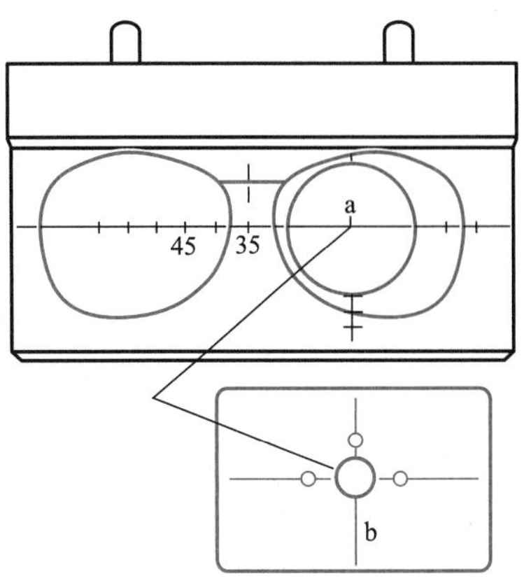

图 13－13 用制模机制作偏心板

（四）强制尖边加工工艺

高度镜片为减少镜片边缘前面探出量，使镜片看上去不是很厚，制作后显得美观，强制尖边加工是强制改变尖边前后宽度比例的工艺（图 13－14）。

1．不同镜片不同镜度的尖边前后宽度比例不同 详见本章第二节手工磨边相关内容。

2．加工强制尖边的步骤

（1）工艺流程：粗磨—停止—设定尖边位置、曲率—测试—确认—完成。

（2）操作步骤：开机，选择镜片的类型（玻璃片还是树脂片），加工尺寸，选择强制尖边方式；启动加工“START”键，机器会在镜片粗磨成型后，镜片台自动抬起使镜片脱离砂轮，并自动移动到 V 形槽细磨砂轮（或平磨砂轮）上方约 1 mm 处，自动停止，镜片轴停止转动，抽水泵停水，操作者根据镜片的厚度、性质（凸或凹）、镜架情况等设定尖边的位置，然后按下测试键，让镜片在 V 形槽细磨砂轮（或平磨砂轮）上方约 1 mm 处转动测试，当确认尖边符合要求时，就可以启动磨边键，供水，正式磨边了。

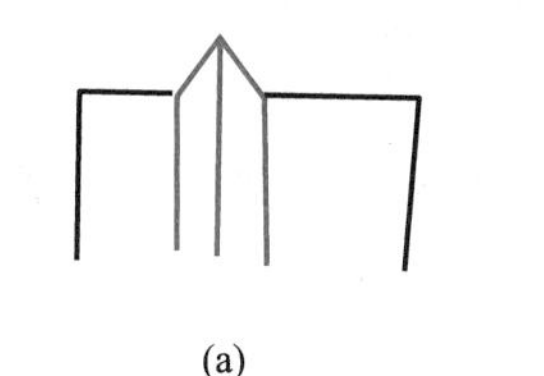

(a)

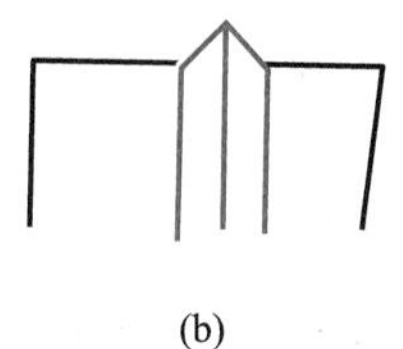

(b)

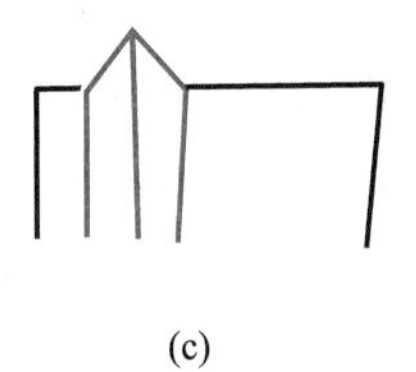

(c)

图 13－14 强制尖边加工工艺

五、全自动磨边机

（一）全自动磨边机的特点

全自动磨边机（彩图 13－6）是将镜圈、镜片、撑板、模板等的形状、尺寸进行扫描，计算机根据所获得的相应的数据、操作者输入的制作数据和指令进行自动磨削，不需要制作模板。

（二）结构及说明

1．扫描机构 扫描探头分为两种工作方式。

（1）扫描全框镜架左、右镜圈：对全框镜架，扫描后，在显示屏上给出左、右镜圈的形状，以及镜架几何中心的水平距离 *FPD*。

（2）扫描单一镜片、撑板或模型板：半框、无框镜架，以及配单一镜片，需扫描镜片、撑板或模型板。

2．控制键盘、显示屏和加工机构

（1）控制键盘：输入指令。如选择镜片材料、尖边类型、尺寸、强制尖边、光学中心位置、瞳距、渐变焦镜片瞳高等等。

（2）显示屏：显示加工信息。

（3）加工机构：除了镜片轴、砂轮组之外，有一镜片扫描装置。在输入加工指令后，扫描探头会扫描镜片前后表面，而后在显示屏上显示未来加工出的镜片的3D图像，可以显示镜片各个部位尖边形状比例。镜片直径小会提示换大镜片或移大瞳距。

3. 水冷机构 水箱、电泵。

4. 内部动力和自动化控制机构 电机、电脑芯片等。

5. 加工模式说明

（1）普通加工模式（默认尖边模式）：加工光心位置用远用模式，默认镜圈几何中心上2 mm；默认为近用模式。镜圈几何中心高度可调整。

（2）磨平边模式：半框、无框镜架，需输入 *FP* 和 *DPD*。

（3）强制尖边模式：扫描镜片后，可提示最厚处的尖边状况。可以调整，调整后的情况，通过显示屏可以显示出来。

（4）双光镜模式：进入此工作方式，输入近用瞳距及子片顶点高度。输入后，显示屏上自动给出子片顶点与镜圈几何中心的位置关系数值，按其提示在中心仪移动镜片子片位置定位即可。

（5）渐变焦镜片模式：进入此工作方式，分别将左右渐变焦镜片水平加工基准线与刻度盘的水平中心线重合，配镜“十”字在中心仪中心定位。输入单眼远用瞳距及瞳高，即可开始磨边。

除了双光镜，加工一般球柱镜片、渐变焦镜片，都是在中心仪中心定位即相当于半自动磨边机的偏心板加工。

6. 使用

（1）在扫描镜架或撑板、在控制键盘输入一系列指令之后，就可以安装镜片加工了。

（2）先做右片，将右镜片放置在磨边机的镜片夹支座上夹紧（注意黏盘点方向）。启动磨边按键。

（3）磨边机镜片扫描探头按模板的形状，对右片前后表面进行扫描测试，镜片直径满足镜圈形状、尺寸要求时，磨边机继续工作，直至成型。

（4）取出镜片（不要卸下黏盘）与撑板对照，如不符合要求，修改磨边量并重新磨边（此时仅磨平边），直至大小合适。

六、自动开槽机

（一）自动开槽机用途与结构

自动开槽机是制作半框眼镜时，对已磨好平边的镜片，在其平边上开挖一定宽度和深度的沟槽所使用的专用设备。

自动开槽机外部结构俯视如图13－15所示。此设备通过被加工镜片和刀具各自的相向旋转运动，使刀具在镜片边缘铣削出一条宽0.5 mm（或0.6 mm），槽深0.3 mm左右的环形槽，以备装配使用。

（二）槽型的选择、设定

自动开槽机沟槽类型分为：中心槽，前弧槽，后弧槽3种。在开槽之前，首先要确定槽的类型，提起调节台，按照槽的类型设定调节台后面的弹簧挂钩。

1. 中心槽的设置（图13－16）

（1）提起调节台，将弹簧挂钩插入最下面的标有“C”记号的两个联结点。

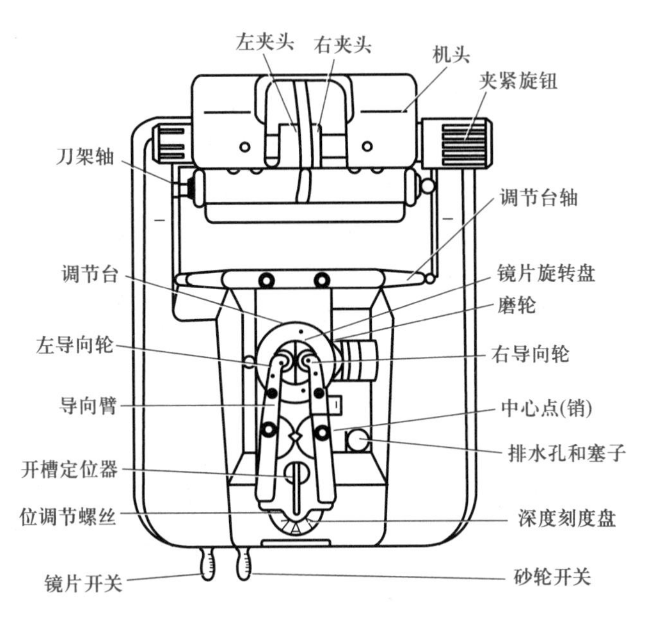

图 13 – 15　自动开槽机外部结构

(2) 将中心销插入两导向臂的中间。

(3) 将定位器旋到中心位置。

中心槽适用于平光镜,中、低度镜片。

2. 前弧槽的设置(图 13 – 17)

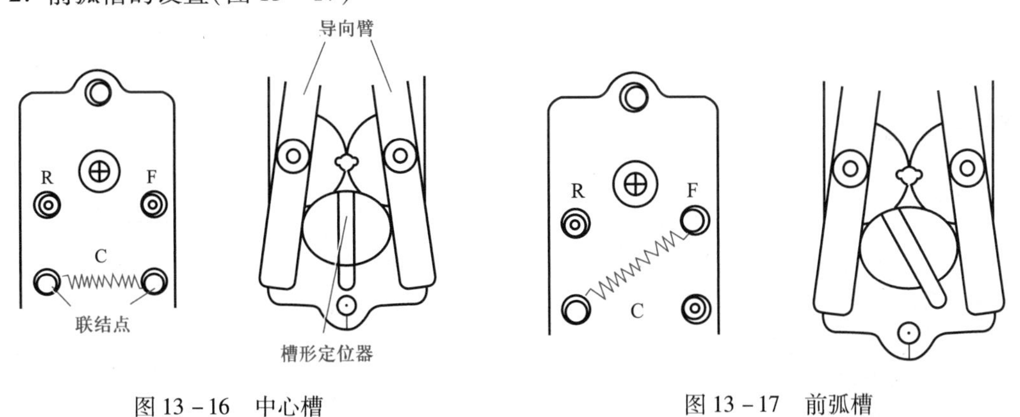

图 13 – 16　中心槽　　图 13 – 17　前弧槽

(1) 移开中心销,使其悬空。

(2) 提起调节台,将弹簧挂钩插入"F"点和"C"点的孔中。

(3) 将镜片最薄处朝下放置,夹紧镜片慢慢放到镜片放置台上的两个导向臂的尼龙导轮之间。

(4) 转动定位器,控制前导向臂使镜片移到需开槽的位置上。

前弧槽适用于高度近视及高度近视散光镜片,其槽的弧度与镜片的前表面弧度一致。

注意:槽的位置与镜片前表面的距离不小于 1.0 mm。

3. 后弧槽的设置(图 13－18)

(1) 移开中心销,使其悬空。

(2) 提起调节台,将弹簧挂钩插入"R" 点和"C"点的孔中。

(3) 将镜片最薄处朝下放置,夹紧镜片慢慢放到镜片放置台上的两个导向臂的尼龙导轮之间。

(4) 转动定位器,控制后导向臂使镜片移到需开槽的位置上。

后弧槽适用于高度远视及高度远视散光镜片,其槽的弧度与镜片的后表面弧度一致。

4. 调整"中心槽"型位置　若想将槽的位置靠近镜片的后面时,可顺时针转动调节旋钮。若想将槽的位置靠近镜片的前面时,逆时针转动调节旋钮(图 13－19)。

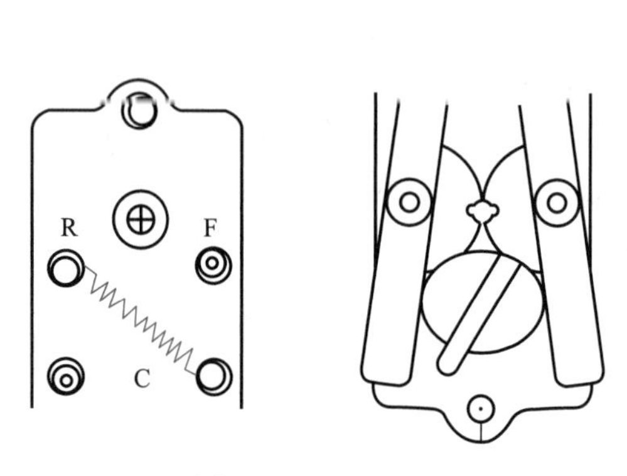

图 13－18　后弧槽

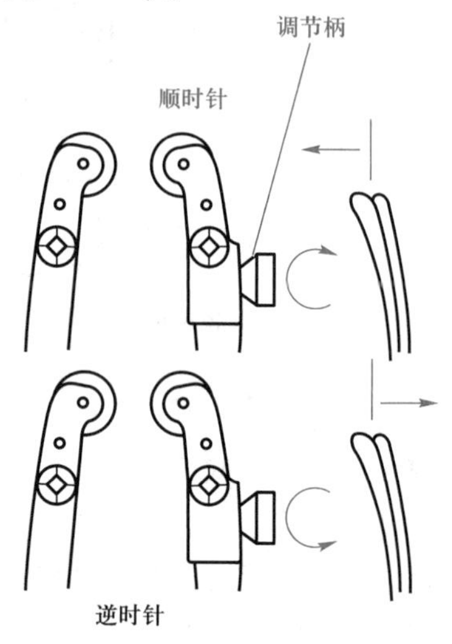

图 13－19　调整"中心槽"型位置

5. 使用沟槽机开出沟槽——沟槽机的使用方法

(1) 设定沟槽类型。

(2) 设定沟槽的前后位置:① 深度刻度盘须调到"0"位,两个开关都在"OFF"位置。② 用水充分地润湿冷却海绵块。③ 将镜片最薄处朝下、前表面朝右(后表面朝左)放置到机头上的左右夹头之间,拧紧旋钮,将机头降低到操作位置。④ 张开导向臂,镜片落到两尼龙导轮之间,切割轮之上。⑤ 将镜片转动开关拨至"ON"位置,使镜片转动,转动调节定位器设定槽的合适位置。图 13－20 给出了不同镜片沟槽的位置。

(3) 开出沟槽:① 将镜片切割轮开关拨至"ON"位置,并调节槽的深度刻度盘由浅至深开出沟槽,新机器一般调到刻度"3"的位置即 0. 3 mm。② 当镜片在所需槽的深度位置自转一周后,切割的声音会由大变小,表明开槽完成,关闭切割轮开关后,再关闭镜片转动开关,打开导向臂,抬起机头,卸下镜片。

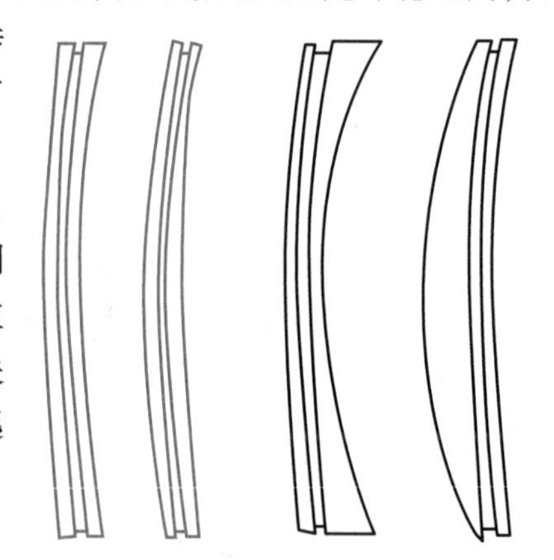

图 13－20　不同镜片沟槽的位置

6. 注意事项

(1) 开槽机的切割轮前方固定有一小排水管,同时配制有一个塞子用以排水，需经常排水，防止过多的积水使轴承锈蚀。

（2）经常取出海绵清洗干净，使用前需注入水充分浸湿海绵，当海绵用旧后及时更换。

（3）经常给各转动轴部位上润滑油，并保持清洁。

（4）槽的深度若过浅，则尼龙丝线易脱落；若过深，则镜片边缘易破裂。槽的深度一般为宽度的一半，槽的宽度为0.5～0.6 mm，槽的深度一般为0.3 mm左右。

（5）槽位的设定，都必须在被加工镜片最薄边缘部位设定。镜片沟槽位置与镜片前边缘距离不应小于1 mm（图13－21）。

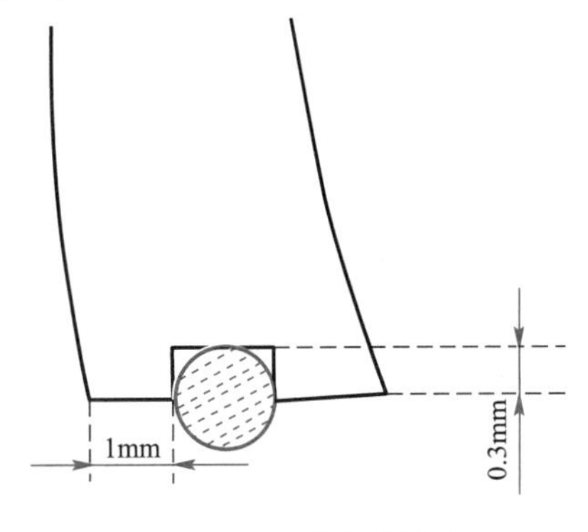

图13－21　槽位的设定

七、打孔机

打孔机（彩图13－7）是一种专门为制作无框眼镜，对镜片打孔而设计的设备。操作相对复杂，加工质量容易保证。

（一）打孔机的主要构成

1. 采用两个相同类型的钻头和一把扩孔绞刀作为钻孔刀具，钻孔直径为0.8～2.8 mm，误差±0.2 mm。上、下各有一微型电机。其中一个钻头尖向下固定于上端电机轴，通过调节打孔控制臂可上下移动；另一个钻头尖向上被固定于电机轴的上端，两个钻头尖相对，最小间隙为0.1 mm；还有一把扩孔绞刀被固定于电机轴的下端，刀尖向下。

2. 在固定臂上有一可调节的前后位置刻度盘挡板，可以控制打孔的内外位置。

（二）打孔机的使用方法

1. 调节手架台高度。

2. 左手持镜片轻轻放在下方钻头尖上方，镜面与钻头成垂直角度；按照事先确定的打孔位置，调节前后挡板，控制打孔的内外位置，左右移动镜片确定上下位置（图13－22）。

3. 左手握稳镜片，右手开机，用右手控制打孔控制臂向下移动钻头接触镜片表面，上下钻头同时旋转（图13－23）。

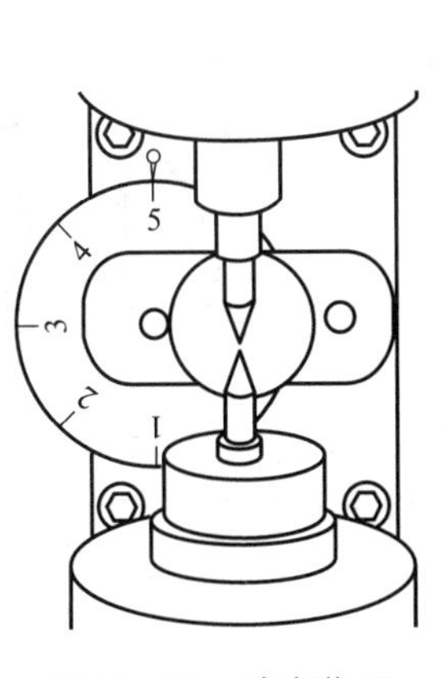

图13－22　确定位置

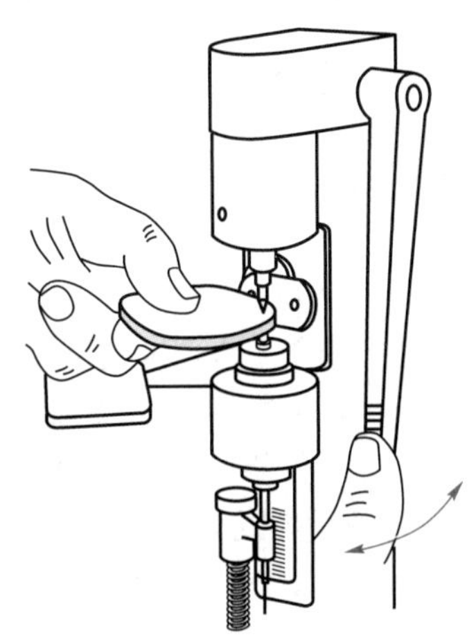
图13－23　旋转钻头

4. 匀速缓慢地将打孔控制臂向下按至极限后再抬起,移开镜片。

5. 双手握稳镜片,将孔的中心对准下端的绞刀,由下至上平稳扩孔(图 13－24)。

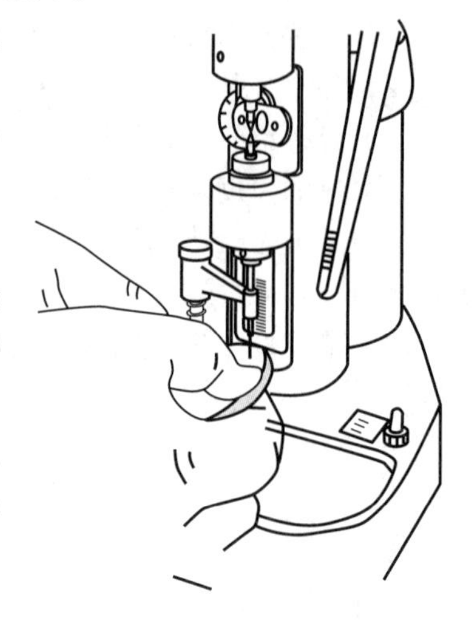

图 13－24 扩孔

八、抛光机

(一) 结构和原理

抛光机是对磨边后的镜片进行边缘处理的一种小型抛光设备,目的是抛去镜片在经磨边后磨边机砂轮所留下的粗糙的磨削沟痕,使镜片边缘表面平滑光洁。

这种设备主要结构是电动机和抛光轮。其工作原理是电动机启动后带动涂有抛光剂的抛光轮高速旋转,让镜片需抛光部位与抛光轮接触产生摩擦,抛光至平滑光洁。

(二) 种类

抛光机有两种类型:一种是立式抛光机;另一种是卧式抛光机,也称为直角平面抛光机。

1. 立式抛光机(图 13－25) 电机轴水平设置,左右各有一个叠层布轮或绵丝布轮,一侧用于粗抛,一侧用于细抛。抛光剂又分为粗抛光剂和细抛光剂两种。优点是① 粗抛和细抛分开,方便;② 还可以对镜架进行抛光。缺点是抛光时较容易将非抛光部分意外磨伤。

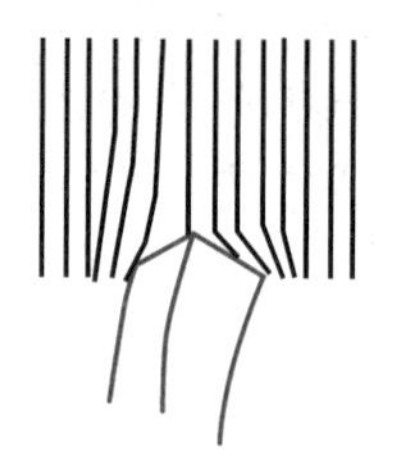

图 13－25 立式抛光机

2. 卧式抛光机(图 13－26) 抛光轮面与操作台面呈 45°。抛光轮材料选用超细金刚砂纸和压缩薄细毛毡。超细砂纸用于粗抛,薄细毛毡配有专用抛光剂用于细抛。优点是抛光时,镜片与抛光轮面呈直角接触,避免了非抛光部分产生的意外磨伤。

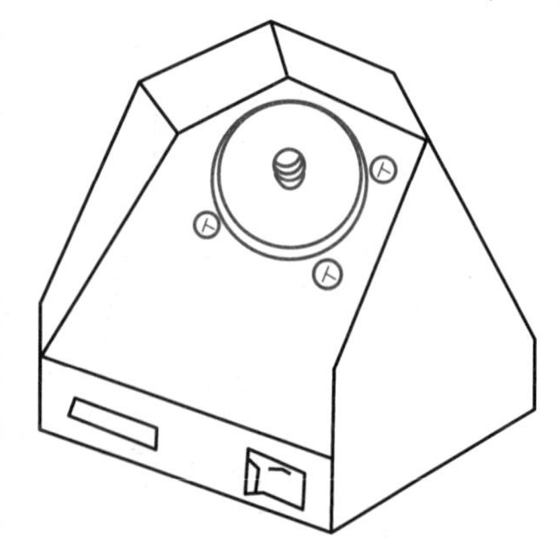

图 13－26 卧式抛光机

(三) 使用方法

1. 工具 抛光机、抛光剂。

2. 操作步骤 仅介绍卧式抛光机的操作步骤。

(1) 粗抛:① 首先,旋转螺母取下抛光轮固定盖盘,在基盘上装上薄细毛毡,上面再装上超细砂纸,重新拧紧固定盖盘。② 双手持镜片,镜片与抛光轮面呈直角,轻轻地接触抛光轮面,顺着抛光轮的转动方向匀速转动镜片抛光。

(2) 细抛:将超细砂纸取下,加装薄细毛毡抛光轮并均匀地涂上抛光剂,然后按粗抛同样的手法进行抛光(注:玻璃镜片抛光时,只需用超细砂纸进行抛光即可)。

（四）注意事项

1. 操作时应双手拿稳镜片,不可抖动;既要让镜片顺着抛光轮的转动方向匀速转动,又要避免镜片被打飞。

2. 注意是“抛”而不是“磨”,镜片边缘与抛光轮接触不可过于用力,片缘的任意一点不可停留时间过长。

3. 为安全起见,操作时应带防护眼镜和防尘面具,并严禁戴手套。如果加工者头发很长,还应戴上工作帽。

第二节　眼镜的手工磨边

一、手工磨边概述

磨边(edging)是指把符合验光处方的定配眼镜片磨成与眼镜架镜圈几何形状相同的一种加工工艺。根据磨边的工艺、手段的不同分为手工磨边和自动磨边。

手工磨边是以手工操作为主,凭技术、经验按照镜圈的几何形状,划线、切割、磨边缘形状、装配。手工磨边的特点:设备简单、加工成本低廉;但要求操作者需具有相当熟练的技能才能胜任。由于是手工操作,加工精度难以保证,故加工出的镜片光学中心位置、柱镜轴位往往不够精确。

手工磨边是眼镜加工师应了解的技能之一。虽然,现在眼镜加工基本上都使用自动磨边机进行加工,很少用手工制作眼镜。但了解手工磨边,对自动磨边的理解有帮助,其加工步骤是触类旁通的。

二、眼镜手工加工的步骤

加工前的调整—确定镜片加工基准—制作模板—割边—磨边—磨安全角—(抛光)—装配—加工后的调整(整形)—检测。

下面以制作球柱镜框架眼镜为例,讲解手工加工的制作方法。

（一）加工前的整形

按照眼科医师或验光师所下的配镜处方,领取并确认相应的镜片、镜架之后,首先要检查镜架的对称性,特别是要检查镜架镜圈的对称性。必要时要进行整形。

（二）确定镜片加工基准

1. 镜片加工基准　眼镜加工简单地说,就是按照验光处方的要求,把定配眼镜片磨成与眼镜架镜圈几何形状相同并装配的过程。

衡量球柱镜片眼镜制作是否准确,就要测量左右镜片的光学中心水平距离是否与患者瞳距相同,光学中心水平互差、光学中心垂直互差、柱镜轴位等是否符合要求。对于球柱镜片眼镜,光学中心就是加工的依据,我们称之为镜片加工的基准点;柱镜轴位是多少度,是以水平线为基准,因此这条水平线也是加工的依据,我们称之为镜片加工的基准线,也称为镜片水平加工基准线。

确定镜片加工基准就是要确定镜片加工的基准点和镜片加工的基准线(baseline)。不同类型的定配眼镜片的加工基准不同。

(1) 球镜片的加工基准点为其光学中心。

(2) 球柱镜片,光学中心为其加工基准点,过光学中心的柱镜轴水平基准线为镜片水平加工基准线。

(3) 平顶双光镜片的加工基准点为其子片顶点,镜片水平加工基准线为子片切口两端的连线。

(4) 渐变焦镜片的加工基准点为其配镜"十"字点,镜片水平加工基准线为配镜"十"字与其两侧的短平行线的连线。

本节仅讨论确定球柱镜的光学中心和加工基准点的相关问题;而确定双光镜片、渐变焦镜片的加工基准点的相关问题,在其他相关章节中进行介绍。

2. 确定球柱镜片加工基准　用焦度计确认镜片光学中心点、屈光力、柱镜轴向,然后打出印记点。在三个印记点中,中央点为光学中心即为镜片的加工基准点;把三点连成一条直线,为镜片水平加工基准线。在右眼镜片和左眼镜片上方颞侧分别标出 R(右)、L(左),并划出由颞侧指向鼻侧的箭头(图 13-27,图 13-28)。

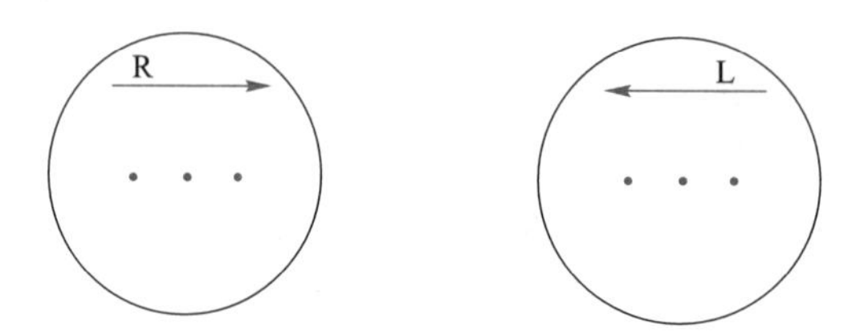

图 13-27　球柱镜片的加工基准点为其光学中心

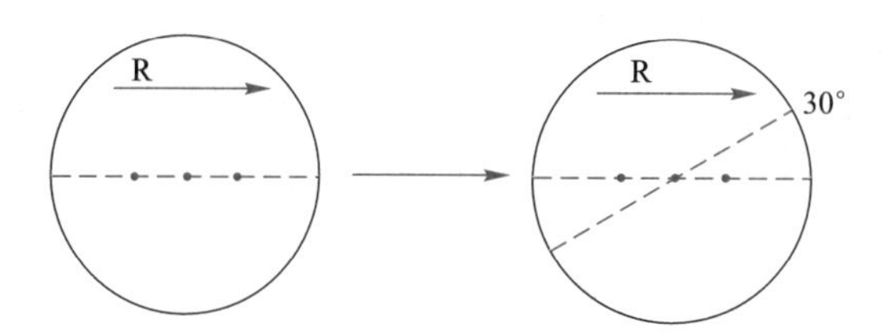

图 13-28　球柱镜片的水平加工基准线

注:由于从加工者的角度看去,眼镜的右片在左侧,眼镜的左片在右侧。因此,为了加工时方便,加工者总是将眼镜的右片、左片分别放置于操作台上左侧和右侧,并且按照行业惯例,先加工右片,后加工左片。

(三) 制作模板

模板也称为模型板,是在制作眼镜时,将模板坯料按照镜圈的几何形状、大小剪裁而成的样板。不仅如此,还要在模板上标出要做的眼镜的加工基准。

1. 镜片光学中心水平位置的确定　光学中心水平距离指两镜片光学中心在镜圈几何中心连线平行方向上的距离。两镜片的光学中心水平距离应与患者的瞳距相一致。因此,通常要进行水平移心。

单眼水平移心量的计算:单眼水平移心量 $X = (FPD - PD)/2$,即水平移心量等于镜架左、右镜圈的几何中心水平距离与瞳距之差的一半。

说明:*FPD* 表示镜架左右镜圈的几何中心水平距离;*PD* 表示患者的瞳距,又分为远用瞳距和近用瞳距。一般以 *PD* 表示患者的远用瞳距,以 *NPD* 表示患者的近用瞳距。

2. 垂直位置的确定

(1) 镜架的倾斜角与镜片光学中心的下移:镜架的倾斜角是指镜面与垂线的夹角。人眼的视轴(visual axis)与光轴并不重合,因此设置镜架的倾斜角就是要满足配戴者眼睛的视轴与镜片的光轴相一致的要求。人们配戴镜架时,远用镜与近用镜的倾斜角是不一样的。远用镜镜架的倾斜角较小;近用镜镜架的倾斜角较大。

设置镜架的倾斜角就要求光学中心向下位移。下面就让我们来求镜片光学中心向下位移量 h(以眼的光轴与镜片的交点为基准)。

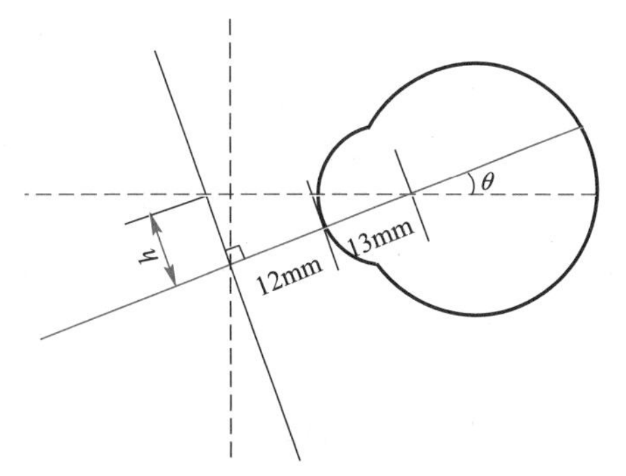

图 13-29 镜片光学中心向下位移量

如图 13-29 所示,设视轴与光轴的夹角为 θ,由几何关系可知倾斜角等于 θ,镜眼距 = 12 mm,角膜前顶点至旋转中心为 13 mm,则有:$h = 25\tan\theta$

从表 13-2 可以得出:倾斜角 θ 越大,镜片光学中心向下位移量 h 越大。

表 13-2 不同的 θ 取值计算出的镜片光学中心向下位移量 h

θ/℃	h/mm
8	3.5
10	4.4
12	5.3
15	6.7

(2) 垂直位置的确定:实际加工中无需计算,远用眼镜倾斜角一般都小于 10°,将镜片光心置于瞳孔下方 4 mm 左右即可。

具体到一般眼镜加工时:① 将远用镜片光学中心定位于镜圈几何中心至向上 2 mm 的范围内,基本上能够满足将远用镜片光心置于瞳孔下方 4 mm 左右的需求。这是因为实际配戴时,镜圈几何中心高度基本位于下眼睑的高度,瞳孔位于下眼睑之上 4~5 mm,加上镜架下滑作用,基本会满足在瞳孔下方 4 mm 左右的条件。② 将近用镜片光学中心定位于镜圈几何中心高度左右,这是因为近用眼镜视野范围相对较小,且近用眼镜倾斜角一般都大于 10°。这样就将镜片光学中心的垂直位置的确定进行了简化,方便了日常工作,提高了效率。

3. 手工制作纸制模板的方法 使用工具有镜架、模型板坯料、瞳距尺、标记笔、剪刀、裁纸刀、锉刀。

(1) 画模板外形

1) 方法一:把眼镜架镜腿朝上,左手稍用力按住镜圈压在纸板(厚度 0.5~1.0 mm)上,右手用标记笔沿镜圈内缘在纸板上画出镜圈的形状。

2) 方法二:若有镜架撑板,可以用左手稍用力按住撑板压在纸板上,右手用标记笔沿撑板外缘在纸板上画出镜圈的形状。

3）方法三：若有镜架撑板，可以用左手稍用力按住撑板压在纸板上，右手用裁纸刀沿撑板外缘在纸板上刻画出镜圈的形状。

（2）裁剪模板：用剪刀在纸板上沿画出的镜圈形状外缘，均匀裁剪出镜圈的形状，并适当修正大小使之与镜圈大小匹配。最后，用标记笔标出“R”或“L”并画出指向鼻侧的箭头。

4. 手工制作塑料模板的方法

（1）画模板外形

1）方法一：把眼镜架镜腿朝上，左手稍用力按住镜圈压在塑料模板坯料上。右手用标记笔沿镜圈内缘在塑料模板坯料上画出镜圈的形状。

2）方法二：若有镜架撑板，可以用左手稍用力按住撑板压在塑料模板坯料上。右手用标记笔沿撑板外缘在塑料模板坯料上画出镜圈的形状。

3）方法三：若有镜架撑板，可以用左手稍用力按住撑板压在塑料模板坯料上。右手用裁纸刀沿撑板外缘在塑料模板坯料上刻画出镜圈的形状。

（2）裁剪模板

1）方法一：用剪刀在塑料模板坯料上沿画出的镜圈形状外缘，尽量均匀裁剪出镜圈的形状，用锉刀修整边缘，使之平滑且无毛刺，并适当修正大小，使之与镜圈大小匹配。

2）方法二：在“画模板外形”方法三中，可以直接用裁纸刀用力在塑料模板坯料上刻出镜圈的形状，而后，用钳子掰去多余部分，再用锉刀修整边缘，使之平滑且无毛刺，并适当修正大小，使之与镜圈大小匹配。

最后，用标记笔标出“*R*”或“*L*”并画出指向鼻侧的箭头。

5. 直接用镜架撑板作模板　每个新镜架左、右镜圈都镶有撑板，其作用是保护镜架镜圈，使之不变形。因此，撑板就是一个很好的模板。

6. 在模板上作水平、垂直加工基准线和标记镜片光学中心位置的方法

（1）方法一：几何中心移心量法(图13－30)

1）找出镜圈的几何中心：将制作好的模板，镶嵌于镜圈内。用瞳距尺量出纵向最大高度的1/2处，用标记笔在模板上作水平线 *ab*；用瞳距尺量出横向最大宽度的1/2处，用标记笔在模板上作垂直线 *cd*。此两条线的交点即为镜圈的几何中心 *O*。

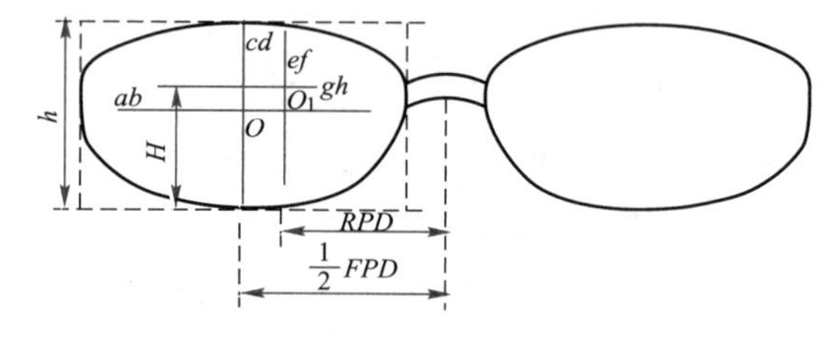

图13－30　几何中心移心量法

2）由镜腿标识或测量可知该镜架镜圈的几何中心的水平距离 *FPD*，根据处方瞳距，计算出相对于镜圈的几何中心的偏移量 $X = FPD/2 -$ 单眼 *PD*，在水平线 *ab* 上作出标记，过此点作 *ab* 的垂直线 *ef*，*ef* 即为垂直加工基准线。

3）根据使用目的确定水平加工基准线：一般情况，对于远用眼镜，镜片光学中心位于镜圈的几何中心之上2 mm，故用瞳距尺在垂直加工基准线 *ef* 上量出位于镜圈的几何中心之上2 mm，并作出标记 O_1，过此点作水平线 *gh*，*gh* 即为水平加工基准线。

对于指定光学中心高度H的配镜处方，运用公式：垂直移心量 $Y = H - h/2$，*Y* 为镜片光学中心相对于镜圈的几何中心 *O* 的垂直移心量，*h* 为镜圈垂直高度。根据计算结果，用瞳距尺在垂

直加工基准线 ef 上量出位于镜圈的几何中心之上 Y(mm),并作出标记 O_1,过此点作水平线 gh,gh 即为水平加工基准线。

需要特别指出的是,使用此种方法的前提是能够准确确定镜圈的几何中心在模板上的相应位置。实际工作中,往往仅在有镜架厂商提供的标准模型板(其中央顶出孔的中心,位于镜圈的几何中心,两定位孔连线为镜架水平线)时使用此方法。实际中用到的更多的是下面介绍的测量法。

(2) 方法二:测量法(图 13-31)

1) 将制作好的模板镶嵌于镜圈内。在模板上作水平线 ab,以鼻架中心为始点用瞳距尺量出单眼瞳距,在水平线 ab 上做出标记 O_1'。

2) 过 O_1' 作垂直于水平线 ab 的垂线 cd,此线即为垂直加工基准线。

3) 根据使用目的确定水平加工基准线:远用眼镜,镜片光学中心位于镜圈的几何中心之上 2 mm,故用瞳距尺在垂直加工基准线 cd 上量出位于镜圈的几何中心之上2 mm,并作出标记 O_1,过此点作水平线 ef,此线即为水平加工基准线。近用眼镜,镜片光学中心位于镜圈的几何中心同等高度,故用瞳距尺在垂直加工基准线 cd 上量出位于镜圈的几何中心高度,并作出标记 O_1,过此点作水平线 ef,此线即为水平加工基准线。

4) 标记镜片光学中心位置:垂直加工基准线与水平加工基准线相交于 O_1,此点即为镜片光学中心位置。

最终做好的模板如图 13-32 所示。

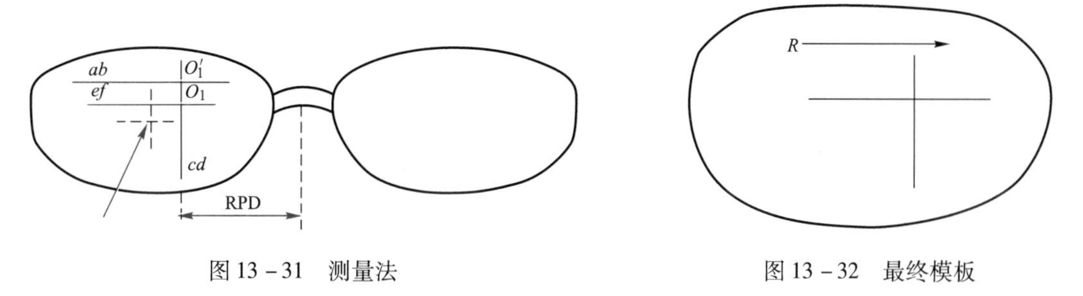

图 13-31　测量法　　　图 13-32　最终模板

(四) 割边

割边的工具有玻璃刀、标记笔。其中玻璃刀分为金刚石玻璃刀和滚轮式两种(图 13-33)。

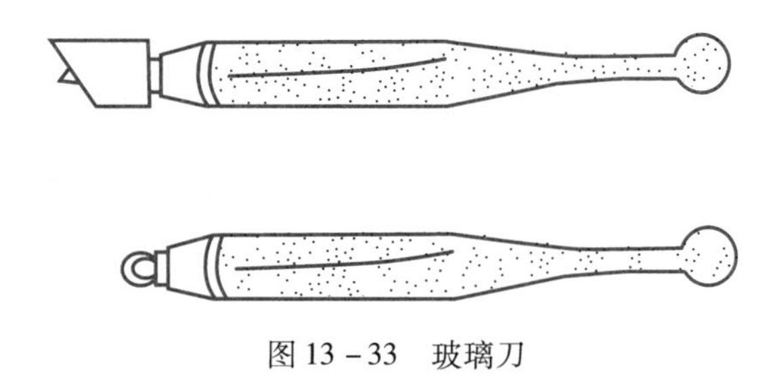

图 13-33　玻璃刀

1. 划片　根据镜片之左右,依据光学中心偏心量的要求,将模板置于镜片的凹表面,使镜片的光学中心与模板的光学中心标志点重合,若有散光,则应使镜片加工基准线与模板的水平加工基准线重合;在镜片的凹表面,用标记笔将模板轮廓描绘出来;用玻璃刀沿轮廓外缘切割镜片

(图 13－34、图 13－35)。划片质量要求:划线细、线明亮、割痕深、声音脆、无碎屑、形状准、光心准、无擦痕。

2. 钳边 用修边钳沿划片切割痕,将多余的部分除去,使被加工镜片与模板形状基本相同的操作(图 13－36)。钳边的质量要求:线内无缺口,不崩边。

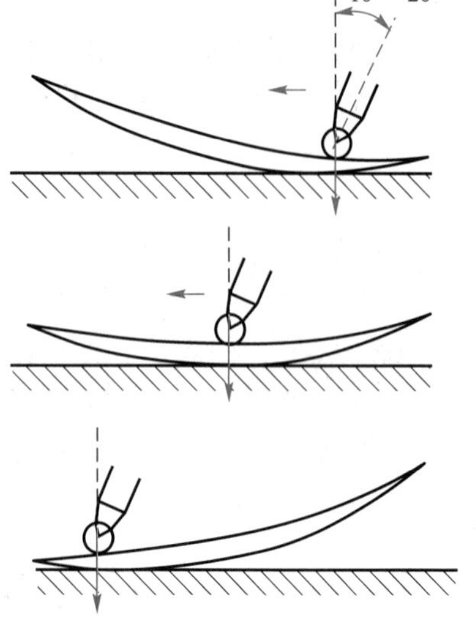

图 13－34 划片 1

(五) 磨边

手工磨边机磨镜片分为两步。第一步磨平边——磨出与模板完全相同的形状;第二步磨尖边——按镜架类型要求,磨出 110° ± 10°的尖边。

1. 磨平边 详见本章第一节“眼镜加工相关仪器”手工磨边机相关内容。

2. 磨尖边 详见本章第一节“眼镜加工相关仪器”手工磨边机相关内容。

(六) 磨安全角

详见本章第一节“眼镜加工相关仪器”手工磨边机相关内容。

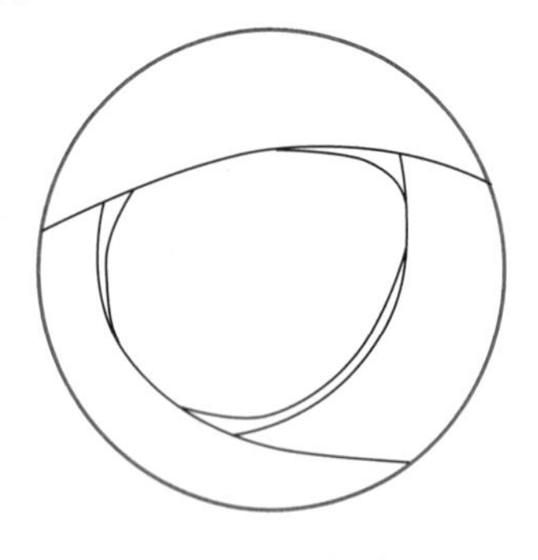
图 13－35 划片 2

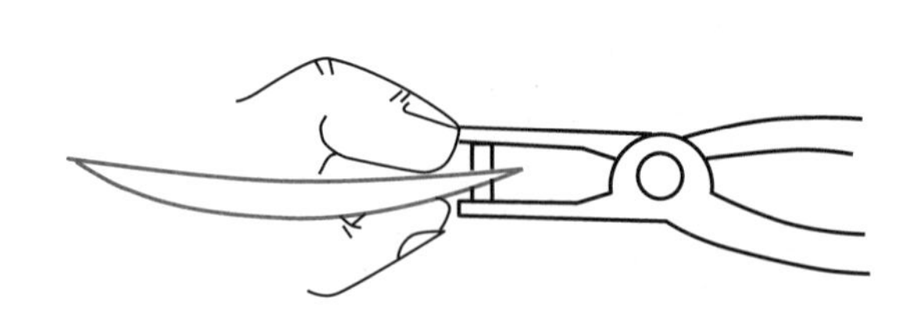
图 13－36 钳边

(七) 抛光

磨边后的镜片边缘粗糙,经过抛光机对其进行抛光后,使镜片边缘平滑光洁。对框架眼镜可以减少应力集中而导致崩边甚至破裂,还可以减轻包括半框眼镜、无框眼镜在内的镜片边缘反射引起的涡圈,起到美化作用。对于无框、半框镜架所组装的镜片,可以抛光或不抛光。虽然抛光后边缘外观漂亮,但是从抛光后的镜片边缘进入的散射光线带来的视觉干扰会多于未抛光的镜片,需要一段时间适应。

有关抛光具体内容详见第一节中抛光机相关内容。

(八) 装配

详见本章第四节全框眼镜的加工装配。

(九) 整形

详见第九章眼镜架的调整。

(十) 检测

详见第十四章配装眼镜的检测。

第三节　眼镜的自动磨边

一、自动磨边概述

随着科学技术的发展,眼镜加工从模板制作到镜片磨边都实现了半自动化或全自动化。使得磨边质量、精度、生产率等大为提高。自动磨边已逐渐替代了传统的手工磨边。自动磨边的特点:操作简单易学,磨出的镜片质量好、尺寸精度高,光学中心位置、柱镜轴位、棱镜基底等制作精确,但加工成本较高。

自动磨边机分为半自动磨边机和全自动磨边机两种。半自动磨边机是仿照实物模板的形状进行自动磨削的。全自动磨边机是将镜圈、镜片、撑板、模板等的形状、尺寸进行扫描,计算机根据所获得的相应的数据、操作者输入的制作数据和指令进行自动磨削。不需要制作模板。

二、眼镜的半自动磨边

半自动磨边加工流程:加工前的调整—确定镜片加工基准—制作模板—定中心—磨边—磨安全角—(抛光)—装配—加工后的调整(整形)—检测。

三、眼镜的全自动磨边

全自动磨边加工流程:加工前的调整—确定镜片加工基准—扫描—定中心—磨边—磨安全角—(抛光)—装配—加工后的调整(整形)—检测。

第四节　全框眼镜的加工装配

一、全框眼镜的加工

用全自动磨边机加工制作全框单焦点的眼镜步骤:加工前的调整—确定镜片加工基准—定中心—扫描—磨边—磨安全角—(抛光)—装配—加工后的调整(整形)—检测。

(一) 加工前的调整、确定镜片加工基准

详见本章第二节眼镜的手工磨边相关内容。

(二) 中心仪定位

分别将左、右镜片光学中心在中心仪上中心定位。具体详见本章第一节“眼镜加工相关仪器”中中心仪相关内容。

(三) 扫描

扫描镜架或撑板(模板)。详见本章第一节眼镜加工相关仪器中全自动磨边机相关内容。

(四) 磨边

1. 在控制面板上,选择镜架类型(金属镜架或塑料镜架);选择镜片类型(玻璃、树脂、PC);选择尖边类型:普通尖边或强制尖边;根据眼镜用途选择远用或者近用,输入瞳距值。

2. 先做右片,将右镜片放置在磨边机的镜片夹支座上夹紧(注意黏盘点方向),启动磨边按键。

3. 磨边机镜片扫描探头按模板的形状，对右片前后表面进行扫描测试，镜片直径满足镜圈形状、尺寸要求时，如事先没有选择强制尖边模式，则会继续工作，直至成形。如果事先选择了强制尖边模式，则会停下来，待加工者看着显示屏的模拟图像选好尖边比例后，发出加工指令即按下启动键后，磨边机继续工作，直至成形。

4. 取出镜片（不要卸下黏盘）并试装镜架，与镜架对照，如不符合要求，修改磨边量并重新磨边（此时仅磨尖边），直至大小合适。

5. 磨完右片，再根据以上做法进行左眼镜片的磨边。

（五）磨安全角

详见本章第二节眼镜的手工磨边相关内容。

（六）抛光

详见本章第一节眼镜加工相关仪器抛光机相关内容。

（七）装配

装配详见本节接下来的专题详解。

（八）加工后的调整（整形）

详见第九章眼镜架的调整相关内容。

（九）检测

详见第十四章配装眼镜的检测相关内容。

二、全框眼镜的装配

眼镜的装配是将已磨边后的镜片固定在镜架中的过程。对框架眼镜而言即将已磨边后的镜片装入镜圈槽并固定在镜架中的过程。全框眼镜的装配工艺分为4步：试装、修整、装片、整形。

（一）金属镜架装配工艺

1. 要求

（1）镜片外形尺寸大小应与镜圈内缘尺寸相一致。

（2）镜片的几何形状应与镜圈的几何形状相一致，且左、右眼对称。

（3）镜片装入镜圈槽内，其边缘不能有明显缝隙、松动等现象。

（4）镜圈锁紧管的间隙不得大于0.5 mm。

（5）镜片装入镜圈后，不得有崩边现象。

（6）镜架的外观不得有钳痕、镀层剥落以及明显的擦痕。

（7）镜架符合配装眼镜有关整形的国标要求。

2. 工具 螺丝刀、尖嘴钳、平圆钳、镜腿钳、框缘弧度钳等。

3. 金属镜架的装配工序

（1）试装：将已经磨好尖边的镜片与金属镜架进行比试。主要检查镜片的尺寸、形状、尖边弧度和边槽吻合等状况。

（2）修整：对在试装中发现的镜片与镜圈在尺寸、形状、尖边弧度、边槽吻合等不一致的状况，应进行修整。“修”是修磨镜片，“整”是对镜架的整形。

1）尺寸不一致：镜片尺寸过大，则需修磨镜片；尺寸过小只能重做。对于镜片尺寸稍小可进行垫丝处理。

2）形状不一致：① 如果一片形状与镜圈的几何形状符合，另一片形状不相符，应对镜圈的几何形状进行调整，使之对称；② 如果镜圈的几何形状对称；镜片与镜圈的几何形状不相一致，应对两镜片进行修磨。

3）尖边弧度不一致：镜片尖边弧度与镜圈弧度不符，一般突出表现在镜圈的上部和下部，而在镜圈的中间区域表现不明显。修整方法一般多采取用框缘弧度钳调整镜圈上部和下部的弧度，使镜圈弧度与镜片尖边弧度相一致。

4）边槽吻合不一致：边槽吻合是要做到镜片尖边与镜圈沟槽间吻合紧密。如果吻合不够紧密，应修磨镜片尖边角度、矢高。

（3）装片：在试装和修整之后，镜片与镜圈在尺寸、形状、弧度、边槽吻合等相一致时，就可以装片了。

装片时，只需选用大小、种类合适的螺丝刀，将镜架桩头处连接镜圈锁接管的螺丝松开，不必完全卸下。从镜圈外侧先将镜片鼻侧及上半部装入镜圈槽内，依次将镜片整体嵌入镜圈槽内。一手上下握紧镜圈，令镜片准确入槽，令锁紧管保持最佳对位状态；另一手执螺丝刀将锁紧管螺丝轻轻拧紧。

（4）整形：调整镜架，使之符合配装眼镜有关整形的国标要求。有关整形要求、方法请详见第九章眼镜架的调整。

4．注意事项

（1）金属镜架材质几乎无伸缩性，因此对所装片的尺寸要求较高，尺寸要正好。

（2）对于眉毛架，在检查镜片尺寸、形状、尖边弧度、边槽吻合时，应先将眉毛架卸下来，如不相符，按照上面方法进行修整；在装片之后，要检查眉毛与镜圈上缘弧度是否相符。当两者的弧度不符时，加热眉毛架，使之与镜圈的弧度相一致再进行装配。

（二）塑料镜架装配工艺

1．要求

（1）严格控制加热温度，避免烤焦镜架。

（2）镜身和镜圈不得出现焦损、翻边、扭曲现象。

（3）镜片形状、大小应与镜圈相吻合，不得出现缝隙现象。

（4）左右眼镜片和镜圈的几何形状要对称。

2．工具　烘热器、螺丝刀等。

3．塑料镜架的装配工序

（1）试装：将已经磨好尖边的镜片与塑料镜架进行比试。主要检查镜片的尺寸、形状、尖边弧度和边槽吻合等状况。

（2）修整：对在试装中发现的镜片与镜圈在尺寸、形状、边槽吻合等不一致的状况，应进行修整。

1）尺寸不一致：塑料镜架加热后有一定的可塑性，加工时要比金属镜架做得稍大一些，但可塑性是有限的，不能做得太大，更不能做得太小。镜片尺寸过大，如强行镶片则会造成镜架翻边、扭曲现象，需修磨镜片；尺寸过小会有隙缝甚至掉片，只能重做。对于镜片尺寸稍小可进行垫丝处理。

2）形状不一致：① 如果一片形状与镜圈的几何形状符合，另一片形状不相符，应对镜圈的几何形状进行调整；② 如果镜圈的几何形状对称；镜片与镜圈的几何形状不相一致，应对两镜片进行修磨。

3）尖边弧度不一致：由于塑料镜架加热后有一定的可塑性，一般通过将塑料镜架加热后，用手弯曲镜圈主要是上缘来解决。

4）边槽吻合不一致：边槽吻合是要做到镜片尖边与镜圈沟槽间吻合紧密。如果吻合不够紧密，应修磨镜片尖边角度、矢高。

（3）装片：在试装和修整之后，镜片与镜圈在尺寸、形状、弧度、边槽吻合等相一致时，就可以装片了。

1）将电热器接通电源，打开开关，进行预热。

2）左手持镜架一端，使要装入镜片所对应的镜圈均匀受热，并不断翻动、移动加热部位，注意不要加热鼻梁部分。右手在镜圈表面测温，并用手指轻轻弯曲镜圈，直至用手感觉镜圈软化至可装镜片为止。

3）从镜圈外侧先将镜片鼻侧及上半部装入镜圈槽内，两手拇指将镜片下部按下，同时两手其余手指向外翻拉镜圈下边缘将镜片下部也装入镜圈内。

4）在确认镜片准确无误地装入镜圈槽内之后，迅速将镜圈放入冷水中冷却定形。

（4）整形：调整镜架，使之符合配装眼镜有关整形的国标要求。有关整形要求、方法请详见第九章眼镜架的调整相关内容。

第五节 半框眼镜的加工制作

一、半框眼镜架

半框镜架上半部为金属框架，而下半部无框，靠尼龙线嵌入镜片边缘的凹槽来固定镜片的镜架。在上半部的镜圈内缘有凹槽，内镶有双凸形尼龙线，用以固定镜片的上半部。镜片无尖边，平磨成形，然后用开槽机开出沟槽再将镜片镶入镜架。尼龙丝直径一般为0.5～0.6 mm。

二、半框镜架的加工方法

用全自动磨边机加工制作半框眼镜的步骤：加工前的调整—确定镜片加工基准—定中心—扫描—磨边—磨安全角—（抛光）—开槽—装配—加工后的调整（整形）—检测。

工具：焦度计、中心仪、全自动磨边机、手动磨边机、开槽机、抛光机、树脂镜片、半框眼镜架、标记笔、瞳距尺、尖锥，绸带，调整工具等。

（一）加工前的调整、确定镜片加工基准

详见本章第二节“眼镜的手工磨边”相关内容。

（二）中心仪定位

分别将左、右镜片光学中心在中心仪上中心定位。详见本章第一节眼镜加工相关仪器中中心仪相关内容。

（三）扫描

1. 在半框眼镜的右片撑板上用标记笔、瞳距尺画出一条水平线，然后用尖锥卸下撑板。如

果镜架自带模板,可以省去此步骤。

2. 将撑板(或模板)在中心仪上水平定位、上黏盘后,装在扫描附件上,然后,将扫描附件安置在扫描箱中,插上扫描棒。

3. 按扫描循环启动键,扫描撑板(或模板)。扫描之后,镜圈的形状会显示在液晶屏上。输入镜架的镜圈几何中心水平距离值(*FPD*)。

(四) 磨边

在控制面板上,选择镜片类型(树脂、PC);选择尖边类型:平边;根据眼镜用途选择远用或者近用;输入瞳距值等。其他详见本章第一节眼镜加工相关仪器中全自动加工机相关内容。

注意事项:① 镜片大小要与撑板大小相同。② 对于凸透镜,选择半框镜架时,要充分考虑镜片边缘的厚度。大镜架要慎用,可能因边缘的厚度太薄,开槽困难,且在日后使用时,镜片边缘也容易崩边、碎裂。不得不选择时,只能移光心,但这又会造成瞳距不准。

(五) 磨安全角

磨边后要倒棱,原则是外侧少磨一些,树脂片磨一圈即可,以不刮手为宜;内侧要稍微多一些,以防配戴时可能划伤面部,树脂片一般磨两圈。

(六) 抛光

用抛光机将镜片边缘抛光至平滑光洁。抛光一定要在开槽之前进行,否则会在沟槽内留有抛光剂,清洁起来很麻烦费时。

(七) 开槽

用开槽机分别在左右镜片边缘平边开槽。详见本章第一节“眼镜加工相关仪器”开槽机相关内容。注意事项如下。

1. 在将镜片固定在开槽机的机头时,别忘了在镜片表面贴保护膜,并要确保机头左右夹头上的橡胶垫清洁,以免夹伤镜片表面。

2. 槽位的设定,必须在被加工镜片最薄边缘部位设定。原则上最薄处不得小于 2 mm。

3. 镜片沟槽位置与镜片前边缘距离不应小于 1 mm。

4. 两镜片不同亦即边缘厚度不同 ,应以较薄的镜片决定沟槽位置与镜片前边缘的距离。

5. 开槽结束后,抬机头卸镜片之前,应先用右手松开左右两个导向臂,再抬起机头,以免导向臂尼龙导轮将镜片划伤。

(八) 装配

装配时,镜圈在上,镜片在下,先将镜片的上半部的沟槽嵌入金属框内凸起的尼龙上丝线内,左手将金属框与镜片固定,右手用宽约 5 mm 剪成斜角的绸带(或尼龙线)将与上部镜圈连接的尼龙丝线嵌入镜片的下半部的沟槽内(图 13 - 37)。注意事项如下。

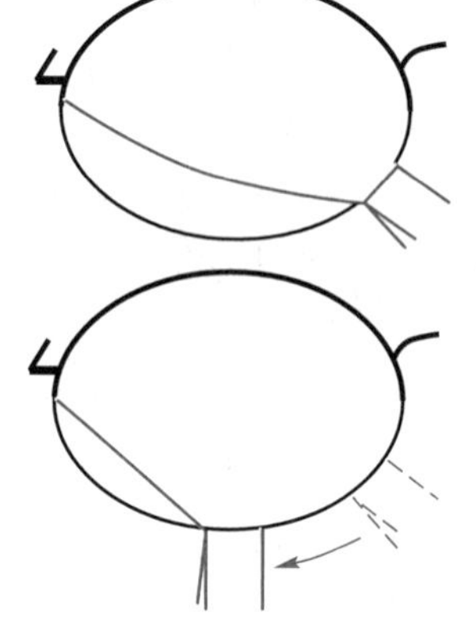

图 13 - 37 装配

1. 尼龙丝线的松紧要合适,不要过松或过紧。

2. 在确认镜片位置正确之前,不要抽出绸带。

3. 绸带用的时间长了边缘会产生毛边,应及时换新的。如用尼龙线装配,注意防止与镜架上的尼龙丝线发生大的摩擦,导致镜架断丝。

(九) 加工后的整形、检测

整形详见第九章“眼镜架的调整”相关内容。检测详见第十四章“配装眼镜的检测”相关内容。

第六节 无框眼镜的加工制作

一、无框眼镜架

无框镜没有镜框的限制,美观、重量轻,深受眼镜族的青睐。无框眼镜也称为打孔镜。它是通过在磨边成型的镜片上打孔,将镜片与镜架鼻梁和镜腿用螺栓连接固定,组成眼镜。

无框镜架种类很多,一般打 4 个孔。也有的无框镜架在镜片的颞侧打两个孔,一共打 6 个孔,个别的在鼻侧打两个孔。还有的无框镜架除了在鼻侧和颞侧打孔外,还要在鼻侧和颞侧开水平槽以固定鼻梁和镜腿。有的镜架镜腿不是靠金属螺栓固定,而是用塑料穿钉固定。还有拉丝与打孔结合的。有的不用螺栓,而用桩头直接与镜片固定。无框眼镜架的桩头有安装在镜片前表面和镜片后表面两种类型。

二、无框眼镜的加工制作

用全自动磨边机加工制作无框眼镜的步骤:加工前的调整—确定镜片加工基准—定中心—扫描—磨边—磨安全角—(抛光)—打孔与装配—加工后的调整(整形)—检测。

工具:无框眼镜架、树脂镜片、焦度计、中心仪、全自动磨边机、手动磨边机、抛光机、打孔机、标记笔、瞳距尺、树脂镜片、专用外六角扳手、锥形锉、丝锥台座、调整工具等。

(一) 加工前的调整、确定镜片加工基准

详见本章第二节“眼镜的手工磨边”相关内容。

注意:做无框眼镜时,无论有无散光均要在镜片上画出水平加工基准线。

(二) 中心仪定位

分别将左右镜片光学中心在中心仪上中心定位。具体详见本章第一节“眼镜加工相关仪器”中中心仪相关内容。

(三) 扫描

1. 用标记笔、瞳距尺在无框眼镜的右片撑板上均画出一条水平线,然后用专用外六角扳手松开螺母,将撑板卸下。

2. 将撑板(或模板)在中心仪上水平定位、上黏盘后,装在扫描附件上,然后,将扫描附件安置在扫描箱中,插上扫描棒。

3. 按扫描循环启动键,扫描撑板(或模板)。扫描之后,镜圈的形状会显示在液晶屏上。输入镜架的镜圈几何中心水平距离值(*FPD*)。

(四) 磨边

在控制面板上,选择镜片类型(树脂、PC);选择尖边类型:平边;根据眼镜用途选择远用或者近用;输入瞳距值等。其他详见本章第一节“眼镜加工相关仪器”中全自动加工机相关内容。磨完右片,再根据以上做法进行左眼镜片的磨边。除半框眼镜的注意事项外,还应注意无

论镜片有无散光，均应在镜片上做光学中心的水平基准线，并贴膜保护，为以后镜片打孔提供水平依据。

（五）磨安全角

与半框眼镜一样，磨边后要倒棱，原则是外侧少磨一些，树脂片磨一圈即可，以不刮手为宜；内侧要稍微多一些，以防配戴时可能划伤面部，树脂片一般磨两圈。

（六）抛光

用抛光机将镜片边缘抛光至平滑光洁。

（七）打孔与装配

1. 打孔工具种类

打孔工具有：台钻、手钻和打孔机。

（1）台钻、手钻（图 13－38）：属于传统的打孔工具，钻头分为玻璃钻头和树脂钻头两种。直径 ϕ 为 1.2～1.4 mm。使用时，操作相对简单，需要加工者具有熟练的技巧。主要构成有电机和钻头。使用时，控制打孔控制臂向下移动钻头在镜片表面打孔。加工时要注意：① 在树脂镜片上打孔时，快要打透时，应适当减力，防止压力太大，使打孔方向的另一侧因压力而出现片状斑痕。② 在玻璃镜片上打孔时，为控制摩擦过热，应一边操作一边向孔内注油，降低温度。③ 在玻璃镜片上打孔时，为避免孔的周边崩边或破裂，应先穿透玻璃镜片厚度的 1/2，再从镜片反面穿透另1/2。

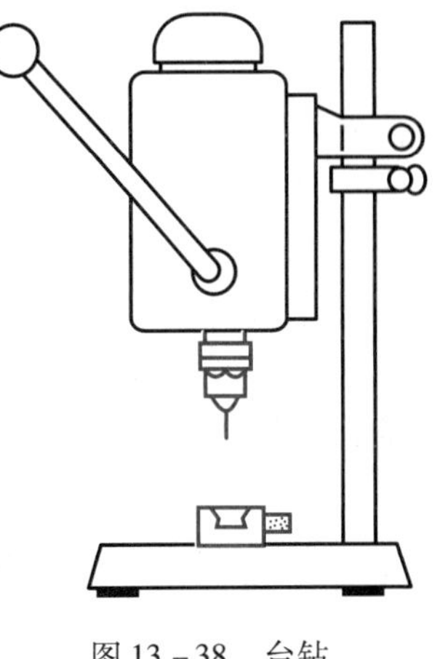

图 13－38　台钻

（2）打孔机：打孔机是一种专门为制作无框眼镜，对镜片打孔而设计的设备。操作相对复杂，加工质量容易保证。

任何一种打孔工具使用得当都可以制作出同样漂亮、合格的无框眼镜，关键是要掌握技术要领，并在实践中不断体会提高。

2. 打孔与装配步骤　由于无框眼镜是通过在磨边成型的镜片上打孔，将镜片与镜架鼻梁和镜腿用螺栓连接固定，组成眼镜。这就决定了打孔与装配过程互相交叉。若先打完孔再装配是错误的，无法保证质量。

（1）钻孔前的准备

1）检查钻头本身质量，检查钻头与钻孔机的同心性和稳定性，以保证钻孔质量和人身安全。

2）安全注意事项：头发较长者，应有保护措施。钻孔时不得戴手套。

（2）在镜片上做出打孔参考标记

1）正确地选择作标记的镜面：镜架的桩头安装在镜片前表面，就在前表面作标记；反之亦然（图 13－39）。

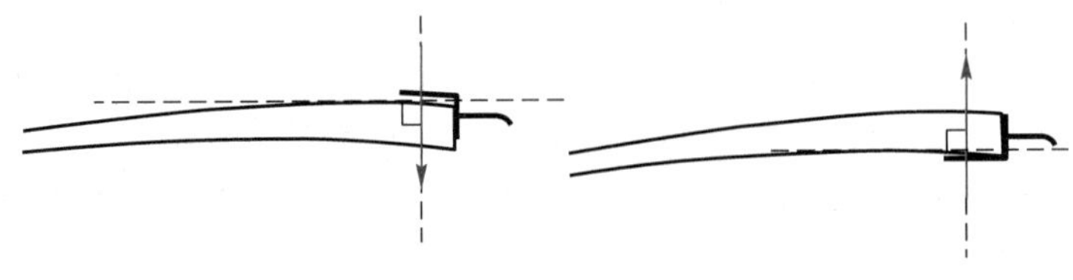

图 13－39　标记打孔位置

2）将镜架撑板与镜片互相吻合，两者水平加工基准线应平行。以镜架撑板上的孔为参考，在镜片相应的打孔面上用标记笔做出标记，然后要用鼻梁桩头或镜腿桩头的定位孔与之验证，最后确定打孔位置。

（3）打鼻侧孔

1）将鼻梁桩头紧贴于先打孔镜片（如右片）的鼻侧，鼻梁桩头孔与此镜片（右片）的已标记的鼻侧打孔参考点重合，观察鼻梁左右桩头孔的连线与此镜片（右片）的水平基准线是否平行，如若不平行，则应让两条线平行后，重新用标记笔标记打孔位置。

2）把镜片放到打孔机钻头上，将钻头对准该镜片鼻侧的标记点偏内处，如图 13－40 所示 O_2，按照正确的角度打孔。为稳妥起见，可以先轻钻点一下，用鼻梁桩头再予以验证，位置若有偏差，要作修正。检查无误后，完成打孔。

3）将两镜片水平加工基准线重合，对称相扣，验证另一片（左片）鼻侧打孔参考点的位置是否与打好孔的这片（右片）位置对称。如不对称，要进行修正。检查无误后，按上面的方法打另一片（左片）鼻侧孔。

4）打孔完毕，用锥形锉在孔的两侧倒棱。

（4）装配鼻梁

1）将鼻梁左、右桩头分别与左、右镜片在鼻侧用螺栓连接，螺母用外六角扳手旋紧。注意在孔的两侧要垫上塑料垫圈。

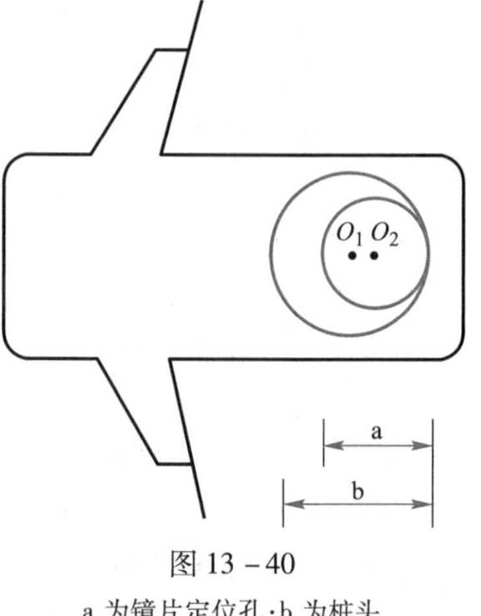

图 13－40

a 为镜片定位孔；b 为桩头

2）检查装配好的镜片的对称性，要求正视、侧视、俯视各个角度镜片对称，且镜面角介于 170°～180°。还要检查鼻梁左、右桩头与镜片连接松紧度是否合适。

（5）打颞侧孔

1）将镜面水平放置，取一个镜腿（如右腿）让其镜腿折叠，颞侧桩头紧贴镜片（右片）的颞侧，使镜腿与鼻梁左右桩头螺栓帽的连线平行，确定颞侧孔的位置。

2）把镜片放到打孔机钻头上，将钻头对准该镜片颞侧的标记点偏内处，按照正确的角度打孔。为稳妥起见，可以先轻钻点一下，用颞侧桩头再予以验证，位置若有偏差，要作修正。检查无误后，完成打孔。

3）将镜面垂直于桌面，左右镜片下缘接触桌面，用瞳距尺测量已经打好的这片（右片）颞侧孔的高度，记下数值；将瞳距尺移至另一片（左片）的颞侧，用标记笔标出高度；再将另一镜腿桩头孔放置于同等高度，紧贴镜面，用标记笔作出标记。检查无误后，按上面的方法打另一片（左片）颞侧孔。

4）打孔完毕，用锥形锉在孔的两侧倒棱（图 13－41）。

（6）装配镜腿：将左、右镜腿桩头分别与左、右镜片在颞侧用螺栓连接，螺母用外六角扳手旋紧。注意在孔的两侧要垫上塑料垫圈。如果镜架的桩头安装在镜片前表面，就在后表面孔的塑料垫圈上再加一金属垫圈；如果镜架的桩头安装在镜片后表面，就在前表面孔的塑料垫圈上再加一金属垫圈。

（八）整形

由于前期已经对镜面进行了整形，剩下来要进行的调整项目有外张角的调整，前倾角的调整，左、右身腿倾斜角的调整，两镜腿折叠平行或对称的调整，左、右两鼻托叶对称性调整，调整左、右镜腿桩头与镜片连接松紧度。具体调整方法详见第九章眼镜架的调整相关内容。

（九）检测

详见第十四章配装眼镜的检测相关内容。

（十）注意事项

1. 打孔的位置为桩头一侧。打孔的方向原则上是垂直于镜面：① 凹透镜，打孔方向略向曲率中心方向倾斜，这样做可以使装配牢靠（图 13－42）。② 凸透镜，打孔方向为与上下两面几何中心连线方向平行。这样做可以使装配后避免镜面角太小（图 13－43）。③ 平光镜打孔方向垂直于镜面（图 13－44）。

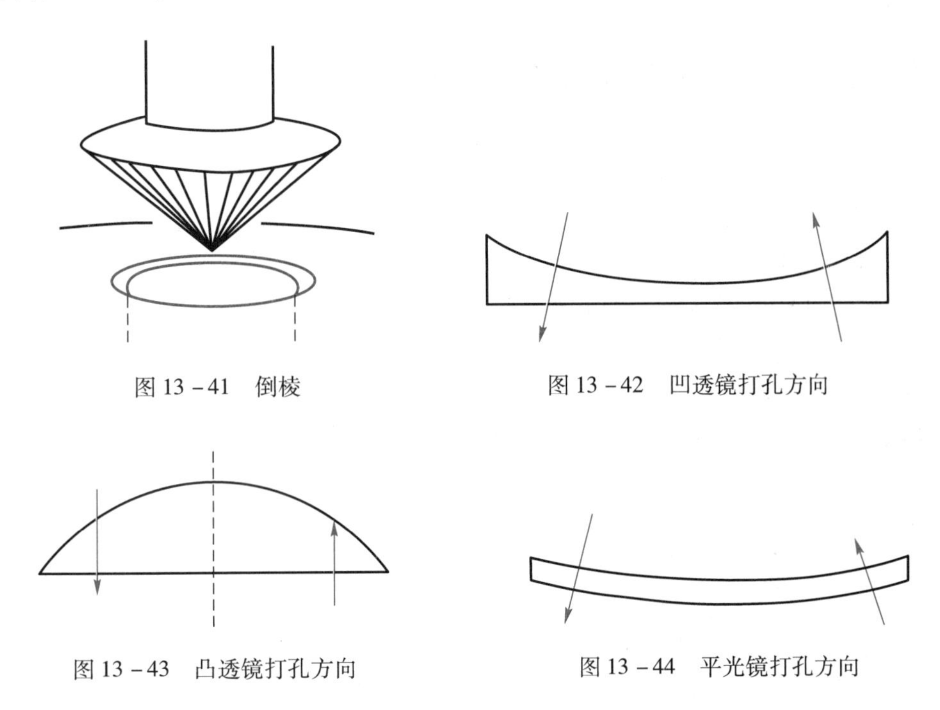

图 13－41　倒棱

图 13－42　凹透镜打孔方向

图 13－43　凸透镜打孔方向

图 13－44　平光镜打孔方向

2. 两撑板都要画水平线；镜片在定光心时，无论有无散光都要做出水平线，为准确加工提供参考。

3. 在定打孔位置及打孔时要反复验证。

4. 打孔顺序为先打鼻侧孔，然后与鼻梁装配，要求装配后两镜片在鼻梁两侧对称，必要时要进行调整。再打颞侧孔，打孔时，要以镜腿折叠后水平为依据，先打一片孔，另一片孔的高度应与此孔高度一致（用尺量）而后打孔装配。

5. 制作时，强调鼻侧打孔和鼻侧装配上。因为与颞侧相比较，鼻侧一旦打孔有误，调整难度较大。

6. 不仅镜片边缘要倒棱，而且打孔后，对孔也要倒棱。

7. 调整技巧，如果打孔位置靠外，导致松动，用三种方法解决：① 向内侧划长孔，加草帽垫；

② 调整侧面固定片;③ 弯曲桩头。

8. 指导配镜者使用事项时要特别强调双手摘戴。

第七节 渐变焦眼镜的加工制作

一、概述

仅就加工而言,渐变焦眼镜的加工制作,与一般眼镜加工区别不大,只是把配镜“十”字作为加工基准点,加工基准点水平位置对应单眼瞳距,高度定位于实际测量的瞳高位置。但渐变焦眼镜的加工制作,对加工精度要求很高,两镜片配镜“十”字间的水平距离与瞳距误差不得大于1.0 mm,单眼瞳高与实际测量值误差也不得大于1.0 mm。因此,制作渐变焦眼镜就不能采用手工加工的方法,只能用半自动加工机和全自动加工机制作。

二、使用全自动磨边机加工制作渐变焦眼镜

用全自动磨边机加工制作渐变焦眼镜的步骤:加工前的调整—确定镜片加工基准—定中心—扫描—磨边—磨安全角—(抛光)—装配—加工后的调整(整形)—检测。

工具:框架眼镜架、渐变焦镜片、中心仪、全自动磨边机、手动磨边机、标记笔、框架眼镜、树脂镜片、瞳距尺、调整工具等。

(一) 加工前的调整、确定镜片加工基准

详见本章第二节眼镜的手工磨边相关内容。

(二) 扫描

详见本章第一节眼镜加工相关仪器全自动磨边机相关内容。

(三) 中心仪定位

分别将左、右渐变焦镜片水平加工基准线与刻度盘的水平中心线重合,配镜“十”字在中心仪中心定位。中心仪使用详见本章第一节眼镜加工相关仪器中心仪相关内容。

(四) 磨边

在控制面板上,选择镜架类型(金属镜架或塑料镜架);选择镜片类型(玻璃、树脂、PC);选择尖边类型:普通尖边或强制尖边;选择渐变焦模式,输入单眼瞳高值;输入单眼瞳距值。其他详见本章第一节眼镜加工相关仪器全自动磨边机相关内容。

(五) 磨安全角、抛光、装配、加工后的调整(整形)、检测

略。

第八节 应力仪的使用

一、结构与原理

应力仪用于检查装配好的框架眼镜镜圈中镜片的应力状况。应力仪主要由起偏器和检偏器、灯泡组成(图13-45)。

应力仪的原理:将装配好的眼镜放在相互垂直的偏振片之间,在灯泡的照映下观察镜圈中镜片的应力状况。使用应力仪,可以使我们直观地检测镜圈中镜片的应力状况,防止应力太大或不均匀造成镜片崩边、破损,或在配戴过程中出现镜片脱落等现象。

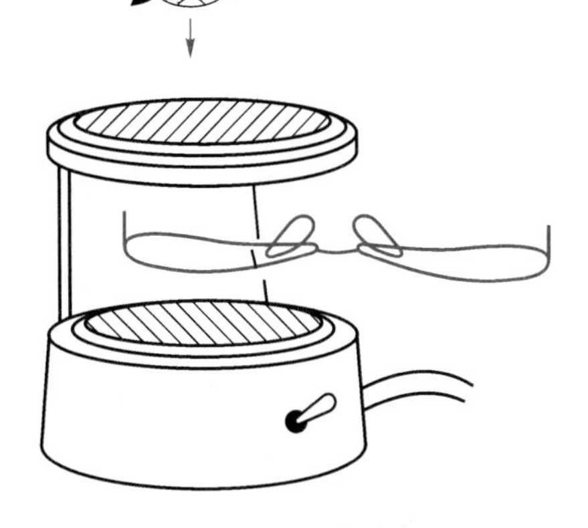

图 13－45　应力仪

二、应力仪的使用方法

1. 工具:应力仪。

2. 操作步骤

(1) 接通电源,打开开关,灯泡亮。

(2) 将被检测的眼镜置于仪器的检偏器和起偏器中间。

(3) 检查者从检偏器的上方向下观察,可观察到镜片周边在镜圈中的应力情况。

(4) 根据所观察到的应力情况,判断镜片周边的应力是否均匀一致或需要修正的部位。

三、应力检查结果与分析处理

(一) 镜片周边呈半圆形,弧形的线状(图 13－46)

1. 结论:镜片周边的应力均匀一致。

2. 原因分析:镜片尺寸、形状等与镜圈相符。

3. 处理:合格。不需要修正。

(二) 镜片周边呈尖长条锯齿线状(图 13－47)

图 13－46

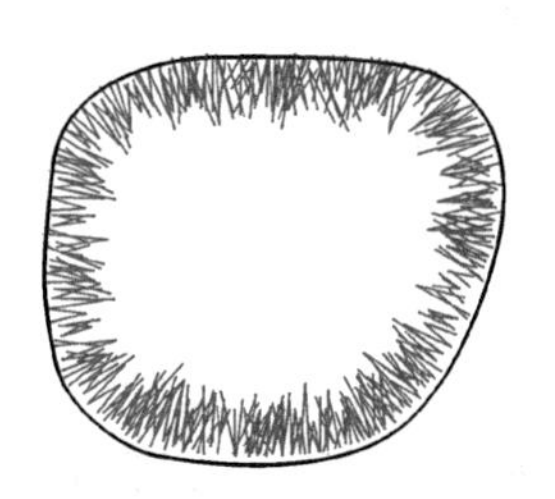

图 13－47

1. 结论:镜片周边的应力过强。

2. 原因分析:① 镜片尺寸太大;② 镜片形状(包括其尖边的形状、位置以及整体形状等)与镜圈几何形状不相符;③ 镜片尖边弧度与镜圈弧度不相符;④ 镜片尖边不在一条线上。

3. 处理:取下镜片,分析并根据具体原因予以必要的修正。

(三) 镜片周边局部呈尖长条锯齿线状 (图 13－48)

1. 结论:镜片周边局部的应力过强。

2. 原因分析:① 局部镜片形状(包括其尖边的形状、位置以及整体形状等)与镜圈几何形状不相符;② 局部镜片尖边弧度与镜圈弧度不相符;③ 局部镜片尖边不在一条线上。

3. 处理：取下镜片，分析并根据具体原因，对应力过强的局部予以必要的修正。

（四）镜片周边无或几乎无任何线条图像（图 13－49）

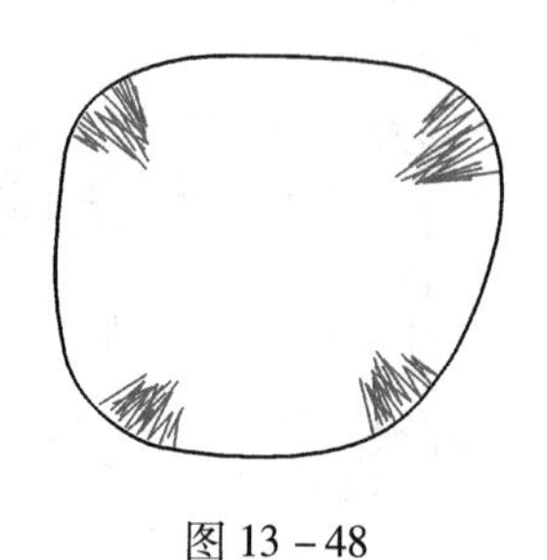

图 13－48

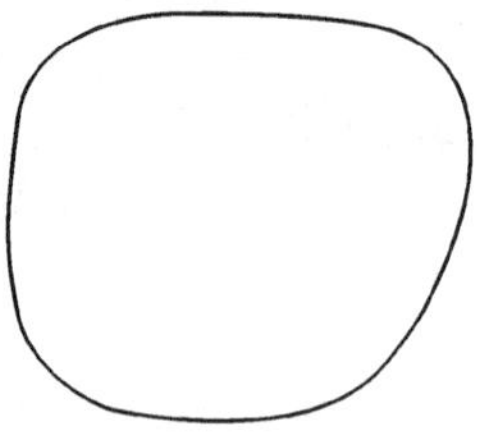

图 13－49

1. 结论：应力过弱。
2. 原因分析：镜片过小。
3. 处理：镜片稍小，可以垫丝。镜片太小，应重新领片制作。

第九节 实习：眼镜加工

实习一 手工磨边

一、实习目的

通过本实习使学生熟悉手工磨边的工序，掌握手工磨边的方法和技能。

二、实习器械

剪刀、瞳距尺、纸板（厚度为 0.5～1.0 mm）、锉刀、金刚石玻璃刀、修边钳、标记笔、玻璃镜片、有框眼镜架、焦度计、手工磨边机、抛光机。

三、实习内容

1. 制作模板：① 制作纸制模板。② 制作塑料模板。③ 直接用撑板作模板。
2. 割边。
3. 磨边。
4. 磨安全角。
5. 抛光。

四、实习准备

清点、备齐上述用具，确认能够使用。

五、实习步骤

(一) 制作模板

1. 制作纸制模板

(1) 画模板外形。

(2) 裁剪模板。

(3) 用标记笔标出“R”、“L”并画出指向鼻侧的箭头,作出水平和垂直加工基准线。

2. 直接用撑板作模板　用标记笔标出“R”、“L”并画出指向鼻侧的箭头,作出水平和垂直加工基准线。

(二) 割边

1. 确定加工中心。

2. 划边。

3. 钳边。

(三) 磨边

1. 磨平边。

2. 磨尖边。

(四) 磨安全角

(五) 抛光

六、实习记录

1. 学生制作模板、割边、磨边、磨安全角、抛光各个步骤是否规范。

2. 制作的镜片外观是否符合要求。

3. 镜片光学中心(及轴向)是否符合要求。

实习二　半自动磨边机

一、实习目的

通过本实习使学生了解、掌握用半自动磨边机制作眼镜的各道操作工序、技能。

二、实习器械

框架眼镜、树脂镜片、焦度计、制模机、中心仪、半自动磨边机、手动磨边机、抛光机、模板坯料、锉刀、尺、标记笔、调整工具。

三、实习内容

1. 制模机的使用。

2. 中心仪的使用。

3. 使用半自动磨边机加工制作眼镜。

四、实习准备

测试制模机、磨边机，保证能正常运作。

五、实习步骤

（一）制模机的使用

用制模机制作模板的操作步骤如下。

1. 放置模板坯料。
2. 镜架的定位。
3. 切割模板。
4. 修整模板。
5. 在模板上作水平和加工基准线。

（二）中心仪的使用

1. 使用标准模板（中心模板）

（1）将模板定位于中心仪上，注意左、右。

（2）计算左、右眼水平移心量，及垂直移心量，上下、左右移动刻度盘，将其水平和垂直中心线的交点移至水平移心量和垂直移心量的交点，分别将左右镜片的光学中心定位于刻度盘的交叉点，且镜片水平加工基准线与刻度盘的水平中心线平行。

（3）装黏盘、取黏盘。

2. 使用非标准模板

（1）将模板定位于中心仪上。

（2）上下、左右移动刻度盘，将其水平和垂直中心线的交点移至模板水平加工基准线和垂直加工基准线的交点，分别将左、右光学中心定位于刻度盘的交叉点，且镜片水平加工基准线与模板的水平基准线平行。

（3）装黏盘、取黏盘。

（三）使用半自动磨边机加工制作眼镜

半自动磨边机的操作步骤如下。

1. 模板、镜片的装夹操作。
2. 镜架、镜片材料的设定。
3. 镜片加工尺寸的设定。
4. 磨削压力的调整操作。
5. 尖边类型的选择。
6. 尖边弧度的选择。
7. 磨边启动操作（开始）。
8. 监控自动磨边过程。
9. 卸下镜片。

（四）其他步骤

1. 倒安全角。

2. 抛光。
3. 装配。
4. 整形。

六、实习结果

1. 学生要规范地使用模板机、中心仪及半自动磨边机。
2. 装片后的眼镜符合配装眼镜国家标准要求。

实习三　全框眼镜的加工装配

一、实习目的

1. 掌握使用全自动磨边机加工全框眼镜的方法。
2. 掌握各种镜架特性和装配技巧。

二、实习器械

各种眼镜架、全自动磨边机、焦度计、中心仪、金属全框镜架、塑料全框镜架、眼镜片、烘热器、调整工具等。

三、实习内容

1. 使用全自动磨边机加工金属和塑料全框眼镜。
2. 全框眼镜的装配：① 金属镜架的装配。② 塑料镜架的装配。

四、实习准备

测试全自动磨边机，保证能正常运作。

五、实习步骤

（一）使用全自动磨边机加工全框眼镜

用全动磨边机加工全框单焦点的眼镜步骤如下。
1. 加工前的调整。
2. 确定镜片加工基准。
3. 定中心。
4. 扫描。
5. 磨边。
6. 磨安全角。

（二）装片装配

1. 金属镜架的装片工艺
（1）试装。
（2）修整。

（3）装片。

（4）整形：用调整钳对镜架进行整形，使之符合配装眼镜有关整形的国标要求。

（5）实习结果：① 镜片外形尺寸大小应与镜圈内缘尺寸相一致。② 镜片的几何形状应与镜圈的几何形状相一致，且左右眼对称。③ 镜片装入镜圈槽内，其边缘不能有明显缝隙、松片等现象。④ 镜圈锁紧管的间隙不得大于0.5 mm。⑤ 镜片装入镜圈后，不得有崩边现象。⑥ 镜架的外观不得有钳痕、镀层剥落以及明显的擦痕。

2. 塑料镜架装配工艺

（1）试装。

（2）修整。

（3）装片。

（4）整形。

（5）实习结果：① 左右眼镜片和镜圈的几何形状要对称。② 镜片形状、大小应与镜圈相吻合，不得出现缝隙现象。③ 镜身和镜圈无焦损、翻边、扭曲现象。

实习四 半框眼镜的加工装配

一、实习目的

1. 通过本实习使学生掌握开槽机的使用方法。
2. 掌握用全自动磨边机加工制作半框眼镜的方法。

二、实习器械

焦度计、中心仪、全自动磨边机、手动磨边机、开槽机、抛光机、树脂镜片、半框眼镜架、标记笔、瞳距尺、尖锥，绸带，调整工具等。

三、实习内容

半框眼镜的加工制作及开槽机的使用。

四、实习准备

测试全自动磨边机、开槽机，保证能正常运作。

五、实习步骤

1. 加工前的调整。
2. 确定镜片加工基准。
3. 中心仪定位。
4. 扫描。
5. 磨边。
6. 磨安全角。
7. 抛光。

8. 开槽:用开槽机分别在左右镜片边缘平边开槽。

9. 装配:用绸带将剪成斜角的绸带将与上部镜圈连接的尼龙丝线嵌入镜片的下半部的沟槽内。

10. 加工后的整形。

11. 检测。

六、实习结果

1. 检查框架与镜片是否完全吻合。

2. 检查沟槽的均匀性。

3. 检查眼镜是否符合配装眼镜国家标准。

实习五　无框眼镜的加工

一、实习目的

1. 通过本试验使学生掌握打孔机的使用方法。

2. 掌握无框眼镜的加工制作方法。

二、实习器械

无框眼镜架、树脂镜片、焦度计、中心仪、全自动磨边机、手动磨边机、抛光机、打孔机、标记笔、瞳距尺、树脂镜片、专用外六角扳手、锥形锉、丝锥台座、调整工具等。

三、实习内容

无框眼镜的加工制作及打孔机的使用。

四、实习准备

测试全自动磨边机、打孔机,保证能正常运作。

五、实习步骤

1. 加工前的调整。

2. 确定镜片加工基准:用焦度计确定镜片的光学中心,无论有无散光均要在镜片上画出水平加工基准线。

3. 中心仪定位。

4. 扫描。

5. 磨边。

6. 磨安全角。

7. 抛光。

8. 打孔与装配:① 在镜片上做出打孔参考标记。② 打鼻侧孔。③ 装配鼻梁。④ 打颞侧孔。⑤ 装配镜腿。

9. 整形。

10. 检测。

六、实习结果

1. 检查镜架、镜片的对称性。

2. 检查镜架桩头与镜片否松动。

3. 检查眼镜是否符合配装眼镜国家标准。

实习六 渐变焦眼镜的加工制作

一、实习目的

通过本实习使学生熟悉渐变镜片的表面特征和掌握相关测量、移心量的确定和磨边加工、装配。

二、实习器械

笔式手电筒、瞳距仪、瞳距尺、标记笔、框架眼镜架、渐变焦镜片、全自动磨边机、手动磨边机、中心仪、调整工具。

三、实习内容

用框架眼镜加工渐变焦眼镜。

四、实习准备

检查以上仪器是否齐全。

五、实习步骤

(一) 制作前的准备

1. 调整镜架:用调整工具,按照配装眼镜校配要求,使镜架符合配戴者的面部状况。

2. 单侧瞳距和瞳高的测量

(1) 测量单眼瞳距:用瞳距仪测量单眼瞳距。

(2) 测量瞳高。

(二) 磨边加工

用全自动磨边机加工制作渐变焦眼镜的步骤如下。

1. 确定镜片加工基准:渐变焦镜片的加工基准点为其配镜"十"字点,镜片水平加工基准线为配镜"十"字与其两侧的短平行线的连线。

2. 扫描。

3. 中心仪定位。

4. 磨边。

5. 磨安全角。

6. 抛光。
7. 装配。
8. 加工后的调整(整形)。
9. 检测。

六、实习结果

1. 检查配镜“十”字的位置是否准确。
2. 检查眼镜是否符合配装眼镜国家标准。

思　考　题

1. 尖边的种类有哪些？为什么凹透镜尖边的弧度与镜片前表面弧度基本一致？为什么凸透镜尖边的弧度与镜片后表面弧度基本一致？

2. 半自动磨边机与全自动磨边机在中心仪的使用上有何不同？

3. 全动磨边机选择扫描方式时，何时选择双眼扫描，何时选择单眼扫描？

4. 球镜片的加工基准是什么？球柱镜片的加工基准是什么？平顶双光镜片的加工基准是什么？渐变焦镜片的加工基准是什么？

5. 自动磨边时，黏盘在未确认镜片大小合适前，黏盘不要取下，为什么？

6. 自动磨边时，为什么应在树脂镜片以及镀膜镜片两面贴上专用塑料保护贴膜，并使用黏盘？

7. 试述用全自动磨边机加工制作全框眼镜的步骤。

8. 加工制作半框眼镜时，为什么抛光一定要在开槽之前进行？

9. 试述半框镜架的装配方法。

10. 试述无框眼镜的打孔与装配的顺序。

11. 对于平光镜、凹透镜、凸透镜的无框眼镜打孔方向应注意什么？

12. 制作无框眼镜时，为什么在制作时，无论有无散光均要在左右撑板上画出水平线？

13. 使用半自动磨边机加工制作和使用全自动磨边机加工制作渐变焦眼镜有什么区别和特征？

14. 使用全自动磨边机加工制作渐变焦眼镜时，若镜架对称性不好，应选择双眼扫描，对吗？请讲出理由。

（郭俊来）

第十四章 配装眼镜的检测

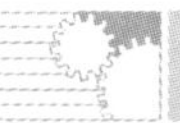

学习目标

◇ 理解国家眼镜镜片 GB 10810. 1—2005 标准。
◇ 理解国家眼镜架 GB/T 14214—2003 标准。
◇ 理解国家标准配装眼镜 GB13511—2011 标准。
◇ 掌握眼镜镜片顶焦度检测。
◇ 掌握配装眼镜光学中心水平偏差、光学中心垂直互差的检测。
◇ 掌握配装眼镜棱镜度及棱镜底向的检测。
◇ 掌握双光镜子片顶焦度、子镜片顶点高度互差的检测。

案例

王先生,26 岁,近视眼,常戴镜,矫正处方:右眼 -3.25DS(VA=1.2),左眼 -4.00DS(VA=1.2)。新配镜后,视物模糊。

张女士,40 岁,近视眼,常戴镜,双眼矫正处方均为 -6.00DS(VA=1.2)。试戴时无不适。新配镜后,视远初戴感觉有重影,稍后消失,同时有眼胀感。

孟先生,35 岁,近视眼,常戴镜,双眼矫正处方为 -4.50DS(VA=1.2)。朋友发现其眼镜不正,一边高,一边低。经医生调整眼镜,调正后,孟先生配戴不能持久,不舒适。

首先对以上三位配镜者分别进行屈光检查,发现处方准确。接下来应该对眼镜进行检测。广义的配装眼镜的检测是一个综合全面的过程,包括对处方参数、所选择镜片和镜架的种类工艺、各部分的质量,甚至外观的检测等。基本的要求应该按照国家标准进行各项检测。下面几节将重点介绍其中的几项。

第一节 眼镜镜片顶焦度检测

眼镜配装前应根据验光处方中左、右眼的屈光度来选择符合国家标准的眼镜镜片;眼镜配装完成后应再次进行镜片顶焦度检测。下面简单介绍眼镜片顶焦度检测。

一、测量

（一）望远式焦度计测量

1. 将焦度计调整好，做好准备工作，将被测眼镜放置在镜片台上。

2. 将右眼镜片凹面靠住镜片支撑圈，转动焦度测量手轮，使焦度计的移动分划板清晰成像在望远系统的固定分划板上。

3. 左右、上下移动眼镜，使移动分划板的图案中心与固定分划板的图案中心重合，调整镜片台，使两镜圈下缘或者上缘同时轻轻顶住镜片台，此时固定镜片台，记录右眼镜片顶焦度。

4. 同样过程测量左眼眼镜片顶焦度。

（二）自动焦度计测量

1. 选择检验合格的焦度计，做好准备工作。

2. 将配装好的右眼眼镜片放在镜片台上，凹面朝下，左右、前后调整，使移动分划板的图案中心与固定分划板的图案中心重合。调整镜片台，使两镜圈下缘或者上缘同时轻轻顶住镜片台，此时固定镜片台。

3. 此时屏幕上显示的顶焦度就是右眼镜片的顶焦度。

4. 同样过程测量左眼镜片顶焦度。

二、判断

与处方比较，计算出定配眼镜顶焦度偏差和轴位偏差后，分别与中华人民共和国国家标准（GB 10810. 1—2005 眼镜镜片中表 1 和 GB 13511. 1—2011 配装眼镜表 3）的规定进行比较，判断是否合格。

案例分析1

通过对眼镜镜片顶焦度测量的学习，对王先生、张女士和孟先生的眼镜分别进行检测，发现张女士和孟先生顶焦度符合国家标准。而王先生眼镜右眼顶点屈光力为 -4. 00DS，左眼顶点屈光力为 -3. 25DS，左右眼镜片装反，眼镜不符合标准。重新配装眼镜，并检测合格后，王先生再次配戴，视物清楚。

第二节　光学中心水平偏差和垂直互差的测量

眼镜加工时根据验光处方中的瞳距、瞳高来确定配装眼镜的光学中心，以使视线与镜片光学中心相匹配。配装后的眼镜能否达到要求则需要经过检测进行确定。为便于更好地掌握检测方法，有必要先简要介绍一下相关检测指标的定义，以下定义引自中华人民共和国国家标准。

一、定义

1. 光学中心（optical center）　镜片前表面与光轴的交点（光线由此点通过时，光线不发生偏折）。

2. 光学中心水平距离(optical center distance)　两镜片光学中心在与镜圈几何中心连线平行方向上的距离。如图 14－1(a),图 14－1(b)中,A、B 为镜圈的几何中心,C、D 为镜片的光学中心,则 L 为光学中心水平距离。

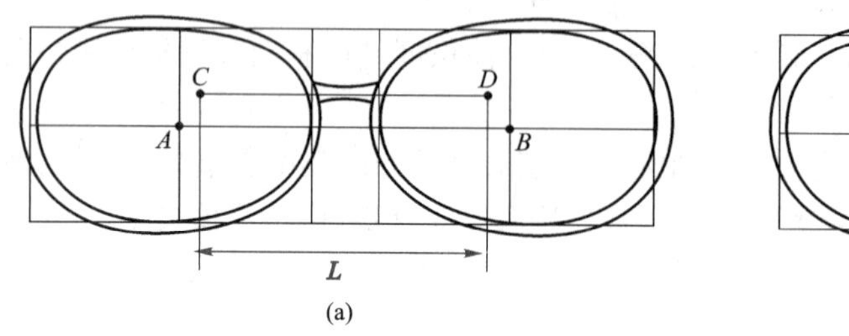

(a)

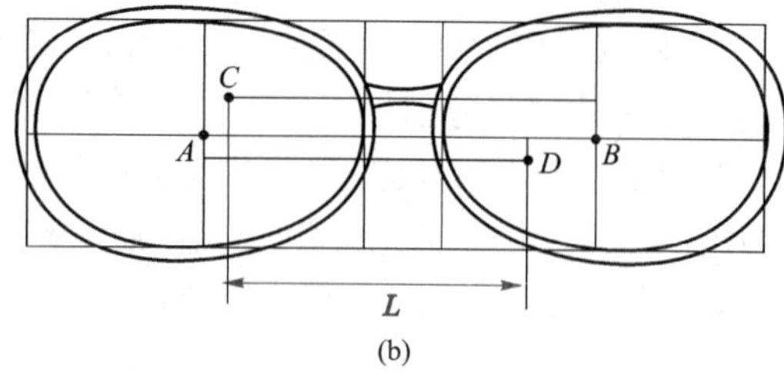

(b)

图 14－1　光学中心水平距离

3. 光学中心水平偏差　光学中心水平距离与瞳距的差值。

4. 光学中心高度(optical center height)　光学中心与镜圈几何中心在垂直方向的距离。

5. 光学中心垂直互差　两镜片光学中心高度的差值。如图 14－2(a)中,A、B 为镜圈的几何中心(geometric center),C、D 为镜片的光学中心,$h1$ 与 $h2$ 之差即光学中心垂直互差。如图 14－2(b)中,A、B 为镜圈的几何中心,C、D 为镜片的光学中心,$h1$ 与 $h2$ 之和即光学中心垂直互差。

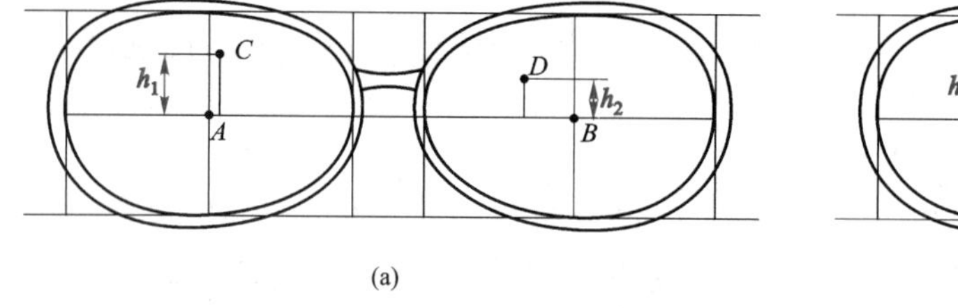

(a)

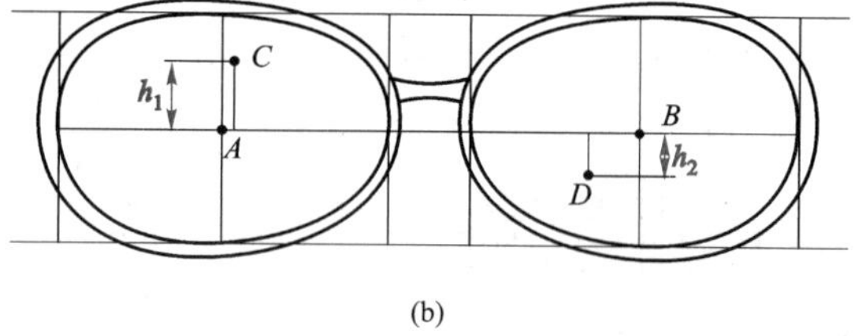

(b)

图 14－2　光学中心垂直互差

二、测量

(一) 测量光学中心水平距离

1. 测量的仪器及工具:焦度计、直尺或游标卡尺、标记笔。

2. 测量步骤

(1) 用经检验合格的焦度计,确定左右眼镜片的光学中心,并标记在镜片表面。

(2) 依据基准线法或方框法,确定两镜圈几何中心,画出两镜圈几何中心的连线。

(3) 经过左右两镜片光学中心分别做平行于镜圈几何中心连线的平行线。

(4) 用直尺或游标卡尺,测量两镜片光学中心水平方向上的距离,即光学中心水平距离。

上述测量方法,是以镜圈几何中心水平线作为参照线进行的测量,实际上采用这种方法确定镜圈几何中心线比较困难。由于镜圈几何中心线和镜圈上缘或者下缘切线相平行,也可以依镜圈下缘或者上缘水平切线作为参照线进行测量。具体步骤如下:① 将焦度计调整好，做好准备工作，将被测眼镜放置在镜片台上。② 将右眼镜片凹面靠住镜片支撑圈，转动焦度测量手轮，使焦度计的移动分划板清晰成像在望远系统的固定分划板上。③ 左右、上下移动眼镜，使移动分划板的图案中心与固定分划板的图案中心重合，调整镜片台，使两镜圈下缘或者上缘同时轻轻顶住镜片台，此时固定镜片台，确定右眼镜片光心位置，并打印标记。④ 将左眼镜片凹面靠住镜片支撑圈，转动焦度测量手轮，使焦度计的移动分划板清晰成像在望远系统的固定分划板上，水平移动眼镜，使移动分划板的图案中心与固定分划板的图案中心重合，打印标记；若存在垂直互差时将不能重合，应使移动分划板的图案中心与固定分划板的图案中心在竖直方向对齐，打印标记。⑤ 用直尺或游标卡尺测量两标记之间的距离，即光学中心水平距离。

测得的光学中心水平距离减去瞳距即是光学中心水平偏差，与 GB 13511. 1—2011 配装眼镜中表 1 的规定进行比较，判断是否合格。

（二）测量光学中心垂直互差

1. 测量的仪器及工具：焦度计、直尺或游标卡尺、标记笔。

2. 测量步骤

（1）用经检验合格的焦度计，将左右眼镜片的光学中心标记在镜片表面。

（2）依据基线法或方框法，找到两镜圈几何中心，画出两镜圈几何中心的连线。

（3）分别过左右两镜片光学中心做镜圈几何中心连线的垂直线。

（4）用直尺或游标卡尺，测量光学中心垂直向的距离即光学中心垂直互差。

测量光学中心水平距离可以以镜圈下缘或者上缘切线作为参照进行测量，同样测光学中心垂直互差也可以以镜圈下缘或者上缘切线作为参照进行测量。具体步骤如下：① 将焦度计调整好，做好准备工作，将被测眼镜放置在镜片台上。② 将右眼镜片凹面靠住镜片支撑圈，转动焦度测量手轮，使焦度计的移动分划板清晰成像在望远系统的固定分划板上。③ 左右、上下移动眼镜，使移动分划板的图案中心与固定分划板的图案中心重合，调整镜片台，使两镜圈下缘或者上缘同时轻轻顶住镜片台，此时固定镜片台，确定右眼镜片光心位置，并打印标记。④ 将左眼镜片凹面靠住镜片支撑圈，转动焦度测量手轮，使焦度计的移动分划板清晰成像在望远系统的固定分划板上，水平移动眼镜，使移动分划板的图案中心与固定分划板的图案中心重合，若移动分划板的图案中心与固定分划板的图案中心重合，说明此眼镜光学中心垂直互差为零；若不能重合则在竖直方向对齐，打印标记。⑤ 调整镜片台使移动分划板的图案中心与固定分划板的图案中心重合，打印标记。⑥ 用直尺或游标卡尺测量两标记之间垂直向的距离即光学中心垂直互差。

测量的光学中心垂直互差与 GB 13511. 1—2011 配装眼镜中表 2 的规定进行比较，判断是否合格。

三、注意事项

1. 左、右两镜片顶焦度不同时，按顶焦度绝对值大的镜片实测值为标准进行检测。

2. 对于有散光的配装眼镜，在检测光学中心水平互差时应先求得其在水平方向的顶焦度再进行检测；在检测光学中心垂直互差时应先求得其垂直方向的顶焦度再进行检测。

3. 对于散光轴位在 90°的单散镜片，无需检测其光学中心垂直互差；对于散光轴位在 180°的单散镜片，无需检测其光学中心水平偏差。

4. 对于散光轴在斜向的单散镜片，因其光学中心为一条线而不是一个点，应依据加工时的瞳高检测光学中心水平偏差。

案例分析2

通过对光学中心水平偏差和垂直互差的测量的学习，对张女士和孟先生的眼镜继续进行检测，发现张女士眼镜光学中心水平偏差为 5 mm，孟先生垂直互差为 3 mm。眼镜均不符合国家标准。重新配装眼镜，并检测合格后，张女士，孟先生再次配戴，不适症状消失。

眼镜作为一种特殊的医疗产品，其质量直接影响配戴者的视觉健康与发育，因此配装眼镜必须检测合格后才能配发给患者，否则配装眼镜的参数就可能与处方参数不一致。患者所配眼镜与自身个体参数的不匹配，不仅影响矫正效果，还可能产生副作用，甚至因此错过最佳治疗时机，或对视觉发育造成不可逆转的影响。配装眼镜后的检测是非常重要和必不可少的一道工序。

第三节 配装眼镜棱镜度及其棱镜底向的检测

在临床上，有时验光师或者眼科医师会给出棱镜处方，这时需要检测配装眼镜的棱镜度及其棱镜底向与配镜处方是否符合。对于没有棱镜处方的眼镜也需要检测其棱镜误差是否在合格范围。

一、测量

（一）望远式焦度计测量

1. 选择检验合格的焦度计，做好准备工作。

2. 将配装好的眼镜放在镜片台上，左右、前后调整，使眼镜的棱镜度测量点在镜片支撑圈中心位置上，调整好后并固定。

3. 调整调焦手轮使移动分划板清晰成像在固定分划板上，即可进行测量，此时移动分划板像的中心偏离望远镜的十字线标尺的角度及距离就是该镜片棱镜的基底方向及其棱镜度。如图 14－3 表示 3 个棱镜度，基底方向为 135°。

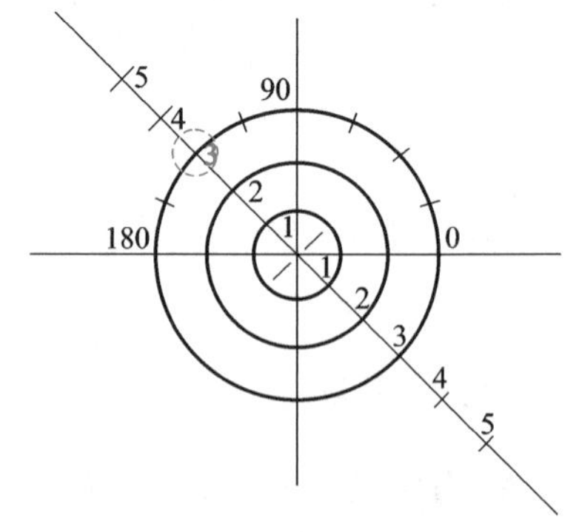

图 14－3 望远式焦度计测量镜片棱镜度及其棱镜基底方向的读数

（二）自动焦度计测量

1. 选择检验合格的焦度计，做好准备工作。

2. 将配装好的眼镜放在镜片台上，左右、前后调整，使眼镜的棱镜度测量点在镜片支撑圈中心位置上，调整好后并固定。

3. 此时屏幕上显示的棱镜度与角度就是该镜片的棱镜度及基底方向。如图 14－4 表示 5 个棱镜度，基底方向为 45°。

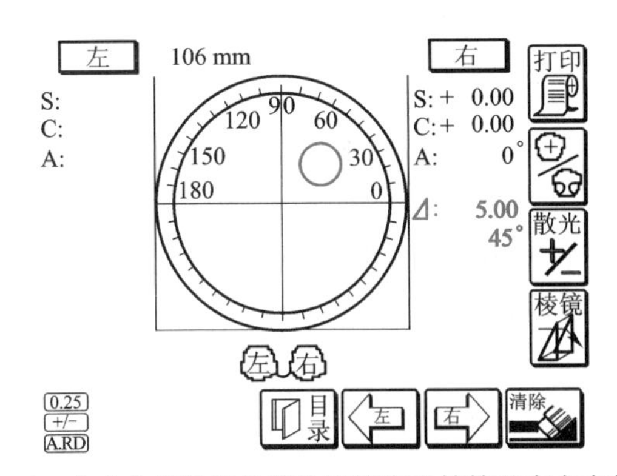

图 14-4　自动焦度计测量镜片棱镜度及棱镜基底方向的读数

二、判断

与处方比较,计算出定配眼镜的棱镜度及其基底方向偏差后,与 GB 13511.1—2011 配装眼镜中表 4 的规定进行比较,判断是否合格。

三、注意事项

由于棱镜处方常用的标记法有两种:360°标记法和用四个基本向度联合的标记法,所以有可能出现测量结果的标记法和配镜处方标记法不一样的情况。假如标记法不一样,应当通过计算或者调整仪器先统一标记法后再进行检测比较。

第四节　测量双光眼镜的子镜片顶焦度和子镜片高度互差

双光眼镜的子镜片(segment lens)顶焦度测量和单光眼镜顶焦度的检测方法有所不同。同时当双光眼镜的左右子镜片顶点高度不一致时,可能会影响配镜者获得良好的视觉效果,并会影响配镜者的美观。本节将对双光镜的子镜片顶焦度和顶点高度互差的测量方法进行介绍。

一、定义

1. 子镜片　利用胶合和熔合的方法添加在主镜片上的附加镜片,或在主镜片上根据配镜要求具有不同屈光力的附加曲面。

2. 子镜片顶点　子镜片上边界曲线之水平切线的切点,若上边界为直线,则该直线之中点为顶点。

二、子镜片顶焦度测量

(一) 测量步骤

1. 选择检验合格的焦度计,做好准备工作。

2. 把镜片放置合适,使带子镜片的表面靠在焦度计支撑圈上,并使镜片的子镜片基准点在中心位置,测定子镜片顶焦度。

3. 测量双光镜的主镜片顶焦度。

4. 镜片的附加顶焦度等于子镜片顶焦度减去主镜片顶焦度。

(二) 计算双光镜子镜片的顶焦度偏差

双光镜子镜片顶焦度偏差为实际测得的附加顶焦度与配镜处方附加度值之差。

(三) 判断

双光镜子镜片顶焦度偏差与 GB 10810—2005 眼镜镜片中 5.1 表 3 比较,判断是否合格。

三、子镜片顶点高度互差的测量

(一) 测量工具

直尺或游标卡尺、标记笔。

(二) 测量步骤

1. 用基线法或方框法,找到两镜圈几何中心,画出两镜圈几何中心的连线。
2. 分别过左、右两子镜片顶点做镜圈几何中心连线的垂直线。
3. 用直尺或游标卡尺,分别测量两子镜片顶点到镜圈几何中心连线的距离。
4. 两距离之差即为子镜片顶点高度互差。如图 14－5 中 h_1 与 h_2 之差。

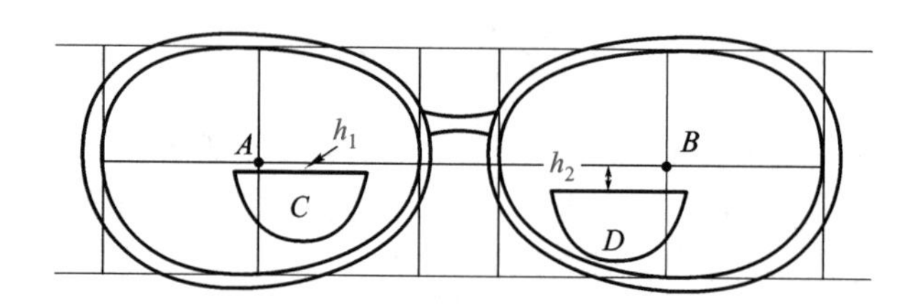

图 14－5 子镜片顶点高度互差

5. 判断:将测得的子镜片顶点高度互差与 GB 13511.1—2011 配装眼镜中 5.7 的规定进行比较,判断是否合格。

第五节 配装眼镜的装配质量及整形要求

一、定义

1. 所接管间隙 金属镜圈装上镜片后上下锁接管锁紧时尚存的间隙。
2. 焦损 非金属镜圈装入镜片时因加热所造成的表面损伤。
3. 翻边 非金属镜圈装入镜片时因加热引起镜圈变形所造成镜片边缘外露。
4. 扭曲 镜架因装入镜片不当所产生的变形或镜腿起落不平整。
5. 镜腿外张角 镜腿张开至自然极限时的位置与两铰链轴线连接线之间的夹角。

二、配装眼镜的装配质量

1. 正顶焦度镜片配装割边后的边缘厚度应不小于 1.2 mm。

2. 配装眼镜镜片与镜圈的几何形状应基本相似且左右对齐,装配后不松动,无明显隙缝。双光眼镜两子镜片的几何形状应左右对称,直径互差不得大于 0.5 mm。

3. 金属框架眼镜锁接管的间隙不得大于 0.5 mm。
4. 配装眼镜的外观应无崩边、焦损、翻边、扭曲、钳痕、镀(涂)层剥落及明显擦痕。
5. 配装眼镜不允许螺纹滑牙及零件缺损。
6. 配装眼镜无割边引起的严惩不均匀的应力存在。

三、配装眼镜的整形要求

1. 配装眼镜左、右两镜面应保持相对平整。
2. 配装眼镜左、右两托叶应对称。
3. 配装眼镜左、右两镜腿外张角为 80°~95°,并左、右对称。
4. 两镜腿张开平放或倒伏均保持平整,镜架不可扭曲。
5. 左右身腿倾斜度互差不大于 2.5°。

四、配装眼镜的装配质量检测

1. 镜片割边后的边缘厚度用厚度卡尺测量。
2. 镜片割边后的边缘倒角用角度尺测量,边缘表面粗糙度等级可用表面粗糙度样板比较,也可用粗糙度测量仪器测定。
3. 镜片与镜圈的隙缝通过目视检查,金属框架眼镜锁接管的间隙用塞尺或游标卡尺测量。
4. 配装眼镜的外观及零件缺损目视检查。

五、配装眼镜的整形的检测

1. 配装眼镜的两镜面平整、活动托叶对称、两镜腿平整和对称及镜架扭曲等均目视检查。
2. 配装眼镜的镜腿外张角用量角器测量。
3. 配装眼镜的应力用应力仪观察。

第六节　实习：配装眼镜的检测

实习一　眼镜的参数检验

一、实习目的

1. 熟悉配装眼镜国家标准。
2. 掌握配装眼镜光学中心水平偏差、光学中心垂直互差的检测。

二、实习工具

焦度计、直尺或游标卡尺、标记笔。

三、实习内容

1. 复习焦度计使用。

2. 选择单光眼镜两副，分别进行光学中心水平偏差、光学中心垂直互差检测。

四、进行结果分析，写出检测报告

实习二 特殊眼镜的检验

一、实习目的

1. 熟悉配装眼镜国家标准。
2. 掌握配装眼镜棱镜度及棱镜底向、双光镜子片顶焦度、子镜片顶点高度互差的检测。

二、实习工具

焦度计、直尺或游标卡尺、标记笔。

三、实习内容

1. 选择带棱镜处方与不带棱镜处方眼镜各一副，进行棱镜度及基底方向检测。
2. 选择双光眼镜两副，进行子镜片顶焦度、子镜片高度互差检测。

四、进行结果分析，写出检测报告

思 考 题

1. 为什么要进行配装眼镜的检测？
2. 配装眼镜检测的依据是什么？主要包括哪些指标和内容？
3. 如何进行光学中心水平距离和垂直互差的检测？不合格时会产生怎样的影响？
4. 双光眼镜的子镜片顶焦度测量和单光眼镜顶焦度的检测方法是否相同？
5. 配镜处方：R −5.00DS L −5.75DS/ −1.00DC ×45 *PD* = 60 mm，实测其光学中心水平距离 62.5 mm，光学中心垂直互差为 1.2 mm，这副眼镜的光学中心水平互差及光学中心垂直互差是否符合国家标准？
6. 配镜处方中：右眼无棱镜处方，左眼棱镜 5.5△底向 30°，实际测量为 4.3△底向朝外，2.5△底向朝上，此眼镜棱镜加工是否达到国家标准？
7. 试述双光镜子镜片顶焦度和子镜片顶点高度互差的检测过程。
8. 一副双光眼镜，装配后测得子镜片顶点高度互差为 2 mm，此眼镜子镜片顶点高度互差是否符合国家标准？

（王小兵 赵世强）

第十五章　仪器设备维护

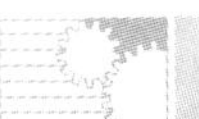

学习目标

◇ 掌握眼镜加工常用仪器的检查方法。
◇ 掌握眼镜加工常用仪器设备保养的一般要求、保养方法。
◇ 掌握安全生产常识。
◇ 掌握常用仪器设备常见故障及排除方法。
◇ 掌握电脑扫描全自动磨边机的维护与保养、常见故障及排除方法。

从事验光配镜行业的人员每天都要和仪器设备打交道，仪器设备运行的好坏，直接影响到产品质量。本章将介绍常用仪器精确度的检查方法、常用仪器设备保养的一般要求、保养方法；安全生产常识；常用仪器设备常见故障及排除方法；电脑扫描全自动磨边机的维护与保养、常见故障及排除方法。

第一节　仪器设备的精确度检查

一、焦度计精确度的检查

（一）检查方法

定期用标准镜片，调校仪器的技术指标。

（二）检查步骤

1. 调目镜视度。转动调整目镜视度圈，直至从望远镜目镜中能看到清晰的固定分划板的“十”字线图像为止。

2. 调顶焦度零位。目镜中观察到移动分划板图像调至清晰时，将顶焦度测量手轮的零刻线与指示线对准，即为顶焦度零位，此时再适当微调目镜视度圈，直至从望远镜目镜中能看到清晰的固定分划板的“十”字线图像为止。

3. 用标准镜片校正仪器的技术指标。将标准镜片置于镜片台上进行测量。测量方法与用焦度计检测眼镜屈光力和轴位的方法相同。

4. 若测得数据与标准镜片标准值偏差低于出厂技术指标，则该仪器精度降低，需送专业部门修理。

5. 如果发现焦度计测量手轮有零位偏移,可自行松开其上面的固定螺钉,将指针对正零位,再拧紧螺钉。

6. 如果移动分划板中心和固定分划板中心有偏差,可拧松移动分划板的三个中心调节螺丝钉进行微调。

(三) 注意事项

焦度计已被纳入《中华人民共和国强制检定的工作计量器具明细目录》,应定期将仪器送到当地计量行政部门指定的计量检定机构,对仪器进行周期检定。该仪器的检定周期为一年。

二、中心仪精确度的检查

1. 用焦度计给一球柱镜打印标记。

2. 打开中心仪电源开关,照明灯亮。通过视窗可清楚看到刻度面板,一条红色的中线,两条黑色对称倾斜的包角线。

3. 调节中线调节螺丝,红色中线与黑色包角线能左右整体移动。

4. 将球柱镜凸面朝上置于刻度面板上,光学中心印点置于刻度面板中央十字线交叉点上。

5. 转动包角线调节螺丝,使两条黑色包角线对称转动,如两条包角线不能与镜片光学中心两侧的打印标记重合,则说明中心仪不准,需送专业部门调较、修理。

6. 将吸盘装入吸盘座并将吸盘正确安装到镜片上。取下吸盘,从镜片的凹面观察,如吸盘中央点不与镜片光学中心印点重合,则说明中心仪不准,需送专业部门修理。

三、模板机精确度检查

1. 检查保险管和接地线是否可靠,然后接通电源。

2. 用右手将操作手柄扳置预备位置,再扳置切割位置,镜架工作台和模板工作台同步逆时针旋转,刀具做高速螺旋上下反复运动,检查动作是否正常,然后关闭工作开关。

3. 将一副镜架固定在镜架工作台上,一块模板坯料固定在模板工作台上。用右手将操作手柄扳至预备位置,用左手将沟槽扫描针嵌入镜圈槽内,右手将操作手柄扳置切割位置,进行模板切割。沟槽扫描针旋转一周后,右手将操作手柄扳置停止位置。检查沟槽扫描针是否正确地在镜圈凹槽中扫描。

4. 取下模板,修整边缘,除去毛边。检验模板形状、尺寸。如模板偏大或偏小,可松开尺寸锁紧螺丝,调节尺寸旋钮,调节模板尺寸,反复试验切割模板,直至得到尺寸合适的模板。调整完毕拧紧锁紧螺丝。

四、半自动磨边机精确度检查

(一) 加工尺寸初始值的设定步骤

可根据需要,设定塑料架、金属架、平边镜片等的加工尺寸初始值。设定加工尺寸初始值的步骤如下。

1. 关闭电源开关。

2. 按(+)或(-)键,同时打开电源开关。

3. 塑料架、金属架、平边镜片的转换:选择需要设定加工尺寸的镜架类型所对应的按键。

4. 按(+)或(-)键,调整初始值的设定尺寸。最小设定单位:±0.05 mm,最大设定单位:±6.00 mm。

5. 存储变更后的尺寸:按下回车键,存储变更后的尺寸。

6. 关闭电源开关,结束设定程序。

7. 确认设定尺寸:使用半自动磨边机加工镜片,加工后,将磨好的镜片放入镜框内,确认镜片大小是否合适。可反复重复此过程直至合适尺寸为止。

(二) 砂轮磨损后尺寸的修正

砂轮经长期使用后,会有不同程度的磨损。该机可自动修正砂轮磨损后的尺寸,砂轮磨损后加工尺寸修正程序如下。

1. 装上随机附件的标准型板和标准片,关闭电源开关。

2. 粗磨砂轮磨损后尺寸的修正:按住移动键的同时打开电源开关,磨边机镜片台移到粗磨砂轮的上方停止,按下回车键,镜片台下降,标准镜片接触砂轮表面,并测出磨损程度,然后脱离接触,上升到砂轮上方停止。

(三) 细磨砂轮磨损后尺寸的修正

1. 按下手动加工键,镜片台下降,标准片下降接触细磨砂轮表面并测出磨损程度。停留几秒后上升停止,在停留的几秒内请确认标准片的顶端是否和V形槽的中心一致。

2. 如果一致,按回车键,镜片台移至右方砂轮的上方并下降,确定后上升,自动回到初始位置。

3. 如不一致,按左右移动键使其一致。移动后再按一次手动加工键,镜片台下降到砂轮表面停留几秒,请再检查、调整、确认。此步骤可多次反复操作,直至确认达到一致后,按回车键停止修正。

五、开槽机精度检查

1. 准备,镜片转动轮和切割轮两个开关都置于“OFF”;深度刻度置于“0”位;用水充分地润湿冷却海绵块。

2. 按机器图示方向夹定镜片,将机头降低到操作位置,张开导向臂,镜片落到两尼龙导轮之间,切割轮之上,将镜片转动开关拨至“ON”位置,使镜片转动,转动调节定位器设定槽的合适位置。

3. 将镜片切割轮开关拨至“ON”位置,并调节槽的深度刻度盘由浅至深开出沟槽。

4. 镜片在所需槽的深度位置自转一周后,切割的声音会由大变小发生变化,表明开槽完成,关闭切割轮开关后,再关闭镜片转动开关,打开导向臂,抬起机头,卸下镜片。

5. 检查镜片的槽宽和槽深是否符合标准(宽0.5~0.6 mm,深0.3 mm)。重点检查槽深。若有偏差应调节深度刻度盘直到符合要求为止。

六、钻孔机精度检查

1. 将镜片的钻孔套入扩孔绞刀中,并慢慢抬起镜片,调整尺寸臂的高度以调整孔的直径。

2. 钻孔时间长了,上下钻头间隙应进行校正,上下钻头间隙调节到尽可能小,最合适的间隙是0.1 mm。步骤如下。

(1) 推动打孔控制臂,把附件6 mm销子插入机器顶部钻头调节孔(如图15-1)。

(2) 为了使间隙变小,按顺时针方向转动销子;若使间隙变大,按逆时针转动销子。

3. 检查确保绞刀旋转有没有偏差。如果绞刀有点偏差,揭开微电机罩,稍微松开绞刀固定螺栓,用附件钳子夹紧绞刀柄根部,转动微电机轴旋转钮,校正偏差。完毕后再将绞刀固定螺栓拧紧(图15-2)。注意:切勿用钳子夹住绞刀边缘压弯绞刀,否则会折断绞刀。

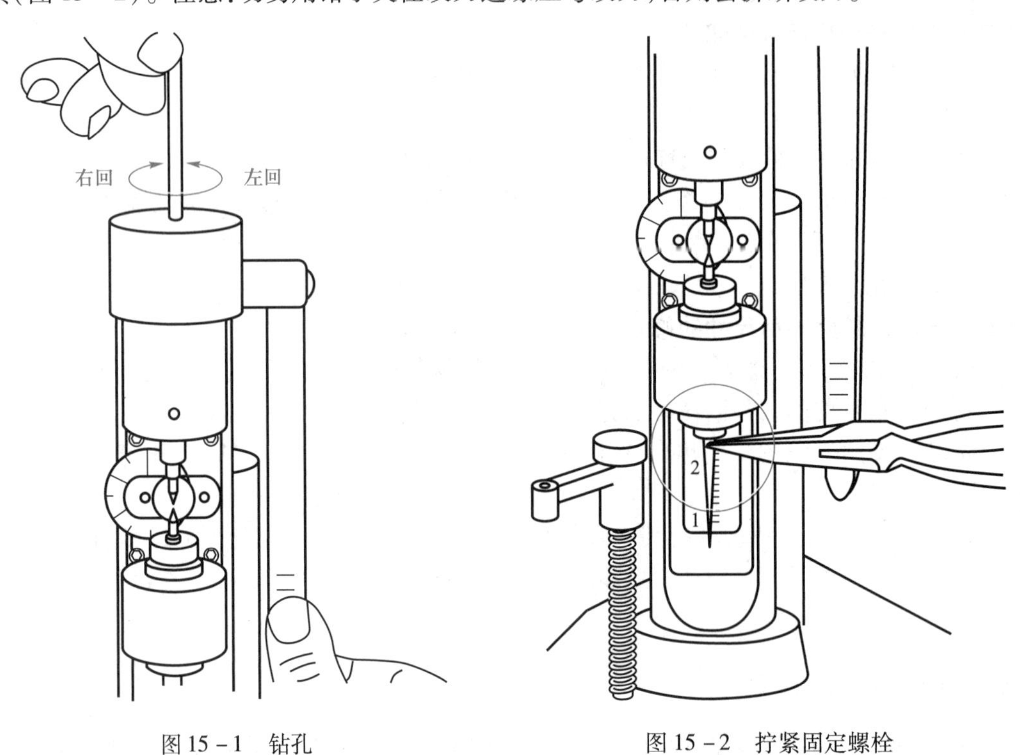

图15-1 钻孔　　图15-2 拧紧固定螺栓

七、手动磨边机精度检查

1. 开机前,应仔细检查,用手转动砂轮,砂轮应无松动,砂轮轴转动应灵活。如砂轮有松动,应用工具紧固。如砂轮轴转动不灵活,应调节皮带松紧度。

2. 开机,电机有良好的振动平衡,声音应平稳轻快,振动不应过大。

第二节 仪器设备保养及安全

一、概述

为了保证产品的质量,必须注意仪器设备的维护保养。一个好的加工者,不仅能熟练地使用眼镜加工制作相关的仪器设备,还必须掌握一定的眼镜加工制作所用仪器设备的维护保养知识。

设备的维护和保养的目的是预防故障的发生,做到"防患于未然",保证机器正常生产,并延长其使用寿命,做到安全生产。加工者要认真遵守设备维护保养制度,增强对设备的维护保养意识,并贯彻到日常工作中去,做好经常性的仪器设备保养和一般维修工作。做到四懂三会:懂结构、懂原理、懂性能、懂用途;会使用、会维修保养、会排除一般故障。加工者必须掌握有关仪器设备的基本操作技能,熟悉其性能,特点和维护保养知识,做好随时保养和维修,以保证设备经常处于良好状态。

仪器设备的保养要做好以下工作。

(一) 清洁

1. 周围环境要保持整洁、安全　工具、器件、附件应码放整齐有序,经常清洁环境。做到安全生产。保证设备无"四漏",即:不漏油、不漏水、不漏气、不漏电。仪器设备零部件及安全防护装置部件及安全防护装置齐全,各种标牌应完整、清晰;线路应安装整齐、规范、安全可靠。

2. 设备内外要清洁

(1) 做好清洁除尘工作:灰尘是由许多不同性质的微粒组成的,附着在仪器的表面,不但影响整洁美观,而且会破坏仪器的使用性能,甚至发生意外。例如,机械的运动部件有灰会增加机械磨损,金属表面有灰会黏附水汽而生锈,黏附灰尘会影响绝缘性能,光学仪器黏附灰尘会影响透光度,使镜头霉变等。仪器本身要定期擦抹或用机械吸尘除灰。

(2) 仪器使用完毕要随时保养:有的要擦油,有的要清洁干燥,有的要将有关部件复位。要做到无油垢、无锈蚀、无粉尘。

(3) 要适当调节室内的温度、湿度,保持通风。超常的温度、湿度是导致仪器锈蚀、霉变和老化的主要原因。

(二) 要根据仪器自身特点做好保养工作

1. 金属器具要防止表面油漆或镀层脱钞而生锈,裸露的金属表面要经常涂抹防锈剂,紧固螺丝及机械转动部门要定期加注润滑油,以防生锈结牢,影响使用。传动式皮带、胶带、弹簧发条使用后要防止形变。橡胶、塑料等高分子材料制品要注意老化的防护。光学仪器特别是光学镜头要经常保持干操,防止镜面生霉而模糊。带内电源的仪器、仪表使用后应取出电池存放。

2. 要经常检查、调试仪器,保持精度性能。保持仪器设备电气线路畅通;保持仪器设备操作系统和传动机构正常、灵敏、可靠。

3. 要经常检查仪器的附件、零配件是否完整,使用后必须检查部件是否齐全,然后装盒保管,以防失散,定期更换易损零部件,确保性能良好。

4. 保养工作要定期进行,形成制度,每次保养都要做好记录。仪器要建立技术档案,收集整理在验收、保管、使用、修理等工作中有关技术资料,建立使用卡片,一机一卡,记载仪器的技术指标、性能、维修、保养等反映仪器设备的性能状态资料。

(三) 做好仪器设备的维修工作

为延长仪器的使用寿命,提高投资效益,节省开支,凡在使用过程中损坏的仪器能修理的加工人员有责任把它修复,自己不能修的要请厂家或社会修理部维修。在加工仪器维修中要遵守的原则是:不盲目拆卸仪器,只调整有故障部位。维修前要仔细分析故障原因,找准故障部位,对"症"检修。不得随意拆卸仪器、仪表。应购置或搜集已损坏仪器的不同种类和规格的零部件及原材料备用。检修时对仪器装配中容易松动或磨损的紧固件要注意加固或更换。仪器设备修复后,要将故障现象及原因,维修方法,检验结果记录存档。

(四)做好仪器设备的定期清理盘点

仪器在存放和使用一段时间后要清理盘点,查明其性能好坏及损耗情况,并制订补充购置计划。清查工作一般每月进行一次。盘点时要以账对物,逐件清理。清查盘点要和保养维修结合起来,做到边清理边保养维修。清查中如发现仪器短少或多出时,要查明原因,写出报告,做好记录。

(五)日常工作规范

1. 要求操作者在每班生产中必须做到

(1)班前对设备各部位进行检查,办理接班手续。确认正常后才能使用设备。

(2)班中要严格按操作规程使用设备,时刻注意其运行情况,发现异常要立即停机检查。自己不能排除的故障应通知维修部门进行检修,不能带病运行。

(3)下班前应对设备进行认真清扫擦拭,加防护罩保护,并将设备状况记录在交接班记录簿上,办理交班手续。

2. 周末保养　由操作者负责在周末和节假日前对设备进行较彻底的清扫、擦拭和加油。

3. 定期对设备进行检修　由专业检修人员定期对仪器设备进行整体、全面的检查、维护。

(六)提高人员素质

根据国家有关部门的规定,只有取得劳动和社会保障部职业技能鉴定中心颁发的“眼镜加工”职业技能证书的人员才能从事眼镜加工工作。

二、仪器设备维护保养实例

(一)焦度计的维护保养

为了确保仪器之精度,延长使用寿命应注意维护保养应注意以下几点。

1. 使用仪器之前,应详细阅读产品说明书,必须对仪器原理、机构、检测方法等有所熟悉才可使用。

2. 仪器应尽可能放在干燥空气流通的室内防止光学零件受潮后发霉发雾。

3. 使用仪器时,应避免强烈振动或撞击,要轻拿轻放,以防止光学零件损伤。镜头零件不可随意拆卸,操作仪器动作要轻柔,不能用力过大过猛。

4. 使用完毕,必须做好清洁工作,并套上仪器套。

5. 要经常保持仪器的清洁。不得用油手或汗手接触光学零件。如目镜外表有灰尘或油污,可用松毛刷轻轻拂去,用脱脂棉蘸少许乙醚或乙醚乙醇混合液擦拭干净。

6. 仪器严重故障或精度降低,请送至工厂修理,不要任意乱拆。

7. 如果屈光力测量手轮有零位偏移时,可自行拧松固定指针的螺钉,将指针对准零位再拧紧螺钉。

8. 固定分划板中心和移动分划板中心有偏移时,可微调三个移动分划板中心调节螺钉进行调整。

(二)中心仪的维护保养

1. 每天保持中心仪的清洁。清洁时,应使用软刷或软布擦拭面板,以免划伤损坏面板。

2. 使用完毕后,应关闭照明灯。当照明灯不亮时,应先检查电源插座上的保险管,再检查照明灯泡。

3. 每周在压杆活动配合处加入少量润滑油。

（三）模板机的维护保养

1. 使用后，要及时清理工作台板切割区周围切屑和碎屑盒中切屑，用完将机器擦拭干净。

2. 每周在工作头上表面前方的加油孔中注入 1 ~ 2 滴机油。

3. 更换“O”形传动带。“O”形传动带损坏时，要更换，方法为打开工作头后面的后盖板和机箱背面的盖板，取下旧的，换上新的传动带。

4. 经长期使用，当切割头和切割套磨损增加影响到制作的模片质量时，应及时更换切割头和切割套。方法为打开工作头前盖板，拧松右下侧的切割套紧定螺钉，将切割套、切割头和与其相连的箍一同从轴承上拉出。换上新的，再按拆卸相反的顺序装回，将每一个零件紧固。

（四）半自动磨边机的维护保养

1. 更换保险管　关上电源开关，拔下电源插头；拧开保险管盖，取出保险管；换上新的同规格的保险管。

2. 更换冷却水　每天要更换冷却水。

3. 清洗水管　要保证水管水流通畅。阻塞时要将其从镜片台上取下，用细铁丝疏通。

4. 修整砂轮　自动磨边机的砂轮在长时间的使用中逐渐变钝，金刚颗粒尖角变成圆角或者附着物将砂轮的金刚颗粒间隙堵满，磨边时间延长。这时，可使用专用砂条棒修整。专用砂条棒分为粗、细两种，分别磨粗、细砂轮。修整方法如下。

（1）修正砂条棒要在使用前浸湿，使之含有足够的水分。

（2）按下手加工键，砂轮转动后关上电源开关，此时砂轮还在惯性转动，将修正砂条棒按在砂轮上。

（3）反复进行以上的动作若干次（一般为 5 ~ 10 次）。

（4）补充消泡剂：加工塑料镜片时，水箱内会产生水泡，适当添加一些消泡剂可使水泡减少。

（5）砂轮的拆卸方法：① 将磨边机设置在手加工状态；② 取下砂轮外壳；③ 用扳手固定住砂轮螺母；④ 用内六角板取下顶上的固定螺母：⑤ 慢慢取下砂轮。

（6）清扫：使用完毕后，要把机器上黏着的粉尘等清扫干净，否则粉尘会变硬不易清扫。

（7）模板始终不应脱离机器：防止误操作时，砂轮将会磨削机器轴坏。

（五）开槽机的维护保养

1. 排水　开槽机的切割轮前方固定有一小排水管，同时配置有一个皮塞以防喷溅。为防止因过多积水而导致轴承锈蚀，应经常拨动这个塞子排水。

2. 清洗海绵　海绵应经常保持清洁，去除杂质微粒，并使充分浸湿。每天使用完毕后，须将它取出洗干净。

3. 润滑主轴　经常用干净的布蘸油清洁、润滑主轴，以保证机头始终能自由摆动。

4. 重装切割轮　重新安装切割轮时，要先拔去电源插头，后在轴的小孔中插入一细棒，再松开轮盘的十字槽头螺钉，更换切割轮。

（六）钻孔机的维护保养

1. 使用后要及时清理工作台板周围碎屑。每天要将机器擦拭干净。

2. 每周加油润滑一次滑动部件。

3. 钻头更换(图 15－3)

(1) 打开微电机罩。

(2) 用附件钻头钳子夹紧钻头颈部,转动微电机上端的旋钮,取下或安装钻头。

注意:上、下钻头的刀口应调节成一线。上、下钻头形状和尺寸是一样的,所以可以上下互换。

4. 更换扩孔绞刀(图 15－4)

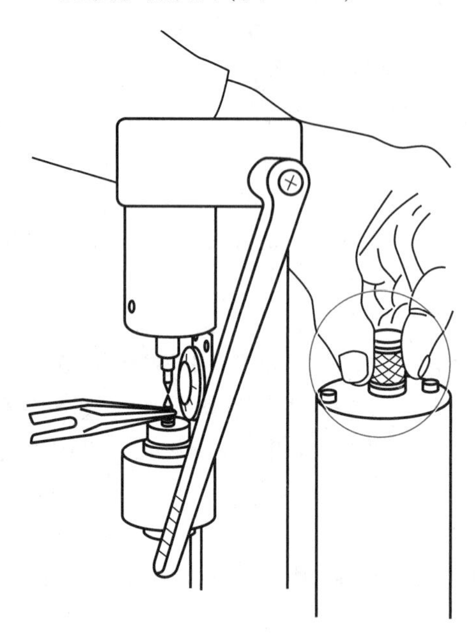

图 15－3 钻头更换

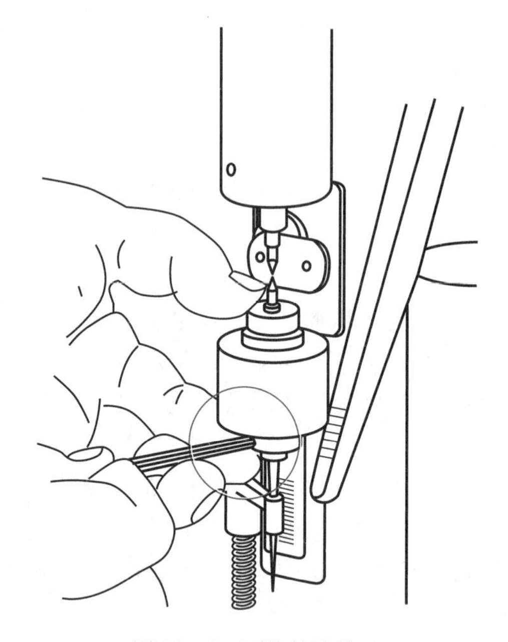

图 15－4 更换扩孔绞刀

(1) 揭开微电机罩,旋转微电机上的轴旋转钮,松开绞刀固定螺丝,取出绞刀。

(2) 把新的绞刀插入绞刀座,插到头后,拧紧螺丝,此时用手指捏住扩孔绞刀的上端和钻头座以免钻头松动。

(3) 如果绞刀晃动,则用附件钳子夹住绞刀,旋转微电机上的旋钮进行调整。

注意:切勿用钻头钳子夹住绞刀边缘压弯绞刀,否则会折断绞刀。

(七) 手工磨边机的维护保养

1. 手工磨边机每天使用完毕,要把粉末等清扫干净。否则粉末会变硬不易清扫。

2. 连续工作 30 min 后,应停机冷却后方可再次使用,否则将容易损坏电机。

3. 使用时冷却水不能注入过多,以免水溅进内侧的轴承内,缩短其使用寿命。

4. 更换新砂轮前首先仔细检查新砂轮的安全线速度是否与规定相符,如低于规定者不使用。安装新砂轮时应调校砂轮动平衡,砂轮应无松动,应无明显偏摆。砂轮运转时,声音平稳轻快,振动不应过大。

(八) 数字瞳距测量仪的维护保养

1. 不能用手指触及观察窗和检查窗,如果发现上面有污迹,请用镜头纸、镜头布等沾上无水乙醇擦拭。

2. 仪器塑料部分的污物要用软布擦拭。

3. 更换电池。当液晶屏不显示或即使内部固视标亮时，液晶屏 888 888 888 不转换成另一数字，说明电池电量不足。更换电池的方法为：卸下电池盖，取下电池，换上新电池（注意电极方向），盖上电池盖。

注意：如果长期不用电池时，需取出电池保存。

4. 更换灯泡。当打开主开关时，有 *PD* 显示，但固视标不亮，表明灯泡坏需更换。

（1）用螺丝刀卸下螺丝，使仪器底部与上盒子分开。注意不要弄断相连的电线。

（2）装卸灯泡时，要用塑料管附件握住灯泡头。

（3）检查灯泡正常后，再安装盒子。

（4）注意安装盒子时，应特别注意 *PD* 定位器不能碰到前方的玻璃，玻璃不能掉下来，否则在测量时出现错误。

三、安全生产

（一）概述

安全生产是指企事业单位在劳动生产过程中的人身安全、设备和产品安全，以及交通运输安全等。也就是说，为了使劳动过程在符合安全要求的物质条件和工作秩序下进行，防止伤亡事故、设备事故及各种灾害的发生，保障劳动者的安全健康和生产、劳动过程的正常进行而采取的各种措施和从事的一切活动。它既包括对劳动者的保护，也包括对生产、财物、环境的保护，使生产活动正常进行。

安全生产是安全与生产的统一，其宗旨是安全促进生产，生产必须安全。搞好安全工作，改善劳动条件，可以调动职工的生产积极性；减少职工伤亡，可以减少劳动力的损失；减少财产损失，可以增加企业效益，无疑会促进生产的发展；而生产必须安全，则是因为安全是生产的前提条件，没有安全就无法生产。

（二）设备的安全检查

安全检查是依据党和国家有关安全生产的方针、政策、法规、标准，以及企业的规章制度，通过查领导、查思想、查制度、查管理和查隐患，对企业安全生产状况做出正确评价，督促企业及被检查单位做好安全工作。

深入其中查隐患，就是深入生产作业现场，查管理上的漏洞，人的不安全行为和物的不安全状态。对设备进行安全检查是安全生产的一项重要工作，其目的在于早发现事故的隐患，早解决仪器设备在安全生产中存在的问题。要定期地检查包括检查电气设备绝缘有无破损，绝缘电阻是否合格，设备裸露带电部分是否有防护，屏护装置是否符合安全要求，安全间距是否足够，保护接零或保护接地是否正确、可靠，保护装置是否符合要求，电气设备安装是否合格，安装位置是否合理，电气连接部位是否完好，电气设备或电气线路是否过热，制度是否健全，各种安全防护装置用具和消防器材是否齐全等内容。

（三）设备的安全装置

设备的安全装置包括以下几方面。

1. 防护装置：为避免操作者不慎而触及仪器设备中容易发生事故的部位，应在仪器设备相应部位设有隔离防护装置。

2. 保险装置:当仪器设备在运行中出现危险情况时,能自动消除危险情况的装置。如熔断器、安全阀、安全销、限位器、断电保护装置等。

3. 联锁装置:为避免发生事故,将设备的结构设计成能按规定的顺序进行操作这种结构即为联锁装置。

4. 紧急制动装置。

5. 信号报警装置——指示灯、声响及各种仪表。

6. 危险提示牌、色标和说明标记。

(四) 注意事项

1. 严格遵守仪器设备安全操作规程,不得超负荷运行和违章操作。

2. 要注意电器安全:电气安全要有专人负责,仪器设备操作人员不得检修电气故障,要有施工操作证的人检修。

3. 要注意消防安全:须申请得到批准并做好防护措施后,才能动用明火。配备并经常检查消防器材。

4. 危险用品:化学试剂要专人保管,要有领用制度,使用人要有安全知识和化学知识,严格按操作规程去做。

第三节 故障的判断和排除

日常工作中,仪器设备出现的一般机械故障,加工者应会自行排除。自己不能解决的较大故障应请维修人员解决。

一、焦度计的常见故障及排除

(一) 接通电源,打开开关,灯泡不亮

1. 检查供电系统是否正常。插头、插座接触是否良好。

2. 检查保险管是否损坏。

3. 检查灯泡是否损坏。

(二) 焦度计测量手轮零位有偏移

拧松固定指针的螺钉,将指针对准零位,再拧紧螺钉。

(三) 移动分划板中心和固定分划板中心有偏移

微调三个移动分划板中心调节螺丝进行调整。

(四) 打印镜片的光学中心标记偏移

1. 用标准镜片做被测镜片,测定后将移动分划板的“十”字中心与固定分划板的“十”字中心对正,并打印镜片中心标 A。

2. 将标准镜片旋转 180°,同上步骤再测定后并打印镜片中心标记 B。

3. 若 A 和 B 不重合,说明打印镜片的光学中心偏移,需要调整打印机构,直至 A 和 B 重合为止。

(五) 打印镜片后无墨迹或标记不清

打印镜片后无墨迹或标记不清时应给印盒添加油墨。

二、中心仪的常见故障及排除

（一）接通电源，合上开关，灯泡不亮

1．检查供电系统是否正常。插头、插座接触是否良好。

2．检查保险管是否损坏。

3．检查灯泡是否损坏。

（二）压杆转动不灵活，阻力较大

压杆活动配合处应加入少量润滑油加以润滑。

（三）吸盘架无法吸附吸盘转到中心位置

检查吸盘架是否磨损。必要时要调换吸盘架。

三、模板机常见故障及排除

（一）接通电源，接通工作开关，工作头中的切割头不动作

1．检查供电系统是否正常。插头、插座接触是否良好。如果完好，就做下面检查。

2．检查机器是否装有保险管和保险管是否完好。如果完好，再做下面检查。

3．电动机是否有故障。若正常，再做下面检查。

4．“O”形传动带是否太松，无法带动切割头。如太松，就需更换传动带。方法为打开工作头后面的后盖和机箱背面的盖板，将旧传动带取下，装上新的传动带即可。

（二）模板尺寸不一致

模板机切割出的模板，与被仿形的镜架右镜圈比较，发现模板尺寸不一致，即模板尺寸需要调整。调整方法：松开尺寸锁紧螺丝，调节模板尺寸调节旋钮。旋钮上标有刻度，每一小格表示0.2 mm，一圈共10格。经多次试验直至尺寸合适后，拧紧锁紧螺丝即可。

（三）模板机制作的模板质量不好，边缘不光滑，毛边多

检查切割头和切割套是否磨损。必要时调换切割头和切割套。方法为：打开工作头前盖板，松开右下侧的切割套紧定螺钉，将切割套、切割头和其相连的箍一同从轴承上拉出，换上新的，按拆卸相反的顺序装回，紧固每一个零件即可。

四、半自动磨边机的常见故障及排除

（一）按下加工键，砂轮不转动

1．检查供电系统是否正常。

2．插头、插座接触是否良好。

3．检查保险管是否完好。

如果上述情况正常，就要请专业人员检查维修。

（二）砂轮转动但冷却水管不出水

1．检查上水阀是否打开。

2．检查水管口是否接好。

3．检查出水管是否阻塞，如阻塞可用细铁丝疏通或用压缩空气吹。

4．检查电水泵插头、插座接触是否良好。

5. 检查水泵工作是否正常。

(三) 水花飞溅过大

调整上水阀减少出水量;调整出水管的方向,使水不要直接射到砂轮上。

(四) 自动加工时,尖边偏后

1. 检查磨边机是否在水平位置,应调整达到水平。

2. 检查砂轮的V形槽是否不规则。对细磨砂轮进行修正,启动修正砂轮程序,使标准片的顶端和V形槽达到一致来修正。

(五) 加工时间比以前长

用修正粗、细砂条分别修正粗磨、细磨砂轮。

(六) 加工时镜片有轻微移位

说明磨边机镜片压力不足。调整方法为:卸下加压手柄外壳,调整弹簧压力。注意压力不要调得太大,否则会使镜片碎裂,一般以夹牢镜片不移位为宜。

五、开槽机的常见故障及排除

(一) 打开切割轮开关和镜片转动开关,切割砂轮和镜片均不转动

1. 电源供电是否正常。

2. 插头、插座接触是否良好。

3. 保险管是否完好。

(二) 开槽过程中镜片有移位

夹紧旋钮对镜片压力不够,需调整夹紧旋钮的压力。压力不可太大,调得太高会使镜片碎裂,以夹牢镜片不松动、移位为宜。

(三) 排水孔堵塞

应及时疏通,可用细铁丝疏通或用压缩空气吹。

(四) 切割砂轮磨损

切割砂轮在长期使用后,磨损影响到加工质量,需要更换。换新砂轮时,要先切断电源,然后在轴的小孔中插入一细棒,拧开轮盘的“十”字槽头螺钉,进行调换。

(五) 开槽后的镜片沟槽太浅

1. 调节深度刻度盘深度。

2. 另一个可能的原因是被加工的镜片硬度很高。如是这样,可以先将深度刻度盘调到最终深度的1/2或1/3;切割1周后,再将深度刻度盘逐渐调到最终深度的位置。

六、钻孔机的常见故障及排除

(一) 打开电源开关,钻头和绞刀不转动

1. 检查供电电源是否正常。

2. 保险管是否完好。

3. 电动机是否正常。

(二) 上下钻头打孔深度不够

原因是上、下钻头间隙太大,需要调节钻头间隙。上、下钻头间隙要应尽可能小一些,最合适

间隙是 0.1 mm。上、下钻头的刀口要调节成一线为宜。

（三）钻孔时间长，孔内壁不光滑

原因是钻头磨损变钝，调换新钻头。

（四）绞刀旋转有偏差

旋转微电机上的旋钮，把绞刀放松，用附件钻头钳子夹住绞刀，旋转微电机上的旋钮进行调整。

第四节　计算机扫描全自动磨边机的维护保养和故障排除

一、计算机扫描全自动磨边机的维护与保养

每天只需花几分钟时间去清洁润滑机器，将会延长机器的使用寿命。主要按以下方法进行维护。

1. 水泵　保持干净，尤其是真空扇和滤网应经常检查清洁，不能将水泵上部倒置或将马达弄湿。

2. 水箱　每天清洁水箱内部，更换新水，以免水箱内污垢引起水管等堵塞。换水时，请先拔掉电源插头。

3. 润滑　每天从机头的两个油孔各加入润滑油来润滑夹头轴。

4. 镜片夹头　经常取出清洗。

5. 防水盖　长时间使用，会使镜片的切削粉尘附着在防水盖上，如不及时清洗，切削粉尘将会固化，难以清除，从而影响观察视线。每天加工结束后，要用刷子和喷水容器清洗。

6. 喷嘴　喷水口一旦堵塞，水量减少或无水，从而导致加工能力降低甚至无法工作。清洁喷水口时，清洗时将它拉出来，用细针清除喷嘴内部堵塞物。

7. 隔音盖　每天加工结束后，要用刷子和喷水容器清洗。不用时应打开使水分蒸发。

8. 清洁磨边室　长时间加工使用，会使夹片轴、夹头及磨边室内壁附着切削粉尘，若不及时清除，会划伤镜片，还会使夹片轴密封圈磨损导致机头进水。清洗方法有如下两种：① 用刷子和喷水容器直接清洗。② 进入机器清洁模式清洁。此方法同时可以清洗机器内部供水管路。具体步骤请参阅随机所带操作说明书。

9. 修整砂轮　当砂轮钝后，加工时间变长。为恢复砂轮性能，应修整（时间约磨 1 000 片玻璃片后），方法如下。

（1）直接修整：① 将砂条棒蘸水弄湿。② 开机。③ 扫描一镜框，传送完数据后，启动机器磨边（不夹镜片）。④ 机头下落后，关机。⑤ 依靠砂轮惯性，把砂条棒按到砂轮上，修 4～5 次即可。

（2）进入砂轮修整模式：① 进入菜单。② 选择砂轮修整模式。③ 启动机器。④ 靠砂轮惯性，把砂条棒按到砂轮上，进行修整。⑤ 启动一次，砂轮运转几秒钟，重复修整 4～5 次。

10. 更换砂轮　① 首先拔下电源插头。② 用内六角扳手卸下螺母。③ 小心地摘下砂轮。④ 按与上相反步骤装回砂轮。

11. 更换保险管　① 关机，拔下电源插头，卸下保险盖。② 换上同型号新的保险管，拧上保

险盖。③ 插上电源线插头,开启电源,确认无误。

12. 更换小框眼镜专用夹头 ① 用内六角扳子卸下侧面的内六角螺栓② 取下标准夹头。③ 换上小框眼镜专用夹头。④ 重新装上、拧紧内六角螺栓。

二、保养注意事项

1. 计算机扫描全自动磨边机是精密仪器,要保证在合适的温度、干燥通风、干净、清洁的环境中使用,同时避免阳光直射。

2. 不用扫描器时,要盖上防尘罩防尘。同时避免异物掉入,造成机器故障。

3. 磨边机应放置在水平、无振动的场所。

4. 定期检查各电缆的连接是否正确,接地是否牢靠。

5. 使用循环水时,一天内最好多换几次。因为脏水会划伤镜片,堵塞水管、电磁阀和喷水嘴。水箱里的聚集物也有可能损伤泵叶。

6. 经常检查水泵工作是否正常,有否异常噪声。

7. 检查吸盘密封橡胶是否有破损,若有,请更换新的。因为积聚在裂缝里的粉尘会划伤镜片,同时也会使镜片光学中心及轴位偏移。

8. 请用中性清洗剂清洁外壳,一定要用软布擦拭。注意不要让清洁液进入机器内部和控制面板,以免造成部件锈蚀、电子元器件损坏或短路。

9. 清洗扫描器外壳时,要特别注意千万不要触及扫描探针,以保证仪器精度。

10. 修整砂轮时,玻璃粗磨轮、树脂片粗磨轮、细磨轮及抛光轮,要分别使用不同型号的砂条棒修整,如用错会对砂轮造成不可修复的损伤。抛光砂轮非常精细,修整力量要轻。

三、计算机扫描全自动磨边机的故障排除

1. 磨边时,水嘴水量很少或不喷水、砂轮冒火星

(1) 喷水嘴堵塞。解决方法:清洁喷水嘴。

(2) 供水电磁阀堵塞或坏掉。解决方法:修复电磁阀或更换。

(3) 进水管未连接好或堵塞。解决方法:重新连好或疏通水管。

(4) 水箱水量过少。解决方法:水箱加水。

(5) 用自来水时,自来水断水。解决方法:联系有关部门。

(6) 水泵坏掉。解决方法:修理或更换。

(7) 水阀开关未打开。解决方法:请打开开关。

2. 磨尖边时,镜片下槽位置不对

(1) 机头不水平。调整方法:① 与正常磨边时一样,启动机器。② 当机头移到细磨位置时下落,观看机头的移动方向。机头向哪边移动,说明那边低。转动对应的调整螺钉提升高度或降低对边的调整螺钉高度。③ 重复①、②步骤。直至机头落下时平稳不动为止。

(2) 机器内部设置参数错乱,重新矫正机器:一般方法是进入矫正菜单,夹好随机所带的标准样板,照说明书中的步骤操作即可。注意:不同品牌的机器,有着不一样的方法。

3. 尖边位置跑偏

(1) 机头平衡不好。调整水平度。

（2）用砂条棒修V形槽。

4. 磨边加工时间过长

（1）砂轮长时间使用后磨损变钝,加工时间变长,要修整砂轮。

（2）砂轮可能已到使用寿命,需要更换砂轮。

5. 加工后的镜片轴位偏移

（1）如果是吸盘破损,需更换吸盘。

（2）使用黏盘,使用双面胶固定黏片和镜片。

（3）夹片轴压力不够,按照说明书重新设置压力。

（4）镜片轴位参数设置不对,进入调整菜单检查后,请重新设置。

（5）机器轴位装置出故障,请专业人员调试、维修。

6. 镜片磨边后,尖边走向与镜片弧度吻合不好。可能是机头内移动轴承磨损或损坏。请专业人员调试、维修。

7. 镜圈形状显示倾斜。镜架(模板)安放位置不正确。将镜架(模板)重新放置好。

8. 镜圈形状上下或左右颠倒。镜架(模板)颠到放置。将镜架(模板)重新放好。

9. 镜圈边显示不平滑

（1）镜框锁接管处有扭曲错位或缝隙,镜架鼻托阻挡或影响扫描探头。调整镜架并拧紧锁接管螺丝。

（2）边缘阶梯状或有不规则毛刺,修改模板使其边缘平滑或换合格的模板。

（3）镜圈槽内有污物,需要清除污物。

10. 磨边时噪声很大

（1）皮带松或部分断裂:调整皮带轮位置或更换皮带。

（2）主电机有问题:修理或更换。

11. 扫描器无电源。电缆连线松,重新连接电缆线。

12. 无法传输数据。处理方法同上。

13. 按开始键时,主机报警。镜片未夹紧,请夹好镜片。

14. 机器出问题或误操作时,机器会在屏幕上显示故障错误代码或错误信息,一般处理方法如下。

（1）出现错误代码时,要关机10 s以上,再重新开机。

（2）显示提示信息时,请按屏幕上提示的信息操作。

（3）自己无法解决,联系代理商或厂家,告知错误代码或提示信息,请求帮助。

15. 扫描器出现报警时,处理方法同上。

16. 夹片轴打不开

（1）夹片电机损坏,需更换电机。

（2）夹片轴内进粉尘过多,导致摩擦力加大,需请专业人员清洗。

17. 夹片轴不转动

（1）转轴电机损坏,需更换电机。

（2）夹片轴内进粉尘过多,导致摩擦力加大,需请专业人员清洗。

第五节 国家计量法及其在企业的贯彻实施

一、概述

1986年7月1日起施行的《中华人民共和国计量法》(以下简称《计量法》)和1987年2月1日国家计量局(现更名为国家质量监督检验检疫总局计量司)发布的《中华人民共和国计量法实施细则》(以下简称《细则》)是为了加强计量监督管理,保障国家计量单位制的统一和量值的准确可靠,有利于生产、贸易和科学技术的发展,适应社会主义现代化建设的需要,维护国家、人民的利益而制定的重要法律。在中华人民共和国境内,计量器具的销售、使用、检定、制造、修理,必须遵守《计量法》。

验光配镜行业离不开眼镜专业计量器具。为贯彻执行《计量法》及其《细则》,凡是从事验光配镜行业的人员都应做到以下几点。

1. 遵守计量法律、法规和规章,制定眼镜制配的计量管理及保护消费者权益的制度,完善计量保证体系,依法接受质量技术监督部门的计量监督。

2. 遵守职业人员市场准入制度规定,配备经计量业务知识培训合格,取得相应职业资格的专(兼)职计量管理和专业技术人员,负责眼镜制配的计量工作。

3. 配备的计量器具应当具有制造计量器具许可证标志、编号、产品合格证;进口的计量器具应当符合《中华人民共和国进口计量器具监督管理办法》的有关规定。

4. 使用属于强制检定的计量器具必须按照规定登记造册,报当地县级质量技术监督部门备案,并向其指定的计量检定机构申请周期检定。当地不能检定的,向上一级质量技术监督部门指定的计量检定机构申请周期检定。

5. 不得使用未经检定、超过检定周期或者经检定不合格的计量器具。

6. 不得使用非法定计量单位,不得使用国务院规定废除的非法定计量单位的计量器具和国务院禁止使用的其他计量器具。

眼镜镜片、角膜接触镜、成品眼镜生产者和销售者以及从事配镜验光、定配眼镜、角膜接触镜配戴的经营者还应当遵守以下规定。

1. 配备与生产、销售、经营业务相适应的验光、瞳距、顶焦度、透过率、厚度等计量检测设备。
2. 从事角膜接触镜配戴的经营者还应当配备与经营业务相适应的眼科计量检测设备。
3. 保证出具的眼镜产品计量数据准确可靠。
4. 建立完善的进出货物计量检测验收制度。

二、验光配镜行业常用计量器具执行《计量法》及其《细则》的要求

1. 计量器具是指能用以直接或间接测出被测对象量值的装置、仪器仪表、量具和用于统一量值的标准物质,包括计量基准、计量标准、工作计量器具。

计量检定是指评定计量器具的计量性能,确定其是否合格所进行的全部工作。

2. 验光配镜行业常用计量器具包括:焦度计、验光镜片箱、验光仪、测厚装置等。

(1) 焦度计

1）焦度计属于依法强制检定的计量器具，检定周期为一年。用户应按有关技术法规所规定的定期将仪器送到当地计量部门进行检定，在取得检定合格证书后 方可使用。使用时应把合格证书中顶焦度修正值叠加到仪器读数值上。

2）新购置的焦度计需报送计量部门进行计量检定方可使用。

（2）验光镜片箱

1）验光镜片箱属于依法强制检定的计量器具，检定周期两年。应定期送到当地计量部门进行周期检定。验光镜片箱内各种镜片及相关附件应该齐全，缺少的应补齐，磨损的应更换，经检定合格后方能使用。

2）新购置的验光镜片箱需报送计量部门进行计量检定方可使用。

（3）验光仪

1）验光仪属于依法强制检定的计量器具，检定周期为一年。经计量检定合格后才能使用。

2）新购置的验光仪需报送计量部门进行计量检定方可使用。

（4）测厚装置

1）测厚装置属于依法强制检定的计量器具，检定周期为一年。经计量检定合格后才能使用。

2）新购置的测厚装置需报送计量部门进行计量检定方可使用。

思 考 题

1. 做好仪器设备保养工作应注意哪几个方面？
2. 如果发现顶焦度计测量手轮零位有偏移，应怎样处理？
3. 如果顶焦度移动分划板中心和固定分划板中心有偏差，应怎样处理？
4. 怎样检查中心仪的精度？
5. 怎样调节钻孔机上下钻头间隙？最合适的间隙是多少？
6. 半自动磨边机修正砂轮磨损后加工尺寸的修正程序是怎样的？
7. 对模板机进行精度检查，检查哪些项目？
8. 如何更换自动开槽机的切割轮？
9. 如何更换钻孔机的绞刀？
10. 自动磨边机怎样用砂轮修正棒修整砂轮？
11. 计量器具的概念？验光配镜常用计量器具有哪些？

（郭俊来）

附录1　中华人民共和国国家标准
眼镜镜片

本内容摘录自中华人民共和国国家标准 GB 10810 的强制部分。

GB 10810.1—2005 眼镜镜片　第1部分:单光和多焦点镜片

5　要求

本部分给出的各项参数允差应在环境温度23℃ ±5℃范围内应用。

5.1　光学要求

5.1.1　总则

光学参数应在镜片的基准点上进行测量。

5.1.2　单光及多焦点镜片远用区的顶焦度

顶焦度应使用符合 GB 17341 的焦度计或等效方法进行测量。

5.1.2.1　镜片顶焦度

镜片顶焦度偏差应符合表1规定。球面、非球面及散光镜片的顶焦度,均应满足每子午面顶焦度允差 A 和柱镜顶焦度允差 B。

表1　镜片顶焦度允差　　单位为屈光度

<table>
<tr><th rowspan="2">顶焦度绝对值最大的子午面上的顶焦度值</th><th rowspan="2">每主子午面顶焦度允差,A</th><th colspan="4">柱镜顶焦度允差,B</th></tr>
<tr><th>≥0.00 和≤0.75</th><th>>0.75 和≤4.00</th><th>>4.00 和≤6.00</th><th>>6.00</th></tr>
<tr><td>≥0.00 和≤3.00</td><td rowspan="3">±0.12</td><td>±0.09</td><td rowspan="2">±0.12</td><td rowspan="3">±0.18</td><td rowspan="5">±0.25</td></tr>
<tr><td>>3.00 和≤6.00</td><td rowspan="3">±0.12</td></tr>
<tr><td>>6.00 和≤9.00</td><td rowspan="2">±0.18</td></tr>
<tr><td>>9.00 和≤12.00</td><td>±0.18</td><td rowspan="2">±0.25</td></tr>
<tr><td>>12.00 和≤20.00</td><td>±0.25</td><td>±0.18</td><td rowspan="2">±0.25</td></tr>
<tr><td>>20.00</td><td>±0.37</td><td>±0.25</td><td>±0.37</td><td>±0.37</td></tr>
</table>

5.1.2.2　柱镜轴位方向

柱镜轴位方向偏差应符合表2规定。本项适用于多焦点镜片以及附有预定方位的单光眼镜镜片,如棱镜基底取向设定,梯度染色镜片等。

表 2　柱镜轴位方向允差

柱镜顶焦度值/D	≤0.50	>0.50 和≤0.75	>0.75 和≤1.50	>1.50
轴位允差/(°)	±7	±5	±3	±2

5.1.3　多焦点镜片的附加顶焦度

附加顶焦度偏差应符合表 3 规定。

表 3　多焦点镜片的附加顶焦度允差　　单位为屈光度

附加顶焦度值	≤4.00	>4.00
允差	±0.12	±0.18

5.1.4　光学中心和棱镜度

眼镜片的光学中心偏差由镜片几何中心处的棱镜度表示。在棱镜基准点所测得的处方棱镜度和减薄棱镜的总和偏差应符合表 4 的规定，按 6.3 表述的方法进行测量。

单光镜片的标称棱镜度为零，其在镜片几何中心处所测得的棱镜度偏差应符合表 4 中关于 0.00 ~2.00 的允差的规定。

表 4　光学中心和棱镜度的允差

标称棱镜度(Δ)	水平棱镜允差(Δ)	垂直棱镜允差(Δ)
0.00 ~2.00	$\pm(0.25+0.1\times S_{max})$	$\pm(0.25+0.05\times S_{max})$
>2.00 ~10.00	$\pm(0.37+0.01\times S_{max})$	$\pm(0.37+0.05\times S_{max})$
>10.00	$\pm(0.50+0.1\times S_{max})$	$\pm(0.50+0.05\times S_{max})$

注：S_{max}表示绝对值最大的子午面上的顶焦度值。

例如：顶焦度：+0.50/ −2.50 ×20，标称棱镜度不超过 2.00Δ。其棱镜度偏差的计算方法如下：

本处方中，两主子午面顶焦度值分别为 +0.50D 和 −2.00D，最大子午面顶焦度绝对值为 2.00D。

因此，水平棱镜度允差为 $\pm(0.25+0.1\times2.00)=\pm0.45\Delta$。垂直棱镜度允差为 $\pm(0.25+0.05\times2.00)=\pm0.35\Delta$。

5.1.5　镜度基底取向

将标称棱镜度按其基底取向分解为水平方向和垂直方向的分量，各分量的偏差应符合表 4 的规定。

对带有散光和棱镜度的单光镜片，柱镜轴位和棱镜基底方向的夹角偏差应符合表 2 的规定。

5.1.6　材料和表面的质量

在以基准点为中心，直径为 30 mm 的区域内，及对于子镜片尺寸小于 30 mm 的全部子镜片区域内，镜片的表面或内部都不应出现可能有害视觉的各类疵病。若子镜片的直径大于 30 mm，鉴别区域仍为以近用基准点为中心，直径为 30 mm 的区域。在此鉴别区域之外，可允许孤立、微小的内在或表面缺陷。

5.2 几何尺寸

5.2.1 镜片尺寸

镜片尺寸分为下列几类：

a）标称尺寸(d_n)：由制造厂标定的尺寸(以 mm 为单位)；

b）有效尺寸(d_e)：镜片的实际尺寸(以 mm 为单位)；

c）使用尺寸(d_u)：光学使用区的尺寸(以 mm 为单位)。

标明直径的镜片，尺寸偏差应符合下列要求：

1）有效尺寸，d_e：

$$d_n - 1\ \text{mm} \leqslant d_e \leqslant d_n + 2\ \text{mm}$$

2）使用尺寸，d_u：

$$d_u \geqslant d_n - 2\ \text{mm}$$

使用尺寸允差不适用于具有过渡曲面的镜片，例如缩径镜片等。

作为处方特殊定制镜片，由于其尺寸和厚度要符合所配装眼镜架的尺寸和形状的需要，上述允差对这些镜片不适用，可以由验光师和供片商协议决定。

5.2.2 厚度

有效厚度应在镜片前表面的基准点上，并与该表面垂直进行测量，测量值与标称值的允差为 ±0.3 mm；

镜片的标称厚度应由制造者加以标定或由使用者和供片商双方协议决定。作为处方特殊配制的镜片见 5.2.1。

5.2.3 多焦点镜片的子镜片尺寸

子镜片的每项尺寸(宽度、深度和过渡区深度)允差为 ±0.5 mm。

作为配对销售的镜片，子镜片每项尺寸的(宽度、深度和过渡区深度)配对互差应≤0.7 mm。

GB 10810.2—2006 眼镜镜片 第2部分：渐变焦镜片

4 要求

4.1 测试条件

所有指标均应在测试温度为(23 ±5)℃的条件下适用。

4.2 光学要求

4.2.1 总则

光学参数允差应在镜片的相应基准点上进行测量。

配戴位置可能会使人眼的视觉焦度与由焦度计测定的结果有所不同。

如果制造商明示用修正值补偿所谓的配戴位置，允差就适用于修正后的数值，制造商应在包装或附件上表明修值(见 7.1)。

测定的附加顶焦度值，在很大程度上受镜片的表面形状及其顶焦度影响，如：斜柱镜或高度负顶焦度镜片，渐变焦镜片的附加顶焦度测得值的偏差有可能超出上述的允差范围。必要时，制造商应提供修正值(见 7.1)。

4.2.2　渐变焦镜片远用区后顶焦度

顶焦度值应使用符合 GB 17341 的规定的焦度计进行测定。

4.2.2.1　镜片顶焦度

镜片的远用区后顶焦度应符合表1中各主子午面允差A及柱镜顶焦度允差B。

表1　镜片顶焦度允差　　单位为屈光度(D)

绝对值最大的主子午面上的顶焦度值	各主子午面顶焦度允差 *A*	柱镜顶焦度允差 *B*			
		0.00~0.75	>0.75~4.00	>4.00~6.00	>6.00
>0.00~6.00	±0.12	±0.12	±0.18	±0.18	±0.25
>6.00~9.00	±0.18	±0.18	±0.18	±0.18	±0.25
>9.00~12.00	±0.18	±0.18	±0.18	±0.25	±0.25
>12.00~20.00	±0.25	±0.18	±0.25	±0.25	±0.25
>20.00	±0.37	±0.25	±0.25	±0.37	±0.37

4.2.2.2　柱镜轴位方向

柱镜轴位方向允差应符合表2规定,按5.2描述的方法进行测定。

表2　柱镜轴位方向允差

柱镜顶焦度值/*D*	≤0.50	>0.50~0.75	>0.75~1.50	>1.50
轴位允差(°)	±7	±5	±3	±2

4.2.3　附加顶焦度

近用附加顶焦度允差应符合表3规定,按5.4描述的方法进行测定。

表3　附加顶焦度允差　　单位为屈光度(D)

近用区镜片附加顶焦度值	≤4.00	>4.00
允差	±0.12	±0.18

4.2.4　光学中心和棱镜度

在棱镜基准点所测得的处方棱镜和减薄棱镜的总和偏差应符合表4的规定,按5.3描述的方法进行测定。

表4　光学中心和棱镜度的允差　　单位为棱镜屈光度(Δ)

标称棱镜度	水平棱镜允差	垂直棱镜允差
0.00~2.00	$\pm(0.25+0.1\times S_{max})$	$\pm(0.25+0.05\times S_{max})$
>2.00~10.00	$\pm(0.37+0.1\times S_{max})$	$\pm(0.37+0.05\times S_{max})$
>10.00	$\pm(0.50+0.1\times S_{max})$	$\pm(0.50+0.05\times S_{max})$

注1:S_{max}表示绝对值最大的子午面上的顶焦度值。

注2:标称棱镜度包括处方棱镜及减薄棱镜。

4.2.5 棱镜度基底取向

将标称棱镜度按其基底取向分解为水平和垂直方向的分量,各分量实测值的偏差应符合表4的规定。

附录B列举了棱镜度允差的几个计算实例。

4.3 几何尺寸允差

4.3.1 镜片直径

镜片直径分为下列几类:

a) 标称直径(d_n):由制造厂标明的直径(mm);

b) 有效直径(d_e):镜片的实际直径(mm);

c) 使用直径(d_u):光学使用区的直径(mm);

对应于镜片的标称直径的偏差应符合下列要求:

a) 有效尺寸(d_e):$d_n - 1\ mm < d_e \leqslant d_n + 2\ mm$;

b) 使用尺寸(d_u):$d_u \geqslant d_n - 2\ mm$。

为处方特制的镜片由于其尺寸和厚度必须要满足所配装眼镜架的尺寸和形状的需要,其允差可以由供需双方协商决定,本条款不适用于这种镜片。

4.3.2 厚度

在镜片凸面的基准点上,垂直于该表面测定镜片的有效厚度值,测定值不应偏离标称值±0.3 mm。

4.4 表面质量和内在疵病

4.4.1 镜片表面应光洁,透视清晰。表面不允许有橘皮和霉斑。

4.4.2 在以棱镜基准点为中心,直径30 mm的区域内不能存在有影响视力的屈光、螺旋形等表面缺陷及内在疵病。

6 标志

6.1 永久性标记

镜片至少有以下几个永久性标记:

a) 配装基准:由两相距为34 mm的标记点组成,两标记点分别与一含有配适点或棱镜基准点的垂面等距;

b) 附加顶焦度值(D)。

6.2 非永久性选择性标记

a) 配装基准线;

b) 远用区基准点;

c) 近用区基准点;

d) 配适点;

e) 棱镜基准点。

7　标识

7.1　应在镜片包装袋上注明或在附件中说明的参数

a）远用顶焦度（D）；

b）附加顶焦度（D）；

c）镜片标称尺寸（mm）；

d）色泽（若非无色）；

e）镀层的情况；

f）材料牌号或折射率及制造商或供应商的名称；

g）右眼或左眼；

h）设计款式或商标；

i）减薄棱镜。

7.2　信息

制造商应提供：

a）中心或边缘厚度（mm）；

b）基弯（D）；

c）光学特性（包括色散系数及光谱透射比）；

d）减薄棱镜（若应用）；

e）相对于永久性标记再建非永久性标记所需的中心通道的数据（远、近用区基准点及配适点位置等）。

附录2 中华人民共和国国家标准 配装眼镜

本内容摘录自中华人民共和国国家标准 GB 13511 的强制部分。

GB 13511.1—2011 配装眼镜 第1部分:单光和多焦点

5 要求

5.1 所有测量应在室温为23℃ ±5℃下进行。

5.2 镜片的顶焦度、厚度、色泽、表面质量应满足 GB 10810.1 中规定的要求。

5.3 配装眼镜的光透射性能应满足 GB 10810.3 中规定的要求。

5.4 镜架使用的材料、外观质量应满足 GB/T 14314 中规定的要求。

5.5 使用的焦度计应符合 GB 17341 中规定的要求。

5.6 光学要求

5.6.1 定配眼镜的两镜片光学中心水平距离偏差应符合表1 的规定。

表1 定配眼镜的两镜片光学中心水平距离偏差

顶焦度绝对值最大的子午面上的顶焦度值/D	0.00～0.50	0.75～1.00	1.25～2.00	2.25～4.00	≥4.25
光学中心水平距离允差	0.67Δ	±6.0 mm	±4.0 mm	±3.0 mm	±2.0 mm

5.6.2 定配眼镜的水平光学中心与眼瞳的单侧偏差均不应大于表1 中光学中心水平距离允差的二分之一。

5.6.3 定配眼镜的光学中心垂直互差应符合表2 的规定。

表2 定配眼镜的光学中心垂直互差

顶焦度绝对值最大的子午面上的顶焦度值/D	0.00～0.50	0.75～1.00	1.25～2.50	>2.50
光学中心垂直互差	≤0.50Δ	≤3.0 mm	≤2.0 mm	≤1.0 mm

5.6.4 定配眼镜的柱镜轴位方向偏差应符合表3 的规定。

表 3 定配眼镜的柱镜轴位方向偏差

柱镜顶焦度值/D	0.25 ~ ≤0.50	>0.50 ~ ≤0.75	>0.75 ~ ≤1.50	>1.50 ~ ≤2.50	>2.50
轴位允差/(°)	±9	±6	±4	±3	±2

5.6.5 定配眼镜的处方棱镜度偏差应符合表 4 的规定

表 4 定配眼镜的处方棱镜度偏差

棱镜度/Δ	水平棱镜允差/Δ	垂直棱镜允差/Δ
≥0.00 ~ ≤2.00	对于顶焦度≥0.00 ~ ≤3.25D: 0.67Δ 对于顶焦度 >3.25D: 偏心 2.0 mm 所产生的棱镜效应	对于顶焦度≥0.00 ~ ≤5.00D: 0.50Δ 对于顶焦度 >5.00D: 偏心 1.0 mm 所产生的棱镜效应
>2.00 ~ ≤10.00	对于顶焦度≥0.00 ~ ≤3.25D: 1.00Δ 对于顶焦度 >3.25D: 0.33Δ + 偏心 2.00 mm 所产生的棱镜效应	对于顶焦度≥0.00 ~ ≤5.00D: 0.75Δ 对于顶焦度 >5.00D: 0.25Δ + 偏心 1.00 mm 所产生的棱镜效应
>10.00	对于顶焦度≥0.00 ~ ≤3.25D: 1.25Δ 对于顶焦度 >3.25D: 0.58Δ + 偏心 2.0 mm 所产生的棱镜效应	对于顶焦度≥0.00 ~ ≤5.00D: 1.00Δ 对于顶焦度 >5.00D: 0.50Δ + 偏心 1.0 mm 所产生的棱镜效应

例如:镜片的棱镜度为 3.00Δ,顶焦度为 4.00D,其棱镜度的允差为 0.33Δ + (4.00D × 0.2 mm) = 1.13Δ

5.6.6 老视成镜需标明光学中心水平距离。光学中心水平距离允差为 ±2.0 mm。

5.6.7 老视成镜光学中心单侧水平允差为 ±1.0 mm。

5.6.8 老视成镜光学中心垂直互差应符合表 2 规定。

5.6.9 老视成镜两镜片顶焦度互差应不大于 0.12D。

5.7 多焦点镜片的位置

5.7.1 子镜片的垂直位置(或高度)

子镜片顶点的位置(图 1 中的 S)或子镜片的高度(图 1 中的 h)与标称值的偏差应不大于 ±1.0 mm,两子镜片高度的互差应不大于 1 mm。

5.7.2 子镜片的水平位置

两子镜片的几何中心水平距离与近瞳距的差值应小于 2.0 mm。

注 1:两子镜片的水平位置应对称、平衡,除非标明单眼中心距离不平衡。

注 2:E 型多焦点子镜片的测量点是在它的分界线上的最薄点。

5.7.3 子镜片顶端的倾斜度

子镜片水平方向的倾斜度应不大于 2°。

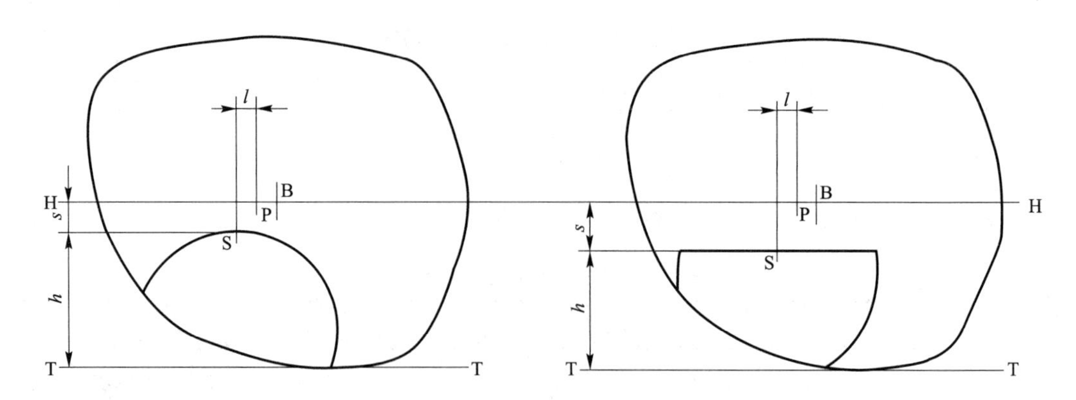

图1　多焦点镜片的位置

B为方框中心；HH为水平中心线；P为中心点；S为子镜片顶点的位置；TT为镜片最低水平切线；
*s*为水平中心线到子镜片顶点的距离；*h*为子镜片的高度

5.8　装配质量

装配质量应符合表5的规定。

表5　装 配 质 量

项目	要　　求
两镜片材料的色泽	应基本一致
金属框架眼镜锁接管的间隙	≤0.5 mm
镜片与镜圈的几何形状	应基本相似且左右对齐，装配后无明显隙缝
整形要求	左、右两镜面应保持相对平整、托叶应对称
外观	应无崩边、钳痕、镀（涂）层剥落及明显擦痕、零件缺损等疵病

7　标志、包装、运输、贮存

7.1　标志

a）应标明产品名称、生产厂厂名、厂址；产品所执行的标准及产品质量检验合格证明、出厂日期或生产批号；

b）定配眼镜应标明顶焦度值、轴位、瞳距等处方参数；

c）老视成镜每副应标明型号、顶焦度、光学中心水平距离等；

d）需要让消费者事先知晓的其他说明及其他法律法规规定的内容。

GB 13511.2—2011 配装眼镜　第2部分：渐变焦

4　要求

4.1　所有测量应在室温为23℃ ±5℃下进行。

4.2　镜架使用的材料、外观质量应满足GB/T 14214中规定的要求。

4.3　使用的焦度计应符合GB 17341中规定的要求。

4.4　光学要求

4.4.1　配戴位置会使人眼的感觉焦度与由焦度计测定的结果有所不同。如果制造商声称用修正值补偿所谓的配戴位置,允差就使用在修正后的数值上。

4.4.2　渐变焦定配眼镜的后顶焦度应符合表1的规定。

表1　渐变焦定配眼镜的后顶焦度允差　　单位为屈光度(D)

顶焦度绝对值最大的子午面上的顶焦度值	各主子午面顶焦度允差(A)	柱镜顶焦度允差			
		0.00~0.75	>0.75~4.00	>4.00~6.00	>6.00
≥0.00~6.00	±0.12	±0.12	±0.18	±0.18	±0.25
>6.00~9.00	±0.18	±0.18	±0.18	±0.18	±0.25
>9.00~12.00	±0.18	±0.18	±0.18	±0.25	±0.25
>12.00~20.00	±0.25	±0.18	±0.25	±0.25	±0.25
>20.00	±0.37	±0.25	±0.25	±0.37	±0.37

4.4.3　渐变焦定配眼镜的附加顶焦度偏差应符合表2的规定。

表2　渐变焦定配眼镜的附加顶焦度允差　　单位为屈光度(D)

附加顶焦度值	≤4.00	>4.00
允差	±0.12	±0.18

4.4.4　渐变焦定配眼镜的柱镜轴位方向偏差应符合表3的规定。

表3　渐变焦定配眼镜的柱镜轴位方向允差

柱镜顶焦度值/D	>0.125~≤0.25	>0.25~≤0.50	>0.50~≤0.75	>0.75~≤1.50	>1.50~≤2.50	>2.50
轴位允许偏差/(°)	±16	±9	±6	±4	±3	±2

注:0.125D~0.25D柱镜的偏差适用于补偿配戴位置的渐变焦镜片顶焦度。如果补偿配戴位置产生小于0.125D柱镜,不考虑其轴位偏差。

4.4.5　渐变焦定配眼镜的棱镜度偏差应符合表4的规定。

表4　渐变焦定配眼镜的棱镜度的允差　　单位为棱镜屈光度(Δ)

标称棱镜度	水平棱镜允差	垂直棱镜允差
0.00~2.00	$\pm(0.25+0.1\times S_{max})$	$\pm(0.25+0.05\times S_{max})$
>2.00~10.00	$\pm(0.37+0.1\times S_{max})$	$\pm(0.37+0.05\times S_{max})$
>10.00	$\pm(0.50+0.1\times S_{max})$	$\pm(0.50+0.05\times S_{max})$

注1:S_{max}表示绝对值最大的子午面上的顶焦度值。

注2:标称棱镜度包括处方棱镜及减薄棱镜。

4.4.6 棱镜度基底取向:将标称棱镜度按其基底取向分解为水平和垂直方向的分量,各分量实测值的偏差应符合表4 的规定。

4.5 厚度

测定值与标称值的偏差应为 ±0.3 mm。

注:标称厚度值应由生产商标明或由供需双方协商一致。

4.6 配适点的垂直位置(高度)

配适点的垂直位置(高度)与标称值的偏差应为 ±1.0 mm。

两渐变焦镜片配适点的互差应为≤1.0 mm。

注:处方中左右镜片配适点不一致时不适用。

4.7 配适点的水平位置

配适点的水平位置与镜片单眼中心距的标称值偏差应为 ±1.0 mm。

4.8 水平倾斜度

永久标记连线的水平倾斜度应不大于2°。

4.9 镜架外观、镜片表面及装配质量

镜架外观、镜片表面及装配质量应符合表5 规定。

表5 镜架外观、镜片表面及装配质量

项目	要求
两镜片材料的色泽	应基本一致
金属框架眼镜锁接管的间隙	≤0.5 mm
镜片与镜圈的几何形状	应基本相似且左右对齐,装配后无明显隙缝
整形要求	左、右两镜面应保持相对平整、托叶应对称
镜架外观	应无崩边、钳痕、镀(涂)层剥落及明显擦痕、零件缺损等疵病
镜片表面质量	以棱镜基准点为中心,直径为30 mm 的区域内,镜片的表面或内部都不应出现橘皮、霉斑、霍光、螺旋形等可能有害视力的各类疵病

6 渐变焦镜片标记

6.1 永久性标记

两镜片至少有以下几个永久性标记:

a) 配装基准:由两相距为34 mm 的标记点组成,两标记点分别与一含有配适点或棱镜基准点的垂面等距离;

b) 附加顶焦度值,以屈光度为单位,标记在配装基准线下。

c) 制造厂家名称或供应商名称或商品名称或商标。

6.2 非永久性选择性标记

除非制造厂附有特别的镜片定位说明资料,每镜片非永久性标记至少包含以下内容:

a）配装基准线；

b）远用区基准点；

c）近用区基准点；

d）配适点；

e）棱镜基准点。

注:非永久性标记可以用可溶墨水标记、贴花纸。

参考文献

[1] 瞿佳. 眼科学. 北京:高等教育出版社,2009.

[2] 汪遵懋. 眼镜光学. 北京:北京理工大学出版社,2002.

[3] 郑琦. 眼视光技术综合实训. 北京:人民卫生出版社,2012.

[4] Jalie M. Ophthalmic Lenses & Dispensing. 3rd ed. Boston:Butterworth - Heinemann,2008.

[5] Clifford W. System for Ophthalmic Dispensing. 3rd ed. Boston:Butterworth - Heinemann,2006.

[6] William J. Borish's Clinical Refraction. 2nd ed. Boston:Butterworth - Heinemann,2006.

[7] Rabbetts,Ronald B. Clinical visual optics. 4th ed. Boston:Butterworth - Heinemann,2007.

[8] Margaret Dowaliby. Pratical aspects of ophthalmic optics. 4th ed. Boston:Butterworth - Heinemann,2001.

[9] 劳动和社会保障部职业技能鉴定中心编. 眼镜定配工职业资格培训教程(初、中级). 北京:海洋出版社,2004.

[10] 劳动和社会保障部职业技能鉴定中心编. 眼镜定配工职业资格培训教程(高级). 北京:海洋出版社,2004.

[11] 中国就业培训技术指导中心编. 国家职业资格培训教程:眼镜定配工(中级). 北京:中国劳动社会保障出版社,2011.

[12] 中国就业培训技术指导中心编. 国家职业资格培训教程:眼镜定配工(高级). 北京:中国劳动社会保障出版社,2011.

中英文专业术语对照索引

（按拼音顺序）

A

B

C

D

E

F

P

Q

R

S

T

W

彩图 8－1　金属全框架

彩图 8－2　塑料全框架

彩图 8－3　金属半框架

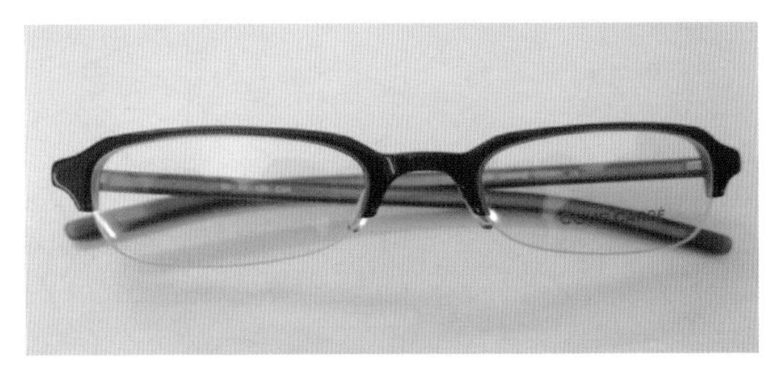

彩图 8－4　塑料半框架

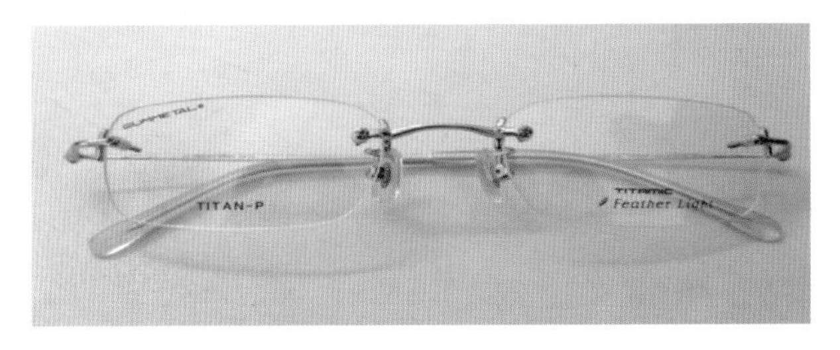

彩图 8－5　金属无框架

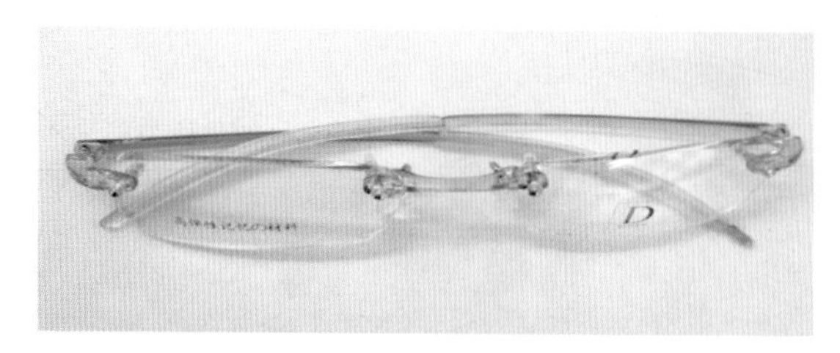

彩图 8－6　塑料无框架

彩图 8－7　组合架(分离)

彩图 8－8　组合架(组合)

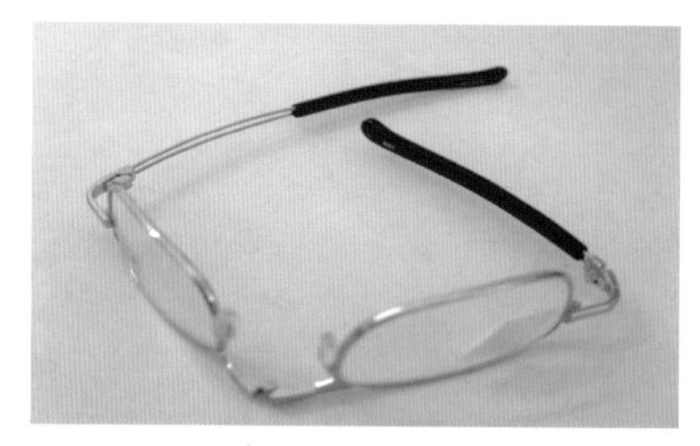

彩图 8－9　折叠架

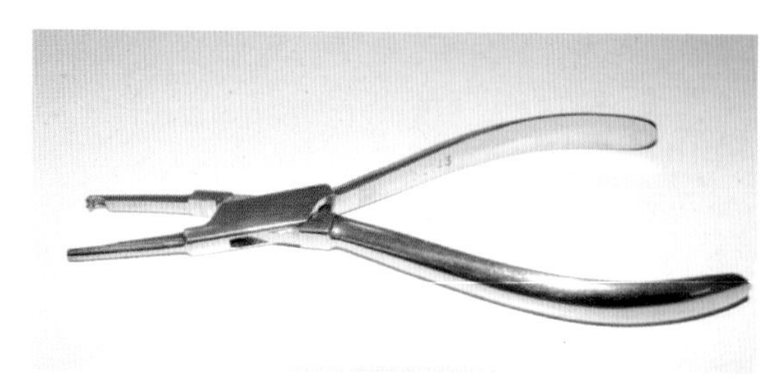

彩图 9－1　鼻托调整钳

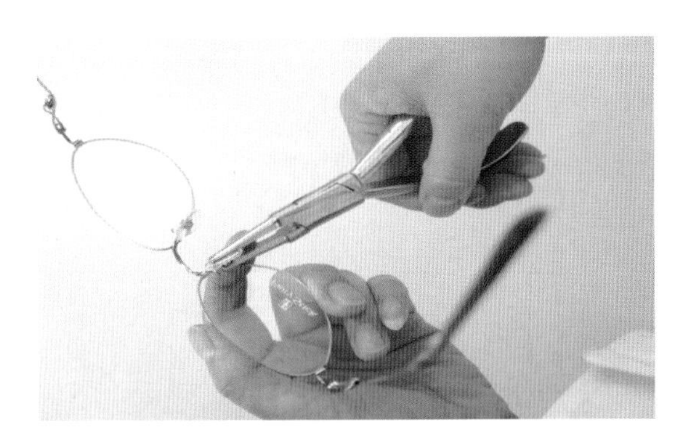

彩图 9－2　鼻托调整钳的使用方法

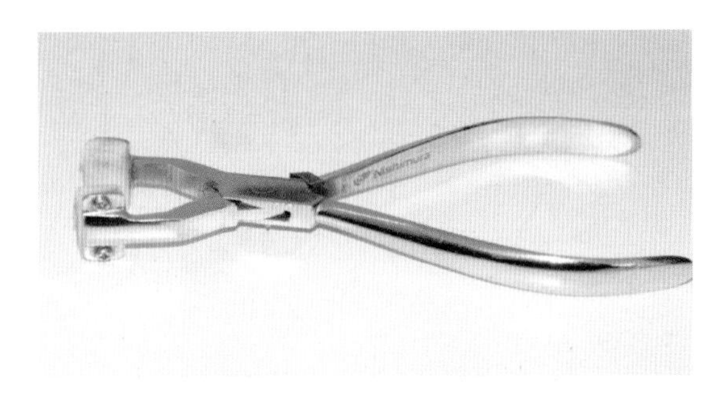

彩图 9－3　镜圈调整钳

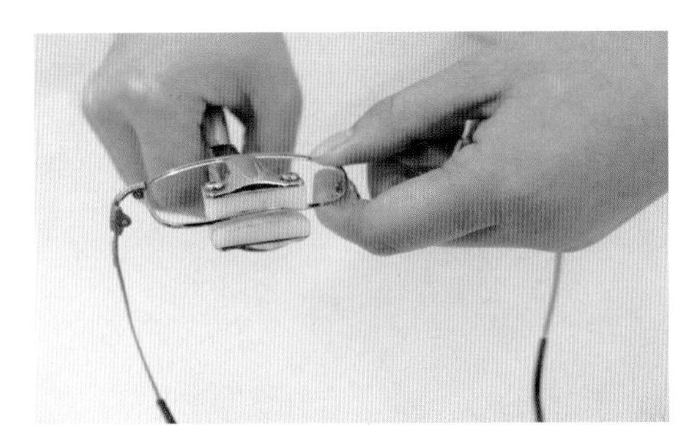

彩图 9－4　镜圈调整钳的使用

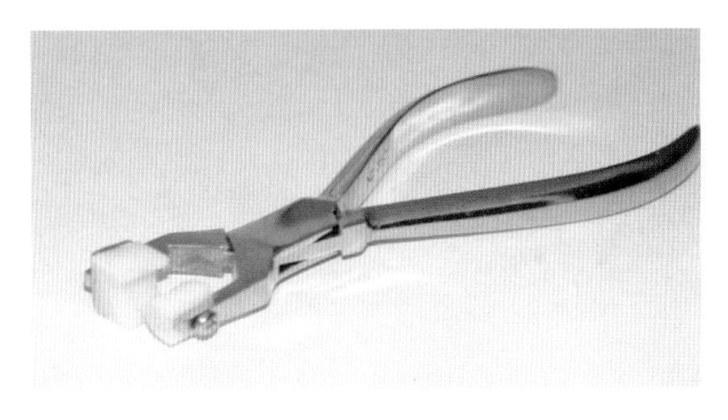

彩图 9－5　鼻桥调整钳

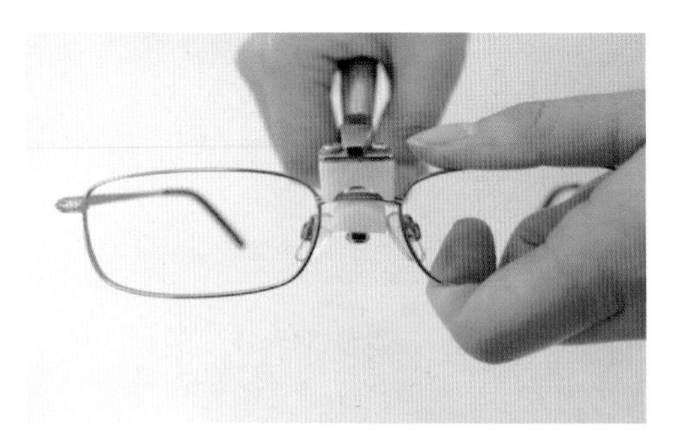

彩图 9－6　鼻桥调整钳的使用

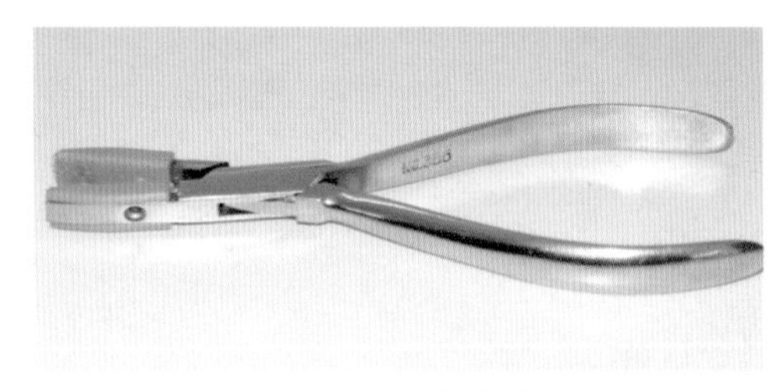

彩图 9－7　镜腿倾角调整钳

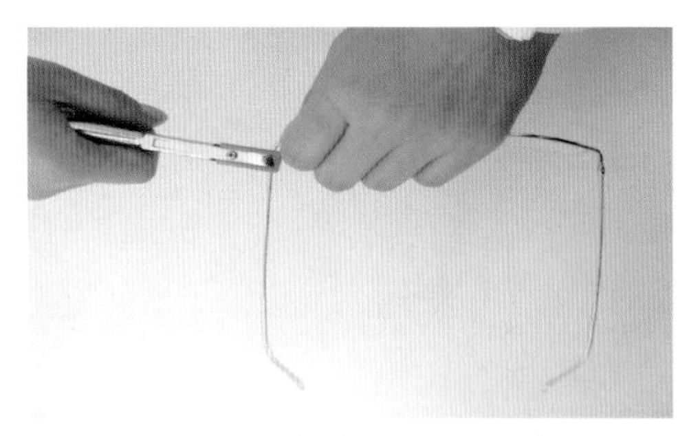

彩图 9－8　镜腿倾角调整钳的使用

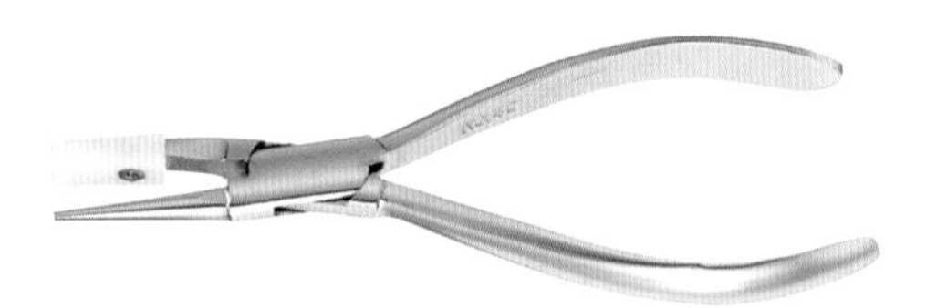

彩图 9－9　镜腿张角调整钳

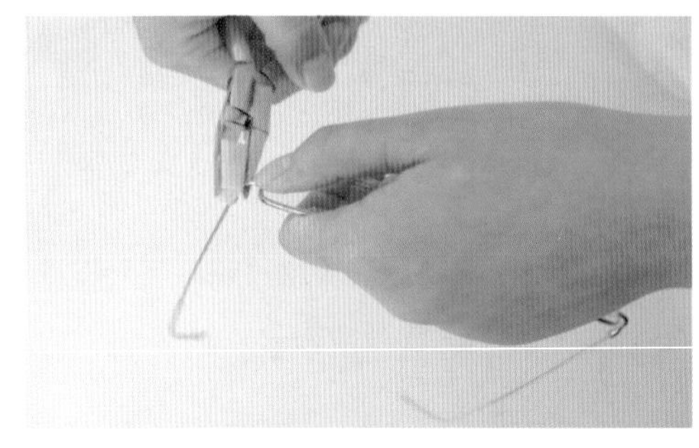

彩图 9－10　镜腿张角调整钳的使用

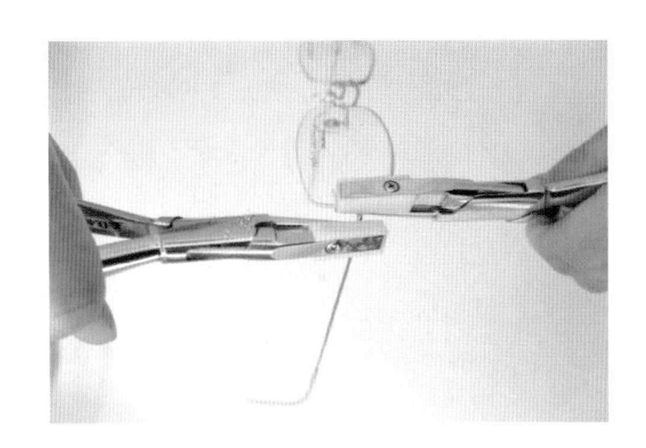

彩图 9 – 11　镜腿张角调整钳的组合使用

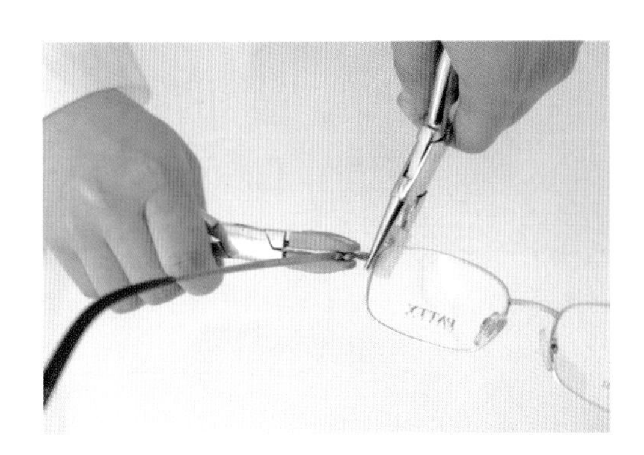

彩图 9 – 12　镜腿张角调整钳与镜腿倾角调整钳的联合使用

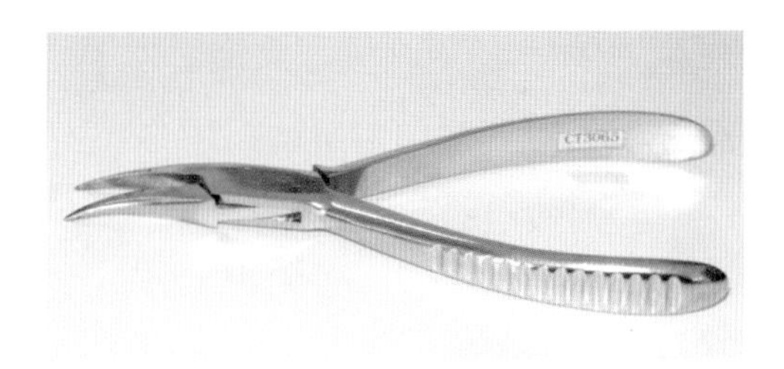

彩图 9 – 13　尖嘴钳

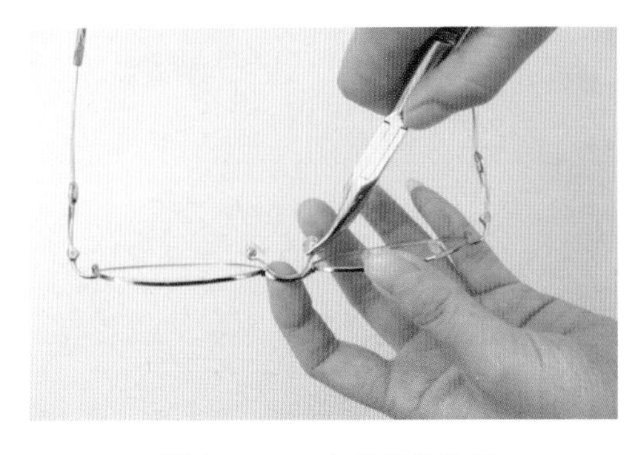

彩图 9 – 14　尖嘴钳的使用

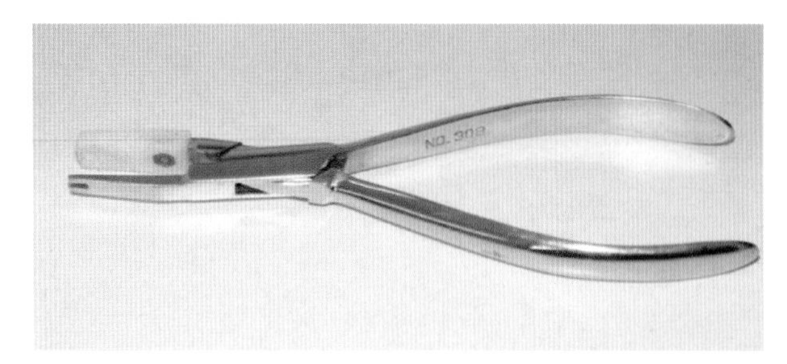

彩图 9－15　无框架调整夹持钳

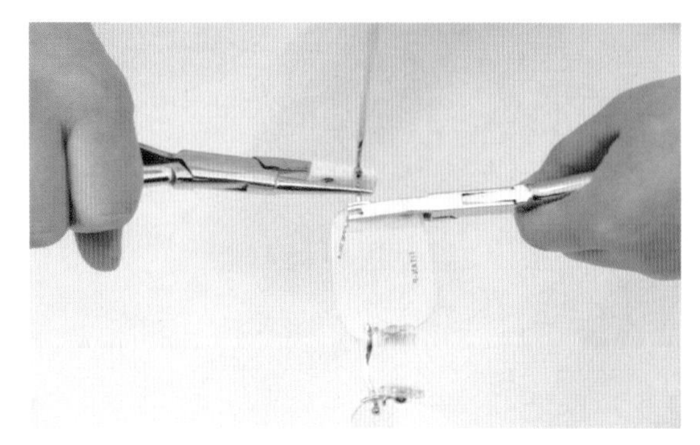

彩图 9－16　无框架调整辅助钳的使用

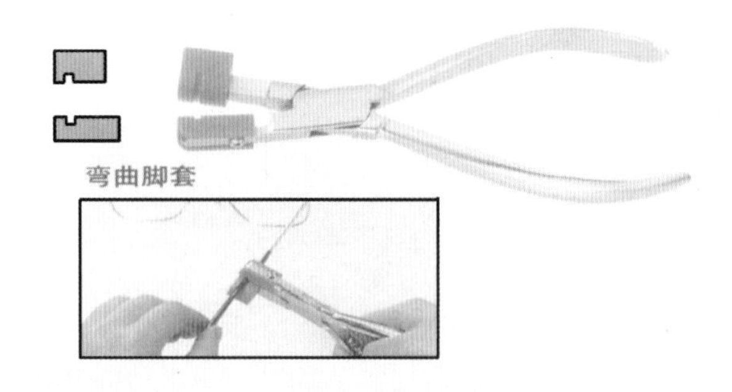

彩图 9－17　脚套调整钳及其使用方法

彩图 9－18　加热器

彩图 9－19　镜架加热

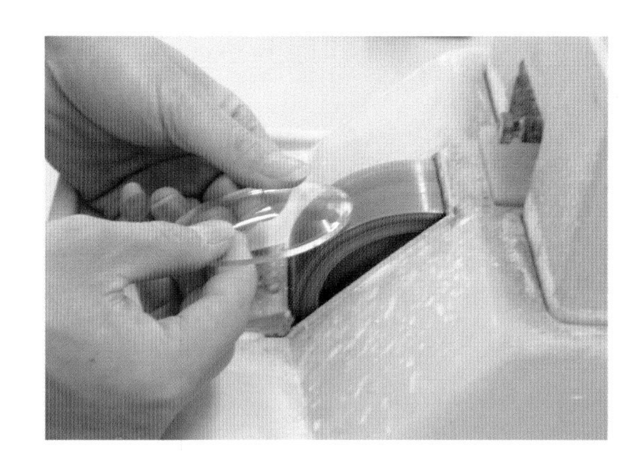

彩图 13－1　水平磨边法

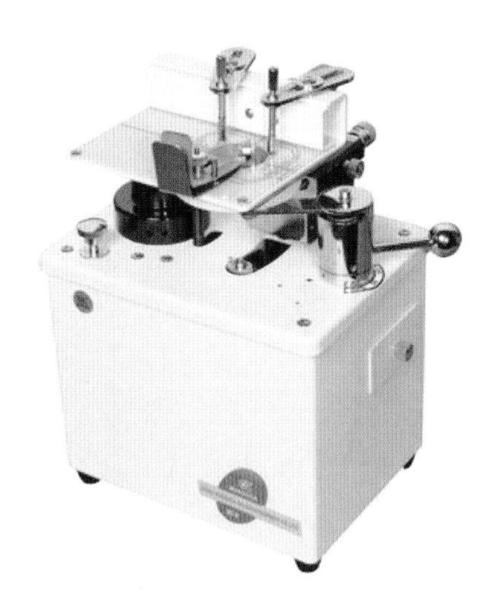

彩图 13－2　制模机

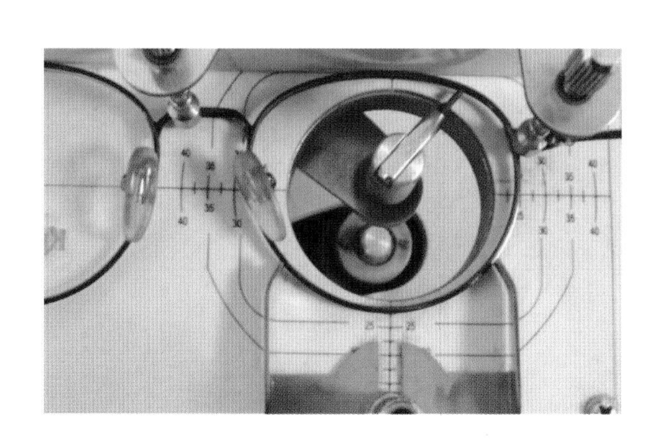

彩图 13－3　切割模板

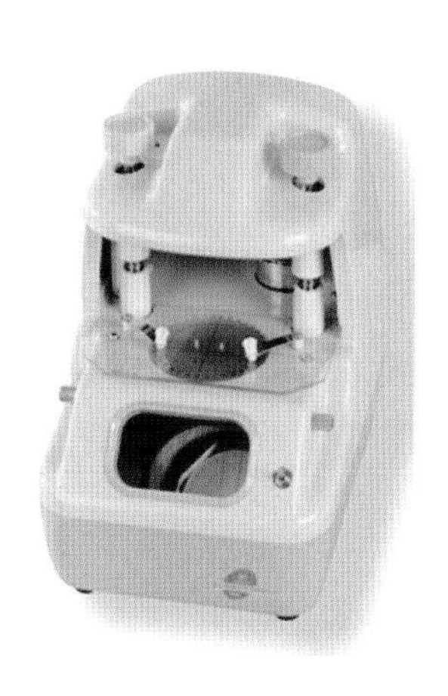

彩图 13－4　中心仪

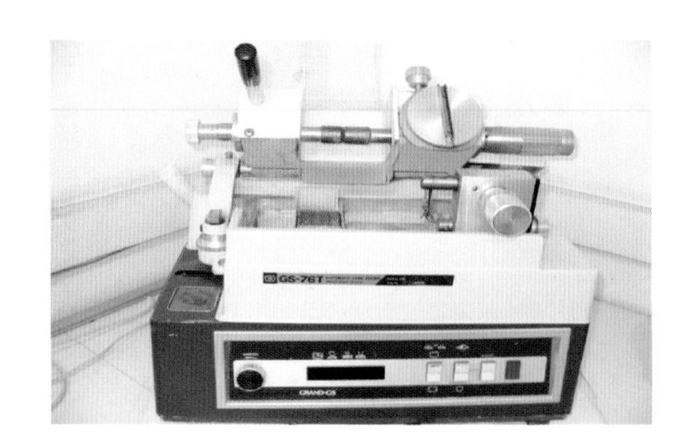

彩图 13－5　半自动磨边机

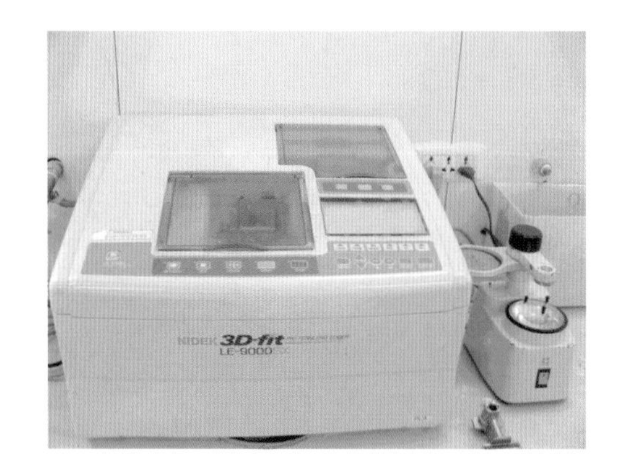

彩图 13－6　全自动磨边机

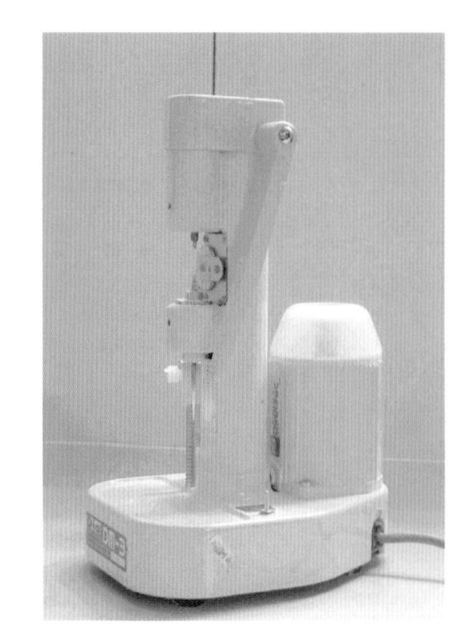

彩图 13－7　打孔机